混凝土的配制与施工技术

侯永生　刘桂君　王联芳　编著

中国铁道出版社

2010年·北　京

图书在版编目(CIP)数据

混凝土的配制与施工技术/侯永生编著.—北京：中国铁道出版社，2010.6

ISBN 978-7-113-11397-1

Ⅰ.①混… Ⅱ.①侯… Ⅲ.①混凝土—配制②混凝土—施工技术 Ⅳ.①TU528

中国版本图书馆CIP数据核字(2010)第084743号

书　　名：混凝土的配制与施工技术
作　　者：侯永生　刘桂君　王联芳　编著

策划编辑：江新锡
责任编辑：江新锡　黄艳梅　电话：010-51873018　电子邮箱：jxinxi@sohu.com
封面设计：崔　欣
责任校对：张玉华
责任印制：李　佳

出版发行：中国铁道出版社(100054，北京市宣武区右安门西街8号)
网　　址：http://www.tdpress.com
印　　刷：三河市华丰印刷厂
版　　次：2010年6月第1版　2010年6月第1次印刷
开　　本：787mm×1 092mm　1/16　印张：18.75　字数：458千
书　　号：ISBN 978-7-113-11397-1
定　　价：40.00元

前　言

在从事混凝土的生产与施工、质量检测的过程中，深感建筑工程施工技术人员对混凝土相关技术了解不多、重视不足，甚至设计混凝土配合比的试验人员对混凝土的理论掌握不够深入，在混凝土施工中存在的不正常现象不能分析原因，极少能够做到事前控制与过程中调整。

目前有关混凝土方面的图书大致分为四类，第一类是有关混凝土原材料的，水泥、外加剂类占大多数，从某种材料单一分析其对混凝土的影响，重点多在产品本身技术的提高与性能改进；第二类是有关配合比设计的，罗列了各种不同种类混凝土的配合比设计方法，重在配合比的设计计算；第三类是有关混凝土施工，论述了不同施工条件下混凝土工程的施工工艺，第四类是有关混凝土检测的，多是关于混凝土原材料与混凝土的各种检测方法步骤的描述。

作为一个混凝土施工过程中的技术人员，应该对混凝土的发展历程、原材料对混凝土的影响、混凝土性能及对原材料的要求、配合比设计的原理及配合比改进优化技术、常用混凝土的配合比设计方法、混凝土施工技术及常见质量问题的分析处理以及成品混凝土的检测都有一定的掌握。《混凝土的配制与施工技术》就是希望给予参与混凝土施工的技术人员比较全面、实用而又并非纯理论的提示与帮助。

现代混凝土自19世纪二三十年代发明以来，走过了从塑性混凝土到干硬性混凝土，再到由大流动高强度混凝土向高性能混凝土过渡的发展道路。混凝土因其成本低、取材方便、施工容易、适应环境广泛已成为当代最主要的建筑材料，其产量、技术进步及其在土木工程中的重要性日新月异。我国混凝土年产量占世界之首，2008年我国水泥产量达到14亿吨，混凝土的生产量约在40亿立方米以上。但混凝土材料是一种多种材料混合的不均匀体，混凝土技术在很大程度上仍然是一种经验技术，混凝土一旦成型固化后出现质量问题，不仅维修费用高昂，而且更多情况下难以补救。因此，混凝土的质量直接关系着混凝土的发展，而对混凝土质量影响最大的就是混凝土的配合比设计与混凝土的施工。混凝土的配合比设计是混凝土生产的开始，直接决定着原材料的选择、利用、成本、性能，而混凝土的施工包括了混凝土的拌制、运输、浇筑、养护，对混凝土的强度、耐久性、使用功能的形成起着关键的作用。

本书共分为十章，主要介绍混凝土的配制技术、施工技术、质量检测、通病预防。第一章主要介绍混凝土的历史与发展以及目前较注重的高性能混凝土、活性粉末混凝土、智能混凝土、生态混凝土。第二章分新拌混凝土性能、物理力学性能、耐久性能、变形性能和混凝土结构五个方面介绍混凝土的主要性能以及影响各种性能的因素。第三章主要介绍混凝土的各组分材料的性质及其对混凝土性能的影响。第四章主要介绍了混凝土配合比设计的发展沿革以及配合比设计的方法步骤。第五章介绍混凝土配合比设计中最基本的四组份(水泥、砂、石、水)体系、五组份(水泥、砂、石、水、外加剂)体系、六组份(水泥、砂、石、水、外加剂、掺合料)体系普通混凝土配合比设计的基本方法。第六章介绍几种特种性能、特种材料、特种施工方法的混凝土配合比设计。第七章介绍了配合比设计的相关技术,其中主要介绍了正交试验设计及一元回归分析。第八章对泵送混凝土、大体积混凝土及寒冷、炎热条件下混凝土的施工注意事项进行了分析。第九章主要介绍了常用的几种混凝土质量无损检测方法。第十章对断桩、泵送不良、裂缝、蜂窝麻面等混凝土经常发生的质量事故及通病介绍了产生的原因、处理方法及预防措施。

书的第一、二、四、五章、第三章第1、4、5节、第六章1～3节、第八章第1、2、4节由侯永生编写。第六章第6节、第七章、第九章第1、4、6节及附录I～J由刘桂君编写。第三章第2、3节、第六章第4、5节、第八章第3节、第九章第2、3节、第十章及附录A～H由王联芳编写。

由于书中涉及面广、内容较多,编者知识与经验有限,不足和错误之处,敬请指正。

编　者

2010年1月

作者简介

侯永生(1971～):男,工程硕士,高级工程师。毕业于太原理工大学,曾担任施工企业试验室主任、商品混凝土公司总工、外加剂生产厂顾问,现任中建市政建设有限公司试验中心总工程师,石家庄铁道学院建筑工程领域工程硕士研究生导师。多年从事公路、普通铁路、高速铁路、房建、地铁工程试验检测与混凝土施工工作。发表有计算机、掺合料、养护剂、混凝土、工程加固等方面论文七篇,参与研究的混凝土掺合料开发课题及高性能混凝土施工工法鉴定为国内领先水平。

刘桂君,女,1959 年 12 月 12 日生,高级工程师。2003 年 7 月取得河北科技大学化工专业本科学历。河北省交通规划设计院试验检测室主任。从事公路工程试验检测、路面技术咨询、工程课题研究等工作。近年来在国内核心期刊发表专业论文五篇,完成河北省交通厅、交通运输部课题八项,多项课题研究水平达到国际先进水平,并获得省科技进步奖两次,中国公路学会进步奖两次,并参与编写了两部河北省地方标准。

王联芳,男,1971 年 10 月 25 日生,高级工程师。1992 年 7 月毕业于石家庄铁道学院桥梁系建材专业;2010 年 3 月取得同济大学交通运输工程专业工程硕士学位。在河北省交通规划设计院从事公路工程试验检测、路面技术咨询、工程课题研究等工作。近年来在国内核心期刊发表专业论文八篇,主持或参与完成河北省交通厅、交通运输部课题七项,多项课题研究水平达到国际先进水平,并获得省科技进步奖两次,省厅科技进步奖五次,并参与编写了一部河北省地方标准。

目　录

第一章　混凝土的发展与展望

第一节　远古时代的混凝土

人类在建筑工程中使用的建筑材料，尤其是建筑胶凝材料基本上经历了从天然到人造，从单一到复合，从无机到有机，从气硬性胶凝材料到水硬性胶凝材料，从低强度到高强度，从小规模到大工业化发展的从低级到高级的发展历程。

一、黏土胶结材料

黏土是人类最先使用的天然胶结材料，在公元前 8000 年左右的中东、古埃及地区已使用日晒土坯。将黏土用水拌和成泥，成型后用太阳晒干作为墙体材料。在我国，距今 5 000 年前的龙山文化遗址中也大多发现日晒土坯。至今，我国北方地区仍有使用模具压制土坯作为墙体的建筑材料。

七千年前新石器时代早期，远古先民就利用黏土建造房屋。他们先从地面向下挖一个坑，其大小深浅根据需要而定。然后在平整过的地面挖柱洞，柱洞的位置和数量根据房屋的大小而定。然后用木柱围成墙体，用藤条和竹篾捆扎，再用草拌泥进行里外填充。用这种方法建造的墙壁，考古学上叫做木骨泥墙（如河南省舞阳县北舞渡镇贾湖村发现的贾湖遗址）。六千多年前的仰韶文化遗址中发现房屋泥墙的外部多被裹草后点燃烘烤过，来加强其坚固度和耐水性。在西安半坡遗址中发现用黏土胶结卵石作为木柱的基础。从黏土胶结材料到草筋增强黏土胶结材料的使用，体现了人类从利用天然胶结材料到通过复合手段来增强使用效果的进步。

二、石灰的开发利用

公元前 2000 年～3000 年，埃及、希腊以及罗马等国开始利用经过煅烧所得的石膏或石灰来配制砌筑砂浆。公元前 2500 年建造的埃及胡夫金字塔就是用天然的石灰砂浆做胶结材料，将大块的石块粘结砌成的，在我国，五千年前的龙山文化时期，人们就认识并烧制出石灰，龙山时期的房屋建筑，在考古学上称作“白灰面建筑”。它是在房屋内的居住面以及内墙根处，都普遍地抹上一层白石灰面，使屋内显得洁白、干净、美观，而且还有防潮、防虫等作用。河南龙山文化、陶寺龙山文化和客省庄二期文化的许多遗址里都发现有白灰面房子。如河南临汝煤山遗址、永城黑堌堆遗址、后岗遗址等。除白灰面房子以外，考古还发现有烧制石灰的窑、生石灰料和大量剩余的熟石灰，表明龙山时期的人们已经掌握了烧制石灰的技术。在汉朝（公元 2 世纪），人工烧制石灰已达到相当高的水平，与当今石灰没什么差别。石灰的开发利用表明了人类通过煅烧主动发明建筑材料的开始，也是人类发现气硬性胶凝材料的起始。

三、从石灰胶凝材料的无机复合到有机复合

石灰在建筑上除了用作抹面和砌筑石灰砂浆外，还用于和黏土、砂、石制成灰土、二合土、三合土用于地坪、路面和建筑基础等方面。此外，石灰除了和无机材料复合外，也经常和少量糯米汁、桐油、红糖、猪血、牛血等有机材料复合以提高强度、抗水性、韧性及耐久性。建于元末明初（十四世纪中期）的福建裕昌土楼共有五层，房室 270 间，历经六百多年至今仍存。其墙体由黏土、石灰、石子夯筑而成，是石灰土结构的代表之作。夯筑时，先在墙基挖出又深又大的墙沟，夯实在，埋入大石为基，然后用石块和灰浆砌筑起墙基。接着就用夹墙板夯筑墙壁。土墙的原料以当地黏质红土为主，掺入适量的小石子和石灰，经反复捣碎，拌匀，做成俗称的“熟土”。一些关键部位还要掺入适量糯米饭、红糖，以增加其强度和韧性。

四、石灰—火山灰胶凝体系的发明

1978 年，被学术界评定为 20 世纪中国百项考古大发现之一——距今 5 000 年的大地湾遗址被发现，它位于甘肃省天水市秦安县境内。考古人员在大地湾遗址发现了一片面积达 130 m^2 的坚硬平滑地面，是世界上最古老的混凝土。整座房屋的地面共分四层。最下面与原始土壤接触的一层是大约 10 cm 厚的夯土层，第三层是大约 15 cm 的红烧土，它起到隔潮保温的作用，第二层是大约 20 cm 厚的胶结材料，也就是类似现代砂子、水泥混合在一起的混凝土，最上面一层是 2～3 mm 厚的原浆磨面。专家鉴定，这片灰青色的地面不但含有与现代混凝土相同的“硅酸钙”成分，胶凝材料有水泥的成分，平均每平方厘米抗压强度在 120 kg 左右，相当于今天 C10 等级的混凝土。而且比重比较小，跟现代的轻型混凝土有点相近。经研究，这种胶凝材料取材于当地附近山坡上的一种石头——料礓石经煅烧磨碎后所得，这种古老的方法现在在当地仍被人们用来制作炉台和炕面。

日本《产经新闻》曾报道，日本鹿岛公司等 3 家企业联合开发出可在世上存留上 1 万年的“下一代”新型混凝土“EIEN”。研究“EIEN”的灵感来源于距今 5 000 多年的中国新石器时代大地湾遗址中发现的混凝土，研究显示，挖掘出来的古代“混凝土”因为化学反应，表面的缝隙被填实，有效阻止了水和盐分向内部渗透，从而延缓了腐蚀作用。“EIEN”正是利用这一原理，在材料中加入特殊矿物，使混凝土表面产生同样的化学反应。

图 1—1—1　古罗马时期的混凝土建筑

古罗马是使用石灰——火山灰胶凝体系生产混凝土技术规模最大的国家。古罗马建筑的类型很多，有罗马万神庙、维纳斯和罗马庙以及巴尔贝克太阳神庙等宗教建筑，也有皇宫、剧场角斗场、浴场以及广场和巴西利卡（长方形会堂）等公共建筑，在公元一到三世纪为极盛时期，达到西方古代建筑的高峰。古罗马建筑能满足各种复杂的功能要求，主要依靠水平很高的拱券结构，获得宽阔的内部空间。拱券结构得到推广，是因为使用了强度高、施工方便、价格便宜的火山灰混凝土。约在公元前二世纪，人们发现维苏威火山附近的波佐利以及罗马北部和东部地层里的一种巧克力色的沙土(具有火山灰成分),把它与石头、砂子、水混合可凝固成结实不透水的材料,从而产生了古代的混凝土,可用于建筑拱券,也用于筑墙。其中万神殿直径 44 m 的半球形穹顶就使用了 12 000 t 这种胶凝材料和凝灰岩轻骨料拌合而成的混凝土。

石灰—火山灰胶凝体系的发明,标志着水硬性胶凝材料使用的开始与混凝土的诞生。

五、古代混凝土的特点

1. 胶结材料的局限性。古代混凝土使用的胶凝材料具有明显的地域特点,大多数为天然形成或具有火山灰性质的材料经焙烧研磨而得,缺乏人类的主动制取,使得胶凝材料的使用有局限性,难以普遍推广。

2. 耗费人力、物力巨大。限于当时的技术水平与工具,混凝土工程的修建需要极大的人力物力与较长时间,奴隶制社会的奴隶主正好拥有这样的资源,可以不计成本地修建这类混凝土工程。而在进入封建社会以后,人们相对获得了人身自由,使得劳动力成本极大地增加,混凝土工程成本的急速增加是限制古代混凝土继续发展的关键因素。

3. 强度,尤其是早期强度发展缓慢。古代混凝土由于胶凝材料技术的限制,强度低,强度多在 10 MPa 左右,尤其是前期强度发展缓慢,强度增长所需时间较长制约着结构物使用功能的形成,逐渐不能满足社会进步的快节奏。

4. 耐久性优良。从现在遗留下来的各种建筑、桥梁、渡槽等结构历经几千年仍然安然无恙就证明了混凝土有着优良的耐久性。可见很久以前的古人极为关注结构的耐久性,吴中伟在《高性能混凝土》一书中说道:"古罗马建筑之所以耐久,除归功于耐久性好的水硬性胶凝材料外,还在于优良的设计、施工技术。例如,大力普遍捣实保证密实性,采用截断毛细孔、复合使用有机外加剂等技术。"

第二节　现代混凝土

古代混凝土虽然具有良好的耐久性,但因为其本身的技术特点,在中世纪,混凝土技术衰退,直到 18 世纪中期,人们又开始研制新型的水硬性胶凝材料。先期,利用含黏土质的石灰石煅烧来求得水硬性胶凝材料(如英国的 Parker J),后来,人们又利用石灰石和黏土混合烧制水凝性胶凝材料,体现了现代水泥的基本概念(如法国的 Vicat L J),直到 1824 年,英国人 Aspdin J 取得了波特兰水泥专利被认为是现代混凝土工业的开始。此后现代混凝土技术高速发展,不同种类、不同材料、不同功能、不同施工方法的混凝土应运而生。

现代意义的混凝土是指胶结材料(如水泥)、水、细集料、粗集料以及必要时掺入化学外加剂与矿物掺和料,按一定比例配合,通过搅拌、成型的一种人工混合物,刚拌制呈现塑性状态的拌和物,称为新拌混凝土或未凝固混凝土,在一定条件下随时间的推移逐渐硬化成具有强度和其他性能的块体,则称为硬化混凝土。混凝土在拉丁语中是"结合在一起共同成长"之意,在英语中,混凝土一词为"Concrete",分解开是"不同材料的结合物"之意。现在中文的混凝土一词则是从日本传来的,是"Concrete"的日语音译。在汉语中,混凝土用"砼"表示,从字型上就可看出混凝土就是人造石。混凝土已经成为现代社会的基础,在日常生活中几乎各个方面都直接或间接地涉及到混凝土。混凝土在工程领域发挥着其他材料无法替代的作用,已经成为现在社会文明的基石,是人类社会文明发展的见证。

一、混凝土的分类

目前,混凝土的分类主要有以下几种方法。

1. 按表观密度分类

(1)重混凝土:干表观密度大于 2 600 kg/m³ 的混凝土。常由高密度骨料重晶石和铁矿石等配制而成。主要用于辐射屏蔽方面。

(2)普通混凝土:干表观密度为 2 000～2 500 kg/m³ 的水泥混凝土。主要以天然砂、石子和水泥配制而成,是土木工程中最常用的混凝土品种。

(3)轻混凝土:干表观密度小于 1 950 kg/m³ 的混凝土。包括轻骨料混凝土、多孔混凝土和无砂大孔混凝土等,主要用于保温和轻质材料。

2. 按所用胶凝材料分类

通常根据主要胶凝材料的品种,并以其名称命名,如水泥混凝土、石膏混凝土、水玻璃混凝土、硅酸盐混凝土、沥青混凝土、聚合物混凝土等等。有时也以加入的特种改性材料命名,如水泥混凝土中掺入钢纤维时,称为钢纤维混凝土;水泥混凝土中掺大量粉煤灰时则称为粉煤灰混凝土等等。

3. 按使用功能和特性分类

按使用部位、功能和特性通常可分为:结构混凝土、道路混凝土、水工混凝土、耐热混凝土、耐酸混凝土、防辐射混凝土、补偿收缩混凝土、防水混凝土、自密实混凝土、纤维混凝土、聚合物混凝土、高强混凝土、高性能混凝土等等。

4. 按施工工艺分类

泵送混凝土、喷射混凝土、真空脱水混凝土、造壳混凝土(裹砂混凝土)、碾压混凝土、压力灌浆混凝土(预填骨料混凝土)、热拌混凝土、太阳能养护混凝土等多种。

5. 按掺和料分类

粉煤灰混凝土、硅灰混凝土、磨细高炉矿渣混凝土、纤维混凝土等多种。

6. 按抗压强度分类

低强混凝土(抗压强度小于 30 MPa)、中强混凝土(抗压强度 30～60 MPa)和高强混凝土(抗压强度大于等于 60 MPa);按每立方米水泥用量又可分为:贫混凝土(水泥用量不亏过 170 kg)和富混凝土(水泥用量不小于 230 kg)等。

二、混凝土发展的四个阶段

1. 第一阶段——理论基础时代

1850 年[法]郎波特(Lambot)用钢筋网造了一条小型水泥船,标示了钢筋混凝土(RC)时代的开始,也是钢筋混凝土预制工业的萌芽。钢筋混凝土(RC)是经由水泥、级配骨料、加水拌和而成混凝土,在其中加入一些抗拉钢筋,再经过一段时间的养护,达到建筑设计所需的强度。它应该是人类最早开发使用的复合型材料之一。钢筋和混凝土是两种全然不同的建筑材料,钢筋的比重大,不仅可以承受压力,也可以承受张力,然而,它的造价高,保温性能很差。而混凝土的比重比较小,它能承受压力,但不能承受张力,它的价格比较便宜,但是却不坚固。而钢筋混凝土的诞生,解决了这两者的缺陷问题,并且保留了它们原来的优点,使得钢筋混凝土成为现代建筑物建造的首选材料。

1861 年钢筋混凝土得到了第一次的应用，首先建造的是水坝、管道和楼板。1875 年，法国的一位园艺师蒙耶建成了世界上第一座钢筋混凝土桥。1887 年，[英]M. 科伦(M. Koenen)首发了钢筋混凝土结构计算方法。

1919 年，[美]D. A 艾布拉姆斯(D. A. Abrams)建立了水灰比(W/C)强度公式，当混凝土充分密实时，其强度与 W/C 成反比。1930 年，[瑞士]鲍罗米(Belomey)根据大量试验数据，应用数理统计方法，纳入了水泥强度因素后，提出了混凝土强度与水泥实际强度及 W/C 之间的关系。后来鲍尔斯(Powers)又确立了混凝土强度增长与胶空比的关系，即已水化水泥浆体积与已水化水泥浆体积加毛细孔体积加气孔体积之和的比值。进一步反映了混凝土强度与毛细空隙的关系，基本奠定了混凝土强度理论基础，完善了混凝土配合比设计的基础理论。

2. 第二阶段——预应力和干硬性混凝土时代

1928 年，[法]E. 弗列辛涅(E. Freyssinet)提出了混凝土收缩和徐变理论。采用了高强钢丝并研制了锚具，为预应力技术在混凝土中应用奠定了基础。预应力混凝土系从外部对混凝土改性，因为依靠机械张拉钢筋，因之称为机械预应力混凝土。20 年后，前苏联依靠膨胀混凝土在硬化过程中产生膨胀能，通过与钢筋黏结力和末端锚固张拉钢筋而产生预应力，称之为化学预应力混凝土。

1934 年，美国发明了振动器。从此高标号混凝土飞速发展。前苏联根据 W/C 理论开发了干硬性混凝土，并研制了许多高效重型设备。

1940 年，[日]吉田德次郎配制了 W/C 小于 0.22 的混凝土，经加压与振动处理又施高温养护，获得了 28 d 抗压强度大于 100 MPa 的成果。但后来逐步认识到，配制强度大于50 MPa 干硬性混凝土十分困难，并且很不经济。

3. 第三阶段——干硬性混凝土向流动性混凝土转变时代

1937 年，[美]E. W 斯克里彻取得了用亚硫酸盐纸浆废液改善混凝土和易性，提高强度和耐久性的专利，拉开了现代外加剂之幕。

1913 年，[美]柯尼尔 . 开(Cornell kee)设计出曲轴机构传动的立式缸混凝土泵，并取得专利。1927 年[德]弗得茨 . 海尔(Fritz Hell)亦设计同类型混凝土泵，并第一次获得成功的应用。1932 年，[荷兰]库依曼将立式缸改为卧式缸，制造了库依曼型混凝土泵。

1936 年，保尔(Bell)提出了可泵性问题，随后格莱(Gray)、波波维茨等人对可泵性作了不同的解释。现在采用的是按宾汉姆流体特征表达，可泵性实则就是拌合料在泵压下管道中移动磨擦阻力和弯头阻力之和的倒数。阻力越小，可泵性越好。通俗讲，可泵性是拌和物在泵送过程中不离析、黏塑性好、磨擦力小、不堵塞、能顺利沿管道输送的性能。

1962 年，[日]服部健一等将萘磺酸甲醛高缩合物(聚合度 $n\approx10$ 核体)用于混凝土分散剂，1964 年花王石碱公司作为商品出售，名为“麦地”(MT-150)高效减水剂。几乎与此同时(1963 年)前联帮德国研制成功三聚氰氨磺酸盐甲醛缩聚物。上述减水剂减水率高达 20%～30%，前联邦德国首先用三聚氰胺“美尔门脱(Melment)”研制成功坍落度 18～22 cm 的流态混凝土。标示了流动性混凝土时代的开始。

我国前华北窑业公司于 1948 年引进美国文沙引气剂样品，1949 年研制成功松香热聚物为主要成分的引气剂，产品名为长城牌引气剂，在天津新港应用效果显著。我国 20 世纪 50 年代开始大量生产使用外加剂，主要产品有松香热物和松香皂类的引气剂、纸浆废液(木质素磺酸钙)、氯盐防冻剂等。1970 年，国家建材院、清华大学、江西水泥制品研究所率先推出萘系和三聚氰胺系高效减水剂。

4. 第四阶段——高强混凝土应用，高性能混凝土产生

1918 年，[美]建造的陶粒钢筋混凝土载重 7 000 t 海船，半浸海水之中，至今仍很完好。1929 年下水，1942 年搁浅于挪威海岸，名为 Crete Joist 的钢筋混凝土船，历经数十年海潮和严寒考验，经取芯测定和电位测试，其混凝土强度可达 75～120 MPa，除有少数裂缝外，未见明显腐蚀，钢筋锈蚀亦很缓慢。可见人们很早就开始关注高强混凝土（HSC）和高性能混凝土（HPC）。

高强混凝土（HSC）在不同历史阶段涵义不同。20 世纪 30 年代前混凝土施工采用体积配合比，强度 10～30 MPa。二战后各国不断提高，强度达到 25～40 MPa。50 年代高强混凝土的强度为 35 MPa，60 年代为 40～50 MPa，70 年代为 60 MPa。时下采用现代技术配制的高强混凝土强度早已超过了结构设计所采用的强度。例如使用优质天然骨料能够生产 230 MPa 的混凝土，使用优质陶瓷骨料可以得到 460 MPa 的混凝土，甚至使用轻骨料亦可配制大于 100 MPa 的轻质混凝土。

美国混凝土学会（ACI）和国际预应力混凝土联合会（FIP）与欧洲混凝土委员会（CEB）1990 年、1992 年公布报告都将高强混凝土的强度界定为≥41 MPa，且不包括应用特种材料和技术制备的混凝土。其理由是超过 40 MPa 的混凝土性能与生产工艺都会开始变化。一些国家的标准和规范，均在抗压强度 40 ～50 MPa 试验基础上制定的。高强混凝土的强度低限，将随着研究工作的不断深化而逐步提高。目前通常将抗压强度大于 50 MPa 或60 MPa的混凝土认为是高强混凝土。

高强混凝土的技术发展走过三个阶段。没有减水剂前，靠低 W/C、振动加压和高温养护制备为第一阶段；以高效减水剂为主开创了高强混凝土发展的第二阶段；采用矿物质细粉料和高效减水剂双掺，以普通工艺制备（亦是当前配制高强混凝土技术路线的主要特征）为第三阶段。现在高强混凝土技术有以下四个档次：

设计强度为 60 MPa，采用目前市售材料和标准可以生产与施工；

设计强度为 80 MPa，市售材料和标准尚有怀疑，仅以预拌商品混凝土中试点应用；

设计强度为 100～120 MPa，市售材料已不适宜，技术标准也要重新制订，处于试验室配制阶段。

设计强度为 140～150 MPa，必须开发新材料，处于攻关研究阶段。

高强混凝土的技术经济效果十分明显，国内外经验表明：用 60 MPa 代替 30～40 MPa，可减少 40%混凝土、39%钢材用量，降低工程造价 20%～35%。若用于构件生产，每提高强度 10 MPa，养生能耗减少标准煤 13 kg/m^3。当强度由 40 MPa 提高到 80 MPa，其构筑物体积、自重均缩减 30%。

第三节 高性能混凝土

一、混凝土高性能化的提出

古代的混凝土结构能遗留至今并仍具有使用功能，证明混凝土结构是有良好耐久性的材料。进入 20 世纪以来，现代混凝土技术得到了高度提高，表现在强度越来越高、种类越来越

多、劳动强度越来越低，但结构的使用寿命却大多在 30～50 年或者更少，例如，混凝土开裂成为混凝土成型后的普遍问题，楼板、剪力墙混凝土没有拆模就出现裂缝，公路混凝土路面、桥梁混凝土在除冰盐作用下不到 10 年遭受破坏等等，因材料性能、施工性能、结构耐久性问题造成混凝土结构破坏的事件随处都有发生，不仅造成维护费用高昂，同时对能源、资源造成极大浪费。

人们开始对现代混凝土的发展进行反思，造成现代混凝土结构使用寿命短的原因主要有以下几个方面：

1. 片面追求强度的提高。现代混凝土的发展是不断提高强度，首先随着现代社会生活节奏的加快，混凝土的使用者要求建设的混凝土结构尽早提供使用功能，这就要求更快的施工建成速度，更早更高的强度发展成为首要的目标，强度成为混凝土验收的唯一指标。随之而来的是混凝土结构的设计主要考虑荷载作用下的结构安全性，强度设计成为设计的主要方面，对环境作用的耐久性问题放在次要地位。对施工进度提出不合理要求。

2. 材料本身的耐久性问题被忽视。例如水泥问题，为适应高强度的要求而忽视其他性能，造成水泥生产向大幅度增加细度和硅酸三钙、铝酸三钙的含量发展，水泥 28 d 胶砂抗压强度从 30 MPa 猛增到 60 MPa，造成水泥水化热增大、放热集中，加大混凝土的收缩，劣化混凝土微观结构；随着外加剂减水率的提高，忽视外加剂对混凝土收缩增加的影响以及带入混凝土中的硫酸钠、碱和氯盐对耐久性的不利影响。

3. 忽视火山灰材料对混凝土耐久性的贡献。古代混凝土采用的石灰—火山灰胶凝材料对其结构的耐久性至关重要，现代试验证明，粉煤灰等火山灰质材料在混凝土中具有改善胶凝材料颗粒级配的填充作用、与水化产物二次反应的火山灰活性效应，减少材料间摩阻力的形貌效应等改善混凝土微观结构与改善材料耐久性作用。

4. 混凝土结构使用环境的复杂化。随着现代社会人口增加，人类活动场所涉及到了更多不利于混凝土的环境，混凝土结构处于更严酷、更复杂的冻融、腐蚀等环境。同时随着社会的发展，混凝土接触到更多对其具有腐蚀等破坏作用的物质。

有鉴于此，人们意识到，使用寿命更长的混凝土结构才是最经济、最符合资源的合理利用，有利于社会的可持续发展。混凝土耐久性影响混凝土的使用寿命，与国民经济、社会安定、环境质量、可持续发展等密切相关。对混凝土的施工性能、耐久性能提出了更高的要求，传统的单一高强化的主流思想受到批评，高性能混凝土的理念被提出并成为合理的、科学的发展方向。

二、高性能混凝土的概念

在不同的国家，不同学者依照各自的认识、实践、应用范围和目的要求的差异，对高性能混凝土有不同的定义和解释。

美国学者认为：高性能混凝土是一种易于浇注、捣实、不离析，能长期保持高强度、高韧性和体积稳定性，在严酷条件下寿命很长的混凝土。美国混凝土协会 ACI 认为高性能混凝土并不需要很高的抗压强度，但仍要不小于 50 MPa。日本学者认为：高性能是一种高填充能力的混凝土，新拌阶段不需振捣能完成浇注，水化、硬化早期阶段水化热低、干缩少，具有足够的强度和耐久性。加拿大学者认为：高性能混凝土是一种具有高弹性模量、高密度、抗侵蚀、低渗透的混凝土。可见美加学者侧重于硬化后的性能，特别是耐久性。日本学者则重视新拌混凝土的流动性和自密实性。我国学者及行业专家认为：高性能应体现在工程设计（力学概念）和施工要求(非力学概念)及使用寿命(经济学概念)综合的优异技术、经济特性上。吴中伟院士给出的定义是:高性能混凝土是一种新型高技术混凝土,是在大幅度提高普通混凝土性能的基础上,采用现代混凝土技术,选用优质原材料,在严格的质量管理条件下制成的,除了水泥、水、集料以外,必须掺加足够数量的细掺料与高效外加剂,高性能混凝土重点保证下列诸性能:耐久性、工作性、各种力学性能、适用性、体积稳定性以及经济合理性。

以下是不同时期不同组织对高性能混凝土的定义:

1990 年在美国召开的高性能混凝土国际研讨会对高性能混凝土的定义是:具有所要求的性能和匀质性的混凝土。例如易于浇注和压实而不离析、高长期力学性能、高早强、高韧性、体积稳定、严酷环境中使用寿命长。采用传统的组分、普通的搅拌、浇注与养护操作是不可能日常生产这种混凝土的。

1998 年美国混凝土学会(ACI)对高性能混凝土规定:高性能混凝土的许多特性是相互关联的,改变其中一个常牵扯到一或多个其他特性发生变化。因此,如果对某一应用提供的混凝土有若干特性必须同时满足,则必须将其中每一项都在合同书上规定清楚。

中国土木工程学会标准《混凝土结构耐久性设计与施工指南》(CCES01:2004)对高性能混凝土 (high performance concrete)的定义是:以耐久性为基本要求并用常规材料和常规工艺制造的水泥基混凝土。这种混凝土在配比上的特点是掺加合格的矿物掺和料和高效减水剂,取用较低的水胶比和较少的水泥用量,并在制作上通过严格的质量控制,使其达到良好的工作性、均匀性、密实性和体积稳定性。

不同的工程领域对高性能混凝土有不同的要求。公路工程要求水胶比不大于 0.40;耐久性指数大于 80%;4 h 抗压强度高于 17.2 MPa,或 24 h 抗压强度高于 34.5 MPa,或 28 d 抗压强度高于 68.9 MPa;徐变率低。高层建筑要求混凝土具有高强度、高弹性模量、轻质、低徐变率、较高的工作性、早期强度与耐久性高的特性,使长期以来的建筑物安全使用期从 30 年～50 年提高到 100 年以上。港口工程要求混凝土具有高耐久性(抗腐蚀、抗冻融循环等)、高抗渗性、体积安定性好、强度与抗冲击疲劳性高。重要水工建筑物(包括大体积混凝土工程)对耐久性与体积稳定性有很高的要求,而对于强度和早期强度要求并不高。水工建筑常要求有很长的安全使用期。在寒冷、干热以及高速水流冲刷等条件下应用的高性能混凝土,尤其需要某些特殊性能。客运专线高性能混凝土的特点是有较严格的原材料品质要求,混凝土强度等级无具体要求,流动度根据施工要求确定,均有含气量要求,电通量、抗裂性、抗碱骨料反应作为基本耐久性指标,根据环境作用等级和结构部位要求抗腐蚀、抗冻、抗渗性能等耐久性指标,还有通过施工措施控制绝热温升、徐变、收缩等指标。

通过以上不同方面的分析可以看出,高性能混凝土的特性是针对一定的应用和环境所要求的。重点关注混凝土的易于浇筑性、可捣实、不离析、早期强度、长期力学性质、渗透性、水化热、体积稳定性、密度、韧性、在服务环境中运行寿命长久等指标。高性能混凝土是在与普通混凝土相对比的基础上提出的概念。相比而言,高性能混凝土的孔隙率很低;水化物中 $Ca(OH)_2$减少、CSH 和 AFt 增多;未水化颗粒多,未水化颗粒和矿物细掺料等各级中心质增多,各中心质之间距离缩短,有利的中心质效应增多,中心质网络骨架得到强化;界面过渡层厚度小,$Ca(OH)_2$ 取向程度下降。

三、混凝土如何高性能化

高性能混凝土具有更密实的结构与良好的孔结构，具有优良的抗裂性能。因此使混凝土高性能化的途径就是在混凝土生产的各个环节改善混凝土孔结构与增加抗裂性。

1. 优质原材料是混凝土高性能化的基本保证

水泥高含碱量、高比表面积、高 C_3S、高 C_3A、高 SO_3 使水泥水化热大、水化快、早期强度高、徐变小、使混凝土延伸性低，易使混凝土因温度收缩、自收缩和干燥收缩导致开裂。配制高性能混凝土的水泥宜选用硅酸盐水泥或普通硅酸盐水泥，混合材宜为矿渣或粉煤灰。不宜使用早强水泥。水泥熟料中的 C_3A 含量非氯盐环境下不应超过 8%，氯盐环境下不应超过 10%，氯离子含量≤0.06%，碱含量≤0.80%，游离氧化钙含量≤1.0%。

表面光滑的骨料与水泥砂浆界面的黏结性差，其中的碱活性成分可能造成混凝土的碱骨料反应破坏，级配差、高空隙率的骨料不仅增加水泥用量还对混凝土的抗收缩与抗冻融不利，骨料含泥量高、弹模低均增加混凝土的收缩。配制高性能混凝土的粗骨料一般采用二级级配，要求级配合理、粒形良好、质地均匀坚固、线胀系数小，其松散堆积密度应大于1 500 kg/m^3，紧密空隙率宜小于 40%，吸水率应小于 2%，碎石压碎指标不大于 10%，含泥量不大于 0.5%，泥块含量小于 0.25%，针片状颗粒总含量不大于 8%，硫化物及硫酸盐含量(折算成 SO_3)不大于 0.5%，氯离子含量不大于 0.02%，当用岩相法检验其矿物组成含有碱—硅酸反应活性矿物时，其砂浆棒膨胀率应小于 0.10%。

外加剂应采用减水率高、坍落度损失小、适量引气、质量稳定、能满足混凝土耐久性能的产品。硫酸钠含量不大于 10.0%，Cl^- 含量不大于 0.2%，碱含量($Na_2O+0.658K_2O$)不大于 10.0%，对钢筋无锈蚀作用。

2. 降低水胶比

降低水胶比即是降低混凝土中水化所需以外的自由水，减少自由水蒸发后遗留的孔道，降低混凝土的空隙。目前的高效减水剂减水率多在 20%以上，在降低混凝土水胶比方面起着关键作用。

3. 掺入矿物掺和料改善混凝土中水泥石与粗骨料之间的界面结构

普通混凝土粗骨料与水泥石之间的界面上积滞着大量的 $Ca(OH)_2$，$Ca(OH)_2$ 在界面上的结晶与定向排列，是混凝土强度与耐久性低下的主要原因。改善混凝土中骨料与水泥石之间的界面结构，是高性能混凝土必须解决的关键技术。混凝土掺入粉煤灰有以下四种功效：火山灰效应的增强作用、形态效应的减水作用、微集料效应的增密作用、稳定效应的益化作用。混凝土中掺入磨细矿渣可以取代部分水泥，可提高流动度，降低泌水性，降低混凝土黏度，早强相当，后强高耐久性好，另外将粗细不同种类的掺和料复合使用可以利用各自的特点，取长补短，各发挥各自的优势、优势互补，起到叠加效应。

4. 添加引气剂改善混凝土中水泥石的孔结构

在混凝土中加入引气剂，可在混凝土中引入大量封闭孔。在相同的孔隙率下，封闭孔的渗透系数最低，耐久性最好。

5. 综合措施改善混凝土开裂性

(1)原材料是构成混凝土的基本，应尽量改善以下方面对耐久性及抗裂性的不利影响，见表 1—3—1。

表 1—3—1 原材料对耐久性、抗裂性的影响

原材料特性	对混凝土耐久性、抗裂性的影响
高水泥用量	提高温度，增加收缩和易裂性
低水泥用量	增加渗透性
高用水量	增加体积收缩
高细度掺和料	增加自收缩和干燥收缩
早强剂、防冻剂	减小徐变、增加收缩

(2)施工过程是混凝土形成的一个重要环节，施工中尽量避免以下方面的影响，见表1—3—2。

表 1—3—2 混凝土施工对耐久性的影响

浇筑特性	对混凝土耐久性影响
材料温度高	浇筑后混凝土温度高
环境温度高	加速水化和干燥
离析	不均匀收缩
表面水分蒸发快	可造成塑性裂缝

(3)混凝土的养护。混凝土是一种疏松多孔的混合物，新拌混凝土中存在着大量均匀分布的毛细孔，其中充满水，随着水泥进一步水化作用，使大孔变成小孔增加混凝土的密实度。因毛细孔是相通的，如外界环境湿度低，毛细孔水会向外蒸发，减少了供给水化的水量。如果环境湿度大或继续放在水中，则可通过毛细管向内补给水化用水，混凝土性能就能不断提高。在干旱多风天气，毛细孔水迅速蒸发，水泥不仅因缺水而停止水化作用，还会因毛细管引力作用在混凝土中引起收缩。此时混凝土强度还很低，收缩引起的拉应力很快使混凝土开裂，养护的主要目的在于保持适宜的温湿条件，以达到两个方面的效果：一方面使混凝土免受不利温、湿度变化的侵袭，防止有害的温度收缩和干缩；另一方面使水泥水化作用顺利进行，以期达到设计的强度和抗裂能力。对混凝土加强保温养护，以减少温度裂缝。保温层的拆除应根据测温情况而定，要确认内外温度差低于 15 ℃时，方能拆除。同时应分层逐步拆除，应尽量避免因为降温速度过快而引起混凝土开裂。环境温差大时进行表面保温，以免混凝土表面发生急剧的温度梯度；刚拆模混凝土温度高时，不得淋洒凉水，防止产生热震裂缝。淋注于混凝土表面的养护水温度低于混凝土表面温度时，二者间温差不得大于 15 ℃。

第四节 未来混凝土展望

随着科学技术的发展与混凝土技术的研究，人们将混凝土科学与其他学科相结合，提出了更多的新型混凝土。例如活性粉末混凝土、智能混凝土、生态混凝土等，将混凝土技术推向更高的层次。

一、活性粉末混凝土(RPC)

活性粉末混凝土的理念，首先是由 P. Richard 和 M. Cheyrezy 提出的，并于 1993 年在法国 Bouygues 实验室研制成功。它是具有超高抗压强度、高耐久性及高韧性的新型水泥基复

合材料，不仅可获得 200～800 MPa 的超高抗压强度，而且具有 30～60 MPa 的抗折强度，有效地克服了普通高性能混凝土的高脆性。活性粉末混凝土是由级配良好的石英细砂(不含粗骨料)、水泥、石英粉、硅粉、高效减水剂等组成，为了提高混凝土的韧性和延性可加入钢纤维，在混凝土的凝结、硬化过程中采取适当的加压、加热等成型养护工艺制成。由于提高了组分的细度和反应活性，因此被称为活性粉末混凝土(Reactive Powder Concrete ，RPC)。目前活性粉末混凝土已成为国际工程材料领域一个新的研究热点，包括三种系列的混凝土，即 RPC200 系列、RPC500 系列和 RPC800 系列。

RPC 的现场使用，是 1997 年在加拿大魁北克省 Sherbrooke 市建成的 Sherbrooke 大桥，桥构件采用30 mm厚纤维 RPC 桥面板、直径 150 mm 的预应力 RPC 钢管混凝土桁架、纤维 RPC 肋和纤维 RPC 梁，以抵抗当地冬季－30 ℃及反复洒除冰盐的严酷环境条件的侵蚀。韩国的汉城用 RPC 材料建造了一座跨度为 120 m 的拱桥。1999 年的建筑创新论坛上，RPC 被提名为 Nova 奖。由于 RPC 具有良好的抗渗透性能，在欧洲已被成功应用于核废料的隔离和密封。法国一核电站采用活性粉末混凝土为冷却系统生产了 2 500 多根大小梁(耗用混凝土 823 m^3)，生产了大量核废料储存容器。

国内近几年才开始 RPC 的研究，并首先在铁路客运专线工程预制电缆槽盖板等工程部位使用。与国外采用水泥—硅粉两组分胶凝材料不同，国内研究者结合我国高性能混凝土的制备技术及经验，选择了水泥—粉煤灰—硅粉三组分胶凝材料体系。粉煤灰的加入，在极低水胶比(0.16)的条件下，使混凝土工作度与成型密实程度得到明显改善，通过适当时间的热养护处理，可以获得与水泥—硅粉两组分胶凝系统相当强度和其他性能的效果。并为将 RPC 实际应用，进一步开展了搅拌设施、高频振捣与脱模剂的试验研究。

活性粉末混凝土具有广泛的应用性。活性粉末混凝土具有超高强和高韧性，可生产薄壁、细长、大跨等新颖形式的预制构件，大幅度缩短工期和降低工程造价。RPC 还具有超高密实度的微结构，其良好的防水和耐久性特征也很突出，因此，可用于工业和核废料储存设施。RPC 具有特低的孔隙率、渗透性、有限的收缩和强抗腐蚀性，因此，它具有超高的耐久性。与高性能混凝土相比，几乎无液体或气体能穿透 RPC。它既可用在有化学侵蚀性的环境中，也可用在其他混凝土的使用寿命受到极大限制的物理磨损环境中或生产各种耐腐蚀的压力管和排水管道。

RPC 还可应用于能大大节省结构重量的领域，以及应用于某些显著的材料特性能得以充分利用的场合。由于 RPC 高耐久性，它甚至可以取代那些使用受压钢结构耐久性有风险的应用领域(如海洋环境中)。此外，RPC 的早期强度发展快，后期强度极高，用于补强和修补工程中可替代钢材和昂贵的有机聚合物，既可保持混凝土体系的有机整体性，还可降低工程造价。RPC 的高密实性与良好的工作性能，使其与模板相接触的表面具有很高的光洁度，外界的有害介质很难侵入到 RPC 中去，而且 RPC 中的着色剂等组分也不易向外析出，利用这一特点可作建筑物的外装饰材料。

但是，在典型的 RPC 配合比设计中，传统混凝土中最廉价的组分基本被去除，代之以最昂贵的材料。就材料的规格尺寸而言，用于 RPC 的细砂相当于传统混凝土中的粗集料，水泥起到了细集料的作用，而硅灰则起到了水泥的作用。仅就优化的矿物组分而言，就使其成本比传统混凝土大增(约比 HPC 增加 5～10 倍)。由于 RPC 还处于开发的起步期，因此，其长期性能还是个未知数，有待进一步验证。但就目前而言，活性粉末混凝土存在的主要问题，是由于超低水胶比而使它的自身收缩明显加大、采用热养护的影响较显著等,因而只适于预制生产,而不能现浇,在结构工程中的应用受到限制。

Richard 和 Cheyrezy 列出了以下开发研究 RPC 的原则：

①为提高匀质性,去除粗集料；

②利用具有火山灰活性的硅灰；

③优化颗粒的混合级配提高密实度；

④为降低水灰比,又提高工作性,需优化外加剂的应用；

⑤施加压力(凝结前和凝结过程中),提高密实度；

⑥为提高微结构的性能,需采用凝结后加热处理(养护)；

⑦掺加微钢纤维,提高韧性。

二、智能混凝土

智能混凝土是在混凝土原有组分基础上复合智能型组分,使混凝土具有自感知和记忆、自适应、自修复特性的多功能材料。根据这些特性可以有效地预报混凝土材料内部的损伤,满足结构自我安全检测需要,防止混凝土结构潜在脆性破坏,并能根据检测结果自动进行修复,显著提高混凝土结构的安全性和耐久性。以目前的科技水平制备完善的智能混凝土材料还相当困难。但近年来损伤自诊断混凝土、温度自调节混凝土、仿生自愈合混凝土等一系列智能混凝土的相继出现,为智能混凝土的研究打下了坚实的基础。

1. 损伤自诊断混凝土

自诊断混凝土具有压敏性和温敏性等自感应功能。普通的混凝土材料本身不具有自感应功能,但在混凝土基材中复合部分其他材料组分使混凝土本身具备本征自感应功能。目前常用的材料组分有:聚合类、碳类、金属类和光纤。其中最常用的是碳类、金属类和光纤。

碳纤维是一种高强度、高弹性且导电性能良好的材料。在水泥基材料中掺入适量碳纤维不仅可以显著提高强度和韧性,而且其物理性能,尤其是电学性能也有明显的改善,可以作为传感器并以电信号输出的形式反映自身受力状况和内部的损伤程度。将一定形状、尺寸和掺量的短切碳纤维掺入到混凝土材料中,可以使混凝土具有自感知内部应力、应变和操作程度的功能。例如,碳纤维混凝土的电阻变化与其内部结构变化是相对应的。反映了混凝土内部的应力—应变关系,可实现对结构工作状态的在线监测;碳纤维混凝土材料的体积电导率会随疲劳次数的增加发生不可逆的降低。因此,可以应用这一现象对混凝土材料的疲劳损伤进行监测,尤其对公路、铁路桥梁监控有极大的应用价值;利用碳纤维混凝土的温度敏感性,可以实现对建筑物内部和周围环境变化的实时监控;也可以实现对大体积混凝土的温度自监控以及用于热敏元件和火警报警器等。此外还可应用于工业防静电构造、公路路面、机场跑道等处的化雪除冰、钢筋混凝土结构中的钢筋阴极保护、住宅及养殖场的电热结构等。

光纤传感智能混凝土,是在混凝土结构的关键部位埋入纤维传感器或其阵列,探测混凝土在碳化以及受载过程中内部应力、应变变化,并对由于外力、疲劳等产生的变形、裂纹及扩展等损伤进行实时监测。到目前为止,光纤传感器已用于许多工程,典型的工程有加拿大 Caleary 建设的一座名为 Beddington Tail 的双跨公路桥内部应变状态监测、美国 Winooski 的一座水电大坝的振动监测,国内工程有重庆渝长高速公路上的红槽房大桥监测和芜湖长江大桥长期监测与安全评估系统等。

2. 自调节智能混凝土

自调节智能混凝土具有电力效应和电热效应等性能。混凝土结构除了正常负荷外，人们还希望它在受台风、地震等自然灾害期间，能够调整承载能力和减缓结构振动，但因混凝土本身是惰性材料，要达到自调节的目的，必须复合具有驱动功能的组件材料，如：形状记忆合金(SMA)和电流变体(ER)等。在混凝土中埋入形状记忆合金，利用形状记忆合金对温度的敏感性和不同温度下恢复相应形状的功能，在混凝土结构受到异常荷载干扰时，通过记忆合金形状的变化，使混凝土结构内部应力重分布并产生一定的预应力，从而提高混凝土结构的承载力。在混凝土中复合电流变体，利用电流变体的这种流变作用，当混凝土结构受到台风，地震袭击时调整其内部的流变特性，改变结构的自振频率、阻尼特性以达到减缓结构振动的目的。

3. 自修复智能混凝土

混凝土结构在使用过程中，大多数是带缝工作的。混凝土产生裂缝，不仅强度降低，而且空气中的CO_2、酸雨和氯化物等极易通过裂缝侵入混凝土内部，使混凝土发生碳化，并腐蚀混凝土内的钢筋，这对地下结构物或盛有危险品的处理设施尤为不利，而且一旦混凝土产生裂缝，要想检查和维修都很困难。自修复混凝土就是应这方面的需要而产生的。在混凝土传统组分中复合特性组分(如含有黏结剂的液芯纤维或胶囊)在混凝土内部形成智能型仿生自愈合神经网络系统，模仿动物的这种骨组织结构和受创伤后的再生、恢复机理。采用黏结材料和基材相复合的方法，使材料损伤破坏后，具有自行愈合和再生功能，恢复甚至提高材料性能的新型复合材料。

三、生态混凝土

生态混凝土的概念是日本混凝土工学协会于 1995 年提出的。它是通过材料研选，采用特殊工艺制造出来的具有特殊结构与表面特性的混凝土。生态混凝土是在满足过去对混凝土的强度和耐久性的要求基础上，进一步与环境问题结合起来，降低环境负荷，与生态环境协调，保存与提高环境景观。也就是说，生态混凝土要具有结构所要求的性能与功能之外，还要具有环境协调性和居住的愉适性。生态混凝土可分为环境友好型和生物相容型两类。

1. 环境友好型生态混凝土，是指在混凝土的生产、使用直至解体全过程中，能够降低环境负荷的混凝土。目前，相关的技术途径主要有以下 3 条：

(1)降低混凝土生产过程中的环境负担。这种技术途径主要通过固体废弃物的再生利用来实现。绿色高性能混凝土是较好的方式。最早提出绿色高性能混凝土概念的是吴中伟教授。绿色高性能混凝土的提出在于加强人们对绿色的重视，要求混凝土工作者更加自觉地节约更多的资源、能源，将对环境的破坏减到最少，这不仅为了混凝土和建筑工程的继续健康发展，更是人类的生存和发展所必需的。根据孙振平等人的研究，认为符合以下条件的混凝土才能称得上是真正得绿色高性能混凝土：

①所使用的水泥必须为绿色水泥，砂石料的开采应该以十分有序且不过分破坏环境为前提。此处的“绿色水泥”是针对“绿色型”水泥工业来说的，绿色型水泥工业是指将资源利用率和二次能源回收率均提高到最高水平，并能够循环利用其他工业的废渣和废料，技术装备上更加强化了环境保护的技术和措施，产品除了全面实行质量管理体系外，还真正实行全面环境保护的保证体系，粉尘、废渣和废气等的排放几乎接近于零，真正做到不仅自身实现零污染、无公害，又因循环利用其他工业的废料、废渣，而帮助其他工业进行三废消化，最大限度地改善

环境。

②最大限度地节约水泥用量，从而减少水泥生产中的“副产品”——二氧化碳、二氧化硫、氧化氮等气体，以保护环境。

③更多地掺加经过加工处理的工业废渣，如磨细矿渣、优质粉煤灰、硅灰和稻壳灰等作为活性掺和料，以节约水泥，保护环境，并改善混凝土耐久性。

④大量应用工业废液，尤其是黑色纸浆废液为原料改性制造的减水剂，以及在此基础上研制的其他复合外加剂，帮助其他工业消化处理难以处治的液体排放物。

⑤集中搅拌混凝土和大力发展预拌商品混凝土，消除现场搅拌混凝土所产生的废料、粉尘和废水，并加强对废料和废水的循环使用。

⑥发挥高性能混凝上的优势，通过提高强度，减小结构截面积或结构体积，减少混凝土用量，从而节约水泥、砂、石的用量；通过改善施工性来减少浇注密实性能，降低噪音；通过大幅度提高混凝土耐久性，延长结构物的使用寿命，进一步节约维修和重建费用，减少对自然资源无节制的使用。

⑦对大量拆除废弃的混凝土进行循环利用，发展再生混凝土。

(2)降低混凝土在使用过程中的环境负荷。这种途径主要通过提高混凝土的耐久性来提高建筑物的寿命。

(3)通过提高性能来改善混凝土的环境影响。这种技术途径是通过改善混凝土的性能来降低其环境负担。例如透水性混凝土，与普通的水泥混凝土路面相比，透水性道路能够使雨水迅速地渗入地下，还原成地下水，使地下水资源得到及时补充，保持土壤湿度，改善城市地表植物和土壤微生物的生存条件；同时透水性路面具有较大的孔隙率，与土壤相通，能蓄积较多的热量，有利于调节城市空间的温度和湿度，消除热岛现象；当集中降雨时，能够减轻排水设施的负担，防止路面积水和夜间反光，提高车辆、行人的通行舒适性与安全性；大量的孔隙能够吸收车辆行驶时产生的噪声，创造安静舒适的交通环境。

2. 生物相容型生态混凝土是指能与动植物等生物和谐共存，对调解生态平衡、美化环境景观、实现人类与自然协调具有积极作用的混凝土。根据用途，这类混凝土可分为植物相容型生态混凝土、海洋生物相容型生态混凝土、淡水生物相容型生态混凝土以及净化水质型生态混凝土等。

(1)植物相容型生态混凝土利用多孔混凝土空隙部位的透气、透水等性能，渗透植物所需营养，生长植物根系这一特点来种植小草、低灌木等植物，用于河川护堤的绿化，美化环境。例如绿化混凝土，绿化混凝土是指能够适应绿色植物生长、可种植绿色植被的混凝土及其制品。绿化混凝土用于城市的道路两侧及中央隔离带、护坡、楼顶、停车厂等部位，可以增加城市绿色空间，调节人们的生活情绪，同时能够吸收噪音和粉尘，对城市的生态平衡也起到了积极作用，是与自然协调、具有环保意义的混凝土材料。

(2) 海洋生物、淡水生物相容型混凝土是将多孔混凝土设置在河、湖和海滨等水域，让陆生和水生小动物附着栖息在其凹凸不平的表面或连续空隙内，通过相互作用或共生作用，形成食物链，为海洋生物和淡水生物生长提供良好条件，保护生态环境。

(3)净化水质用生态混凝土是利用多孔混凝土外表面对各种微生物的吸附，通过生物层的作用产生间接净化功能，将其制成浮体结构或浮岛设置在富营养化的湖、河内净化水质，使草类、藻类生长更加繁茂，通过定期采割，利用生物循环过程消耗污水的富营养成分，从而保护生

图 1—4—1　佳源公司金丽温高速公路永鹿段喷混植生技术应用

态环境。

(4)吸音混凝土

吸音混凝土是针对噪音采取的隔音、吸音措施。吸音混凝土具有连续、多孔的内部结构，具有较大的内表面积，与普通的密实混凝土组成复合构造。多孔的吸音混凝土直接暴露面对噪音源，入射的声波一部分被反射，大部分则通过连通孔隙被吸收到混凝土内部。

混凝土材料的生态化是人类对混凝土这一传统建筑材料的迫切需求，也是未来混凝土材料可持续发展的目标。生态混凝土是传统混凝土材料走可持续发展之路，保护生态环境与可持续发展观在建筑材料方面的具体体现和必然选择。因此，生态混凝土正向着智能化、规模化、理论化、体系化和集成化方向发展。

四、未来混凝土

2004 年 3 月，美国混凝土协会对未来混凝土的展望是：未来混凝土将是一种既高强又轻质的材料。在施工过程中，混凝土将像水一样流动到位，然后，非常迅速地凝结。既不需要养护，又不会有产生收缩裂缝的危险。混凝土中将采用随机分布和永不腐蚀的超高强纤维作增强材料。预埋的微型无线传感器将向设计师、承包商和开发商准确地告知材料和结构在其整个服务生命周期中的实时状态。混凝土结构的预期生命周期将大大超过 100 年。当其服务寿命终止时，所有混凝土将被破碎，并再生利用于新的混凝土结构。

第二章　混凝土的性能

第一节　新拌混凝土性能

一、工 作 性

对于混凝土拌合物的工作性，众多学者曾给出自己不同的定义。1937 年 T. P. Tassions 从工程应用角度将工作性分解为流动性、可泵性、稳定性、均匀性、易密实性和终饰抹面性等几个方面。但目前，人们一般对普通混凝土的工作性仍采用稠度或和易性来描述。

稠度或称为和易性是一个综合技术指标，通常包括三方面的含义：流动性、黏聚性和保水性。

(1)流动性：指混凝土混合物在本身自重作用下或机械振捣下，能够流动并均匀密实填满模板的性质。流动性大小与加水量、砂率等有关。

(2)黏聚性：是指混凝土混合物具有一定内聚力，使运输、浇灌、捣实过程中不致产生分层、离析泌水。黏聚性大小与水泥浆用量及配合比有关。

(3)保水性：混凝土保持水分不易析出的能力。混凝土拌和时加入的水包括两部分，一部分是保证水泥水化所需水量，约占拌合水量的 17%～20%，这部分水与水泥水化物形成晶体永存于混凝土内；另一部分是为使混凝土拌合物有足够流动性，便于浇注所需的水量，在混凝土输送、浇注中，在凝结硬化前很容易聚集到混凝土表面，引起表面酥松或积聚在集料或钢筋的下方形成孔隙，削弱集料或钢筋与水泥石的黏结力，这种现象称为泌水性。

1. 检测方法

目前，还没有一个科学的测试方法和定量指标，能够完整表达混凝土混合物的稠度。通常采用测定拌合物的流动性，辅以直观经验评定黏聚性和保水性等情况，来确定稠度。流动度的测定有两类，一类是靠重力作用，使混凝土拌合物产生变形，测量其变形值，另一类是测定使拌合物密实所做的功为基础，或以时间或以密实度表示。《普通混凝土拌合物性能试验方法标准》GB/T 50080—2002 规定有坍落度试验、扩展度试验及维勃稠度试验。坍落度试验是新拌混凝土最常用的试验方法，扩展度试验更多的用于大坍落度混凝土，其实是对坍落度试验的一种改进，它对混凝土的和易性反映得更好一些。维勃稠度试验适用于干硬性混凝土和易性的描述。

2. 影响混凝土工作性的因素

混凝土拌合物的稠度与混凝土的用水量、材料的性质及含量以及外加剂等因素有关。

(1)水灰比。在水泥用量不变的情况下，减少用水量，水灰比越小，水泥浆就越稠，混凝土拌合物的流动性便越小。在水泥用量不变的情况下，增加用水量，水灰比增大，混凝土的流动性增大，水灰比过大，又会造成混凝土拌合物的黏聚性和保水性不良，而产生流浆、离析现象。

但采取增加水灰比的方法会使硬化后混凝土会产生较大空隙，严重降低强度和耐久性。一般，混凝土空隙率每增加 5%，强度将降低 30%，即使每增加 2%，也能降低 10%左右。

(2)水泥品种及用量。一般，用普通水泥配制的混凝土比掺混合材水泥配制混凝土的坍落度大，保水性好。在水量适当的情况下，水泥用量越多和易性越好，但不经济，水泥用量太少，稠度不好，也不易满足混凝土强度和耐久性要求。

(3)水泥浆的含量。不改变水灰比，增加水泥浆含量，则混凝土拌合物流动性增加，稠度好，而混凝土强度不降低。但水泥浆过多，不仅不经济，而且骨料含量相对减少，且骨料中间层太厚，对混凝土的强度和耐久性也会产生一定的影响。

(4)骨料的性质。在水泥浆数量一样的情况下，骨料级配好，空隙率小，骨料中间层增大，混凝土流动性就好，另外，骨料的形状对流动性有一定影响，一般卵石混凝土的流动性好于碎石混凝土，骨料的针片状含量对混凝土流动性影响很大，针片状含量多，流动性明显降低。

(5)砂率。对混凝土和易性与强度，砂率都存在一个最佳值，砂率太大，骨料的总表面积增大，在水泥浆一定的条件下，混凝土拌合物就显得干稠，流动性小。但砂率过小，虽然骨料的总表面积减小，但由于砂浆量不足，不能在粗骨料周围形成足够的砂浆层起润滑作用，混凝土拌合物的黏聚性与保水性差。只有在一定的砂率范围内随砂率增大，润滑作用愈加显著，流动性可以提高。

(6)外加剂。减水剂、引气剂等均可以提高拌合物的稠度并改善其他技术性能。

(7)温度。混凝土拌合物的流动性，随着温度的升高而减小，温度提高 10 ℃，坍落度大约减少 20～40 mm。

3. 混凝土的工作性对混凝土性能的影响

新拌混凝土的工作性不良，主要影响混凝土的施工容易性，增加施工难度，也容易造成混凝土的分层或蜂窝空洞等质量通病，但严重的工作性不良，例如离析和泌水，对混凝土强度和耐久性都有较大影响。离析和泌水对混凝土的影响有以下几个方面：

(1)泌水将导致骨料下较大水囊的形成，混凝土的泌水是由下而上运动的，在运动过程中，如遇到集料，这些水将受阻并在集料下富集起来，形成较大的宏观缺陷。这些宏观缺陷将成为裂纹形成的源泉和裂纹扩展的最短途径，成为水及有害杂质进入的通道，也将成为冰冻的场所。它将导致混凝土一系列性能的降低。

(2)离析将导致混凝土力学性能的不一致性，若混凝土发生离析，则混凝土各处的力学性能是不一致的，某些部位混凝土强度较高，某些部位混凝土强度则较低。然而，混凝土的破坏常常是从最薄弱点开始，这种不一致性将会导致混凝土力学性能的降低。

(3)离析将导致混凝土变形性能的不一致性，混凝土的离析导致某些部位混凝土富集着较多的骨料，某些部位则富集着较多的水泥浆或砂浆。随着水泥水化反应的进行或干燥过程，富集较多骨料的部位将产生较小的变形，而富集较多水泥浆或砂浆的部位将产生较大的变形。这种变形的不一致性将导致混凝土中产生较大的内应力，严重时将导致混凝土开裂。

(4)离析将导致混凝土热学性能的不一致性，离析导致混凝土某些部位骨料较多而水泥浆较少，某些部位水泥浆较多而骨料少。由于水泥的水化作用，水泥浆较多的部位将放出较大的水化热，而水泥浆较少的部位放出的水化热较少，对于大体积混凝土，这将导致水化热温升不一致，使得结构内产生较大的温度应力。

二、含 气 量

混凝土不仅是多种物质的混合物，而且其内部也存在着气、液、固三态，气态含量的多少即是其含气量。混凝土的含气量大小，对混凝土的耐久性影响很大。不掺引气剂的混凝土，由于搅拌过程中带入了空气，使混凝土有1%～2%的含气量。在这种情况下，带入的气泡很不均匀，形状也不规则，对提高混凝土的抗冻性等耐久性不会产生有利的影响。只有掺入适量的引气剂或引气减水剂，使混凝土的含气量达到3%～5%（体积百分数），并且在硬化混凝土中形成均匀稳定的小气泡（约20～1 000 μm，大多数在200 μm以下），对混凝土的抗冻性、抗渗性等耐久性才有利。新拌混凝土中气泡的性质，包括含气量、气泡的大小及其分布，在搅拌后的运输、操作、浇筑、捣实和抹平各阶段的变化过程和变化机理还没有被人们认识清楚。

1. 检测方法

混凝土含气量的检测方法见《普通混凝土拌合物性能试验方法标准》GB 50080—2002。该方法的原理是波义尔（BOYLE）定律，在相同温度情况下，气体的体积与压力成反比，即$P_1V_1=P_2V_2=$常数，式中P_1和P_2为压强，V_1和V_2是与P_1和P_2相对应的气体体积。当设定初始压力（0.1 MPa）与仪器的气室体积后，就可以根据压力的变化求得混凝土中所含气体的体积。但检测时必须扣除混凝土骨料本身的含气量。

2. 影响混凝土含气量的因素

(1)引气剂或引气减水剂的种类与掺量

不同种类的引气剂或引气减水剂对混凝土引气量的影响不一样，但都在一定范围内，随着掺量增加而增大。通常高级直链表面活性剂（如十二烷基硫酸钠）有很好的起泡能力，但气泡稳定性差，形状不规则，多呈多面体，非离子型表面活性剂气泡稳定性差，引气效果不好。皂类表面活性剂起泡能力和稳定性都很好。

(2)混凝土的组成材料及配合比

水泥品种与细度：相同的外加剂对矿渣水泥和粉煤灰水泥的引气量小一些，水泥的细度越细，引气量越小。

粉煤灰：粉煤灰对表面活性剂有较强的吸附作用，因此混凝土掺粉煤灰后，引气剂的掺量要加大几倍。

骨料的种类与最大粒径：卵石混凝土的含气量一般大于碎石混凝土的含气量，采用天然砂的混凝土含气量大于人工砂混凝土含气量。粗集料最大粒径越大，引气剂在相同掺量下引气量越小。最大粒径40 mm碎石混凝土的含气量比20 mm的小1%～2%，比10 mm的小2.5%～4%。细集料粒径在0.15～0.59 mm之间时使砂浆中引入的空气量较大。

拌合水：在相同引气剂掺量下，拌合水量增加，引气量增加，水的硬度增加，混凝土含气量减少。

砂率：当砂率减少时，混凝土含气量减少，减少程度与掺加引气剂与否无关。

塌落度：为了引入所需的空气量，塌落度越大，引气剂掺量越小。

(3)拌合条件

当搅拌机搅拌量从搅拌能力的40%增加到100%时，混凝土含气量明显增加。混凝土的搅拌时间过长，一般含气量减少，搅拌时间为12分钟时，含气量最大。拌合温度增高10度，含气量减少20%～30%。

(4)浇灌条件

运输放置时间越长,含气量损失越大;混凝土振捣时间越长,含气量减少越多,而且在混凝土内部的振捣比在混凝土外部震动含气量下降的多。在泵送作用下,含气量会降低。

3. 混凝土含气量对混凝土性能的影响

混凝土中大的气泡对混凝土的性能不会产生有利的影响,只有混凝土中有大量微小且独立的气泡时,才会对混凝土有有利的影响。这主要靠引气剂或引气减水剂来达到。

(1)和易性

当混凝土中引入大量微小且独立的气泡时,由于气泡的滚动作用和浮托作用使混凝土和易性和稳定性得到大大改善和提高,尤其是在骨料粒形不好的碎石或人工砂混凝土中更为显著。

(2)泌水沉降

混凝土的泌水和沉降与水泥浆的黏度有密切关系,而水泥浆的黏度又与其微粒对表面活性剂的吸附及气泡在粒子表面的附着有关。由于气泡的存在,整个体系的表面积增大,黏度增大,尤其当有将粒子憎水化的阴离子表面活性剂存在时,由于粒子间的引力增大,使水泥浆的黏度进一步增大,这样,泌水和沉降就减少。

(3)减水作用

当稠度和单位水泥用量固定时,由于掺引气剂或引气减水剂,可减少单位用水量,一般来说,引气剂的减水率为7%～9%,引气减水剂的减水率在12%～15%。

(4)对强度的影响

单掺引气剂混凝土与不掺的基准混凝土相比,水泥用量不变时,每增加1%含气量,28 d强度下降2%～3%,水灰比不变时,下降4%～6%。掺引气减水剂时,由于减水率增大,强度可以不降低或有所提高。

当含气量一定时,混凝土强度的降低受骨料最大粒径影响,最大粒径越大,强度降低越小,在贫水泥混凝土中,因引气剂引起的强度降低可忽略不计。

(5)干缩

一般来说,引气作用会加大干缩,而减水作用又减少干缩。

(6)抗渗性

由于引气作用使混凝土用水量减少,泌水和沉降减少,从而使混凝土中大毛细孔减少,这样使混凝土中水分迁移的主要通路减少,即混凝土中最薄弱和易受破坏的部分减少。同时,大量的微气泡占据了混凝土中的自由空间,破坏了毛细管的连续性,使得混凝土的抗渗性得到改善。

(7)抗冻性

掺引气剂或引气减水剂可使混凝土抗冻性提高几倍甚至十几倍。当混凝土含气量为3%～6%时有好的耐久性,超过6%,耐久性有所降低。

对抗冻性改善的原因有静水压力说、渗透压说等。详见第三章第五节外加剂中防冻剂部分。

三、均 匀 性

混凝土是一种非均匀性材料,均匀是相对的,而不均匀是绝对的,如果不发生分层离析与大量泌水，混凝土则可以视为均匀的。GB 50081—2002 标准对混凝土抗压强度试验值进行计算时，一组三块试件的测试值允许有上下 15%的差异，对 C30 混凝土，最大值与最小值的差值就接近 10 MPa，尽管造成这种差别的原因是多方面的，如材料差别、试件制作差别、试验误差等，但它也反映出混凝土的均匀性是相对的。

混凝土均匀性的检测，一是《混凝土搅拌机试验方法》GB 447 标准中对搅拌机的要求指标可以看成是对新拌混凝土的匀质性的要求。它规定了两个方面，混凝土中砂浆密度测值的相对误差小于等于 0.8%，单位体积混凝土中粗骨料含量测定值的相对误差小于等于 5%；二是《水工混凝土试验规程》DL/T 5150—2001 标准规定的通过测定抗压强度偏差率和砂浆密度偏差率验证。

混凝土从搅拌开始到振捣成型的整个过程都会对混凝土的均匀性产生影响，但主要在混凝土的搅拌和浇注时的布料影响最大。搅拌方式、搅拌时间、搅拌机叶片布置等会影响混凝土的搅拌效果与均匀性；布料方式、自落高度等会使本来均匀的混凝土产生分层、离析等不均匀现象。

第二节　物理、力学性能

一、表观密度

普通混凝土的表观密度在配合比设计规程中给出的范围是 2 000～2 800 kg/m^3，而最常见的密度范围在 2 200～2 500 kg/m^3，影响表观密度的因素有骨料的密度、粗骨料的最大粒径、混凝土配合比。

二、热工性能

1. 比热容

比热容是将 1 kg 混凝土温度升高或降低 1 K(1℃)所吸收或放出的热量，混凝土的比热容一般在840～1 170J/(kg · K)，随其含水量的增加而显著增加。

2. 导热系数

导热系数是面积为 1 m^2 的混凝土当其厚度为 1 m 的两侧温度差为 1 K 时通过该块混凝土的热量(W)，它反映的是混凝土传递热量的一种能力，混凝土的导热系数一般在 1.3～1.49 W/(m · K)，影响的因素有集料种类、集料用量、混凝土的温度及其含水量等。

3. 导温系数

导温系数表示混凝土在冷却或加热过程中，各点达到同样温度的速度，当水灰比为 0.65 时，导温系数为0.003 4 m^2/h。它与导热系数成正比，与比热成反比。

4. 热膨胀系数

热膨胀系数表示混凝土受温度影响某一方向或体积的变化能力，混凝土的体积膨胀率为线膨胀率的三倍，一般为 1.0×10^{-5} m/(m · ℃)，变化范围在$(0.6\sim1.3)\times10^{-5}$ m/(m · ℃)。不同品种水泥、不同质量的骨料、不同温度及混凝土孔隙中的含水状态等均影响热膨胀系数的大小。

三、抗压强度

混凝土的抗压强度使用最普遍的是立方体抗压强度(f_{cu})和轴心抗压强度(f_c)。

采用立方体试件测得的混凝土抗压强度称为立方体抗压强度。混凝土立方体抗压强度标准值系按标准方法制作和养护的边长为 150 mm 的立方体试件,在 28 d 龄期,用标准试验方法测得的强度总体分布中具有不低于 95%保证率的抗压强度值。

立方体混凝土试件在压力机上受压时,在沿加荷方向发生纵向变形的同时,也按泊松比效应产生横向膨胀。而钢制压板的横向膨胀较混凝土小,因而在压板与混凝土试件受压面形成摩擦力,对试件的横向膨胀起着约束作用,这种约束作用称为"环箍效应"。"环箍效应"对混凝土抗压强度有提高作用。离压板越远,"环箍效应"小,只有距压板$\sqrt{3}/2$ 试件宽度以外,此效应才消除,立方体抗压强度不能代表结构中混凝土的实际受压情况,不能直接作为结构设计的依据,轴心抗压强度更接近于结构中的混凝土抗压强度。

轴心抗压强度大约是立方体抗压强度的 80%,《混凝土结构设计规范》基于安全考虑,规定轴心抗压强度标准值和立方体抗压强度标准值的换算关系为:

$$f_{ck} = 0.88k_1 \cdot k_2 \cdot f_{cu,k}$$

式中,k_1 为棱柱体强度与立方体强度之比,对不大于 C50 级的混凝土取 0.76,对 C80 取 0.82,其间按线性插值;k_2 为高强混凝土的脆性折减系数,对 C40 取 1.0,对 C80 取 0.87,中间按直线规律变化取值。0.88 为考虑实际构件与试件混凝土强度之间的差异而取用的折减系数。

1. 检测方法

立方体抗压强度与轴心抗压强度的试验方法见《普通混凝土力学性能试验方法标准》GB 50081—2202,标准规定,C60 以下混凝土,150 mm×150 mm×150 mm 的试件为立方体抗压强度试验的标准试件,200 mm×200 mm×200 mm 的试件应乘以 1.05 的系数,100 mm×100 mm×100 mm 的试件应乘以 0.95 的系数。

轴心抗压强度是采用一定细长比柱体试件(棱柱体或圆柱体)测得的混凝土抗压强度。标准试件尺寸为 150 mm×150 mm×300 mm 的棱柱体,非标准尺寸试件,高宽比应在 2～3,换算系数为 200 mm×200 mm 截面乘以 1.05,100 mm×100 mm 截面乘以 0.95。在截面尺寸相同的情况下,棱柱体的高宽比为 2～4 时,强度实测值变化不大。

2. 影响抗压强度的因素

混凝土抗压强度主要决定于水泥强度等级与水灰比,骨料品质、施工时浇捣方法、养护条件(温度、湿度)、龄期等因素。

(1)水泥强度、水灰比

混凝土的强度是由水泥水化硬化并将砂石连成一个整体而产生的。因此,在其他条件相同时,水泥强度越高,则混凝土强度也越高,在一定范围内,水灰比越小,混凝土强度越高。但也存在一种现象,当水灰比小到一定程度(大约 0.3 以下)时,水泥强度等级对混凝土强度的影响大大减小,用 32.5 水泥和用 42.5 水泥配制的混凝土强度差不多。

(2)骨料

水泥石与骨料的黏结力除了受水泥石强度的影响外,还与骨料(尤其是粗骨料)的表面状况有关。骨料的表面特征会影响混凝土强度,表面粗糙、多棱角的碎石与水泥的黏结力就比表面光滑的卵石要好,在水泥强度、水灰比相同的情况下,碎石混凝土强度高于卵石混凝土,但因为碎石表面的粗糙与棱角，相同和易性时碎石混凝土的用水量比卵石混凝土多。粗骨料级配良好，用量及砂率适当，能组成密集的骨架使水泥浆数量相对减小，骨料的骨架作用充分，也会使混凝土强度有所提高。

(3)外加剂和掺和料

混凝土中加入外加剂可按要求改变混凝土的强度及强度发展规律，如掺入减水剂可减少拌合用水量，提高混凝土强度；如掺入早强剂可提高混凝土早期强度，但对其后期强度发展无明显影响。掺和料在合理范围内的掺入可提高混凝土的强度。

(4)养护温度、湿度

养护温度和湿度对混凝土强度的影响是因为温、湿度直接影响水泥的水化速度和水化程度，在一定条件下，养护温度在 4 ℃～40 ℃范围内，温度愈高，水泥水化速度越快，强度愈高。温度低于 0 ℃时，水泥基本停止水化。但养护温度太高时，对混凝土后期强度发展并不利，一般认为，养护温度为 12 ℃时对混凝土长期强度的发展最有利。

相对湿度低，混凝土中的水份挥发快，混凝土因缺水而停止水化，强度发展受阻。另一方面，混凝土在强度较低时失水过快，极易引起干缩，影响混凝土耐久性。一般在混凝土浇筑完毕后 12 h 内应开始对混凝土加以覆盖或浇水。

(5)龄期对混凝土强度发展的影响

混凝土的强度随龄期的增长而逐渐提高，在正常养护条件下混凝土的强度初期发展快(3～7 d)，后期发展较慢，28 d 可达设计强度，此后增加缓慢，甚至可延续数十年之久。

根据试验，在标准养护条件下，混凝土强度增长大致与龄期的对数成正比。据此，可用低龄期的抗压强度推算 28 d 标准抗压强度。

$$f_{cu,28}=f_{cu,n}(\lg 28/\lg n)$$

(6)搅拌与振捣

在施工过程中，必须将混凝土拌合物搅拌均匀，浇注后必须捣固密实，才能使混凝土有达到预期强度的可能。采用二次投料搅拌工艺、高速搅拌工艺以及采用高频或多频振捣器、二次振捣工艺等都会有效地提高混凝土强度。

此外，在进行强度试验时，试件尺寸、形状、表面状态、含水率以及试验加荷速度等因素都会影响到混凝土强度试验的结果。

试件形状尺寸：试件尺寸越大，测得的强度值越低。这主要是由于大试件内存在的孔隙、裂缝和局部较差等缺陷的机率大，从而降低了材料的强度。

含水程度：混凝土试件含水率越高，其强度越低。

加荷速度：在进行混凝土试件抗压试验时，加荷速度过快，材料裂纹扩展的速度慢于荷载增加速度，故测得的强度值偏高。

四、抗拉强度

混凝土的抗拉强度分为轴心抗拉强度、劈裂抗拉强度两种。轴心抗拉强度(f_t)是混凝土在轴向拉力作用下，单位面积所能承受的最大应力。劈裂抗拉强度(f_{ts})是在立方体试件中心面内用垫条施加两个方向相反，均匀分布的压力，压力增大至试件沿此平面劈裂破坏时的强度。

轴心抗拉强度(f_t)大致为立方体抗压强度的 1/10～1/15，此比值随立方体抗压强度的增大而减小。《混凝土结构设计规范》规定轴心抗拉强度标准值与立方体抗压强度标准值的换算关系为：

$$f_{tk}=0.88\times0.395\times f_{cu,k}^{0.55}(1-1.645\delta)^{0.45}\times\alpha_2$$

影响普通混凝土抗拉强度的因素与抗压强度的一样，劈裂抗拉强度还与试验用垫条形状与尺寸及有无垫层、试件尺寸、加荷方向及粗集料的最大粒径等有关。在混凝土中掺入纤维可提高混凝土的抗拉强度。

混凝土的轴心抗拉强度可以采用直接轴心受拉的试验方法来测定，但由于试验比较困难，目前国内外主要采用圆柱体或立方体的劈裂试验来间接测试混凝土的轴心抗拉强度。混凝土的轴心抗拉强度试验可参照《水工混凝土试验规程》DL/T 5150—2001 标准进行，混凝土劈裂抗拉强度可依据《普通混凝土力学性能试验方法标准》GB 50081—2202 进行。劈裂抗拉强度的标准试件为150 mm^3 立方体，若用100 mm^3 试件则乘以 0.85 的换算系数，用 75 mm 圆弧垫条测得的 f_{ts}值与 f_t 的比值有 $f_t/f_{ts}=0.9$。

《钢筋混凝土结构设计规范》规定，轴心抗拉强度与立方体抗压强度的关系为 $f_t=0.5(f_{cu})^{1/3}$，劈裂抗拉强度与立方体抗压强度的关系为 $f_{ts}=0.35(f_{cu})^{1/4}$。

五、抗折强度(f_f)

混凝土梁在弯曲压力下单位面积上所能承受的最大力为抗折强度，一般为立方体抗压强度的 10%～20%，为劈裂抗拉强度的 1.5～3.0 倍。

混凝土抗折强度的试验方法采用将两个相等荷载作用在试件跨度三分点上时的最大力求得。具体步骤按照《普通混凝土力学性能试验方法标准》GB 50081—2002 标准执行。抗折强度的标准试件为 150 mm×150 mm×600(550) mm，当采用 100 mm×100 mm×400 mm 小梁时，测得的抗折强度乘以 0.85 的换算系数。

提高混凝土的抗压强度也会提高混凝土的抗折强度，除水灰比、水泥强度对抗折强度影响较大外，影响抗折强度最大的因素是骨料状况，骨料的最大粒径越大、针片状颗粒含量越大，抗折强度越低，级配良好的骨料有利于抗折强度的提高。此外加荷方式、试件截面尺寸及试验时试件的含水状态等以及骨料含泥量对抗折强度均有影响。

六、黏结强度

黏结强度反应混凝土与钢筋之间的摩擦力与黏结力，混凝土与钢筋的黏结作用主要由三部分组成：

(1)钢筋与混凝土接触面上的化学吸附作用力(胶结力)。一般很小，仅在受力阶段的局部无滑移区域起作用，当接触面发生相对滑移时，该力即消失。

(2)混凝土收缩握裹钢筋而产生的摩阻力。

(3)钢筋表面凹凸不平与混凝土之间产生的机械咬合作用力(咬合力)。对于光圆钢筋，这种咬合力来自于表面的粗糙不平。变形钢筋与混凝土之间的机械咬合作用主要是由于变形钢筋肋间嵌入混凝土而产生的。

黏结强度的检测方法见《水工混凝土试验规程》DL/T 5150—2001 标准中混凝土与钢筋握裹力试验方法。

影响钢筋与混凝土黏结强度的因素很多，主要有混凝土强度、保护层厚度及钢筋净间距、横向配筋及侧向压应力，以及浇筑混凝土时钢筋的位置等。

(1)光圆钢筋及变形钢筋的黏结强度都随混凝土强度等级的提高而提高，但不与立方体强度成正比。变形钢筋能够提高黏结强度。

(2)钢筋间的净距对黏结强度也有重要影响。

(3)横向钢筋可以限制混凝土内部裂缝的发展，提高黏结强度。

(4)在直接支撑的支座处，横向压应力约束了混凝土的横向变形，可以提高黏结强度。

七、抗剪强度

混凝土在剪切作用下能够承受的最大应力成为抗剪强度，抗剪强度与抗压强度的比值随抗压强度增大而降低，一般为抗压强度的1/4～1/6，为抗拉强度的2.5倍左右。

目前尚无统一试验方法测得纯剪切强度，一般采用双剪法和单剪法试验。《水工混凝土试验规程》DL/T 5150—2001标准中提供了混凝土抗剪断强度的检测方法和混凝土原位直剪试验的方法。

八、疲劳强度

混凝土承受小于静力强度的应力，经过几万次乃至几百万次反复作用而发生破坏的现象称为疲劳破坏。混凝土持续加荷的应力达到静力强度的80%～90%，在某个时间以后发生破坏称为徐变破坏，它也是一种疲劳破坏。除了抗压疲劳强度外，还有抗拉、弯曲、黏结疲劳强度等。

疲劳强度主要随着应力在上下限范围内反复作用的次数而变化，经过无限次反复作用，不发生疲劳破坏的最大应力称为疲劳极限或耐久极限，普通混凝土在10^6～10^7次反复荷载下的抗压疲劳强度约为静力抗压强度的50%～60%。

混凝土的疲劳强度由疲劳试验测定，具体方法见《普通混凝土长期性能和耐久性能试验方法标准》GBJ 82—85。采用100 mm×100 mm×300 mm或着150 mm×150 mm×450 mm的棱柱体，把棱柱体试件承受200万次或其以上循环荷载而发生破坏的压应力值称为混凝土的疲劳抗压强度。

施加荷载时的应力大小是影响应力—应变曲线不同的发展和变化的关键因素，即混凝土的疲劳强度与重复作用时应力变化的幅度有关。在相同的重复次数下，疲劳强度随着疲劳应力比值的增大而增大。

九、弹性模量

混凝土的弹性模量是用来表示混凝土的弹性或弹性变形能力的，弹性变形是指对材料施加荷载时变形立即出现，卸除荷载时变形立即消失的性质。混凝土在加荷时的变形不都是弹性变形，包括可逆的弹性变形和不可逆的残余变形。一般把加荷瞬时的变形看作弹性变形，持荷期间的变形看作徐变，两者很难严格区分，采用反复加荷、卸荷的方法可使徐变减少，测得弹性变形，在经过多次反复加荷、卸荷之后，其残余应变不会增加，而且在加荷应力不超过抗压强度的50%～60%时，混凝土的应力—应变大体上呈线性关系。

根据在应力—应变曲线上的不同取值方法，混凝土的弹性模量可分为三种：初始切线模量、切线模量、割线模量。初始切线模量是应力—应变曲线原点上切线的斜率，不易测准，实用性较小。切线模量是应力—应变曲线上任一点切线的斜率，仅适用于很小的荷载变化范围。割线模量是应力—应变曲线上任一点与原点的连接线的斜率，它表示所选择点的实际变形，并且较易测准，在工程上常被采用。C7.5～C60 混凝土的弹性模量在（1.45～3.60）×10^4 N/mm^2之间，具体取值见《混凝土结构设计规范》。

《普通混凝土力学性能试验方法标准》GB 50081—2002 提供了弹性模量的检测方法，标准中取 $0.4f_c$（轴心抗压强度）为上限应力下的割线模量作为混凝土弹性模量（E_c）。

混凝土弹性模量的影响因素主要有：骨料性质、砂率、混凝土强度、含水率、养护方式等。

骨料性质：骨料级配良好、压碎指标值低、针片状颗粒含量少的骨料混凝土弹性模量大，骨料弹性模量越高，混凝土的弹性模量越大。

砂率：砂率对弹性模量的影响类似于对强度的影响，存在一个最佳砂率的数值，这是因为砂率反应混凝土中粗细骨料的比例，即骨料的级配，砂率适中时，骨料的空隙率最小，骨架体系最稳定，有利于弹性模量的提高。

浆骨比：浆骨比大的混凝土其弹性模量偏低。

水胶比：水胶比越小，混凝土强度越高，而混凝土强度与其弹性模量成正比关系，混凝土强度越高，弹性模量越大。

混凝土含水状态：潮湿状态下的混凝土弹性模量比干燥时的大。

养护方式：蒸汽养护混凝土的弹性模量比潮湿养护的约低 10%。

第三节　耐久性能

暴露在自然环境中的混凝土结构，经常会受到各种物理和化学因素如温度变化、冻融循环、环境水、有害气体、土壤侵蚀等的破坏作用，混凝土抵抗上述各种破坏作用的能力称为混凝土的耐久性。2000 年欧盟和德国公布的新修订的混凝土标准 DINEN 206 对混凝土耐久性的定义是："所谓耐久性是指通过合理设计、结构和尺寸定型、材料选取和施工工艺等工程创造出来的一种特性。混凝土构筑物，若能在原定的环境应力作用下，仅用很少的维护便能保持所要求的使用性能便可称得上是耐久的。"水泥混凝土不耐久的根本原因是混凝土中的孔隙与水泥水化反应生成的氢氧化钙、水化硫铝酸钙，尤其是氢氧化钙大片状结晶，在有水渗透的条件下，首先被软水溶出，造成软水侵蚀，同时导致混凝土的孔隙率增大，抗渗性等耐久性下降；在硫酸盐环境中，硫酸根和氢氧化钙与水化铝酸钙生成高硫型水化硫铝酸钙，即水泥杆菌，造成混凝土破坏。针对具体工程，若想获得耐久的混凝土就必须对混凝土所处环境及其侵蚀作用清楚了解，再根据工程要求的使用年限对混凝土的结构、尺寸、组分与配比、最低强度、水灰比、水泥品种、最低水泥用量和外加剂等作出合理设计。目前，反映混凝土耐久性好坏的指标有抗冻性、抗渗性、抗硫酸盐侵蚀性、抗碳化性能、抗钢筋锈蚀性能、抑制碱骨料反映性能等。

一、抗渗性能

混凝土抵抗气体、液体、离子等通过混凝土结构本体的能力成为抗渗性。气体、液体可以渗入混凝土中的原因是混凝土浇注成型后内部还存在大量气泡、水分蒸发的通道以及混凝土在受力状态下产生的微裂缝，这些气泡、水分蒸发通道以及微裂缝在混凝土中连通的情况下就会给气体、液体等侵蚀介质形成通道，对混凝土造成危害。

现代科学研究结果已经表明，影响混凝土耐久性的各种作用、各种作用危害的机理、影响因素和预防措施等，均与混凝土本身的渗透性有关。不管什么原因导致混凝土劣化，其共同的前提是混凝土中需要充足的水分和其他有害物质的侵入，所以说混凝土的抗渗性是耐久性的第一道防线。混凝土的抗渗性能实际上包含有三方面的内容，抗水渗透性能、抗离子渗透性能和抗气体渗透性能。混凝土的抗渗性能对混凝土工程的正常使用尤其是混凝土水坝、水渠、涵管及位于地下水位线以下的地下结构如隧道等混凝土结构更为重要，一旦混凝土的抗渗性能不足或受到破坏，会降低这些结构的使用效能，造成污染、渗漏等事故。而混凝土抗气体渗透性能又与混凝土的抗碳化性能直接相关。

1. 检测方法

混凝土抗渗性能有多种检测方法，有传统的水压力试验法，还有近年来越来越引起人们重视的抗氯离子渗透试验法，以及气体渗透性试验法等。

(1)水压力法

传统的水压力试验法又分为稳定流动法(constant flow method)、渗透深度法(depth of penetration method) 和抗渗标号法。

稳定流动法测量压力液体流过混凝土的流量、流速，适用于研究具有较高渗透性，例如强度不高、龄期不长的混凝土。用渗透系数表示抗渗性能。渗透系数 K_f可以根据 Darcy 定律来确定，在足够缓慢的单向稳定流中 Darcy 定律可表示为：

$$K_f = \mu Qd / A \cdot t \cdot H$$

式中 K_f——流动法测量的渗透系数；

μ——液体的黏度；

Q——液体流量；

A——流动液体穿越的试件截面积；

t——流量穿越试件所花时间；

d——试件高度；

H——水头高度。

渗透深度法测量压力液体穿透混凝土的深度，适用于研究具有低渗透性的混凝土。在该方法中，相对渗透系数可用下式计算：

$$K_p = d_2 \cdot v / 2t \cdot H$$

式中 K_p——渗透深度法测量的渗透系数；

d——平均渗透高度；

v——混凝土孔隙率；

t——恒定压力时间；

H——水头高度。

我国《普通混凝土长期性能和耐久性能试验方法》GBJ 82—1985 标准采用抗渗标号反应混凝土的抗渗性。试验方法是采用 6 个高度为 180 mm 的圆台形试件从 0.1 MPa 开始施加水压，每隔 8 h 水压增加 0.1 MPa，直至 6 个试件中有 3 个被压力水穿透，停止试验，记录此时的水压力值。通过一个简单的线性换算关系，将停止试验时的水压力值换算成一个整数，这个整数即所谓混凝土的抗渗标号，可以认为抗渗标号法是渗透深度法的一种特例。该方法的特点是简单，适合工程上评价混凝土抗渗性能，但对于科学研究，该方法获得的数据太少。

(2)氯离子渗透试验法

针对水胶比小、强度高的高强混凝土及高性能混凝土，因为试件非常密实，导致水压力试验法费时、渗透深度小，计算易导致较大误差等现象，提出了氯离子渗透的试验方法。一般而言，抗氯化物渗透性好，往往就意味着抗水及抗气体渗透性好；反之亦然。并且抗氯离子渗透性能还能反映混凝土成分与氯离子的化学反应，最能直接反映混凝土的耐久性能。但氯离子渗透法对存在微裂缝或贯通裂缝的混凝土明显不适用。

(3)气体渗透法

测试方法是气体在密封条件下垂直渗透穿过圆柱体试件的端面，沿着高度方向的分压梯度就是气体渗透穿过试件的驱动力，最终的稳态扩散流动就取决于试件的孔结构和渗透性。试验过程中同时测定氧气和氮气的扩散流量及试件两端的静态压力差。并利用在氮气中扩散流动的氧气分量来计算试件的渗透率。气体渗透试验精度高，但测试程序复杂，比较适合在现场测试，在我国应用相对较少，试验室测试以前两种为主。

三种试验测试方法各有优缺点，不存在某种方法绝对强于另一种方法的说法。近年来，一项研究中同时进行水渗透性、氯化物渗透性、空气渗透性测试，然后分别讨论试验结果是一种趋势。

2. 影响抗渗性的因素

渗水的原因，是由于其内部的孔隙形成连通的渗水通道，这些通道除产生于施工振捣不密实或裂缝外，主要还来源于水泥浆中多余水分蒸发后留下的毛细孔、水泥浆泌水所形成的通道及骨料下部界面聚集的水隙。混凝土的渗透性与水胶比、水泥的水化程度、粗骨料的最大尺寸、骨料的级配、矿物掺和料、骨料与水泥浆界面的裂缝和骨料的渗透性等因素有关，因为这些因素决定了混凝土的结构、孔隙等。另外使用期间的混凝土，其抗渗性能并非是一个常数，其与龄期、浆体水化程度、微裂纹的延伸扩展密切相关。

(1)水灰比

水灰比的大小对混凝土抗渗性能起决定性作用。混凝土作为一种多孔材料，孔隙率很高，约占25%～40%，其中特别是毛细孔占很大一部分。混凝土的渗透性首先取决于硬化水泥浆的孔隙率，包括孔隙的尺寸、分布和连续性。当水泥浆毛细管孔隙率超过20%～30%时，硬化水泥浆的渗透系数将急剧增大。而硬化水泥浆的毛细管孔隙率主要取决于水灰比，水灰比愈大，孔隙率愈大，水泥浆抗渗性愈差。当水胶比小于0.6时，毛细孔多属于封闭的；当水胶比大于0.6时，则连续性的毛细孔显著增加，渗透性也变大。水胶比从0.6增加到0.63，渗透性将增大一倍。所以，一般混凝土的水胶比不应超过0.6。

在水灰比相同的情况下，混凝土中的单方用水量决定了混凝土中孔隙的多少。相同水灰比的混凝土，单方用水量越大，早期(3～3.5 d)自由收缩越大。日本有关规范规定，单方用水量为185～175 kg/ m^3 的混凝土属于耐久性混凝土；单方用水量≤175 kg/ m^3 的混凝土属高耐久性的混凝土。

(2)水泥

足够的水泥用量可以保证混凝土中水泥砂浆的数量和质量，使混凝土获得良好的抗渗性。因此，抗渗混凝土的水泥用量最低不得小于320 kg/m^3。在最小水泥用量已确定的前提下，灰砂比对抗渗性的影响更为直接，如灰砂比偏大(砂率偏低时)，则由于砂子数量不足，水泥和水的含量多，混凝土往往出现不均匀及收缩大的现象，而使混凝土的抗渗性较差。如灰砂比偏小

(砂率偏高时),砂子数量过多,则拌合物缺乏黏结力,使混凝土的最终密实度同样不高。

普通硅酸盐水泥,早期强度增长快,泌水性小,干缩性较小,但抗酸盐侵蚀能力较差。矿渣硅酸盐水泥,水化热较低,抗硫酸盐侵蚀能力好,但泌水性较大,抗渗性较差,干缩性也较大,在采取相应措施的情况下可用于抗渗混凝土。

水泥细度减小、活性增加,使得水化反应加速、放热加剧、干燥收缩增加,最终导致混凝土温度收缩和干缩产生的裂纹增加。微裂纹和宏观裂纹的增加对混凝土的抗渗、耐久性能非常不利。

(3)掺和料

粉煤灰、矿渣、硅灰等活性混合材掺入混凝土后,其活性成分与水泥中的氢氧化钙发生二次反应,生成强度更高、稳定性更好的水化硅酸钙凝胶,从而改善了混凝土中胶凝物质的组成,改善了水泥石的界面结构和界面区的性能,提高了混凝土的后期强度和抗渗性,尤其是提高混凝土抗氯离子渗透能力。

(4)外加剂

减水剂掺入混凝土后可使水泥颗粒分散,改善混凝土拌合物的和易性,减少拌和用水量,使硬化混凝土中毛细孔数量相应减少,提高混凝土的抗渗性和耐久性。

在混凝土拌合物中掺入引气剂,不仅能有效地提高混凝土的抗冻能力,也能减少混凝土的渗透性。因为引气剂使混凝土拌和物泌水量降低 30%~40%,泌水通道的毛细管也相应减少。同时,大量微小气泡隔断或堵塞了混凝土毛细管渗水通道,改善了混凝土的孔结构,使混凝土抗渗能力提高。

由于混凝土在硬化过程中受各种因素的影响,常会发生各种收缩变形,这些变形在混凝土内部形成许多微小裂纹,从而降低混凝土的抗渗性能。研究表明,在混凝土中加入膨胀剂后,可在混凝土导入预压应力抵消或部分抵消由于收缩变形而产生的拉应力,从而提高了混凝土的抗裂性能。同时,膨胀剂在水化过程中生成了大量的钙矾石,堵塞了混凝土的毛细孔隙,使混凝土结构更加致密,混凝土的抗渗性也随之提高。

(5)骨料最大粒径。骨料最大粒径越大,抗渗性能越差,混凝土中粗骨料的最大粒径不宜大于 40 mm。在混凝土中,骨料和水泥浆界面处易产生裂缝和较大骨料下方易产生内泌水和形成空洞,颗粒愈大则形成的缺陷愈大,对抗渗不利。根据试验资料,在配合比相同的条件下,混凝土的渗透性大致与粗骨料的最大粒径成正比。所以对抗渗混凝土的粗骨料最大粒径宜予以适当限制。

(6)砂率。混凝土中砂率不宜过大或过小。过大,会使骨料的总表面积及空隙率增大,降低混凝土的流动性,造成施工振捣不密实,影响抗渗性。砂率过小,则不能在粗骨料的周围形成足够的砂浆层起到润滑和填充作用,也会降低混凝土的流动性,同时还会使混凝土黏聚性、保水性变差,从而导致混凝土抗渗性降低。

(7)龄期。随着水泥水化的深入,龄期越长,抗渗性能越好。

(8)养护条件与养护方式的影响

首先,养护对混凝土的抗渗性极为重要。混凝土具有良好的组成,但也只有在良好的养护条件下才能充分发挥其防水作用,否则,由于养护不良也会大幅度降低其抗渗性。

此外,温度和湿度是水泥水化的必要条件,新浇混凝土在潮湿环境中或水中硬化,不但总孔隙率降低,而且孔径也较小。这就增加了混凝土密实性,提高了混凝土的抗渗性。因此,经过长时间在潮湿环境中养护的混凝土抗渗性提高很多。

蒸汽养护或混凝土早期干燥失水其抗渗性能均比潮湿养护的差。这主要是混凝土内部更容易产生微裂缝的原因。

(9)服役期间的工作环境使微裂纹扩展导致抗渗性能劣化

对于混凝土结构而言，并非是仅仅满足了一些外加剂、掺和料及水灰比方面的要求，就能够保证耐久性能。这是因为混凝土在工作中要承受各种荷载和变形；混凝土在荷载、变形和气候作用下，微结构性能会逐步劣化，表面及内部产生微裂纹；而混凝土的开裂通常导致渗流通道相互连接并且增加混凝土的渗透性，这种由于裂纹扩张导致的渗透性的增加使得更多的水和有害化学成分渗入混凝土中，引起混凝土性能的进一步劣化、开裂。这样一个链式反应：劣化—开裂—可渗性增加—进一步劣化，终将导致混凝土结构的毁灭性破坏。这也是混凝土抗渗性研究越来越受到关注的一个方面。

二、抗冻性能

1. 混凝土在负温下硬化并受冻的四种模式

(1)混凝土初龄受冻。新拌混凝土在浇注后，初凝前或刚刚初凝立即受冻属于这种情况。这种模式的典型情况，是水泥尚未水化就受冻，没有水化热或极微，冻前强度等于零。这种受冻后，混凝土处于“休眠”状态，恢复正温养护后，强度可以重新发展，直到与未受冻基本相同，没有什么强度损失。这种模式下由于水化热很小，气温迅速下降到－20 ℃或更低，冻结过程迅速，新拌混凝土的冻结特点是没有水分转移或基本上没有水分转移，因此，基本上没有强度损失或损失最小。

(2)混凝土幼龄受冻。新拌混凝土中水泥初凝后，强度未达到受冻临界强度前受冻，属于此种类型，这种受冻可使后期强度损失20%～40%。与第一种类型受冻的主要区别在于前者的冻结温度低，冻结迅速，混凝土中的水分在受冻期间基本上没有转移现象，而本类型的受冻特点是冻结温度较高(0～－5 ℃)，冻结缓慢，混凝土中的水分逐渐转移。强度损失的大小，主要取决于水分移动程度。这种受冻模式的破坏机制与土的冻胀相似。造成破坏的主要原因并不完全是由于水转变为冰的过程体积增大产生的所谓膨胀压力，而是由于在整个混凝土硬化期间受负温的影响所造成的水分的移动，这种移动的结果，引起水分在混凝土中重新分布，并在混凝土内部生成大的冰聚体，造成极为严重的物理损害。新成型后的混凝土中间的水分移动，最初是由于混凝土内部及表面的温度差引起的，混凝土构件的冷却是从混凝土表面开始的，逐渐扩展至混凝土的芯部，低温区的蒸汽压力是较低的，因此水分向表面移动。介质的温差为零时，水分转变为冰，冰晶从水泥颗粒移开，并以冰聚体形式，破坏水泥的水化作用所形成的结晶骨架，除此以外，它逐渐减弱混凝土各组分间的黏结力，先使各组分间的黏结力减弱，然后移动水分以冰膜的形式包围粗骨料及钢筋的表面，由于毛细管现象，使冰膜逐渐加厚。当混凝土为密实级配时，冰膜的形成更为加速，最终则完全破坏。

(3)混凝土临界强度上受冻，水泥水化产生的结构形成，已经等于或大于由于冰冻作用产生的结构破坏作用。水泥与水化合时所产生的水化生成物的体积减小，基本上可以与水结冰体积增大相补偿，在这种情况下，混凝土受冻是可以允许的，其强度可以损失或损失最多不超过5%，耐久性降低。这种情况下的受冻，其机理基本与第二种情况类似，只不过其冻结时间较晚，水泥水化形成的水化物结构能够抵抗水分转变成冰晶及水分转移形成的破坏作用，对混凝土强度影响不大,但冰晶的形成与消融时的体积变化以及水分在混凝土中迁移形成的空隙破坏对混凝土的耐久性影响仍有一定程度的消减作用。

(4)已硬化达到设计强度的混凝土受冻,即混凝土的抗冻性。

前三种冻结基本上是混凝土浇注过程中或浇注完后短时间内发生的,属于混凝土冬季施工控制的主要内容。而第四种情况的冻结与融化才是对混凝土结构形成冻融破坏的耐久性问题。

2. 冻融破坏机理

对混凝土冻融破坏的机理,目前国内外主要有三种学说。

(1)静水压理论学说,Powers 提出的静水压理论学说主要由以下几个要点组成:①冻结时,负温度从混凝土构件的四周侵入,冻结首先在混凝土四周表面上形成,并将混凝土构件封闭起来;②由于表层水结冰,冰体积膨胀,将未冻结的水分通过毛细孔道压入饱和度较小的内部;③随着温度不断降低,冰体积不断增大,继续压迫未冻水,未冻水被压得无处可走,于是在毛细孔内产生越来越大的压力,水泥石内毛细孔产生拉应力;④水压力达到一定程度,水泥石内部的拉应力过高,高于抗拉强度极限时,则毛细孔会遭到破裂,混凝土中即产生微裂纹而受到破坏。

(2)渗透压理论,在提出了静水压力学说后,Powers 在自己的试验中发现,水泥浆体中的水在冻结时并不是向外排出,而是向着冷源移动。他和他的同事 Helmuth 于是又对混凝土的冻融破坏机制提出了渗透压理论。该理论认为,在负温条件下时,大孔及毛细孔孔中的溶液首先有部分冻结成冰,由于在溶液中的水从中冻结出来,使得溶液的浓度变大,从而在毛细孔与凝胶孔内溶液之间存在着浓度差,引起从凝胶孔向毛细孔的扩散作用,形成渗透压。例如,一块从顶部开始冻结的板,如果水由于渗透压得以从底部且透过板厚向顶部迁移,则该板将严重损坏。

(3)G·G·Litvan 的补充理论,加拿大的 G·G·Litvan 于 1972 年提出关于混凝土受冻破坏的理论。他认为,凡是被吸附在多孔固体表面上或包含其中的水,如果不经过重分布就不会冻结;之所以不能固化是由于表面力的作用,阻止被吸附液体达到形成结晶所需要的排列秩序。但是这些水的蒸汽压与已形成的冰有差别,能够迁移到易于结冰的地方,例如较大的孔隙或外表面,并积聚在裂隙中。如果冻融循环中积聚在裂隙中的水不能归还原位,它们将使裂隙扩大。

3. 检测方法

抗冻性作为混凝土在饱和水状态下遭受冰冻时抵抗冰冻破坏作用的性质。可用抗冻标号、混凝土耐久性指标或耐久性系数表示。GBJ 82—85 标准规定,抗冻标号以同时满足强度损失率不超过 25%,重量损失率不超过 5%时的最大循环次数来表示。混凝土耐久性指标是混凝土经受快速冻融循环,同时满足相对动弹性模量值不小于 60%,和重量损失率不超过 5%时的最大循环次数表示。耐久性系数适用于快速冻融试验,用混凝土达到要求(冻融循环 300 次,或相对动弹性模量下降到 60%以下,或重量损失率达到 5%)时的冻融循环次数乘以此时的相对动弹性模量除以 300 的计算值表示。

4. 影响混凝土抗冻性的因素

混凝土的密实性和孔隙特征是决定抗冻性的重要因素,混凝土的含气量、临界气泡间距、水灰比、骨料、临界饱水度和降温速度等因素综合决定了混凝土的抗冻耐久性能。因此,影响混凝土密实性和孔隙特征的因素均对抗冻性有影响。如骨料性能，水灰比和水泥用量，外加剂、龄期等。

(1)集料对混凝上抗冻性影响主要体现在集料吸水量的影响及集料本身抗冻性的影响。一般碎石及卵石都能满足混凝上抗冻性的要求，坚固密实的集料，混凝土抗冻性好，粒径太大或扁平颗粒比例大的集料，对抗冻性很不利，因此小粒径碎石混凝土抗冻性优于大粒径碎石混凝土。并且混凝土搅拌之前集料的干湿状态对抗冻性有一定影响。使用含水集料拌制的混凝土在集料表面更容易形成水囊，降低混凝土的抗冻性。

(2)水灰比和水泥用量，对混凝土抗冻性影响很大，规范对各种环境下的混凝土均限制了最大水灰比和最小水泥用量。混凝土的抗冻性随水泥活性增高而提高。普通硅酸盐水泥混凝土的抗冻性优于混合材水泥混凝土的抗冻性。这是由于混合水泥需水量大所致。有研究表明水泥熟料中 C_3A 含量的增加会提高其混凝土的抗冻耐久性，但会降低混凝土抵抗盐冻能力。混凝土中气泡平均尺寸及其间距随水灰比的增大而加大，同时水泥浆中可冻水的百分率也相应加大，从而导致混凝土抗冻耐久性的显著下降。

(3)外加剂，防冻剂、减水剂、引气剂等外加剂可在一定程度上改善混凝土的抗冻性，其中以引气剂最为显著。

引气剂是具有憎水作用的表面活性物质，它可以明显地降低混凝土拌合水的表面张力和表面能，使混凝土内部产生大量的微小稳定的封闭气泡。这些气泡切断了部分毛细管通路，能使混凝土结冰时产生的膨胀压力得到缓解，不使混凝土遭到破坏，起到缓冲减压的作用。这些气泡可以阻断混凝土内部毛细管与外界的通路，使外界水分不易浸入，减少了混凝土的渗透性。同时大量的气泡还能起到润滑作用，改善混凝土和易性。研究表明，当孔间距系数小于 250 μm 时，混凝土抗冻耐久性指数基本能达到 60%以上，即可经受 300 次快速冻融循环试验。因此，掺用引气剂，使混凝土内部具有足够的含气量，改善了混凝土内部的孔结构，可大大提高混凝土的抗冻耐久性。

使用减水剂可以大幅度降低混凝土的水灰比(水胶比)，提高混凝土的强度和致密性，使混凝土抵抗冻融破坏的能力提高，从而提高混凝土的抗冻耐久性。

(4)掺和料

硅灰对混凝土抗冻性的影响目前观点不尽一致，但日本的 Yamato 等人通过试验得出结果：非引气混凝土中水/(水泥+硅粉)=0.25 时，不管硅粉的掺量如何，皆具有良好的抗冻耐久性。加拿大的 Malhotra 等人通过试验得出：引气硅粉混凝土不管水灰比多少，硅粉掺量15%以下时都具有较高的抗冻耐久性。

张德思、成秀珍(1999)通过试验得出结论：随着矿渣掺量的增加，其混凝土的抗冻融性能愈差，但掺和比例合适时，抗冻性能与普通混凝土相比有较大改善。

粉煤灰的掺量和水灰比影响掺粉煤灰混凝土的孔结构，并且随着掺量和水灰比的增加而孔隙率增加，但随时间的延长，孔隙率会下降。在低水胶比情况下，例如 0.25～0.27，随着粉煤灰掺量的提高，不掺引气剂，混凝土抗冻耐久性随粉煤灰增加而增加。当掺引气剂后，混凝土抗冻耐久性有先升后降的趋势，即存在最佳的粉煤灰掺量为 30%。

当超细粉煤灰与硅灰相掺时，提高抗冻耐久性的效果尤为显著，其冻融循环 300 次以后，动弹性模量与重量基本无变化，而钢纤维的进一步复合有利于混凝土抗冻耐久性的改善。

(5)龄期，随着混凝土龄期的增加，抗冻性能得到提高，主要是因为水泥的不断水化使得可冻结水量减少，水中溶解盐浓度增加，冰点随之降低以及混凝土强度的增高增加了混凝土抗冻能力。

(6)混凝土的饱水状态，混凝土的冻害与其饱水程度有关。一般认为含水量小于孔隙总体积的91.7%就不会产生冻结膨胀压力，在混凝土完全保水状态下，其冻结膨胀压力最大。混凝土的饱水状态主要与混凝土结构的部位及其所处的自然环境有关。在大气中使用的混凝上结构，其含水量均达不到该值的极限，而处于潮湿环境的混凝土，其含水量要明显增大。最不利的部位是水位变化区，此处的混凝上经常处于干湿交替变化的条件下，受冻时极易破坏。此外由于混凝土表层的含水率通常大于其内部的含水率，且受冻时表层的温度均低于其内部的温度，所以冻害往往是由表层开始逐步深入发展的。

三、抗硫酸盐侵蚀性能

在自然界中，硫酸盐是影响混凝土耐久性的最重要的化合物之一。许多天然的土壤和地下水、海水、酸雨、工业废弃物、农用化肥等都含有硫酸盐，它们侵蚀混凝土并可能导致其结构的破坏。硫酸盐对混凝土的侵蚀几乎是全球所有国家都面临的严重问题之一。硫酸盐侵蚀习惯上可分为外部侵蚀和内部侵蚀两种类型。

外部硫酸盐侵蚀是指硫酸盐从外部环境通过毛细孔和裂缝扩散或渗透，进入混凝土微结构组织并发生反应。侵蚀介质中的硫酸盐扩散到混凝土内部并发生反应，这一阶段称为潜伏期；积累到一定程度之后，体积膨胀加速，当局部破坏程度很严重时，就会出现裂缝。固体盐并不侵蚀混凝土，但是盐溶液却能与硬化水泥浆发生化学反应。硫酸盐与$Ca(OH)_2$及水化铝酸钙发生反应，就会对水泥产生侵蚀。反应生成的产物二水石膏和水化硫铝酸钙，其体积均较原化合物体积大很多，因而会引起混凝土的膨胀与破裂。受硫酸盐侵蚀的混凝土表面呈稍白的特征色，损坏通常先从棱角开始，随后进一步开裂与剥落，致使混凝土变脆而成松散状态。

内部硫酸盐侵蚀发生的原因可能是由于在混凝土拌合物中存在过多的硫酸盐，这些硫酸盐能潜在地由制备混凝土的所有原材料带进。因此，对于这种侵蚀形式，评估原材料中所有含硫化合物的数量和形式是很重要的。混凝土内的硫酸盐不是通过扩散过程进来，而是在硬化时，硫酸盐已经存在于混凝土内部。因此可以想象受内部硫酸盐侵蚀的混凝土，开始出现外部破坏征兆的时间比外部侵蚀形式早得多。一般认为，使用特殊类型硫化物含量显著的原材料或混凝土受到高温度的影响，或两者兼而有之，使被束缚在介稳态下的早期混凝土中的硫酸盐数量显著增加。经过一段时间，在适当的环境条件下，硫酸盐逐渐从介稳态中释放出来，然后与微结构内可用的铝酸盐、石灰和水形成钙矾石。由于低密度大体积的钙矾石在已硬化的微结构内形成，最终必将导致膨胀现象发生，产生内应力；当硫酸盐侵蚀很严重时，在混凝土微结构内部产生的内应力使混凝土过度膨胀，导致开裂。当硫酸盐侵蚀发生在低pH值条件下的时候，也会发生这种形式的侵蚀。

另外，硫酸盐的物理侵蚀也是一个值得重视的问题。一般的物理侵蚀过程是由于混凝土微结构中析出各种无水盐或含水盐，硫酸盐可能事先已从外部扩散到混凝土内部或者作为内部硫酸盐而存在。当混凝土毛细孔溶液达到饱和或者过饱和时，盐分才会析出。相应的，只有在所讨论的混凝土中的毛细孔或者微裂缝的体积足以使毛细孔溶液能相对自由地流动，混凝土经受显著的环境湿度、温度或者离子浓度循环的条件下，通常的硫酸盐物理侵蚀才对耐久性有影响。接近于混凝土面层的毛细孔中的水分蒸发速率大于混凝土内部毛细孔溶液向混凝土表面迁移的速率时,溶液中盐分的析出会导致混凝土表面附近发生破坏。

1. 检测方法

抗硫酸盐腐蚀性能试验可按照《水泥抗硫酸盐侵蚀试验方法》进行，标准规定了潜在膨胀性能和浸泡抗蚀性能两种试验方法,其中潜在膨胀性能试验方法(P 法)适用于硅酸盐水泥及指定采用本方法的其他品种水泥。浸泡抗蚀性能试验方法(K 法)适用于指定采用本方法的水泥。潜在膨胀性能试验方法(P 法)是通过在水泥中外掺一定量的二水石膏,使水泥中的 SO_3 总含量达到指定值,使得过量的 SO_4^{2-} 直接与水泥中影响抗硫酸盐性能的矿物反应产生膨胀,然后通过测量胶砂试体规定龄期的膨胀率来衡量水泥胶砂的潜在抗硫酸盐性能。试件尺寸为 25 mm×25 mm×280 mm。浸泡抗蚀性能试验方法(K 法)是将水泥胶砂试体分别浸泡在规定浓度的硫酸盐侵蚀溶液和水中养护到规定龄期,以抗折强度之比确定抗硫酸盐侵蚀系数。试件尺寸为 10 mm×10 mm×60 mm。

2. 影响混凝土抗硫酸盐侵蚀性能的因素

(1)水泥品种

水泥在混凝土中所占的比重比较大,因此它的组分不同对于混凝土的性质的影响也是不同的。一般认为如果混凝土中的硅酸三钙(C_3S)含量过高,则会生成过多的氢氧化钙,易于受到硫酸盐的侵蚀生成石膏。如果混凝土中铝酸三钙(C_3A)过多,则易于生成过多的钙矾石,在侵蚀环境下导致膨胀破坏。实际抗硫酸盐工程中主要依据规范来约束 C_3A 的含量(一般为 5%～8%)。

(2)掺和料的种类和掺量

粉煤灰、矿渣等活性掺和料的合理掺入对于提高混凝土的抗硫酸盐性能有很大的帮助。乔宏霞的研究指出,在硫酸盐环境中,粉煤灰混凝土能够更好地发挥二次水化反应,减少混凝土中的游离 $Ca(OH)_2$ 且给予铝相以不活泼性。其掺量直接影响它的耐侵蚀性能,掺量太多和太少都不利于完全发挥它的这种性能,应该存在合理掺量的选择问题;一般认为,掺入一级粉煤灰会改善抗硫酸盐侵蚀性能,掺量在 25%左右时达到最佳效果。合理的水灰比也是粉煤灰混凝土具有良好耐久性能的重要指标。

(3)配合比

试验表明,混凝土的强度越低,水灰比就越大,试件的孔隙率就越大,渗透性就越强,这不仅影响了混凝土本身的强度,而且更利于加速硫酸盐的侵蚀。因此合理选择提高配合比对于提高混凝土的抗硫酸盐侵蚀性能是十分有利的。在侵蚀试验的初期,由于硫酸盐的侵蚀结晶充实了混凝土的孔隙,使得混凝土各个方面的性能都有所提高,这经过大量的试验得到了证实。

3. 改善和防止硫酸盐侵蚀的技术措施

(1)合理选择水泥和活性掺料

在配制抗硫酸盐侵蚀的混凝土时,应该选用铝酸三钙(C_3A)较低的水泥,这样生成的钙矾石就比较少,侵蚀程度就比较低。再者,可以掺入一定的活性掺合料来取代水泥,这样可以降低 $Ca(OH)_2$ 的含量,同时活性掺料的细度较大,可以提高混凝土的密实性,这些对于提高混凝土的抗硫酸盐侵蚀都是有利的。

(2)提高密实度和施工质量

抗硫酸盐侵蚀的混凝土要尽可能降低用水量,同时可以考虑使用高效减水剂来改善混凝土的和易性，提高其密实度。采用抗硫酸盐的水泥能改善混凝土的抗侵蚀性也不是绝对的。对于石膏型的侵蚀，C_3A 的含量大小对其并不起多大的作用，而混凝土的密实性、干湿交替和水分蒸发快慢等却是很重要的，施工质量不好，就会出现蜂窝、麻面或者振捣不实的现象，即使配合比再合理，侵蚀也是非常严重的。这就要求要提高混凝土的施工质量，采用合理的施工工艺，改善混凝土的工作环境。

(3)采用一些保护措施

在一些侵蚀比较严重的地区或者比较重要的构件部位，可以考虑采用一些保护措施来减缓或者阻止硫酸盐的侵蚀，如混凝土表面涂刷致密涂层或进行碳化处理，使其生成致密的难溶于水的碳酸钙($CaCO_3$)，也能起到防止侵蚀的作用。

四、抑制碱骨料反应性能

抑制混凝土碱骨料反应是混凝土耐久性的一项重要指标，碱骨料反应(AAR)是混凝土原材料中的水泥、外加剂、混合材和水中的碱(Na_2O 或 K_2O)与骨料中的活性成分，在混凝土浇筑成型后若干年逐渐反应，反应生成物吸水膨胀使混凝土产生内部应力，导致混凝土膨胀开裂、失去设计性能。由于活性骨料经搅拌后大体上呈均匀分布。一旦发生碱骨料反应、混凝土内各部分均产生膨胀应力，将混凝土自身胀裂、发展严重的只能拆除，无法补救，因而被称为混凝土的癌症。

1. 碱骨料反应的种类

碱骨料反应有三种类型，最主要的是碱—硅酸反应，其次是碱—碳酸盐反应，再次是碱—硅酸盐反应。

碱—硅酸反应(ASR)是水泥中的碱与骨料中的活性氧化硅成分反应产生碱硅酸盐凝胶或称碱硅凝胶，碱硅凝胶固体体积大于反应前的体积，而且有强烈的吸水性，吸水后膨胀引起混凝土内部膨胀应力，而且碱硅凝胶吸水后进一步促进碱骨料反应的发展，使混凝土内部膨胀应力增大，导致混凝土开裂。发展严重的会使混凝土结构崩溃。能与碱发生反应的活性氧化硅矿物有蛋白石、玉髓、鳞石英、方英石及结晶有缺欠的石英以及微晶、隐晶石英等，而这些活性矿物广泛存在于多种岩石中。碱骨料反应绝大多数为碱—硅酸反应。

碱—碳酸盐反应(ACR)，在泥质石灰质白云石中含黏土和方解石较多，碱与这种碳酸钙镁物反应时，将其中白云石($MgCO_3$)转化为水镁石 $Mg(OH)_2$，水镁石晶体排列的压力和黏土吸水膨胀，引起混凝土内部应力，导致混凝土开裂。一般的碳酸岩、石灰石和白云石是非活性的，只有泥质石灰质白云石，才发生碱—碳酸盐反应。

碱—硅酸盐反应，这种碱骨料反应首先在 1965 年基洛特加对加拿大的诺发·斯科提亚地方的混凝土膨胀开裂进行研究发现。它的膨胀过程较碱硅酸反应缓慢得多、能形成反应环的颗粒非常少、与膨胀量相比析出的碱硅凝胶过少。与碱硅酸反应有一定区别，但目前多数学者认为这种反应仍是碱硅酸反应，因为其岩石中均含有玉髓、微晶石英等含活性氧化硅矿物。但由于这种反应膨胀进程缓慢，用常规检验碱硅酸反应的方法无法判断其活性。因此，在进行骨料活性和骨料反应膨胀检验时，还必须与一般碱硅酸反应类型有所区别。

2. 检测方法

在抑制混凝土碱骨料反应效果的检测方面，《高性能混凝土应用技术规程》CECS 207－2006 标准给出了“矿物微细粉抑制碱—硅酸反应效果检测方法”，它是以高活性石英玻璃砂为骨料，高碱性水泥为胶凝材料，用矿物微细粉替代部分水泥后，观测膨胀率，掺矿物微细粉试件膨胀降低率大于75%，认为该矿物微细粉掺合料能有效抑制碱—硅酸反应。《铁路混凝土工程施工质量验收补充标准》提出了"矿物掺和料及外加剂抑制碱—骨料反应有效性试验方法"其原理是将具有碱—硅酸反应活性的骨料与硅酸盐水泥、工程实际使用的矿物掺和料或外加剂制成砂浆试件，在80℃、1 mol/L NaOH 溶液中养护，若砂浆试件28d龄期时的长度膨胀率不大于0.10%，则将矿物掺和料及外加剂抑制混凝土的碱—硅酸反应评定为有效。

3. 碱骨料反应发生的条件

混凝土工程发生碱骨料反应需要具有三个条件。首先是混凝土的原材料水泥、混合材、外加剂和水中含碱量高；第二是骨料中有相当数量活性成分；第三是潮湿环境，有充分的水分或湿空气供应。

(1)由于骨料反应的活性不同，一般认为，在水泥含碱量高于0.6%时，就会发生碱骨料反应。有时水泥含碱量低于0.4%氧化纳当量，也会发生碱骨料反应膨胀量大的情况。混凝土各种原材料成分中的碱(Na_2O、K_2O)，均可导致碱骨料反应从而对工程造成损害。

在混凝土中的碱含量有总碱含量与有效碱含量之分。总碱含量是指混凝土中以各种形式存在的碱的总和，它包括固相和液相两部分。一般认为固相碱及结合于C—S—H凝胶等固相中的碱不参与碱—骨料反应。混凝土孔隙溶液中的碱以离子形式存在，它和活性骨料反应而导致碱—骨料反应破坏，称之为有效碱。目前比较公认的有效碱计算方法如下：

①水泥中的碱包括总碱、可溶性碱和有效碱。水泥的总碱量并不能说明它对 SiO_2 的活性，而有效碱含量则可作为水泥对 SiO_2 的一个比较好的活性指标。但由于有效碱随可溶性碱量的不确定性变化较大，目前还没有能准确计算水泥中有效碱的方法。基于安全考虑，通常将水泥中的总碱均视为有效碱。故单位质量水泥 $Na_2O_{eq}=(Na_2O+0.658K_2O)$。

②掺和料有效碱，根据 D. W Hobbs 等学者的试验研究，国际上通常取粉煤灰总碱量的17%作为其有效碱量，取矿渣或硅灰总碱量的50%作为其有效碱量。单位质量粉煤灰 $Na_2O_{eq}=(Na_2O+0.658K_2O)\times17\%$，单位质量矿渣(或硅灰)$Na_2O_{eq}=(Na_2O+0.658K_2O)\times50\%$。

③由外加剂引入的碱均为可溶性碱，都视为有效碱。外加剂有效碱量$=\sum Na_2O_{eq}\times100\%$。

④拌合水中的碱全部为水溶性碱，均能参与碱—骨料反应。单位质量拌合水 $Na_2O_{eq}=Na_2O+0.658K_2O$。

混凝土有效碱总量＝水泥有效碱量＋各掺和料有效碱量＋各外加剂有效碱量＋拌合水有效碱量。

一些学者认为以上粉煤灰"1/6规则"和矿渣"1/2规则"趋于保守。英国建筑研究协会标准(BREDigest330，1997)按照骨料种类和水泥种类的不同匹配分别考虑混合材的有效碱量，取消了统一的1/6和1/2规则。对矿渣，当掺量低于25%时，取全部碱为有效碱计算；当掺量为25%～39%，按1/2计算；当掺量达40%以上，则忽略不计。对粉煤灰，当掺量小于20%时，全计；20%～24%时，按1/5计算；掺量大于25%时，则忽略不计。这样的计算较以往统一的粉煤灰"1/6规则"和矿渣"1/2规则"，更加合理。

(2)骨料含有碱活性成分

骨料中含有碱活性成分是发生碱骨料反应的又一必须条件，姚燕等人对骨料按是否存在碱活性成分分为五门十类，具体见表2—3—1。

骨料碱活性评定是预防混凝土碱骨料反应破坏的首要工作，直接影响到使用非碱活性骨料可能性和抑制措施合理性问题，进一步来说关系到预防混凝土发生碱骨料反应破坏的成败。骨料碱活性的检验方法包括岩相法、化学法、快速砂浆棒法、混凝土棱柱体法、岩石柱法等，目前行业间不仅没有形成普遍认可的方法，且同一种方法的评定标准又有所差异。一般选取几种方法同时检验进行排除。

表 2—3—1　骨料的分类与碱活性

类型		石英或硅质		主要岩石	判别
门	类	含量(%)	特征		
Ⅰ	Ⅰ—1	>50	粗粒磨圆好	碎屑沉积岩类	非活性
	Ⅰ—2	10～40	粗粒，他形，见波状消光	花岗岩，变质岩类	含活性或非活性
Ⅱ	Ⅱ—1	>30	非晶，隐晶	化学/胶体/生物沉积的硅质岩类	活性
	Ⅱ—2	>70	细晶		活性
Ⅲ	Ⅲ—1	>20	基质，玻璃质或微晶	酸性火山喷出岩和凝灰岩等硅质岩石	含活性
	Ⅲ—2	<20			含活性
Ⅳ	Ⅳ—1	<10	粒状	各类碳酸岩类	非活性
	Ⅳ—2	10～50	细晶，浸染状		含活性
	Ⅳ—3			菱形鳞片状白云石，含黏土、白云石类	活性
Ⅴ	Ⅴ	无	—	各类基性岩或超基性岩类	非活性

①岩相法

岩相法的基本理论是基于矿物光学。具体操作是把骨料磨制成薄片，在偏光显微镜下鉴定矿物成分及其含量，以及矿物结晶程度和结构。如不含有活性的岩石或矿物，可判为非活性；如鉴定含有碱活性成分，则必须用其他试验方法进一步论证。该方法的试验要点是准确判断蛋白石(无定形)、玉髓(隐晶纤维)、鳞石英(结晶)和细粒状泥质白云灰岩的分子形态。该方法只能定性而不能定量地评估含碱活性的骨料在混凝土中引起破坏的程度。

②化学法

化学法是反映骨料与碱发生化学反应的能力。由于其反应时间短(24 h)，对评价高活性的骨料是合适的。但应注意某些矿物(如碳酸盐等)的干扰，可能使试验结果产生较大的偏差，特别是对缓慢反应的岩石或者活性微弱的骨料，往往会作出非碱性的错误结论。

③砂浆长度法

砂浆长度法是碱活性鉴定的经典方法，试验周期为 6 个月。这种方法对活性较高、反应较快的骨料检验是适用的，可以判断骨料的碱活性。但对于反应缓慢的活性骨料或活性较低的骨料，往往不能在指定时间内做出准确判断。

④快速法

快速法包括小砂浆棒法和砂浆棒快速法。小砂浆棒法是我国南京化工学院唐明述教授在 1983 年提出的，试验周期为 3 d。小砂浆棒法的特点一是工作量小，操作简便，试验周期短，能够很快对骨料的活性作出判断；二是用碱量超常规的增大，又采用高温高压的非常态反应路线，与实际混凝土工程的关系尚缺乏论证。如果用快速法评定骨料是非活性的，那骨料绝对是安全的，不会产生碱骨料反应。小棒法虽不会漏判，却有可能错判。另外这种方法只能测定单一岩石，对天然砂砾石料场中多种骨料的混合料，由于试件太小，测定起来就比较困难。砂浆棒快速法已经选入《建筑用砂》GB/T 14684—2001、《建筑用卵石、碎石》GB/T 14685—2001，试验周期为 14 d。试件的评定标准为：砂浆膨胀率小于 0.1%，骨料无害；膨胀率大于 0.2%，具有潜在有害碱活性；膨胀率在 0.1%～0.2%之间为可疑骨料，需进行其他辅助试验。

砂浆长度法、小砂浆棒法和砂浆棒快速试验要点是：测量基准长度和龄期长度时要迅速，保持其水浴温度；同时测量要沿试件的同一方向、同一平面和同样的接触点，以消除系统误差。试验人员的操作熟练性、温度控制、测长平面与轴线的垂直度、测点的一致性直接影响试验结果。

⑤岩石柱法

将碳酸盐骨料制成 9 mm×35 mm 的圆柱体，进行膨胀试验，试验周期为 84 d。膨胀率大于 0.1%，则骨料具有危害活性，不宜作为混凝土骨料，必要时应从混凝土试验结果做出最后评定。岩石柱法的试验要点是圆柱体测长平面要互相平行且与试件中心轴线垂直。实际操作要求非常严格，否则系统误差大，试验结果离散性大。建议将测长千分尺改成接触点式万分之一传感器等更精密的设备。

(3)潮湿多水

在碱骨料反应过程中水有三个作用：第一，水是碱离子化的基础。众所周知，碱元素是非常活泼的，在水中，它很容易形成碱离子。正是这种碱离子才能较容易地与骨料中活性组分反应，进入骨料中去，形成反应产物。如果以固—固相反应的形式完成碱骨料反应，那是相当困难的。第二，水是输送碱的载体。水泥石中的碱溶解在水中溶解后形成碱金属离子，这些碱金属离子在水溶液中能够迅速地扩散到活性骨料的表面，与之发生反应。如果没有水的存在，水泥石中的碱是不容易到达骨料表面的。第三，水是碱骨料反应膨胀的源泉。碱硅反应所形成的反应产物是碱硅凝胶，这种碱硅凝胶具有极强的吸水性，而且吸水后产生较大的膨胀。如果没有水的存在，碱硅干凝胶是不产生体积膨胀的。愈是在潮湿多水的环境条件下碱骨料反应对工程的损害发展愈快，往往在同一个混凝土工程，混凝土配制材料具备碱骨料反应的条件，在这个工程潮湿多水的部位首先发生碱骨料反应损害，在其他部位则发展缓慢。

4. 发生碱骨料反应的特征

受碱骨料反应膨胀而开裂的混凝土其内部及外观存在以下九个特征。

(1)时间性，几年或更长的时间。

(2)表面开裂，表面裂纹呈网状(龟背纹)，或形成平行于钢筋的裂纹。裂缝首先出现在同一工程的潮湿部位，湿度愈大愈严重，这也是碱—骨料反应膨胀裂缝与其他原因裂缝最明显的一个外观特征差别。有时出现局部膨胀，裂缝的两个边缘出现不平状态，这是碱—骨料反应裂缝所特有的现象。

(3)膨胀，混凝土发生膨胀在工程上表现为变形、移位、弯曲、扭翘等现象。

(4)渗出凝胶，碱—硅酸凝胶外观类似于树脂状，凝胶颜色有白色、浅黄色、褐色或黑色。碱—硅酸反应程度较轻、骨料中碱活性组分为分散分布的微晶质至隐晶质石英等矿物、骨料只具有碱—碳酸盐反应活性时，混凝土表面不会观察到有凝胶渗出。注意碱骨料反应析出凝胶与析盐的区别，析盐一般溶于水或可用稀盐酸洗掉，而碱骨料反应析出凝胶洗不掉。

(5)内部凝胶，ASR 凝胶的存在是混凝土发生了碱—硅酸反应的直接证明。检查混凝土芯样的原始表面、切割面、光片和薄片，可在空洞、裂纹、骨料—浆体界面区等处找到凝胶。将芯样用流动的水冲湿后用多层塑料膜包好，第二天除去塑料膜，待表面稍干后，检查芯样表面是否有表征 ASR 凝胶的湿润斑块。

(6)反应边，反应边是有些骨料与碱发生反应后在骨料周边形成一个深色的薄层。也有些骨料发生碱一集料反应后不形成反应边，不能将反应边的存在与否用来直接判定是否存在碱—集料反应破坏。

(7)活性骨料，通过检查混凝土芯样薄片，可以确定粗骨料中具有潜在碱活性的岩石类型及其活性矿物类型；可以确定细骨料是否具有潜在碱活性及活性矿物所占的比例；还可以确定混凝土的裂纹是否与活性骨料相连接。

(8)内部裂纹，碱—集料反应的膨胀源是集料，在混凝土中形成与膨胀集料相连的细网状裂纹，反应的集料有时也会开裂，其裂纹会延伸到周围的浆体或砂浆中去，甚至能延伸到达另一颗集料，裂纹有时会从未发生反应的集料边缘通过。

(9)混凝土碱含量，安全碱含量对高活性的硅质骨料 2.1 kg/m^3，对中等活性的硅质骨料 3.0 kg/m^3，对碱—碳酸盐反应 1.0 kg/m^3。

5. 抑制碱骨料反应的措施

碱骨料反应条件是在混凝土配制时形成的，即配制的混凝土中只要有足够的碱和反应性骨料，在混凝土浇注后就会逐渐反应，在反应产物的逐渐吸水膨胀和内应力足以使混凝土开裂的时候，工程便开始出现裂缝。这种裂缝和对工程的损害随着碱骨料反应的发展而发展，严重时会使工程崩溃。要抑制混凝土发生碱骨料反应，主要是在配制混凝土时采取措施，使混凝土工程不具备碱骨料反应的条件。主要有以下几种措施。

(1)控制水泥含碱量

自 1941 年美国提出水泥中碱含量低于 0.6%氧化钠当量(即 $Na_2O+0.658K_2O$)为预防发生碱骨料反应的安全界限以来，虽然有些地区的骨料在水泥碱含量低于 0.4%时仍可发生碱骨料反应对工程产生损害，但一般情况下低于 0.6%作为预防碱骨料反应的安全界限已为世界多数国家所接受。

(2)控制混凝土中含碱量

由于混凝土中碱的来源不仅是从水泥，而且从混合材、外加剂、水，甚至有时从骨料(例如海砂)中来，因此控制混凝土各种原材料总碱量比单纯控制水泥含碱量更为科学。但各国骨料存在着不同的差异，对碱含量的控制也不同。2003 年 4 月，国际材料与结构研究试验联合会(RILEM)提出了“减少混凝土中碱反应的国际标准草案”。在这一草案中，对于不同活性的骨料提出不同的碱含量限制指标。对于低活性集料(相应于非活性集料)，没有对混凝土碱含量的限度提出要求；对于中等活性集料，混凝土碱含量的限度为 3.0 kg/m^3 或 3.5 kg/m^3 Na_2O_{eq}；对于高活性骨料，混凝土碱含量的限度应低于 2.5 kg/m^3 Na_2O_{eq}。混凝土碱含量限度的控制原则是比试验室测定的集料单方碱临界值少 2.0 $kg/m^3 Na_2O_{eq}$。

(3)对骨料选择使用

当骨料的碱—硅酸反应砂浆棒膨胀率在 0.10%以下时，可认为骨料不具有碱活性，可不考虑混凝土碱活性反应；当骨料的碱—硅酸反应砂浆棒膨胀率在 0.10%～0.20%时，混凝土的碱含量应根据所处环境进行限制；当骨料的砂浆棒膨胀率在 0.20%～0.30%时，除了对混凝土的碱含量加以限制外，还应在混凝土中掺加具有明显抑制效能的矿物掺和料和外加剂，并经试验证明抑制有效。

(4)掺矿物掺和料

掺某些矿物掺和料可缓解、抑制混凝土的碱骨料反应。根据各国试验资料，掺5%～10%的硅灰可以有效的抑制碱骨料反应。掺粉煤灰也很有效，即使含碱量高的粉煤灰、如果取代30%的水泥，也可有效地抑制碱骨料反应。另外常用的抑制性混合材还有高炉矿渣，但掺量必须大于50%才能有效地抑制碱骨料反应对工程的损害。现在美、英、德诸国对高炉矿渣的推荐参量均为50%以上。

掺加矿物掺和料还有助于提高混凝土的密实性能，增强硬化混凝土的抗化学侵蚀性能。

(5)掺用引气剂

掺用引气剂可使混凝土具有4%～5%的含气量，可容纳一定数量的反应产物，从而可以缓解碱骨料反应的膨胀压力。

(6)隔绝水和湿空气的来源

如果在担心混凝土工程发生碱骨料反应的部位能有效地隔绝水和空气的来源，也可以取得缓和碱骨料反应对工程损害的效果。

五、抗碳化性能

混凝土的碳化是混凝土所受到的一种化学腐蚀。空气中CO_2气体渗透到混凝土内，与其碱性物质起化学反应后生成碳酸盐和水，使混凝土碱度降低的过程称为混凝土碳化，又称作中性化。碳化后使混凝土的碱度降低，当碳化超过混凝土的保护层时，在水与空气存在的条件下，就会使混凝土失去对钢筋的保护作用，钢筋开始生锈。

1. 混凝土碳化机理

混凝土具有毛细管类孔隙结构的特点，这些毛细管类孔隙包括混凝土成型时残留下来的气泡，水泥石中的毛细孔和凝胶孔，以及水泥石和骨料接触处的孔穴等等。此外，还可能存在着由于水泥石的干燥收缩和温度变形而引起的微裂缝。普通混凝土的孔隙率一般不少于8%～10%。

在混凝土中，水泥水化主要生成水化硅酸钙凝胶和$Ca(OH)_2$，$Ca(OH)_2$在水中的溶解度低，除少量溶于孔隙液中，使孔隙液成为饱和碱性溶液外，大部分以结晶状态存在，成为孔隙液保持高碱性的储备，它的pH值为12.5～13.5，其碱性介质对钢筋有良好的保护作用，使钢筋表面生成难溶的Fe_2O_3和Fe_3O_4，称为钝化膜。空气中的CO_2气体不断地透过混凝土中未完全充水的粗毛细孔道，气相扩散到混凝土中部分充水的毛细孔中，与其中的孔隙液所溶解的$Ca(OH)_2$进行中和反应。反应产物为$CaCO_3$和H_2O，$CaCO_3$溶解度低，沉积于毛细孔中。该反应式为：

$$Ca(OH)_2 + CO_2 \rightarrow CaCO_3 \downarrow + H_2O$$

反应后，毛细孔周围水泥石中的氢氧化钙补充溶解中的Ca^{2+}和OH^-，反向扩散到孔隙液中，与继续扩散进来的CO_2反应，一直到孔隙液的pH值降为8.5～9.0时，这层混凝土的毛细孔中才不再进行这种中和反应，此时即所谓“已碳化”。确切地说，碳化应称为碳酸盐化。另外，凡是能与$Ca(OH)_2$进行中和反应的一切酸性气体，如SO_2、SO_3、H_2S以至于气相HCl等，均能进行上述中和反应，使混凝土碱度降低，故混凝土碳化应广义地称为“中性化”。混凝土表层碳化后，大气中的CO_2继续沿混凝土中未完全充水的毛细孔道向混凝土深处气相扩散，更深入地进行碳化反应。当碳化超过混凝土的保护层时，在水与空气存在的条件下，就会使混凝土失去对钢筋的保护作用，钢筋开始生锈。同时碳化使得混凝土中的碳酸盐转变为溶解度较高的碳酸氢盐，溶出后使孔隙率增加。水泥混凝土中的碳化反应不限于 $Ca(OH)_2$，在各种水化物或未水化物中，也会发生其他类型的碳化反应，但就碳化而言，$Ca(OH)_2$ 的影响最大。

2. 检测方法

碳化试验按《普通混凝土长期性能和耐久性能试验方法》GBJ 82—1985 标准进行。试样成型后标养28 d烘干，放于温度为 20±5℃、湿度 70±5% ，CO_2 浓度为 20±3%的标准碳化试验箱内 ，测定 7 d、14 d 和 28 d 的碳化深度。

3. 影响混凝土碳化的因素

(1)时间

混凝土的碳化深度与时间存在较好的相关性，基本符合费克扩散定律。表示混凝土碳化深度与时间关系的经验公式为：

$$d = at^{1/2}$$

式中，d 为碳化深度；a 为碳化速度；t 为碳化时间。

(2)环境条件

因为碳化是液相反应，十分干燥的混凝土即一直处于相对湿度低于 25%空气中的混凝土很难碳化；在空气湿度 50%～75%的大气中，不密实的混凝土最容易碳化；但在相对湿度大于 95%的潮湿空气中或在水中的混凝土反而难以碳化，这是因为混凝土含水时透气性小，碳化慢；在湿度相同时，风速愈高、温度愈高，混凝土碳化也愈快；混凝土碳化速度与空气中 CO_2 浓度的平方根成正比。

(3)水灰比

混凝土的碳化速度与它的透气性有很密切的关系，混凝土的透气性越小，碳化进行越慢。水灰比小的混凝土由于水泥浆的组织密实，透气性小，因而碳化速度就慢。掺用优质减水剂或引气剂，可以大大改善混凝土的和易性，减小水灰比，制成密实的混凝土，使碳化减慢。尤其是引气减水剂，由于抗冻性提高，可以大大改善钢筋混凝土建筑物的耐久性。

(4)水泥品种与用量

水泥品种不同意味着其中所包含的熟料的化学成分和矿物成分以及水泥混合材料的品种和掺量有别，直接影响着水泥的活性和混凝土的碱度，对碳化速度系数有重要影响。一般说来，普通硅酸盐水泥要比早强硅酸盐水泥碳化稍快，掺混合材的水泥碳化速度更快，混合材掺量越大，碳化速度越快。同理，单位水泥用量多的混凝土碳化较慢。

水泥含碱量越高，孔溶液 pH 值增加，碳化速度加快。这是因为：①含碱量越高，水泥硬化石中的 CSH 结构不均匀，毛细孔增多，水泥石中粗大孔隙越多；②含碱量增高，孔溶液中 OH^- 浓度增大，碳化后沉积的碳酸钙溶解度减少，即孔溶液中钙离子浓度减少，补充钙离子浓度的氢氧化钙晶体易溶解，加速混凝土碳化。

(5)掺和料

粉煤灰的掺入有正负两方面的作用，一方面由于水泥用量的减少，水化产生的 $Ca(OH)_2$ 减少，碱储备降低，造成其吸收 CO_2 的能力降低，对抗碳化不利；另外一方面，粉煤灰的火山灰效应有利于混凝土长期抗渗性的提高，混凝土进行碳化时，处于 70%左右的相对湿度环境下，水化在继续进行，随着龄期增长，粉煤灰的二次水化填充效应可显著改善混凝土的孔结构，使混凝土的抗渗性显著提高，抗碳化性能也显著提高。

(6)骨料种类及级配

混凝土中的骨料本身一般比较坚硬、密实，总的说来，天然砂、砾石、碎石比水泥浆的透气性小，因此混凝土的碳化主要通过水泥浆体进行。但是，在轻混凝土中，由于轻质骨料本身气泡多，透气性大，所以能通过骨料使混凝土碳化。一般说来，轻混凝土比普通混凝土碳化快，需要掺用引气剂或减水剂来减缓它的碳化速度。另外抗酸性骨料与水、水泥的作用对混凝土的碳化有一定的延缓作用。

骨料的级配不同，其内部孔隙结构差别很大，直接影响着混凝土的密实性。用材质致密坚实、级配较好的骨料生产的混凝土，其碳化的速度较慢。

(7)含气量

混凝土引气后其抗碳化性能有较大幅度的提高，但含气量过大会导致混凝土的抗碳化性能降低，可能是含气量高到一定程度时，总孔隙率增大，微小气孔聚集形成较大的孔，使孔结构劣化，孔易于形成连通，导致混凝土的抗渗性下降。

(8)浇注与养护质量

密实的混凝土表层孔隙很小，易从潮湿的空气中吸取水分而充满水，故不易碳化；欠密实的混凝土表层中大孔隙内无水，CO_2 可以由气相扩散到充满水的毛细孔隙而完成碳化。所以越是密实的混凝土其抗碳化能力越高。

混凝土浇注与养护质量是影响混凝土密实性的一个重要因素。如果混凝土浇注时不规范，特别是振捣不密实，以及养护方法不当、养护时间不足时，就会造成混凝土内部毛细孔道粗大，且大多相互连通，严重时会引起混凝土出现蜂窝、裂缝等缺陷，使水、空气、侵蚀性化学物质沿着粗大的毛细孔道或裂缝进入混凝土内部，从而加速混凝土的碳化和钢筋腐蚀。

4. 混凝土碳化破坏的预防

(1)工程设计

工程设计时结合混凝土的结构形式和不同的环境因素，分别对混凝土的保护层采取不同的厚度，保证混凝土碳化到钢筋时需要足够长的时间。

(2)原材料及配合比设计

选择不利于混凝土碳化的原材料，在配合比设计时通过各种技术措施提高混凝土抵抗碳化的能力，比如在混凝土中可掺入优质适宜的外加剂，如减水剂、阻水剂、引气剂等，以改善混凝土的某些性能，提高其强度和密实性、抗渗性、抗冻性。严格控制混凝土的水灰比，要求是小水灰比，低坍落度，把水的用量控制在满足配料和施工需要的最低范围内，尽量减少混凝土的自由水。

(3)精心施工，及时养护

振捣一定要充分并严格按照规定标准进行，提高混凝土的密实度、抗渗性；养护一定要及时，一旦混凝土达到初凝时，就应立即进行养护，并坚持按不同水泥品种所要求的时间养护，控制好环境的温度和湿度，以使混凝土在适宜的环境中进行养护。

钢筋混凝土保护层厚度施工时要将钢筋用事先预制好的高标号砂浆垫块垫好，使钢筋的混凝土保护层厚度满足设计要求。

(4)在混凝土表面涂刷致密涂层也可起到预防碳化的目的。

六、抗钢筋锈蚀性能

钢筋混凝土既保持了混凝土抗压强度高的特性又保持了钢筋很好的抗拉强度，同时钢筋与混凝土之间有着很好的黏结力和相近的热膨胀系数，混凝土又能对钢筋起到很好的保护作用，从而使混凝土结构物更好的工作，提高了混凝土结构的耐久性。但在使用过程中，混凝土中的钢筋锈蚀问题却不断出现。钢筋锈蚀后，导致混凝土结构性能的劣化和破坏，主要有如下表现。①钢筋锈蚀，导致截面积减少，从而使钢筋的力学性能下降。大量的试验研究表明，对于截面积损失率达5%～10%的钢筋，其屈服强度和抗拉强度及延伸率均开始下降，对于截面积损失率大于10%，但小于60%的严重腐蚀，钢筋各项力学性能指标严重下降。如：钢筋截面积损失率达1.2%、2.4%和5%时，钢筋混凝土板的承载能力分别下降8%、17%、和25%，钢筋截面积损失率达60%时，构件承载能力降低到与未配筋构件相近。②钢筋腐蚀导致钢筋与混凝土之间的结合强度下降，从而不能把钢筋所受的拉伸强度有效传递给混凝土。③钢筋锈蚀生成腐蚀产物，其体积是基体体积的2～4倍，腐蚀产物在混凝土和钢筋之间积聚，对混凝土的挤压力逐渐增大，在这种挤压力的作用下混凝土保护层拉应力逐渐加大，直到开裂、起鼓、剥落。混凝土保护层破坏后，使钢筋与混凝土界面结合强度迅速下降，甚至完全丧失，不但影响结构物的正常使用，甚至使建筑物遭到完全破坏。

1. 钢筋锈蚀机理

最初的混凝土孔隙中充满了饱和 $Ca(OH)_2$ 溶液，它使钢筋表层发生初始的电化学腐蚀，该腐蚀物在钢筋表面形成一层致密的覆盖物，即 Fe_2O_3 和 Fe_3O_4，这层覆盖物称为钝化膜，在高碱性环境中，即 $pH \geqslant 11.5$ 时，它可以阻止钢筋被进一步腐蚀。但是如果外加剂或掺和料使用不当，混凝土结构比较疏松或因碳化和某些原因造成混凝土碱度不足（$pH < 11.5$），钝化膜被破坏，钢筋将完成电化学腐蚀，导致钢筋锈蚀。

混凝土中钢筋锈蚀是在有水分子参与的条件下发生的，其电极反应式为：阳极 $Fe \rightarrow Fe^{2+} + 2e$，阴极 $O_2 + 2H_2O + 4e \rightarrow 4OH^-$，阳极表面二次化学过程为 $Fe^{2+} + 2OH^- \rightarrow Fe(OH)_2$，$4Fe(OH)_2 + O_2 + 2H_2O \rightarrow 4Fe(OH)_3$。在氧气和水汽的共同作用下，钢筋表面的铁不断失去电子而溶于水，从而逐渐被腐蚀，在钢筋表面生成红铁锈，引起混凝土开裂。氯离子 Cl^- 和氢氧根离子 OH^- 争夺腐蚀产生的 Fe^{2+}，形成 $FeCl_2 \cdot 4H_2O$（绿锈），绿锈从钢筋阳极向含氧量较高的混凝土孔隙迁徙，分解为 $Fe(OH)_2$（褐锈）。褐锈沉积于阳极周围，同时放出 H^+ 和 Cl^-，它们又回到阳极区，使阳极附近的孔隙液逐步酸化，Cl^- 再带出更多的 Fe^{2+}。这样，氯离子虽然不构成腐蚀产物，在腐蚀中也不消耗，但给腐蚀起了催化作用。反应式为：

$$Fe^{2+} + 2Cl^- + 4H_2O \rightarrow FeCl_2 \cdot 4H_2O，FeCl_2 \cdot 4H_2O \rightarrow Fe(OH)_2 + 2Cl^- + 2H^+ + 2H_2O$$

钢筋一发生锈蚀，体积增大，破坏了混凝土覆盖层，就会沿钢筋产生裂缝，水、空气进入裂缝，又会加速钢筋的锈蚀。

2. 检测方法

钢筋锈蚀试验按《普通混凝土长期性能和耐久性能试验方法》GBJ 82—1985 标准进行。将埋有钢筋的试件按标准经碳化28 d后，取出放于混凝土标养室中存放56 d，取出模型，检查钢锈蚀情况。

3. 影响混凝土中钢筋锈蚀的主要因素

(1)混凝土液相pH值。钢筋锈蚀速度与混凝土液相pH值有密切关系，pH值大于11.5

时，钢筋不会锈蚀；pH 值大于 10 时，钢筋锈蚀速度很小，pH 值小于 4 时，钢筋锈蚀速度急剧增加。

(2)混凝土中 Cl^- 的含量。混凝土中 Cl^- 的含量对钢筋锈蚀影响极大，混凝土中只要氯离子含量超过水泥重量的 0.035%，就可能发生钢筋锈蚀。

(3)混凝土的密实度和保护层厚度。混凝土能阻止外界腐蚀介质、氧气和水分等的渗入，混凝土密实度越高，保护层越厚，外界有害物质就越难渗入，钢筋锈蚀就越不容易发生。

(4)其他因素。除上述因素外，钢筋应力状态对其锈蚀也有很大影响，预应力钢筋更容易腐蚀，而且应力腐蚀比一般腐蚀更危险。

4. 钢筋锈蚀的预防措施

(1)提高混凝土的密实度，降低混凝土的孔隙率。外界的有害物质通过混凝土内部的孔隙，渗入到混凝土内，最后到达钢筋表面，破坏钢筋钝化膜，引起钢筋锈蚀，因此，为阻止外界有害物质侵入混凝土内而使钢筋锈蚀，就要提高混凝土的密实度。而要提高混凝土的密实度，就必须降低混凝土的孔隙率，特别是毛细管孔隙率。可采取的措施有：①降低水灰比，当混凝土硬化后，多余的水就会蒸发掉，形成毛细孔。用水量越大，水泥水化后留下的毛细孔越多，渗透系数也越大。所以在拌制混凝土时，在满足设计要求和施工要求的情况下，尽量降低水灰比，减少用水量，增加密实度，提高混凝土的抗渗性。②掺外加剂。一是掺引气型的减水剂，一方面使混凝土内部产生均匀、稳定、互不连通的微小气泡，阻止液体的渗透，另一方面也大大减少混凝土的用水量，增加混凝土的密实度，提高抗渗性；二是掺抗渗剂，掺抗渗剂在混凝土内形成胶体络合物，填充、堵塞了混凝土内部的毛细孔缝，从而增加混凝土的密实度，提高抗渗性；三是掺膨胀剂，通过掺膨胀剂发生化学反应，使混凝土产生膨胀，在外力约束下，增加混凝土的密实度，也可提高抗渗性。③选择合适的材料。水泥中 C_3A 含量越高，其对氯离子的固化能力越强，抵抗钢筋锈蚀的能力也越强。掺用适量优质掺和料，混合材的掺入能提高对氯的固化能力，并且在一定掺量范围内能改善结构的钢筋锈蚀情况，掺矿渣的效果比掺粉煤灰好；细骨料要求砂的颗粒均匀、圆滑、质地坚硬、平均粒径为 0.4 mm 左右的河砂，含泥量＜3%，并含适量的粉砂；选用粗骨料，除大体积外，一般情况下粒径 5～30 mm 为宜，最大粒径不超过 40 mm，含泥量＜1%，要求组织细密、颗粒整齐、质地坚硬、级配优良，以改善混凝土的和易性，增加密实度，提高抗渗性。④加强养护。如混凝土早期养护不好，水泥得不到正常水化，会降低混凝土的密实度，继而影响抗渗性。所以一定要加强混凝土的早期湿润养护，时间不得少于 14 d，以保证水泥正常水化，增加密实度，提高抗渗性。

(2)防止氯离子的侵入。氯离子的侵入是钢筋被锈蚀的主要因素。氯离子进入混凝土有两种途径：其一是“混入”；其二是“渗入”。环境中的氯离子通过混凝土的宏观、微观缺陷渗入混凝土中，并到达钢筋表面。为防止氯离子的侵入，采取的主要措施有：①控制原材料中氯离子的含量。当原材料中氯离子含量超标时，就要采取预防措施，这是防止混入型氯离子进入混凝土的主要措施。②提高混凝土保护层厚度。混凝土保护层增加，则氯离子渗入混凝土到达钢筋的时间就会增加，这是延迟混凝土内部开始钢筋锈蚀的很有效的一种方法。③混凝土表面涂层。为制止氯离子渗入混凝土，延缓钢筋腐蚀，涂覆混凝土作为第一道防线是一种简单、经济和有效的辅助性保护措施。④钢筋表层涂刷防腐涂料。目前采用较多的是环氧涂层钢筋，由于其是在钢厂流水线上涂覆的，因此一般可以保证涂层的高质量，使钢筋与周围混凝土隔开，即使有害物质大量侵入混凝土，也可长期保护钢筋，使钢筋免遭腐蚀。

(3)控制混凝土裂缝,尽量避免有害裂缝的出现。混凝土裂缝是普遍存在的,由于裂缝的存在和发展通常会使内部的钢筋等材料产生腐蚀,降低钢筋混凝土材料的承载能力、耐久性及抗渗能力,影响建筑物的外观、使用寿命,严重者将会威胁到人们的生命和财产安全,很多工程的失事都是由于裂缝的不稳定发展所致。因此在施工中应尽量采取有效措施控制裂缝产生,使结构尽可能不出现裂缝或尽量减少裂缝的数量和宽度,尤其要尽量避免有害裂缝的出现。预防混凝土裂缝的主要措施有:①尽量选用收缩量较小、低热或中热水泥,如矿渣水泥、粉煤灰水泥等。②混凝土的干缩受水灰比的影响较大,水灰比越大,干缩越大,因此要严格控制水灰比,掺加高效减水剂来增加混凝土的坍落度和和易性,减少水泥及水的用量。

第四节 变形性能

一、收 缩

混凝土在凝结初期或硬化过程中因物理化学作用而产生的体积缩小现象统称为收缩。混凝土只有在湿度是100%的情况下才不会产生体积收缩,一般环境下的混凝土均会发生收缩现象,收缩超过一定程度混凝土就会产生开裂,破坏混凝土的抗裂性。

1. 收缩的种类

混凝土的收缩主要有干燥收缩、温度收缩、自收缩、沉缩、碳化收缩、化学收缩等。

(1)沉缩:也叫塑性收缩,混凝土拌合物刚成型后尚未凝结硬化前产生,这时混凝土几乎没有强度或强度很小,表面混凝土因失水造成毛细管中产生较大的负压使混凝土体积急剧收缩。其收缩值较大,约为1%左右。环境温度、相对湿度及风速对塑性收缩影响极大。

(2)干燥收缩:是混凝土在未饱和空气中由于失去毛细水与凝胶水所引起的体积缩小,又称物理收缩。当相对湿度低于100%,混凝土干缩即开始,在干燥的空气中,收缩会持续进行,对于普通混凝土,28 d收缩值约为完全收缩值的40%,90 d完成收缩的60%左右,180 d完成收缩约70%,1年完成收缩平均值为75%,完全收缩的时间长达20年。完全干缩值能达到10 000微应变(1微应变=0.001 mm/m)。影响收缩的主要因素是骨料的品种和用量,当骨料品种一定时,骨料用量越大,干缩越小,当胶凝材料不变时,水灰比越大,干缩也越大。

(3)温度收缩:温度收缩是混凝土材料随温度变化而发生的热胀冷缩,混凝土的温度膨胀系数为1×10^{-5},即温度变化1 ℃,每米膨胀或收缩0.01 mm。

(4)自收缩:它与干燥收缩一样是由于水的迁移而引起,但它不是由于水分向外蒸发散失,而是在与外界无水分交换情况下因水泥水化消耗浆体内部自身的水分造成凝胶孔的液面下降,混凝土体的相对湿度降低,体积减少。自收缩不同于化学收缩,但由化学收缩引起。水灰比的变化对干燥收缩和自收缩的影响正好相反,水灰比减小,自收缩增大。自收缩从混凝土初凝就开始产生,在1 d内发展最快,3 d以后减慢,以后就发展得缓慢了。3 d自收缩约100~270微应变,胶凝材料活性越大,水灰比越低,则自收缩越大。

(5)化学收缩:混凝土终凝后,在密闭条件下水分不蒸发时由于水泥水化所引起的体积变化,是化学结合水与水泥的化合结果,它与外界湿度变化无关。温度高、水泥用量较大及水泥细度较细时其值趋于增大,一般为$(0.4\sim1)\times10^{-4}$。化学收缩可能是正的变形,也可能是负的变形(膨胀),普通硅酸盐水泥及大坝水泥混凝土的化学收缩是正的变形,而矿渣水泥混凝土的化学收缩是负的变形，即膨胀变形，掺粉煤灰混凝土的化学收缩也是膨胀变形。

(6)碳化收缩：由于空气中二氧化碳的作用而引起的体积缩小，空气相对湿度为50%～75%的情况下碳化最激烈，碳化收缩也最显著。

2. 收缩导致开裂的原因

混凝土的收缩是混凝土自身固有的性质，收缩可能引起混凝土裂缝，而这是我们不希望发生的。混凝土的裂缝有很多种，对非受力裂缝也可根据上述收缩的不同分为沉缩裂缝、干缩裂缝、温度裂缝、自收缩裂缝等，而且每种裂缝的影响因素也很多，但各种裂缝产生的最根本的原因如下：

当混凝土浇注后，混凝土即由于各种原因产生收缩。如果它在无约束的条件下收缩，混凝土只会单纯地引起体积缩小，而不会产生应力，但实际工程中的混凝土构件均会不同程度地受到约束，使得混凝土保持它初始的长度，收缩就会在混凝土中产生拉应力。随着时间的推移，混凝土的徐变会使拉应力有一定程度的减小，当净拉应力增加到超过了混凝土的抗拉强度时，就会产生裂缝。而混凝土本身是一种非匀质的复杂多样体，其微观结构各相之间主要靠范德华力结合，造成混凝土的抗拉强度远低于抗压强度，混凝土的开裂变得更为容易。

由上可知，混凝土发生开裂必须具备三个条件：收缩变形的大小、约束的程度、实时的抗拉强度，不受约束的收缩不会产生拉应力，拉应力不超过抗拉强度时也不会开裂。

3. 混凝土收缩与开裂的检测

正确地检测混凝土的收缩与开裂趋势，是采取措施减少或避免开裂的前提。目前，引起人们大量关注的混凝土裂缝是混凝土的早期非受力裂缝，即混凝土从浇注后到拆模前后出现的非受外力引起的开裂。这种早期开裂主要由于混凝土的沉缩、温度收缩、自收缩及养护不当的较大干缩引起，真正在混凝土使用过程中由于正常干缩、化学收缩及碳化收缩等引发的裂缝并不多。按照《普通混凝土长期性能和耐久性能试验方法》GBJ 82—1985 标准测定的混凝土收缩值，不是混凝土的全部收缩，而是停止养护(3 d)后的干燥收缩加一小部分自收缩，并不包括早期收缩。同时，各种收缩只是引起混凝土开裂的一个方面，混凝土的开裂是由于收缩产生的拉应力大于混凝土材料抗拉强度才发生的，混凝土的弹性模量、热膨胀系数及松弛能力等影响应力和强度发展的各种因素都对开裂至关重要。

1969 年德国慕尼黑技术大学 R. Springenschmid 教授研究出开裂试验架装置，该装置模拟了混凝土在早期受约束条件下产生的应力、混凝土从黏塑性体变为黏弹性体过程中弹性模量的增长与松弛作用的减少的综合效果，测定混凝土的早期开裂趋势，可以预测混凝土在某种施工环境下开裂的可能性。日本 Y. Kasai 教授也提出了平板试件的混凝土抗裂性试验。另外，还有美国 S. P. Shah 采用净浆或水泥胶砂制成的圆环约束试件测定其收缩过程中出现开裂的时间，用来相对比较抗裂性能。类似上述几种装置的试验方法已在《混凝土结构耐久性设计及施工指南》CCES 01—2004 标准中有具体规定。

近年来，有的学者通过早期约束应力的计算确定混凝土开裂的危险性，通过材料的性质及各种影响应力变化的因素建立计算机程序，预测混凝土开裂的可能性。

4. 影响混凝土收缩的因素

混凝土的收缩受配合比、水泥性质、骨料性质、结构周围的温度、湿度、构件断面形状及尺寸、混凝土浇筑质量及养护条件等许多因素有关。

(1)水泥的品种：水泥强度等级越高，制成的混凝土收缩越大。水泥成分对混凝土的自生收缩的影响要比对干燥收缩的影响大。

(2)水泥的用量:水泥用量多、水灰比越大,收缩越大。

(3)骨料的性质:骨料对混凝土收缩的影响取决于两个方面:一是骨料吸水率,二是骨料相对于硬化水泥浆的弹性模量。水泥浆是混凝土收缩的主要部分,骨料一般对水泥浆的收缩起制约作用,骨料弹性模量高、级配好,收缩就小。一般认为,普通轻骨料混凝土的收缩与徐变比普通混凝土大。

(4)养护条件:湿度愈大,吸附水的蒸发量愈小,水泥的水化程度愈高,水泥凝胶体的密度也愈高,收缩也愈小,干燥失水环境混凝土的收缩大。高温环境可引起失水的加快,对收缩不利,但仅温度本身变化对混凝土收缩影响不大。

(5)混凝土浇注质量:混凝土越密实,收缩越小。

(6)使用环境:使用环境温度、湿度越大,收缩越小。

(7)构件的体积与表面积比值:比值的大小影响混凝土内部水分蒸发的快慢,比值大时,收缩小。但当混凝土与环境达到湿度平衡时,尺寸效应将消失。

二、徐　变

在恒定的长期荷载作用下,混凝土将产生随时间而增加的塑性变形,称为混凝土的徐变。混凝土在卸荷后,一部分变形瞬间恢复,这一变形小于最初加荷时产生的弹塑性变形。在卸荷后一定时间内,变形还会缓慢恢复一部分,称为徐变恢复。最后残留部分的变形称为残余变形。混凝土的徐变一般可达 $300\times10^{-6}\sim1500\times10^{-6}$ m/m。徐变可消除钢筋混凝土内的部分应力集中,使应力较均匀的重新散布,对大体积混凝土能排除一部分由于温度变形所发生的损坏应力。但徐变会使受弯构件的挠度增加、细长柱的偏心距增大;在预应力混凝土构造中,徐变将使混凝土的预加应力受到丧失。

1. 徐变机理

徐变产生的原因目前尚没有定论,主要的理论有黏弹性理论、渗出理论、黏性流动理论、塑性流动理论、微裂缝理论及内力平衡理论等。

黏弹性理论是把水泥浆体看成为弹性的水泥凝胶骨料,其空隙充满着黏弹性液体构成的复合体。加给水泥浆体的荷载起初一部分被固体空隙中的水所承受,这样推迟了固体的瞬时弹性变形。当水从压力高处向低处流动时,固体承受的荷载就逐渐加大,增大了弹性变形。荷载卸除后,水就流向相反方向,引起徐变恢复。与这个过程有关的水,仅是毛细管空隙和凝胶空隙中的水,而不是凝胶微粒表面的吸附水。

渗出理论由利奈姆(C. G. Lynam)于 1934 年首先提出的。该理论认为混凝土徐变是由于凝胶粒子表面吸附水和这些粒子之间的层间水(在荷载作用下)的流动引起的。水泥浆体承受压缩荷载后,凝胶微粒之间的吸附水和层间水就缓慢地排出而产生变形。当水被挤出后,凝胶微粒承受的应力增加,而作用于水的压力相应减小,结果导致水渗出速度的减小。徐变是在凝胶与周围介质达到新的湿度平衡时的一种现象。该理论渗出的水是凝胶水(吸附水和层间水),而不是毛细水和化学结合水。由于凝胶水被挤出,使微粒之间距离缩短而处于微粒间力的作用范围内。在外荷载作用下,水分子进一步接近,使微粒之间的表面能降低,而且引起一部分化学结合,这就增加了凝胶的稳定性。

黏性流动理论由托马斯(F. G. Thomas)于 1937 年首先提出。他认为,混凝土可分成两部分，一部分是在荷载作用下产生黏性流动的水泥浆体；另一部分是在荷载作用下不产生流动的惰性骨料。当混凝土受荷时，水泥浆体的流体受到骨料的阻碍，结果使骨料承受较高的应力，而水泥浆体承受的应力随时间而减小。由于水泥浆体的徐变与加荷应力成正比，因此，随着加荷应力逐渐从水泥浆体转移到骨料来承受，从而徐变速率将逐渐减小。

塑性流动理论认为，混凝土徐变类似于金属材料晶格滑动的塑性变形。当加荷应力超过金属材料的屈服点后，塑性变形就发生。福格脱(F. Vogt)观测到混凝土变形某些方面类似于铸铁和其它易碎金属。金属材料塑性变形是晶格沿最大剪切面移动的结果，是没有体积变形的；而混凝土的剪切能力比拉伸能力强。因此，混凝土因剪切发生前的拉伸而破坏。

微裂缝理论，在多相混凝土组成材料的界面上，受荷前就有黏结微裂缝存在，这是由混凝土硬化过程中骨料沉降、拌合水析出及干缩应力引起的。对正常工作应力范围，裂缝界面通过摩擦连续传递荷载，微裂缝仅稍微增加一些徐变。当荷载超过正常工作应力时，界面上黏结微裂缝就会扩展并逐渐产生新的微裂缝；当荷载再增加，还会产生少量穿越砂浆的裂缝、甚至产生穿越骨料的裂缝，最后各种裂缝迅速发展并逐渐贯通。前苏联学者别尔格是苏联最早用裂缝的产生和发展来解释徐变的研究者之一。

内力平衡理论认为水泥浆体的徐变是由于荷载破坏了开始存在于水泥浆体中的内力平衡状态，并达到了新的平衡的变化过程。当加荷应力超过正常工作应力时，徐变速率又迅速增大，应力与应变呈非线性关系，这可用塑性理论和微裂缝理论来解释。不过，该阶段徐变在实际结构中很少发生，通常混凝土结构的徐变最终将趋于稳定。

2. 检测方法

表征混凝土徐变大小的指标有徐变值、徐变度和徐变系数，徐变值是某龄期下受力混凝土的总变形值与同龄期收缩值之差，徐变度为徐变值与所受应力的比值，徐变系数是某龄期下的徐变值与受力初期应变值之比。国家标准《普通混凝土长期性能和耐久性能试验方法》GBJ 82 标准规定了混凝土受压徐变的检测方法，该方法是同时制作棱柱体抗压试件、徐变试件及收缩试件，先测定轴心抗压强度，用千斤顶将夹持在固定装置上的混凝土施加轴心抗压强度40%的应力，测定混凝土不同龄期的变形值，同时，在收缩试件上测定混凝土的收缩值，以总变形值与收缩值之差反应徐变的大小。

3. 影响徐变的因素

(1)混凝土自身因素

水灰比：水灰比较小时混凝土的徐变也较小。

水泥品种：徐变随着水泥品种按下列顺序增加，早强水泥，高强水泥，普通水泥，矿渣水泥。水泥品种对混凝土徐变的影响，在于其对混凝土加载时的强度的影响。当加载龄期、应力和其他条件相同时，混凝土强度发展较快的水泥将导致较低的徐变。

水泥用量：水泥用量愈多，即水泥石相对含量愈大，其徐变愈大。

骨料性质：骨料的级配、粗骨料的最大粒径、强度、弹性模量都影响混凝土徐变的大小。骨料级配好，最大粒径较大，强度和弹性模量较大时，混凝土徐变较小；普通轻骨料混凝土的收缩与徐变比普通混凝土大。

混凝土的弹性模量：一般混凝土的弹性模量大者，徐变小。

(2)环境因素

养护条件：混凝土在水中养护时，同龄期的水泥石中未填满的孔隙较少，故徐变较小。采用蒸汽养护或高压蒸汽养护，有利于保证水泥水化的湿度和温度，促进混凝土强度的发展和水泥凝胶体密度的提高。并有利于徐变的减少。

环境温湿度：混凝土工作环境的相对湿度低则徐变大，相对湿度对加载早期的徐变影响更大；环境温度对混凝土的徐变有显著的影响。随温度升高，徐变率将加大，温度在 20℃～90℃之间以 71℃时的徐变率最大，随后又开始下降。高温干燥环境下徐变将显著增大。

(3)混凝土受力情况

加荷龄期：加荷时混凝土龄期越短，徐变越大；

应力大小：加荷应力大，徐变大；

持荷时间：持荷时间越长，徐变越大；徐变变形在加荷初期增长较快，然后逐渐减慢，一般连续 2～3 年才逐渐趋于稳固；

结构尺寸：结构尺寸越小，徐变越大。这是因为构件尺寸决定了环境湿度和温度影响混凝土内部水分溢出的程度，随构件体表比的增大，混凝土的徐变变小。

第五节　混凝土的结构与性能

混凝土是由大小不同的颗粒所组成的，大颗粒粗骨料的空隙由中小颗粒的粗骨料填充；粗骨料颗粒的空隙由细骨料(砂子)填充，它的颗粒也是有粗有细，细颗粒填充粗颗粒之间的空隙；水泥浆则填充粗细骨料堆积体的大小空隙，并包裹它们形成一层润滑层，使新拌混凝土(也称拌合物)具有一定的工作性，能在外力或本身的自重作用下成型密实。硬化混凝土是一种复杂的、多相的复合材料，它的结构主要包括三个相——骨料、硬化水泥浆体以及二者之间的过渡区，说它复杂是因为它很不匀质，主要体现在以下几方面：第一，过渡区的存在。过渡区是围绕骨料颗粒周边的一层薄壳，厚度约 10～50 μm。由于它的薄弱，对混凝土性能的影响十分显著；第二，三相中的任一相，本身实际上还是多相体。例如一颗花岗岩的骨料里除了有微裂缝、孔隙外，还不均匀地镶嵌着石英、长石和云母三种矿物。石英很硬，而云母就很软；第三，与其他工程材料不同，混凝土结构中的两相——硬化水泥浆体和过渡区是随时间、温度与湿度环境不断变化着的。

1. 骨料相

通常在为混凝土选择骨料时，首先注意的是它的颗粒强度，也就是说它越坚硬越好。事实上，由于骨料的强度通常比其他两相的高很多，因此它对混凝土的强度并没有直接的影响。但是它们的粒径和形状间接地影响混凝土强度。当骨料最大粒径越大、针片状颗粒越多时，其表面积存的水膜越厚，过渡区相就越薄弱，硬化混凝土的强度和抗渗透性也越差。所以，质量好的骨料应该是颗粒形状均匀、级配好，堆积密实度高，所需要的浆体用量少。许多路面板之所以不耐久，就是因为骨料质量差，尤其缺乏 5～10 mm 粒径的颗粒，使得传荷能力和抗冲击与疲劳能力受到严重影响。

2. 硬化水泥浆体(也称水泥石)

在配制混凝土选用水泥时，都认为标号越高的水泥越好。事实上，高标号水泥通常粉磨得越细，在拌合时往往需要更多的水，硬化后生成更多薄弱的氢氧化钙，多余的水分蒸发后也会形成更多的孔隙，对混凝土的强度和耐久性不利。但是，这样的水泥水化反应快，因此用它配制的混凝土早期强度高，这是它受欢迎的原因。

3. 过渡区

试验表明:即使所用骨料非常致密,混凝土的渗透性也要比相应的水泥浆体低一个数量级。这说明:混凝土体的渗透性并不直接取决于硬化水泥浆体的渗透性,而是取决于过渡区。刚浇注成型的混凝土在其凝固硬化之前,骨料颗粒受重力作用向下沉降,含有大量水分的稀水泥浆则由于密度小的原因向上迁移,它们之间的相对运动使骨料颗粒的周壁形成一层稀浆膜,待混凝土硬化后,这里就形成了过渡区。

过渡区微结构的特点为:1)富集大晶粒的氢氧化钙和钙矾石;2)孔隙率大、大孔径的孔多;3)存在大量原生微裂缝,即混凝土未承载之前出现的裂缝。

因为过渡区的影响,使混凝土在比它两个主要相能够承受的应力低得多的时候就被破坏;由于过渡区大量孔隙和微裂缝存在,虽然硬化水泥浆体和骨料两相的刚性很大,但受它们之间传递应力作用的过渡区影响,混凝土的刚性和弹性模量明显地减小。

过渡区的特性对混凝土的耐久性影响也很显著。因为硬化水泥浆体和骨料两相在弹性模量、线胀系数等参数上的差异,在反复的荷载、冷热循环与干湿循环作用下,过渡区作为薄弱环节,在较低的拉应力作用下其裂缝就会逐渐扩展,使外界水分和侵蚀性离子易于进入,对混凝土及钢筋产生侵蚀作用。

第三章　混凝土原材料

混凝土的质量与配合比有很大关系，配合比是与原材料性质相匹配的，质量差的原材料很难作出高质量的配合比。原材料和混凝土的关系，可以比作食物和人的关系。食物被人消化之后，应当变为组成人身体的各种必需的组分，不论近期还是长期都不应有什么有害的影响。并不是所有的人都清楚地知道自己应当对食物有什么要求，如果没有科学指导，那么就可能产生盲目性。混凝土的配制也是如此。

第一节　水　　泥

一、水泥的起源

1796 年，[英]杰姆斯·帕克(James Parker)，用含有黏土的不纯石灰石球，烧制成天然水硬性胶结材。1813 年，[法]维卡 V(icat)，用石灰石和黏土的合成物，经煅烧制成了人造水硬性胶结材。他还发明了沿用至今的维卡针，用以测定水泥的凝结时间。1824 年，[英]利兹的一个施工人员约瑟夫·阿斯普丁(Joseph. Aspdin)提出"波特兰"水泥的一个专利。它是由煅烧某些磨细(粉状或弄碎成糊状)的石灰石，掺入分别磨细的黏土，再将混合物在窑内煅烧至 CO_2 被分解逸出，最后将烧成物磨细制成水泥应用。因为硬化后的水泥酷似英国波特兰石场天然建筑石料，故而命名为波特兰水泥。尽管阿斯普丁发明的水泥煅烧温度并未达到真正生产硅酸盐水泥的烧结温度，但因为他命名的波特兰水泥在市场上取得了很大的成功，而被后人确定为水泥的发明人。

初时波特兰水泥是用立窑生产的。1886 年开始用回转窑生产，1909 年[美]托马斯·爱迪生(Thomas Edison)发布一系列回转窑专利。1836 年德国首先进行了系统的抗拉和抗压强度试验。1900 年，水泥的基本试验大部分标准化。我国 1889 年开始创建水泥工业，生产大古牌水泥。

二、水泥的现代水平

现在的硅酸盐水泥与过去相比有了许多变化，组分多了，性能提高了，归纳起来主要有以下几方面。

1. 提高了早期强度

从 20 世纪 50 年代，国外就致力于提高水泥及混凝土早期强度，到 70 年代初已提高近 50%。早期强度高有利于多掺细粉填料，提前拆模板，减轻后期养护的负担。美国从 1920 年到 1999 年，70 几年中水泥的 7 d 抗压强度增长了几乎 2.5 倍。

2. 提高了硅酸三钙含量

水泥早期强度提高的一个主要原因是提高了早强矿物含量，尤其硅酸三钙含量。20 世纪 60 年代水泥熟料 C_3S 含量在 45%左右，C_2S 含量 29%左右。80 年代在 O. Labahn 所著《水泥工程师手册》中列出的普通熟料 C_3S 含量为 49%，C_2S 含量 21%。90 年代末美国报道新型干法窑和大型湿法窑典型熟料的矿物组成为，C_3S 含量 60.0%，C_2S 含量 18.4%。铝酸三钙变化没有这样大，60 年代 H. Kühl 提出的为 7%，80 年代 O. Labahn 提出的为 13%，90 年代美国的典型熟料为 12.8%。

3. 重视水泥的颗粒分布

近年来，一方面水泥磨得更细了，勃氏比表面积都在 300～350 m^2/ kg 以上，42.5、52.5 以及矿渣水泥磨得更细，达到 400 m^2/ kg 和 500 m^2/ kg 甚至 600 m^2/ kg 以上，还有向更细方向发展的趋势。另一方面则更加重视合理的颗粒分布，例如，自 1992 年欧洲公布水泥试行标准以来便正式允许在水泥中加入不超过 5%的填充材料，又称次要组分，其目的就是调整颗粒分布，增加细粉含量，改善砂浆和易性和保水性。现在采取熟料与混合材分开粉磨再按不同配比混合的措施，其中一个目的也是控制合理的颗粒分布，包括水泥各主要组分的颗粒分布。

4. 合理的混合材掺入量

掺混合材的水泥已为各国所接受，生产量越来越大，但对混合材的某些性能提出了更高的要求，对混合材掺量作了更细和统一划分。例如，用于生产水泥的高炉水淬矿渣，在以前的德国标准中对有用活性氧化物总量 $CaO+MgO+SiO_2$ 没有限定，要求($CaO+MgO+Al_2O_3$)/SiO_2≥1.0，现在的标准 DINEN 197－1 则改为玻璃体含量≥2/3，($CaO+MgO+SiO_2$)总量≥2/3，($CaO+MgO$)/SiO_2≥1.0，即提高了对活性和碱度的要求。对粉煤灰则要求只准许使用煤粉炉经静电或机械方法收下的粉尘，其他工艺方法收取的粉煤灰不能使用。烧失量≤5%，其中活性 SiO_2 含量≥25%，硅质粉煤灰活性 CaO 含量不能超过 5%，钙质粉煤灰活性 CaO 含量在 5%和 15%之间。美国标准则规定，具有火山灰特性的 F 型粉煤灰($SiO_2+Al_2O_3+Fe_2O_3$)≥70%，有一定水硬活性的 C 型粉煤灰($SiO_2+Al_2O_3+Fe_2O_3$)≥50%，活性 CaO 含量允许超过 10%，在 15%至 25%之间。在现行欧洲水泥标准中将混合材掺量统一按 6%～20%(CEMⅡA)，21%～35%(CEMⅡB)，36%～65%(CEMⅢA)，66%～80%(CEMⅢB)和 81%～95%(CEMⅢC)5 个等级，对Ⅳ型和Ⅴ型水泥另有规定，这样更有利于水泥品种的选用，混凝土中最低水泥或熟料含量的控制，使混合材的品种和用量更符合混凝土设计要求。

5. 用“标准熟料”配制特性水泥

由于粉磨技术的提高，以及对颗粒分布、混合材掺配、微细粉改性和外加剂等影响水泥性能问题的深入研究，使得水泥厂可以大量生产所谓“标准熟料”，熟料和混合材分别粉磨成不同细度，分开存放，再根据客户需要调配成不同品种和性能的水泥。标准熟料通常为一种高 C_3S 和高 C_3A 含量的早强型熟料，一种为高 C_2S 的低热型熟料，后者用来配制低热水泥，前者用来配制不同品种、标号及施工性能的通用水泥。同一品种标号的水泥也可以根据混凝土工艺要求、季节气候等条件变化配制出不同的施工性能。用“标准熟料”还可以配制出一些特种水泥，因为许多混凝土外加剂如早强剂、速凝剂等都含碱，对环保和混凝土耐久性不利。欧美等市场上已经有许多不加和少加含碱外加剂的特种水泥，仅通过调整水泥化学成分、组分组成、控制颗粒分布、硫酸盐最佳掺配、微粉改性及适当外加剂便可生产出如快凝水泥、早强水泥、喷射水泥、抗硫酸盐水泥及油井水泥等特性水泥。地下混凝土构件，若侵蚀性水中硫酸盐含量≤1 500mg/L 时可以用粉煤灰水泥和在混凝土中掺粉煤灰代替抗硫酸盐水泥。欧美一些国家也很少和不用专用的道路水泥，而是用通用水泥，通过对细度、早期强度、发热量、碱含量等的限定控制混凝土路面开裂，通过提高混凝土强度等级达到耐磨要求。

三、硅酸盐水泥发展趋势

100 多年以来，硅酸盐水泥的基本构成和特性并没有根本性变化，尽管人们一直在探讨开发新的通用水泥品种，到目前还都不够成熟和不能大量应用，产品开发中遇到的问题和发展趋势有以下几个方面。

1. 产品开发中遇到的几个问题

(1)高 C_3S 窄颗粒分布水泥对混凝土耐久性不利

有些国家用提高 C_3S 含量和窄颗粒分布来提高水泥早期和 28d 强度，C_3S 含量都在 60% 以上甚至超过 80%，这样还可以提高混合材掺量。然而从美国的应用中发现，这种水泥需水量大，28 d 以后强度增进率低，因为缺少足够的 C_2S，混凝土自愈能力低，影响耐久性。还有人认为，这种水泥早期强度高，后期养护可以放宽，结果由于养护不好，混凝土微观结构发育不良，对提高耐久性不利。

(2)混合材掺加不当易使混凝土开裂

利用各种废料生产水泥已是大家公认的趋势，然而在利用中也发生许多问题。例如，硅灰很细，活性高，但却很难掺匀，易引起局部碱骨料反应，硅灰还会使混凝土干缩加大，温升高，因温度应力开裂，28 d 以后强度增长极慢，甚至有下降的危险，耐久性也不如普通混凝土。粉煤灰是常用的混合材，最近也有人发现粉煤灰及其他天然火山灰质混合材，若掺量太少也会使混凝土膨胀加大。因水化初期少量硅质材料与 $Ca(OH)_2$ 反应释放出的碱量可能大于被吸收的碱量，对抑制碱骨料反应不利。加入量过大又会由于细粉总量过高，破坏了最佳颗粒分布，增大了混凝土干缩量。粉煤灰加入量过高还会增大需水量，被迫增大减水剂用量，又进一步加剧了混凝土干缩。为了保持钢筋混凝土内部有足够的碱度，防止钢筋锈蚀，对室外钢筋混凝土中的粉煤灰含量有个最高限量，有的规定为 30%或 35%，美国为$\leqslant$25%，对这个限量还存在争议。还有的电厂采用脱硫脱氮措施，排出的粉煤灰氨气释放量过高。另外，使用工业废料还有可能使混凝土中铬、汞等有毒有害物质超标。

(3)外加剂也有副作用

现在 90%以上的混凝土都掺有各种外加剂，这些外加剂能改善混凝土性能，但也存在副作用。例如三乙醇胺有助磨作用、减水作用，但对促凝不利，会增大混凝土干缩，在美国有些工程已不允许使用含三乙醇胺的外加剂，如减水剂、促凝剂。不使用外加剂会因凝结硬化时间过长损害混凝土耐久性，亟需寻找新的途径减小混凝土开裂危险。又如为防止钢筋锈蚀而使用无氯的减水促凝剂，这类外加剂在 0～5℃以上的温度区，外加剂效力随温度升高急剧下降，冬季施工常用温水搅拌混凝土更会降低这种外加剂的效果。含碱外加剂不仅对防止碱骨料反应不利，在隧道施工中还会污染地下水，影响山体稳定性。使用含 Al_2O_3 的无碱或低碱外加剂，又担心提高了混凝土中 Al_2O_3 含量，加大干缩，降低抗硫酸盐性能和抗蚀性能，增加内部钙矾石相变的几率，对耐久性不利。有些水泥厂用含硫高的燃料煅烧熟料时其中的 SO_3 可达 1%～2%以上，降低了与减水剂的相容性，尚待研究解决。

(4)用碱激发废渣存在过剩碱问题

用碱激发矿渣、粉煤灰等废渣能大幅度提高废渣活性，甚至可以不用掺加水泥熟料生产碱激发的胶凝材料。然而始终存在碱不能完全参加反应的可能，剩余的碱会被浸出，起霜和发生碱骨料反应，以致这一技术一直未能大规模推广。

2. 发展趋势

硅酸盐水泥总的发展趋势自然是向高强度和多掺加混合材的方向发展，其中值得注意的有以下几方面。

(1)提高早期强度不再主要依靠提高 C_3S 含量

烧高 C_3S 含量的熟料势必增大能耗，因此有学者提出，熟料中 C_3S 和 C_3A 在现有高含量的基础上可以适当降低，今后提高早期强度不必主要依靠提高 C_3S，可以通过其他措施达到目的。

(2)水泥无需磨得更细

现在水泥的细度已经够细了，再提高细度又会加大能耗、钢耗，多使用助磨剂和减水剂，对混凝土耐久性不利。今后提高水泥早期强度不一定要走细磨道路，可以通过调整水泥颗粒分布达到最佳堆积密度，适当加入高效分散剂降低水胶比，使浆体中水泥颗粒靠得更紧密，同样可以配制出高早期强度和高密实性的混凝土。

(3)生产高活性贝利特水泥

国外自 20 世纪 80 年代初就有人研究通过离子活化、提高升温和冷却速度等方法生产高活性贝利特水泥。这种水泥煅烧温度低，有利节能和环保，水泥中铝酸盐和铁酸盐矿物含量都在正常范围内，不影响提高混凝土耐久性。但由于技术和设备条件所限没有大规模工业化生产。近几年日本等国生产一些高 C_2S 含量的水泥，今后有望在提高贝利特水泥活性方面取得更大进展，成为一种通用的大宗胶凝材料。

(4)微粉改性与开发高效减水剂

微粉改性在配制高性能混凝土方面取得很大成功，在水泥改性方面将发挥作用，用少量高度磨细的活性或惰性混合材不仅可以提高水泥强度，还可以改善和易性、凝结硬化特性、抗蚀性等物理性能。微粉改性要与高效减水剂相配合。加入细粉会加剧结团，降低砂浆和易性，减水剂多加对混凝土耐久性不利，所以必须开发高效的与水泥相容性要求不严的外加剂与微粉改性相配合。

此外日本开发出的圆粒水泥，因颗粒圆形度好，大小均齐，水泥砂浆用水量低，流动性好，强度也高。但这种水泥目前都是经两次粉磨工艺生产的。加拿大一学者还提出，今后也可以用矿化剂降低熟料煅烧温度至 1 250 ℃～1 300 ℃，以降低能耗和 CO_2 排放量。

四、我国水泥的发展情况

30 年来，我国水泥标准进行了四次修订。第一次修订的标准于 1979 年 7 月开始实施，第二次是 1992 年开始逐步实施，第三次是 1999 年开始实施，第四次是 2008 年开始实施。

第一次修订是将我国使用了 20 多年的“硬练”强度检验方法和标准改为“软练”强度和标准。这次修订水泥标准的结果是增加了熟料中的 C_3S 和 C_3A 含量，水泥细度从比表面积平均 300 m^2/ kg 增加到平均 330 m^2/ kg，提高了水泥强度，尤其是早期强度，同时也提高了水化热。因检验强度的水灰比大幅度增加，减小了掺入矿物掺和料后的强度的优势。

第二次修订后的 GB 175—92、GB 1344—92 等强调了水泥的早期强度，28 d 强度均提高了 2%，增加了 R 型水泥品种。该标准强化了 3 d 早期强度意识，倡导多生产 R 型水泥。普通水泥的细度进一步变细，从筛析法的＜12%，改为＜10%。

GB 175—1999、GB 1344—1999 等把强度检验的加水量改为 0.50，取消了 GB 175—92 中的 325＃水泥，水泥的强度进一步提高。迫使水泥厂以提高 C_3S、C_3A 和比表面积来提高水泥的强度。C_3S 大都超过 58%。C_3A 含量超过 10%。大部分水泥细度超过了 350 m^2/kg。

GB 175—2007 新标准对硅酸盐水泥的制造技术和工艺做了较为详细规定，强化了生产过程控制，把 GB 175—1999、GB 1344—1999、GB 12958—1999 三个国家标准整合为一个国家标准，增加了通用硅酸盐水泥定义，普通水泥强度等级中取消了 32.5 和 32.5R 两个等级，增加了氯离子限量的要求，对各品种水泥的混合材掺加量作了较大的改变，将原版中要求普通硅酸盐水泥中“掺活性混合材料时，最大掺量不超过 15%，其中允许用不超过水泥质量 5%的窑灰或不超过水泥质量 10%的非活性混合材料来代替”改为现在的“活性混合材料掺加量为＞5%且≤20%，其中允许用不超过水泥质量 8%的非活性混合材料或不超过水泥质量 5%的窑灰代替”；将火山灰质硅酸盐水泥中火山灰质混合材料掺量由“20%～50%”改为“大于 20%且不超过 40%”；将复合硅酸盐水泥中混合材料总掺加量由“应大于 15%，但不超过 50%”改为“大于 20%且不超过 50%”；助磨剂允许掺量由“不超过水泥质量的 1%”改为“不超过水泥质量的 0.5%”。

五、五大水泥的性能特点及适用范围

水泥按其性质和用途可基本分为三类：通用、专用和特种水泥；每类水泥都有自己的若干品种和标号。建筑中用量最多的有五大品种：硅酸盐水泥；普通硅酸盐水泥；矿渣硅酸盐水泥；火山灰质硅酸盐水泥；粉煤灰硅酸盐水泥。

表 3—1—1　五大品种水泥的定义、标号、性能特点及适用范围

品种	标准代号	标号	性能特点	适用范围	不适用范围
硅酸盐水泥	P.Ⅰ、P.Ⅱ	42.5,42.5R,52.5,52.5R,62.5,62.5R	硬化快、早期强度高、水化热较高、抗冻性能好、耐热性较差、耐腐蚀性较差	快硬早强的工程、配制高标号混凝土、预应力构件、地下工程的喷射里衬等	大体积混凝土工程、受化学侵蚀水及海水侵蚀的工程、受水压作用的工程
普通硅酸盐水泥	P.O	42.5,42.5R,52.5,52.5R	早期强度较高、水化热较高、耐冻性好、耐热性较差、耐腐蚀性较差，耐水性较差	一般土建工程中混凝土及预应力构件、受反复冰冻作用的结构、拌制高强度混凝土	大体积混凝土工程、受化学侵蚀水及海水侵蚀的工程、受水压作用的工程
矿渣硅酸盐水泥	P.S		硬化慢、后期强度增长较快、水化热较低、耐热性较好、耐硫酸盐侵蚀和耐水性较好、抗冻性差、易泌水、干缩较大	高温和有耐热要求的混凝土结构、大体积混凝土结构、蒸养的混凝土构件、有抗硫酸盐侵蚀要求的一般工程	早期强度要求较高的工程、严寒地区及处于水位升降范围内的混凝土结构
火山灰质硅酸盐水泥	P.P	32.5,32.5R,42.5,42.5R,52.5,52.5R	硬化慢、水化热较低、耐硫酸盐侵蚀和耐水性较好、耐热性抗冻性差、易泌水、干缩较大	地下及大体积混凝土结构和、蒸养的混凝土结构、有抗硫酸盐侵蚀要求的一般工程	处于干燥环境的工程、有耐磨性要求的工程、其他同矿渣水泥
粉煤灰硅酸盐水泥	P.F		硬化慢、水化热较低、耐热性差、干缩较小、抗裂性较好、抗炭化能力差、耐硫酸盐侵蚀和耐水性较好	地上和地下及水中大体积混凝土结构、蒸养的混凝土结构、一般混凝土结构、有抗硫酸盐侵蚀要求的一般工程	有抗碳化要求的工程、其他同火山灰水泥

六、水泥质量对混凝土性能的影响

1. 水泥细度的影响

细度是指指水泥颗粒的粗细程度。水泥颗粒越细，遇水后水化越充分，凝结硬化也相应增快，早期强度也高；水泥颗粒过细，增加磨细的能耗，粉磨成本增高，存放时易受潮而降低活性，使用时增加对外加剂的吸附量，降低减水率与坍落度保持能力，硬化时还会产生较大收缩。

2. 水泥需水性波动对混凝土性能的影响

水泥的需水性一般以标准稠度用水量来表征，配制混凝土时，单位体积混凝土的用水量与水泥的标准稠度用水量有一定的对应关系。当其他条件不变时，为达到一定的流动性(坍落度)，混凝土用水量将随水泥标准稠度用水量的增大而增大。对普通混凝土，水泥标准稠度用水量每增减 1%，要维持混凝土坍落度不变，则每 m^3 混凝土用水量相应约增减 6～8 kg 水。特别是对高标号混凝土，水泥需水性对混凝土强度的影响愈发显著，成为影响混凝土强度最重要的因素。匡楚胜以水泥标准稠度用水量为 25%作为标准值，得出混凝土用水量随水泥标准稠度用水量增减而变化的经验公式：

$$\Delta W = C(N-0.25)\times 0.8$$

式中 ΔW——每 m^3 混凝土用水量变化值，kg/m^3；

C——每 m^3 混凝土水泥用量，kg/m^3；

N——水泥标准稠度用水量，%。

理论上，要保持混凝土的强度不变，当混凝土用水量发生变化时，应保持水灰比不变相应调整水泥用量。但由于试验条件和工艺设备的限制，施工时很难根据每批水泥的需水性变化而调整水泥用量，大多数情况下的做法反而是保持水泥用量及砂石等材料用量不变，根据坍落度值来调整用水量。这样混凝土实际水灰比将随水泥需水性的变化而变化，相应地影响混凝土的强度。

混凝土的强度同时受水泥强度及水灰比两种因素的影响，水泥强度波动一般是由于熟料矿物组成、烧成制度或水泥颗粒级配、混合材掺量等因素变化引起的，而这些因素变化同时会引起水泥需水性的变化。因此水泥强度波动和需水性变化往往是同时存在的，两者对混凝土强度的影响常常是相互交织、综合叠加在一起的。有两种极端情况：一是水泥强度最高时需水性最小，或水泥强度最低时需水性最大，这时两种因素的影响相加，使混凝土强度出现最大值或最小值，两者之差即为混凝土强度极差；二是水泥强度最高时需水性最大，或水泥强度最低时需水性也最小，这时两种因素的影响相互抵消，混凝土强度波动不大。

水泥需水性波动除引起混凝土强度变化外，还将影响到混凝土的和易性和耐久性。当水泥需水性增大时，混凝土的实际水灰比增大，混凝土容易产生离析、泌水现象，很容易造成混凝土输送泵管堵塞。如果水泥需水性波动过大，由于水灰比的不均匀，混凝土凝结和收缩不一致，使混凝土的微观缺陷增加，对混凝土的耐久性造成损害。

3. 水泥凝结时间对混凝土性能的影响

水泥的初凝和终凝时间对工程有重要意义。水泥的初凝时间不能过短，否则在施工前即已失去流动性和可塑性而无法施工。水泥的终凝时间不能过长，否则将延长施工进度和模板周转期。国家标准规定通用硅酸盐水泥初凝时间不早于 45 min，终凝时间对硅酸盐水泥为 390 min，其他通用水泥为 600 min。

水泥的凝结时间是基于用净浆、水灰比在 0.24～0.27 之间，且在标准养护室养护等条件下测得的，而混凝土中既有砂石骨料，水灰比随强度等级变化(一般均大于0.27)，一般还掺有粉煤灰和缓凝剂，因此即使在同等养护条件下混凝土的凝结时间一般都大于水泥的凝结时间。一般施工要求混凝土的初凝时间控制在4～10 h左右，终凝时间一般在10～15 h左右，单位体积混凝土中骨料含量越高、水灰比越大、粉煤灰掺量越大、缓凝剂用量越多，则混凝土的凝结时间越长。而且当水泥凝结时间波动1 h，配制混凝土后的凝结时间变化一般要大于1 h，往往达到2～3 h，当掺缓凝剂后，甚至能达到5～6.5 h。

4. 安定性

水泥的体积安定性是指水泥硬化后体积变化是否均匀的性质。水泥硬化后体积发生不均匀膨胀，导致混凝土开裂、变形等破坏。熟料中含有过多的游离MgO、石膏掺量过多都会引起水泥安定性不良。

5. 水泥强度波动对混凝土强度的影响

从《普通混凝土配合比设计规程》JGJ 55－2000中水灰比计算公式就可以看出，碎石混凝土强度 $f_{cu,o}$ 与水泥28d胶砂强度 f_{ce} 的关系。当水灰比(W/C)一定时，混凝土强度将随水泥28 d胶砂强度变化而变化，但不同等级混凝土(水灰比 W/C 不同)的强度变化率不一样。当水泥强度变化(Δf_{ce})1 MPa时，理论上各等级混凝土强度的变化值(Δf_{cu}，o)在0.67～1.50 MPa范围内变化。C40及以上高标号混凝土的强度对水泥强度波动较为敏感，例如水泥强度每波动1 MPa，C60混凝土强度波动达1.5 MPa；而对C40以下低标号混凝土，水泥强度波动对混凝土强度的影响较小。一般，同一水泥厂的同一强度等级水泥的强度波动范围在7～13 MPa，其对C20～C60混凝土强度分别造成5.0～20 MPa的波动幅度。在配制C20～C60混凝土时，混凝土富余强度一般在6～10 MPa左右，水泥强度波动引起混凝土的强度波动已经接近或超过混凝土富余强度，因此若水泥强度波动过大，则容易造成混凝土强度不合格。

第二节　骨　料

骨料也称集料，分为细骨料和粗骨料。骨料在混凝土中的用量最大，是混凝土的主要组成材料，约占混凝土体积的3/4左右。骨料在混凝土中既有技术上的作用，又有经济上的意义。在经济上，它比水泥便宜得多，作为廉价的填充材料，降低混凝土的成本；在技术上，骨料的存在使混凝土比单纯的水泥浆具有更高的体积稳定性和更好的耐久性；另外骨料可以减少水泥净浆的发热、干缩等不良作用，作为调节材料。

一、骨料的分类

细骨料按其来源或按其细度模数分类，见表3—2—1。

表3—2—1　细骨料的分类

分类法	名　称	说　明
按来源分类	人造砂	如机制砂、混合砂
	天然砂	海砂、河砂、山砂
按细度模数分类	粗砂	细度模数为3.7～3.1；平均粒径大于0.5 mm
	中砂	细度模数为3.0～2.3；平均粒径为0.5～0.35 mm
	细砂	细度模数为2.2～1.6；平均粒径为0.35～0.25 mm
	特细砂	细度模数为1.5～0.7；平均粒径小于0.25 mm

粗骨料可按粒型、石质或级配分类，见表 3—2—2。

表 3—2—2　粗骨料的分类

分类法	类别	说　明
按粒型分类	卵石	天然水流冲刷而成
	碎石	人力破碎，针片状少 机械破碎，颚式破碎机破碎的，针片状多
按石质分类	火成岩	深火成岩（花岗岩、正长岩） 喷出火成岩（玄武岩、辉绿岩）
	水成岩	石灰岩、砂岩
	变质岩	片麻岩、石英岩
按级配分类	连续级配	
	单粒级配	应根据混凝土工程、资源情况进行技术经济分析后采用。使用时应注意避免混凝土离析

二、细骨料的性能对混凝土的影响

细骨料是由自然条件作用而形成的或由岩石经除土开采、机械破碎、筛分而成的，公称粒径小于 5 mm 的岩石颗粒。它在混凝土中所占比例仅次于粗骨料，它的性能状态对混凝土有很大的影响。

1. 颗粒级配

细骨料的颗粒级配用细度模数表示。细度模数的大小主要影响混凝土的和易性与需水量。砂子的细度模数太大，混凝土干涩、容易泌水，这是因为砂子中粗颗粒含量多，造成砂子骨架孔隙大，混凝土流动阻力大、保水性差。细骨料中小于 0.3 mm 颗粒含量对混凝土泵送性影响较大，小于 15％含量的砂子不利于混凝土泵送。要改善混凝土的和易性，必须增加水泥或细粉掺和料的用量，这又会加大混凝土的成本。砂子的细度模数太小，混凝土发黏、需水量大，这是由于砂子细粒含量多，比表面积增大，需更多的水泥浆包裹砂子颗粒，引起混凝土用水量增加，而且颗粒越细，对水的吸附越强，保水性太好而增加混凝土的黏度。另外砂子偏细时，混凝土的坍落度保持更加困难，收缩也会增加，对混凝土抗裂不利。一般采用细度模数在 2.4～3.0 的砂子配制混凝土较为合适。

2. 颗粒形状

河砂和海砂经水流冲刷，颗粒多近似球状，且表面少棱角、较光滑，配制的混凝土流动性往往比山砂或机制砂好，但与水泥的黏结性能相对较差；山砂和机制砂表面较粗糙，多棱角，故混凝土拌合物流动性相对较差，但与水泥的黏结性能较好。水灰比相同时，山砂或机制砂配制的混凝土强度略高；而流动性相同时，因山砂和机制砂用水量较大，故混凝土强度相近。

3. 含泥量

砂子含泥量对新拌混凝土性能的影响表现在对混凝土用水量、坍落度的影响，砂子含泥量大，混凝土的需水量高，坍落度减少，坍落度损失加大，尤其是对聚羧酸高性能减水剂的影响更大，含泥量超过 3％后，掺聚羧酸外加剂的混凝土坍落度能减少 50～70 mm 的坍落度，坍落度损失半小时能达到初始坍落度的一半。这主要是由于砂子中泥的细颗粒吸附水与外加剂的能力较其他颗粒更大。

砂子对硬化混凝土性能的影响表现在强度和收缩性方面，一般砂子含泥量超过 2%就会对混凝土强度产生不利影响。同时含泥量的增加会加大混凝土的干缩，降低混凝土的抗渗性、抗冻性，这主要是由于含泥量会减弱各组分之间的黏结力，增加混凝土微小渗水通道的缘故。

4. 泥块含量

砂子中的泥块在混凝土的拌合过程中有一部分会分散开变为含泥量，一部分在混凝土浇注后因吸水膨胀会对混凝土产生胀裂破坏，对混凝土的危害程度更大。各种混凝土对砂子的泥块含量都作出了比含泥量更严格的控制。

5. 有机物、硫化物、硫酸盐含量

一些有机物、硫化物及硫酸盐，对水泥有腐蚀作用，降低混凝土的耐久性。

6. 云母含量

云母为表面光滑的层、片状物质，与水泥黏结性差，影响混凝土的强度和耐久性。

7. 坚固性

砂是由天然岩石经自然风化作用而成，机制砂也会含大量风化岩体，在冻融或干湿循环作用下有可能继续风化，因此对某些重要工程或特殊环境下工作的混凝土用砂，应做坚固性检验。

三、粗骨料的性质对混凝土的影响

粗骨料是由自然条件作用而形成的卵石或由天然岩石经破碎、筛分而得的，公称粒径大于 5 mm的岩石颗粒。粗骨料在混凝土中所占比重最大，它的性能变化对混凝土有巨大影响。粗骨料除了和细骨料有相似性能可以对混凝土产生基本相同的影响外，还具有自身特有性质，对混凝土有特殊影响。

1. 强度与弹性模量

粗骨料是混凝土的骨架，一般粗骨料的强度高于混凝土的强度。低等级混凝土破坏时主要在水泥石与粗骨料的界面处破坏，但高强度混凝土骨料本身与界面破坏同时存在，骨料的强度应大于混凝土强度等级的 1.5 倍，且不小于 45 MPa(饱水)。另外粗骨料的变形特性(一般以弹性模量表示)对混凝土的应力应变情况也有较大影响，一般应与水泥砂浆的变形特性尽量接近，使两者受力、变形情况一致较为有利。

2. 最大粒径

粗骨料的公称粒级上限称为最大粒径。对低强度等级的混凝土，骨料粒径越大，其表面积越小，通常空隙率也相应减小，因此所需的水泥浆或砂浆数量也可相应减少，有利于节约水泥、降低成本，并改善混凝土性能。但随着粗骨料最大粒径的增加，颗粒与水泥浆的黏结力下降，颗粒内部的微裂缝几率也增加，对配制高强度等级的混凝土不利，一般规定高强度混凝土用粗骨料最大粒径不大于 25 mm。

3. 颗粒级配

粗骨料颗粒级配是否合适，直接影响水泥混凝土的技术性质和经济效果，因而粗骨料级配的选定是保证混凝土质量的重要环节。具有良好级配的骨料，能够最大限度地减少孔隙率，降低水泥砂浆的用量，从而节约水泥，降低成本。而水泥用量的降低又可以减小混凝土的干缩，降低水化热。除此之外，良好的颗粒级配，还可以在用水量相同的情况下，提高混凝土的和易性，具有显著的技术经济效果。

4. 针、片状含量

针状是指长度大于该颗粒所属粒级平均粒径2.4倍的颗粒；片状是指厚度小于平均粒径0.4倍的颗粒。粗骨料中的针、片状颗粒，使骨料的空隙率增大，并降低混凝土的和易性、强度(特别是抗折强度)及抗冻性。

5. 粗骨料用量对混凝土性能的影响

粗骨料在混凝土中存在一个最优用量问题。一定条件下，增加粗骨料用量，可以降低混凝土单位成本，减小混凝土收缩徐变，并增强抗腐蚀能力，从而提高混凝土的耐久性。同时，由于粗骨料本身具有比砂浆更高的强度，在一定体积含量范围内还能相应提高混凝土强度。但骨料含量也不能太高，否则会使浆、骨料界面黏结质量降低，混凝土整体性减弱，从而降低混凝土强度与抗渗、抗冻性能。一般认为，普通混凝土中粗骨料的最优含量约为50%，高强混凝土中该值稍高，可达60%左右。Stocketal 的试验表明，粗骨料体积含量为20%时，混凝土抗压、抗拉强度都比纯水泥砂浆低，当该值达到30%～40%时，抗压、抗拉强度达到最低值，而后随着粗骨料含量的增加，混凝土抗拉、抗压强度和弹性模量会升高。

四、骨料的发展趋势

近年来，由于骨料用量越来越大，大量开山、采石，已经严重破坏了自然景观和绿色植被，挖河取沙，造成水土流失或河流改道等严重危机。因此人类必须开发节省资源的混凝土材料，并且要实现资源的可循环利用。

人造骨料就是以一些天然材料或工业废渣、城市垃圾等为原材料制得的混凝土骨料，它对环境保护有着非常积极的作用。生产人造骨料的工业废料很多，高炉矿渣、电炉氧化矿渣、铜渣、粉煤灰等。日本已经开发利用城市下水道污泥生产骨料的技术，这种骨料配制的砂浆强度达到普通河砂配制砂浆强度的90%，很有利用前景。除此之外，还有粉煤灰陶粒、黏土页岩陶粒等人造轻骨料。使用轻骨料还可制造轻质混凝土材料，减轻结构物的自重，提高建筑物的保温隔热性能，减少建筑能耗。

用海沙取代山沙和河沙作混凝土的细骨料，是解决混凝土细骨料资源问题的有效方法，因为海沙的资源很丰富。但是海沙中含有盐分、氯离子，容易使钢筋锈蚀，硫酸根离子对混凝土也有很强的侵蚀作用。此外，海沙颗粒较细，且粒度分布均一，很难形成级配；有些海沙往往混入较多的贝壳类轻物质。目前已经开发出一些对海沙中盐分的处理方法，例如散水自然清洗法、机械清洗法、自然放置法。对于海沙的级配问题，主要采取掺入粗粒砂的办法进行调整，使之满足级配要求。日本在海沙方面的利用已经达到了工业化生产的阶段，1995年产量达到5 000万吨以上。

废弃混凝土的再利用最早开始于欧洲，1976年，以当时的西德、比利时和荷兰为主成立了“混凝土解体与再利用委员会”，开始将混凝土废弃物作为混凝土的粗、细骨料，后日本也相继开始了对废弃混凝土再生利用的研究。由于我国的经济发展比发达国家滞后大约半个世纪，土木建筑等基础设施的建设也相应地落后了一定距离，混凝土结构物的废弃、解体的高峰期还没有到来，废弃混凝土的再生利用还没有正式启动。由于利用废弃混凝土做再生骨料，需要一系列的加工和分离处理，成本较高，这将妨碍混凝土利用的进程，但是废弃混凝土的利用从保护环境、节省资源的角度有重要的社会效益。

第三节　水

一、水在混凝土中的作用

水是混凝土组成中必不可少的组分，水在混凝土中的作用有三个方面，一是水化作用，提供胶凝材料水化反应所需水，这部分水在混凝土总用水量中所占比例较少，一般为水泥用量的17%左右；二是润滑作用，是混凝土形成可施工性的关键，该部分水量的多少与所要求的坍落度等施工性能有直接关系，而且，各种原材料的种类、用量、需水性大小以及外加剂、纤维掺加与否关系较大。起润滑作用的水在混凝土浇注振捣完成后逐步向混凝土表面渗透蒸发掉，而在混凝土结构中形成大大小小的渗水通道，这些渗水通道是混凝土在工作状态中遭受环境介质侵害的根本性原因，它的状况直接关系到混凝土的强度与耐久性；水在混凝土中第三个作用是养护，混凝土的水化是一个长期而漫长的过程，而水化必须在水分充足的情况下才能正常进行。

二、水对混凝土性能的影响

1. 水灰比

水灰比反应水的"量"对混凝土性能的影响，众所周知，混凝土的强度主要取决于水泥的强度和水灰比，水灰比越大，混凝土强度越低。而当水泥进场后水泥强度已经确定，水灰比就成了影响混凝土强度最主要的因素了，可见水灰比对混凝土的质量至关重要。水灰比不仅影响混凝土的强度，也直接影响着混凝土的抗渗性、抗冻性、抗蚀性和抗碳化性能等耐久性。

水灰比对混凝土强度、耐久性的影响其根本原因是水灰比影响混凝土的孔结构。混凝土强度主要依靠水泥浆黏结砂、石而产生，而砂、石的强度一般比混凝土强度高许多，混凝土的强度实质上主要取决于水泥浆的黏结强度与水泥石本身强度，黏结强度的产生是靠水泥与水反应生成的胶凝体形成的。水灰比增大时，一方面超过水泥水化所需的剩余水分增加，在混凝土浇筑完成后，逐渐蒸发形成气孔，停留在水泥石中和水泥石黏结砂、石的黏结层中，使水泥石和砂石的黏结面减少，从而黏结强度降低；另一方面，水泥的水化反应有体积的化学减缩，即反应产物的总体积小于反应物的总体积，这些减缩的体积一部分是浆体收缩体积，另一部分是硬化浆体中的孔隙。水灰比越高，水泥水化反应越完全，相应产生的孔隙体积就越大，硬化水泥浆（包括水泥浆－骨料界面过渡区）的结构就越疏松，水泥浆本身和水泥浆－骨料界面黏结强度就越低，混凝土强度与抵抗外界环境侵蚀的能力也越低。

2. 水中有害杂质

水中有害杂质反应水的"质"对混凝土的影响。水中的杂质有不溶于水的，也有溶于水的，对混凝土有害的物质主要是泥土等悬浮物、氯盐、硫酸盐、碱物质。氯盐可引起混凝土中钢筋锈蚀，硫酸盐影响混凝土的体积稳定性，对钢筋和混凝土都有侵蚀性破坏，当混凝土使用具有碱活性的骨料时，水中的碱性物质可使混凝土发生碱骨料反应而破坏。水中这些物质对混凝土的破坏作用与水泥等其他材料中所含相应物质的影响是一致的，在此不再赘述。

3. 水的活性

水的活性对混凝土的强度、耐久性具有较大的影响，目前，改变水活性简便易行的方法是磁化。用磁化水拌制混凝土，可节约水泥10%，提高混凝土的强度10%～25%，提高混凝土的抗渗性、抗冻性。磁化水提高混凝土性能的实现与水的矿物质组成、磁场强度、流速、磁化时间等有关。

关于磁化水的作用机理，目前还没有明确的理论，大连理工学院王立久、李慧芝在《磁化水混凝土的研究现状及进展》一文中总结目前已有的理论是：由于水分子为极性分子，在普通水中，水分子相互吸引形成大的分子团，未被大分子团吸引的单分子水分散于大的分子团之间。与大的分子团相比，单分子水的物理化学活性很强，但由于普通水中的单分子水很少，因而水的活性不高，不能使水泥充分水化，水泥的水化只能在水泥颗粒表面进行。而水泥表面的一层胶体膜将阻碍水泥颗粒的进一步水化，这样就会影响到混凝土强度的提高。当水经过磁化时，在磁场力的作用下，大的分子团破裂变成单个水分子，这些单个水分子重新整齐排列，增加了水分子之间的电性吸引力。由于单分子水的物理化学活性和渗透力很强，可渗入到水泥颗粒内部，使水泥充分水化，从而提高了混凝土的强度。

目前生产磁化水的设备分永磁设备和电磁设备两种。永磁设备的特点是结构简单，不用电力，使用范围广，但磁场强度的调节较困难。电磁设备结构复杂，使用直流电，磁场强度调节容易，但使用环境受一定限制，必须在有电力的地方才能使用。

水经过磁化后，水的光学性能、法拉第磁光效应、离子水合作用、红外吸收光谱、磁化率、电导率、介电常数、黏度和溶液的表面张力、吸附、溶解、结晶、聚合、润湿、凝聚等方面均有变化。磁化水的磁化效果可以通过测试分子的表面张力、电导率、Cl^-离子浓度、碱度和硬度等验证。

三、混凝土用水的质量要求

《混凝土用水标准》JGJ 63—2006 规定，凡符合国家标准《生活饮用水卫生标准》GB 5749 的生活饮用水可不经检验作为混凝土用水。当采用地表水、地下水或再生水时，除了检验其放射性应符合《生活饮用水卫生标准》GB 5749 外，还应检验 pH 值、不溶物、可溶物、氯离子含量、硫酸盐含量、碱含量以及凝结时间、抗压强度比、外观色泽、气味等指标与观感。符合下列规定方可用以拌制混凝土。

1. 拌合用水应不影响混凝土的和易性及凝结；不影响混凝土强度的发展；不降低混凝土的耐久性；不加快钢筋的锈蚀及导致预应力钢筋脆断；不污染混凝土表面。

2. 用拌合用水与饮用水样进行水泥凝结时间对比试验，对比试验的水泥初凝时间差及终凝时间差均不得大于 30 min，且其初凝与终凝时间尚应符合 GB 175 水泥标准的规定。

3. 用拌合用水与饮用水样进行水泥胶砂强度对比试验，拌合用水配制的水泥胶砂 3d 和 28d 强度不得低于用饮用水配制的水泥胶砂 3d 和 28d 强度的 90%。

4. 拌合用水不应有漂浮明显的油脂和泡沫，不应有明显的颜色和异味。

5. 拌合用水的 pH 值、不溶物、可溶物、氯化物、硫酸盐及碱含量的含量应符合表 3—3—1 规定。

表 3—3—1　水的物质含量限值(mg/L)

项目	预应力混凝土	钢筋混凝土	素混凝土	项目	预应力混凝土	钢筋混凝土	素混凝土
pH 值	≥5.0	≥4.5	≥4.5	Cl^-	≤500	≤1 000	≤3 500
不溶物	≤2 000	≤2 000	≤5 000	SO_4^{2-}	≤600	≤2 000	≤2 700
可溶物	≤2 000	≤5 000	≤10 000	碱含量	≤1 500	≤1 500	≤1 500

注：采用非碱活性骨料时，可不检验碱含量。对于设计使用年限为 100 年的结构混凝土，Cl^-含量不得超过 500 mg/L。

第四节 掺和料与矿物外加剂

一、概 述

掺和料是配制高性能混凝土的必要材料之一，有人把掺和料称之为制作高性能混凝土的功能性组分材料。它不仅改善混凝土的工作性能，而且对强度和耐久性等都有十分显著的提高。目前，我国使用较广的掺和料有粉煤灰、磨细矿渣、沸石粉及硅灰、磷矿渣等。而用量最大的还是粉煤灰、磨细矿渣粉。同时，掺和料通过精细加工或改性，也正在逐步向矿物外加剂的方向发展。2002 年国家标准《高强、高性能混凝土用矿物外加剂》颁布，该标准正式将矿渣微粉命名为"矿物外加剂"纳入混凝土第六组分。国家标准的制定并实施标志着矿物外加剂技术进入了成熟的应用阶段，是国家引导的发展产业。

二、掺和料与矿物外加剂的作用机理

1. 改善硬化混凝土力学行为机理

(1)火山灰效应

掺和料和矿物外加剂的化学成分中含有大量活性 SiO_2 及 Al_2O_3，与水泥水化产物 $Ca(OH)_2$ 等碱性物质发生二次水化化学反应，生成水化硅酸钙、水化铝酸钙等胶凝物质增强混凝土的力学性能，同时掺和料和矿物外加剂消耗掉部分黏结力薄弱且对水泥石强度发展不利的 $Ca(OH)_2$，堵塞混凝土中的毛细组织，改善混凝土中水泥石结构，提高混凝土强度与抗腐蚀能力。

(2)自紧密堆积效应

混凝土体系可理解为连续级配的颗粒堆积体系，粗骨料间隙由细骨料填充，细骨料间隙由水泥颗粒填充，水泥颗粒之间的间隙，则需更细的颗粒来填充。矿物外加剂的最小颗粒粒径在 10 μm 左右，可起到填充水泥颗粒间隙的微骨料作用，使混凝土形成微观层次的自紧密体系。实验结果表明：掺矿物掺和料混凝土容重较未掺矿物掺和料的基准混凝土大。

(3)形状因子效应

掺和料与矿物外加剂颗粒的形状和表面粗糙度对紧密堆积及界面黏结强度有密切的关系。两方面物理和化学的综合作用，使掺掺和料的混凝土具有致密的结构和优良的界面黏结性能，表现出良好的物理力学性能。

2. 改善混凝土和易性机理

(1)辅助减水机理

流变学实验研究表明：水泥浆的流动性与其屈服应力 τ_0 密切相关，屈服应力 τ_0 愈小，流动性愈好，表现为新拌混凝土坍落度大。掺和料可显著降低水泥浆屈服应力，因此可改善混凝土的和易性；掺和料是经超细粉磨工艺制成的，颗粒形貌比较接近圆形。它在新拌水泥浆中具有滚珠效果，可增大水泥浆的流动性。

(2)改善坍落度损失机理

掺和料或矿物外加剂对坍落度损失改善机理可归结为：①由于其中水泥浆的屈服应力随时间推移迅速增大，τ_0 值与坍落度损失之间具有很好的相关性。掺和料可显著降低水泥浆的

屈服应力 τ_0，由于初始 τ_0 值较小，使 τ_0 值在较长的时间内维持在较低的水平上，使水泥浆处于良好的流动状态，从而有效地控制了混凝土的坍落度损失。②混凝土坍落度损失原因之一是由于水分蒸发。混凝土在运输和施工过程中气泡不断外溢，伴随着水分蒸发，混凝土坍落度值经时下降。掺掺和料的新拌混凝土具有良好的黏聚性，且泌水性很弱，其原因是掺和料的比表面积为 400～600 m^2/ kg，大比表面积对水的吸附，起到了保水作用，减缓了水分的蒸发速率，因此有效地抑制了混凝土坍落度损失。③混凝土坍落度损失与水泥水化动力学有关；掺和料在改善混凝土性能的前提下，可等量替代 30%～50%的水泥配制混凝土，大幅度降低了水泥用量。掺和料属于活性掺和料，但与水泥熟料相比则为低水化活性胶凝材料。大掺量的掺和料存在于新拌混凝土中，有稀释整个体系中水化产物的体积比例的效果，减缓了胶凝体系的凝聚速率，从而可使新拌混凝土的坍落度损失获得抑制。

3. 改善混凝土耐久性机理

掺和料对混凝土耐久性的改善主要得益于掺和料对混凝土密实度的提高，因为掺加掺和料的混凝土可形成比较致密的结构，而且显著改善了新拌混凝土的泌水性，避免形成连通的毛细孔，因此掺和料可改善混凝土的抗渗性。同理，由于水泥石结构致密，二氧化碳难以侵入混凝土内部，所以，掺和料混凝土具有优良的抗碳化性能。

三、粉 煤 灰

粉煤灰是火力发电厂炼粉锅炉排出的一种工业废渣，是一种人工火山灰质材料。化学组成主要是硅质和硅铝质材料，其中氧化硅、氧化铝及氧化铁等的含量一般在 85%左右，其他氧化钙、氧化镁和氧化硫的含量较低，主要由晶体矿物和玻璃体组成。就粉煤灰的颗粒特性来看，主要由玻璃珠、多孔玻璃体及碳粒组成，其粒径在 0.001～0.1 mm 之间。

粉煤灰在混凝土中的应用主要有两类标准，一类是粉煤灰做掺和料的标准，如《用于水泥和混凝土中的粉煤灰》GB 1596—2005、《粉煤灰混凝土应用技术规范》GBJ 146—1990，这类标准把粉煤灰按细度、需水量比、烧失量等指标分为Ⅰ、Ⅱ、Ⅲ级，Ⅰ级粉煤灰用于钢筋混凝土和跨度小于 6 m 的预应力钢筋混凝土，Ⅱ级粉煤灰用于钢筋混凝土和无筋混凝土，Ⅲ级粉煤灰主要用于 C30 以下的无筋混凝土。并对粉煤灰取代水泥的超量系数和最大取代水泥量进行了规定，同时也规定粉煤灰混凝土设计强度等级的龄期，地上工程宜为 28 d，地面工程宜为 28 d或 60 d，地下工程宜为 60 d 或 90 d，大体积混凝土工程宜为 90 d 或 180 d。另一类是粉煤灰（或磨细粉煤灰）作为矿物外加剂的标准，如《高强高性能混凝土用矿物外加剂》，按烧失量、比表面积、需水量比、活性指数等指标分为Ⅰ、Ⅱ级。

1. 粉煤灰的资源化特征

(1)粉煤灰的化学组成

粉煤灰中硅的含量最高，其次是铝，以复杂的复盐形式存在，酸溶性较差。铁含量相对较低，以氧化物形式存在，酸溶性好。此外还有未燃尽的炭粒、CaO 和少量的 MgO、Na_2O、K_2O、SO_3 以及锗、镓、硼、镍、铀、铂等稀有元素。

粉煤灰中的有害成分是未燃尽炭粒，其吸水性大，强度低，易风化，不利于粉煤灰的资源化。粉煤灰中的 SiO_2、Al_2O_3 对粉煤灰的火山灰性质贡献很大，Fe_2O_3 对降低粉煤灰的熔点有利，使其易于形成玻璃微珠，均为有益成分。对于将粉煤灰应用于建筑工业而言，结合态的 CaO 含量愈高，愈能提高其自硬性，使其活性大大高于低钙粉煤灰，对提高混凝土的早期强度很有帮助。然而，我国电厂排放的粉煤灰 90% 以上为低钙粉煤灰。

(2)粉煤灰的颗粒组成

按照粉煤灰颗粒形貌，可将粉煤灰颗粒分为三类：①玻璃微珠；②海绵状玻璃体(包括颗粒较小、较密实、孔隙小的玻璃体和颗粒较大、疏松多孔的玻璃体)；③炭粒。

我国电厂排放的粉煤灰中微珠含量不高，大部分是海绵状玻璃体，颗粒分布极不均匀。因此，通过研磨处理，破坏原有粉煤灰的形貌结构，使其成为粒度比较均匀的破碎多面体，提高其表面积比，从而提高其表面活性，改善其性能的差异性。

(3)粉煤灰的反应动力学特性

粉煤灰—$Ca(OH)_2$浆体的强度与粉煤灰反应速率之间存在着显著的相关性，但由于粉煤灰表面的釉质不利于粉煤灰—$Ca(OH)_2$浆体强度的形成，该反应对早期强度的贡献较小，在反应程度超过 6%～7% 时，浆体强度才开始急剧提高。

2. 粉煤灰对混凝土性能的影响

(1)抗渗透性

向混凝土中掺入粉煤灰，能够改善新拌混凝土的和易性，从而改善混凝土的界面结构，使其渗透通道比基准混凝土的弯曲；粉煤灰中活性成分火山灰反应生成的水化硅酸钙 C—S—H 凝胶能填塞水泥石中的毛细孔隙，堵塞渗透通道，增强混凝土的密实度，增大渗透阻力；同时其孔径分布与基准混凝土也不同，掺粉煤灰混凝土大孔数量较少，其渗透系数也较小，具有良好的抗渗能力。随着混凝土龄期增长，粉煤灰的火山灰活性进一步发挥，粉煤灰混凝土的抗渗性能提高更大。

(2)抗冻融性

掺粉煤灰混凝土具有良好的抗冻融性能。其对混凝土抗冻融性的影响有以下 3 个方面：

①火山灰活性效应固定了氢氧化钙，使之不致于因浸析而扩大冰冻劣化所产生的孔隙。

②形态效应能使混凝土用水量减少，明显有利于减少孔隙和毛细孔。

③填充效应可使截留空气量和泌水量减少，并使孔隙细化，有助于使引气剂产生的微细气孔分布均匀，从而大大改善了混凝土的抗冻性能。

有试验表明：采用 I 级粉煤灰和低引气型高效减水剂双掺技术，所制备的 C50 粉煤灰混凝土具有良好的抗冻性，能经受 300 次(慢冻法) 冻融循环。加拿大的 M alh otra V. M. etal 通过试验发现，50 次冻融循环后，高掺量粉煤灰混凝土只有轻微的表面剥落，经 300 次冻融循环后，其出现的膨胀不会对混凝土造成危害，经 1 000 次冻融循环后，试件内芯仍处于完好状态。还有研究发现，混凝土的抗冻性随粉煤灰掺量的增加而提高。如果在粉煤灰混凝土中加入引气剂，其抗冻性会大幅提高。

(3)抗碳化性

对混凝土的碳化作用有两方面的影响。

①如用粉煤灰取代部分水泥，使得混凝土中水泥熟料的含量降低，析出的氢氧化钙数量必然减少，同时粉煤灰二次水化反应 (主要吸收 $Ca(OH)_2$ 生成水化硅酸钙)，均导致混凝土碱度降低，亦即混凝土抗碳化性能降低，这是不利的一方面。

②粉煤灰的微骨料填充效应，能使混凝土孔隙细化，结构致密，在一定程度上能延缓碳化的程度，但是对防碳化扩散来说，是达不到钢筋混凝土的要求的。对于粉煤灰的不利影响，现在已有相应的措施加以改善。如研究发现，当粉煤灰掺量等于或小于 40%、复掺矿渣粉至总

量为 60%,70% 和 80% 时,混凝土碳化深度均比单掺 60% 粉煤灰混凝土的要低;粉煤灰掺量为 50%、矿渣粉掺量为 10% 时,混凝土的碳化深度也比单掺 60% 粉煤灰的要低得多。即用粉煤灰与矿渣粉的复掺技术可显著缓和单掺粉煤灰混凝土抗碳化能力的下降,或在保持抗碳化性能不下降的情况下,可提高混凝土中掺和料的总量,降低水泥用量。

(4)抗氯离子渗透能力

掺粉煤灰混凝土有较强的抗氯离子渗透能力。混凝土中掺入粉煤灰,能够改善水泥石的界面结构,粉煤灰中活性成分发生火山灰反应生成的水化硅酸钙 C—S—H 凝胶填塞了水泥石中毛细孔隙,堵塞渗透通道,增强了混凝土的密实度,且 C—S—H 凝胶会吸附氯化物于其中,因而提高了混凝土的抗氯离子渗透能力。大连理工大学通过掺有矿物掺和料的混凝土扩散性能试验发现,在相同水胶比条件下,添加 30%～45% 的粉煤灰后,混凝土的氯离子扩散系数明显低于基准混凝土,说明掺粉煤灰可以明显地提高混凝土结构抗氯离子渗透能力。进一步研究发现,同时掺粉煤灰和硅灰的混凝土抗氯离子渗透能力优于单掺粉煤灰混凝土,在硅灰掺量为 3% 的情况下,双掺粉煤灰和硅灰比单掺硅灰时的混凝土抗氯离子渗透能力更强,而硅灰掺量在 4% 和 5% 时,单掺硅灰比双掺时好。

(5)抗硫酸盐能力

美国工程实践表明,抗压强度或其他情况相同时,混凝土的粉煤灰含量越高,其抗硫酸盐的能力越强。英国建筑物科学研究院也建议用粉煤灰提高混凝土的抗硫酸盐能力。研究发现,在混凝土中掺入粉煤灰:

①能减少水泥用量,既减少了由水泥带入的 C_3A 含量,也减少了水泥水化生成的 $Ca(OH)_2$ 量,从而减少了与侵蚀溶液中侵蚀介质反应的 $Ca(OH)_2$ 量 。

②粉煤灰中活性成分的火山灰反应,减少了混凝土水化物中的游离 $Ca(OH)_2$ 量,使得形成具有膨胀破坏作用的钙矾石反应也相应减少,同时反应生成的水化硅酸钙填塞了水泥石中毛细孔隙,增强了混凝土的密实度,也降低了硫酸盐侵蚀介质的侵入与腐蚀速度。

(6)抗碱骨料反应能力

掺粉煤灰能降低混凝土的碱性,有效抑制碱骨料反应。有关试验研究表明,高掺量粉煤灰混凝土浸泡在浓度为 1 M 的 NaOH 溶液中的膨胀量比相同条件下普通混凝土明显要低。加拿大学者用粉煤灰等量替代高碱水泥,测试混凝土 7 d,28 d,84 d,364 d,545 d,3270 d 的膨胀量及相应净浆孔溶液中碱浓度。结果发现,掺和料能显著抑制碱骨料反应,其机理不仅是对混凝土中碱的稀释作用减少了水泥水化生成的 $Ca(OH)_2$ 量,而且掺和料的存在促使了碱固定于 C—S—H 中。

(7)抗钢筋锈蚀能力

掺加粉煤灰,能提高混凝土中钢筋的抗锈蚀能力。对大掺量粉煤灰混凝土的碱度研究发现,粉煤灰掺量即使达到 70%,混凝土的 pH 值仍在 12 以上,高于钢筋混凝土结构允许的碱度值 11.50,高于钢筋表面钝化膜破坏的临界值 pH=11.50,说明掺粉煤灰混凝土中的钢筋仍能形成致密的钝化膜。同济大学的贺鸿珠、陈志源等人在青岛小麦岛试验区海水中混凝土构件长达 11 年的暴露实验发现,掺粉煤灰后混凝土的抗钢筋锈蚀能力明显提高。这与先前普遍认为在混凝土中掺加粉煤灰会对钢筋造成不良影响的观点刚好相反!

3. 粉煤灰在混凝土中的效应与作用

(1)温峰削减和形貌效应

粉煤灰能显著地降低水泥水化产生的温升。因为它的掺入，在保持混凝土的胶结材总量不变的条件下，相应地降低了混凝土中水泥的用量。因而，水泥的水化热量降低，掺量增大时，降低更多。尽管其本身在混凝土中将产生火山灰反应，要放出水化热，但是，这种反应滞后于混凝土中的水泥水化反应，而且时间也拉得很长，其反应热可以忽略。所以，粉煤灰有良好的温峰削减效应，能减少因温升过大造成的混凝土开裂，提高混凝土的体积稳定性。粉煤灰颗粒绝大多数为玻璃球体，掺入混凝土中可减小内摩擦力，从而减少混凝土中用水量，并使混凝土孔结构得到改善，孔径不断细化，孔道曲折程度增大，因此，掺粉煤灰混凝土具有良好的抗渗透能力。

(2)火山灰活性效应和吸附作用

粉煤灰颗粒含有活性 SiO_2 和 Al_2O_3，它们不断吸收水泥水化生成的 $Ca(OH)_2$，生成水化硅酸钙和水化铝酸钙，并和游离石灰以及高碱度水化硅酸钙产生二次反应，生成强度更高、稳定性更优、数量更多的低碱度水化硅酸钙，改善水化胶凝物质的组成，并减少或消除了游离石灰，且粉煤灰混凝土水化时产生的大量 C—S—H 凝胶会吸收和固定大量 Na^+，K^+ 和氯化物，使混凝土孔溶液中的有效碱和氯离子含量大大减少，因而有效抑制碱—集料反应，减少氯离子的侵蚀。

(3)微集料填充效应

水泥粒子之间填充性并不好，通常其平均粒径为 20～30 μm，而粉煤灰(Ⅰ，Ⅱ级）的平均粒径比水泥小，超细粉煤灰更小，平均粒径 3～6 μm。因此，如果在水泥中掺入粉煤灰，则可大幅度改善胶凝材料颗粒的填充性，提高水泥石的致密度。纯粉煤灰的相对密度比水泥的相对密度要小，在取代细度相近、重量相当的水泥时，可使细颗粒含量增多，这些颗粒填充在水泥粒子之间和界面的空隙中，使水泥石结构和界面结构更为致密。同时，粉煤灰中活性成分火山灰反应生成的水化硅酸钙 C—S—H 凝胶，能填塞了水泥石中毛细孔隙，堵塞渗透通道，从而使混凝土的抗渗性大幅提高。这样，水和侵蚀介质难以进入混凝土的内部，因而极大地提高了混凝土的耐久性。以上效应或作用协同发挥，极大的提高了混凝土的耐久性。

4. 粉煤灰应用中的注意事项

(1)掺粉煤灰混凝土的抗碳化性需要改善。措施包括：适当增加混凝土保护层厚度、混凝土的表面作防护处理，采用双掺技术、在粉煤灰混凝土中掺入耐久性改善剂等，以减少和防止掺粉煤灰混凝土的过早碳化。据研究，掺入耐久性改善剂，可提高混凝土的抗碳化性能。例如掺入耐久性改善剂的钢筋混凝土结构（水灰比为 0.5，保护层 40 mm)，其碳化速度极慢，碳化至钢筋表面需 800 年。

(2)粉煤灰混凝土搅拌时，由于粉煤灰遇水易黏结成团，因此应与水泥同时投料并拌匀，然后再加水搅拌，搅拌时间宜延长，其潮湿养护时间也应适当延长。

(3)粉煤灰中的粗颗粒可在混凝土中起稳定体积的作用，故不必追求细度。碳会降低粉煤灰的抗裂性，故对粉煤灰重点应控制烧失量(含碳量)。

(4)掺粉煤灰混凝土比普通混凝土更需要加强养护才能发挥粉煤灰的作用。

5. 粉煤灰在混凝土中发挥作用的有利条件

在粉煤灰的应用中，曾经存在这样一种看法：在混凝土中掺粉煤灰要降低混凝土的强度，包括 28 d 龄期以后一段时间里的强度，其他性能当然也相应受到不同程度的影响，而且这些影响要随着掺量的增大而加剧。这种看法的产生，是在当时混凝土应用水平情况下的一种误导，主要是因为，当时混凝土生产中使用外加剂较少，混凝土水灰比大，使得粉煤灰的作用发挥不出来。粉煤灰在混凝土中要发挥出应有的效应与混凝土的水灰比、水化温度、掺量有很大的关系。

(1)水灰比的影响。在高水灰比的水泥浆里,水泥颗粒被水分隔开(水所占体积约为水泥的两倍),水化环境优异,可以迅速地生成表面积增大1 000倍的水化物,有良好地填充浆体内空隙的能力。粉煤灰虽然从颗粒形状来说,易堆积得较为密实,但是它水化缓慢,生成的凝胶量少,难以填充密实颗粒周围的空隙,所以掺粉煤灰水泥浆的强度和其他性能总是随掺量增大(水泥用量减少)呈下降趋势。在低水灰比的水泥浆里,不掺粉煤灰时,高活性的水泥因水化环境较差,即缺水而不能充分水化,所以随水灰比下降,未水化水泥的内芯增大,生成产物量下降,但由于颗粒间的距离减小,要填充的空隙也同时减小,因此混凝土强度得到迅速提高。这种情况下用粉煤灰代替部分水泥,在低水灰比条件下(一般认为不大于0.4),水泥的水化条件相对改善,因为粉煤灰水化缓慢,使混凝土实际的"水灰比"增大,水泥的水化因而加快,这种作用机理随着粉煤灰的掺量增大愈加明显(例如掺量为50%左右,初期实际水灰比则接近水灰比的2倍),水泥水化程度的改善,则有利于粉煤灰作用的发挥,然而与此同时,需要粉煤灰水化产物填充的空隙已经大大减小,所以其水化能力差的弱点在低水胶比条件下被掩盖,而它降低温升等其它优点则依然起着有利于混凝土性能的作用。因此低水胶比条件下,大掺量粉煤灰混凝土的强度发展与空白混凝土接近,而后期仍有一定幅度的增长,在一定范围内随掺量变化的影响不大。当然,粉煤灰代替水泥用量大了,由于起激发作用的氢氧化钙含量减少,使粉煤灰的水化条件劣化,所以在不同条件下存在一最佳粉煤灰掺量,并不是越大越好。

(2)温度的影响。温度升高时水泥水化的速率会显著加快。温度从20℃升高到30℃时硅酸盐水泥的水化速率要加快一倍。由于近些年来大型、超大型混凝土结构物的建造,构件断面尺寸相应增大;混凝土设计强度等级的提高,使用水泥标号提高、单位用量增大;又由于水泥生产技术的进展,使其所含水化迅速的早强矿物硅酸三钙含量提高、粉磨细度加大,这些因素的叠加,导致混凝土硬化时产生的温升明显加剧,温峰升高。在达到温峰后的降温期间,混凝土产生温度收缩(也称热收缩)引起拉应力;另一方面,混凝土水灰比的降低,又会使因水泥水化产生的自身收缩增大,同样产生弹性拉应力;而混凝土的水灰比降低,早期水化加快,混凝土的弹性模量随强度的提高而增大,进一步加剧了弹性拉应力增长;与此同时,混凝土的黏弹性,即对于弹性拉应力的松弛作用却显著地减小,这一切,都导致近些年来许多结构物在施工期间,模板刚拆除或以后不久就发现表面大量裂缝。

与水泥相比,粉煤灰受温度影响更为显著,即温度升高时它的水化明显加快。所以当混凝土浇注时环境温度与混凝土体温度较高时,对纯水泥混凝土来说,由于温升带来不利的影响,而对掺粉煤灰混凝土来说,则不仅温升下降,减小了混凝土因温度开裂的危险,同时由于加快火山灰反应,还提高了28 d强度。

由于混凝土技术的发展,使混凝土可以在比较低的水灰比条件下制备,这就使粉煤灰在混凝土中的作用出现显著的变化。而近些年来水泥活性增大、混凝土设计等级提高促使水泥用量增大,以及构件断面尺寸加大,在混凝土体温度上升的前提下,进一步促进了粉煤灰在混凝土中作用的发挥,以至可以说:粉煤灰在许多情况下可以起到水泥所起不到的作用,成为优质混凝土必不可少的组分之一。

(3)大掺量粉煤灰混凝土

因为掺用粉煤灰要想取得良好效果,水灰比必须低,而中低强度混凝土的水泥用量通常在

350 kg/m^3 以下。这种条件下，即使掺用再好的减水剂，水灰比(水胶比)也只能在 0.50 左右。因为再减小时，浆体体积就满足不了填充骨料空隙并形成足够厚度润滑层的需要。当掺加粉煤灰时，由于它比水泥轻，等重量替代水泥时可以增大胶凝材料的体积，所以可以使混凝土的水灰比降低。但是当其掺量较小时(如 20%以内)，增大胶凝材料的体积有限，能够降低水胶比的作用也就有限。大掺量粉煤灰混凝土不仅强度发展效果良好，而且各种耐久性能也十分优异。由于能够明显降低水化温升，也大大减小了混凝土早期出现开裂的危险，可以说是一种适用于除了早期强度要求非常高以外，能够满足各种工程条件，尤其是侵蚀性严酷环境要求的高性能混凝土。

当然，大掺量粉煤灰混凝土也存在局限性。首先，粉煤灰、水泥、化学外加剂之间的相容性影响着混凝土水灰比能否有效地降低，决定着粉煤灰能否充分发挥作用，一般认为，当水胶比在 0.40 以上时，在中等强度要求的混凝土中使用的效果就不明显并且有可能有反面的影响。其次，由于大掺量粉煤灰混凝土的水泥用量大幅度减少，因此对于水泥质量的稳定性和粉煤灰品质的稳定性要求就比较高，当两者的质量产生波动时，会给使用效果带来明显的影响。此外，因水泥用量减少，起激发作用的氢氧化钙含量减少，使粉煤灰的水化条件劣化，所以在不同条件下存在一最佳粉煤灰掺量，并非越大越好。

四、硅　　灰

工业硅及硅铁在高温熔炼的过程中，随废气逸出的粉尘称为硅灰或硅粉，其主要成份是活性 SiO_2(含量约占 90%，其中所含游离态 SiO_2 约占 10%)。颗粒非常小，平均粒径约为 0.3 μm，是水泥粒径的百分之一，容重小、比表面积大，故有微硅粉之称，它能直接通过呼吸进入人体肺泡，对人身体健康危害极大。微硅粉广泛用于建筑、化工、冶金等行业。它可以用于油漆、涂料、树脂及其他高分子材料填充物。用于橡胶可以提高橡胶的延伸性、抗撕裂性和抗拉强度。还可以用于耐火材料和陶瓷制品的生产，有效提高产品的强度和耐久性。在混凝土中主要用于活性掺和料，用于改善水泥或混凝土的性能，配制具有超高强、耐磨、耐冲刷、耐腐蚀、抗渗透抗冻、早强的特种混凝土，可用于大型水电、海港码头、铁路桥梁、高速公路、飞机场跑道、隧道及城市高层建筑等工程。

由于硅粉颗粒细小、比面积大、活性 SiO_2 纯度高与强火山灰活性等物理化学特点，把硅粉作为掺和料加入混凝土中改善了混凝土多方面性能。

1. 提高混凝土早期强度和最终强度

国内外研究表明，当硅粉对水泥的取代率为 30%以内时，蒸养温度为 80℃，砂浆一天的抗压强度为不掺硅粉的 2 倍，若采用蒸压养护，则几乎达 3 倍；采用标准养护，砂浆的抗压强度也明显提高。加拿大 H.H. Bache 提出，当硅粉与高效减水剂复合使用时，可使混凝土的水灰比 W/(C+Si)降至 0.13～0.18，水泥颗粒之间被硅粉填充密实，混凝土的抗压强度为不掺硅粉的 3～5 倍。

2. 增加密实度

混凝土中掺入硅粉增加了起反应的硅含量，在电子显微镜下观察，掺硅粉混凝土的水泥石空隙中有晶体生长。另外，硅粉颗粒很细小，均匀地填充了混凝土微孔，微集料填充效应明显。

3. 改善混凝土离析和泌水性能

浇灌混凝土之后，往往产生水从混凝土中分离出来的现象，即在表层形成水膜，也称之为浮浆，使上层混凝土分布不均匀，影响建筑质量。国外研究证明，硅粉掺入量即取代率 Si/(Si+C)愈多，混凝土材料愈难以离析和泌水。当取代率达 15%时，混凝土坍落度即使达 15～20cm 也几乎不产生离析和泌水。当取代率达 20%～30%时，将该混凝土直接放入水中也不易产生离析。由于硅粉对混凝土离析和泌水性能的改善，使掺硅粉混凝土可以用于港口、隧道等水下工程。

4. 提高混凝土的抗渗性、抗化学腐蚀性和比电阻

微粉硅用于混凝土中，一方面填充在水泥颗粒的周围，使浆体更为致密；另一方面，它与水泥水化生成的氢氧化钙结合生成水化硅酸钙凝胶，这些凝胶堵塞在毛细管中，使毛细孔变小而且不连续，大大提高了混凝土的密实性，有效地提高了抗氯离子渗人能力，大大增强其抗锈蚀性能。国外研究证明，当混凝土中硅粉取代率为 10%～20%时，显著改善了混凝土的抗渗性、抗化学腐蚀性，而且对钢筋的耐腐蚀性也有改善。这是因为密实性的提高和 SiO_2 含量增加，有效地阻止了酸离子的侵入和腐蚀作用。另外，由于硅粉比电阻很高(可达 $1.2\times10^{11}\Omega\cdot cm$)，所以混凝土比电阻可提高 1 倍以上。

5. 微硅粉混凝土可以提高工程的抗磨蚀能力，传统的抗磨蚀材料多用环氧砂浆等高分子材料。这类材料抗磨蚀能力虽好，但由于它本身线膨胀系数数倍于基底普通混凝土，又与基底混凝土温度适应不好，在自然气候条件下容易开裂脱落。且施工复杂，有毒性，成本昂贵，不能大面积推广应用。微硅粉作为抗磨蚀材料掺入混凝土中，其抗冲磨能力可提高一倍左右。

6. 微硅粉混凝土可以提高工程的抗裂性能，硅灰混凝土抗裂性的提高得益于其混凝土密实性的高度增加，但硅灰混凝土的抗裂性必须注意因硅灰掺入后造成混凝土收缩增加的不利因素，在实际使用过程中把握掺量的选择。

五、矿 渣 粉

自从 1862 年德国人发现水淬粒化高炉矿渣具有潜在活性后，矿渣长期作为水泥混合材使用。矿渣粉是粒化高炉矿渣经粉磨到规定细度的一种粉体材料。粒化高炉矿渣是熔融高炉矿渣经水或空气急冷而成的细小颗粒矿渣，因此矿渣又分为水淬矿渣和气淬矿渣。矿渣含有较多的 CaO，经水淬后的粒化高炉矿渣大部分为非晶质，具有玻璃质结构，这种玻璃体蕴藏有很高的结晶性能量，具有较好的活性。水淬矿渣根据其成分还可以分为酸性矿渣和碱性矿渣，碱性矿渣的活性优于酸性矿渣，矿渣中的 Al_2O_3 含量也是标志矿渣活性的一个重要特征，其含量越高，矿渣的活性也越高。

1. 矿粉与粉煤灰的区别

(1)两者来源不同：粉煤灰来源于热电厂排放的烟气经收尘处理后收集得到的飞灰；而磨细矿粉则是由炼铁高炉排出的熔融态矿渣经水淬(粒化)后再进行干燥、磨细加工而得到的超细粉末。

(2)两者化学组成不同：一般粉煤灰含很高的 SiO_2、Al_2O_3，但 CaO 却非常低(仅为 1%—5%)；磨细矿粉则具有与普通硅酸盐水泥非常相近的化学组成，如 CaO 含量 30%～42%，SiO_2 含量 35%～38%，Al_2O_3含量 10%～18%，MgO 含量 5%～14%。

(3)两者水化活性不同：粉煤灰不具有自身水化硬化特性，只能在有活性激发剂(如硅酸盐水泥等)作用下，才能具有强度；磨细矿粉却具有自身水化硬化特点，能在加水拌和后自行水化硬化并具有强度。当有硅酸盐水泥激发时，其活性得到更充分的发挥。

(4)两者的允许掺量不同:粉煤灰在水泥中的允许掺加量为20%～40%,但在混凝土中最大掺量一般不超过35%;磨细矿粉在水泥或混凝土中的掺加量则可达20%～70%。一些欧洲国家甚至允许掺到85%。

2. 矿粉对混凝土性能的影响

(1)矿粉对混凝土工作性能和力学性能的影响

矿粉比表面积在400m²/kg～520m²/kg之间,掺量在30%～40%范围,增强效应表现得最为显著。单掺矿粉会使混凝土的黏聚性提高,凝结时间有所延长,比表面积较小时泌水量有增大的迹象;矿粉和Ⅰ级粉煤灰复配配制混凝土,可以充分发挥二者的"优势互补效应",使混凝土的坍落度增加,和易性好,黏聚性好,泌水得到改善,同时混凝土成本可显著降低。

(2)矿粉对混凝土耐久性的影响

掺加矿粉,可降低浆体水化热,单掺量小于50%时,水化热降低不明显。当达到70%掺量时,3 d和7 d水化热分别降低约36%和29%;矿粉和粉煤灰复配,可显著降低浆体3 d、7 d水化热,采用20%矿粉和20%粉煤灰复配,浆体3 d和7 d水化热分别降低38%和20%,对要求严格控温的大体积混凝土,矿粉和粉煤灰复配是理想的矿物掺和料组合,可以有效减少混凝土早期温缩裂缝的危险。

混凝土中掺加矿粉或矿粉和粉煤灰复配,发挥掺和料的微集料效应和二次水化反应,可以使混凝土孔径细化,连通孔减少,混凝土密实性提高,从而大幅提高混凝土的抗渗性能。采用库仑电量方法评价,矿粉、粉煤灰和引气剂均能降低混凝土的渗透性,矿粉越细、掺量越大,特别是矿粉与粉煤灰和引气剂复合使用时,能显著降低混凝土的渗透性。

在达到相同强度的条件下掺矿粉混凝土和普通硅酸盐水泥混凝土具有相同的抗碳化能力。

掺加矿粉,对混凝土的抗冻融性能有一定的改善作用,随混凝土强度等级的不同提高的幅度在25～50次范围。矿粉混凝土和普通硅酸盐水泥混凝土在强度和含气量相同的条件下抗冻融能力基本相同;适当掺加引气剂,适当的含气量和间距系数对混凝土的抗冻融十分必要。矿粉混凝土含气量达到3－4%,混凝土抗冻融循环次数可达250次以上,而且用矿粉取代部分普通硅酸盐水泥,并不影响引气剂效率,无须增加引气剂的掺量。

矿粉混凝土的收缩。李彦昌等在《矿渣粉在商品混凝土中的应用》一文中提到,按现行标准测试,在配制C30强度等级混凝土时,掺加40%细度为430 m²/kg的矿粉,混凝土的干缩值与基准混凝土相比变化不大;而在配制C50强度等级混凝土时,掺加40%细度为520 m²/kg的矿粉,混凝土的干缩值有一定程度的增加,早期(3、7 d)增幅较后期大。矿粉细度在430～520 m²/kg之间变化,对混凝土干缩值的影响不明显。矿粉与粉煤灰复掺和矿粉单掺相比,明显增加混凝土干缩值,混凝土标号越高增加幅度越大。考虑前3 d的自收缩,无论是配制C30混凝土,还是配制C50混凝土,采用单掺矿粉,与基准混凝土相比,收缩值均无明显变化。

混凝土抗裂性能。矿粉与粉煤灰复掺改善抗裂性效果优于矿粉单掺,这可能是由于复掺时的早期强度比单掺时低造成的。混凝土早期强度对混凝土早期抗裂性有重要影响,混凝土24 h强度越高,混凝土早期越易开裂。混凝土早期抗裂性与早期强度之间可能存在一个临界值,小于该强度值,混凝土不易开裂,大于该强度值,混凝土容易开裂。该值与环境条件及约束状态有关。

3. 矿渣粉在混凝土中应用的注意事项

(1)严格控制矿粉质量，特别是矿粉的细度。

目前，大型立磨矿渣粉生产线生产的矿渣粉细度均控制在 400～500 m^2/ kg 的范围内。由于其先进的生产工艺，矿渣粉的细度非常稳定，给配制混凝土带来了很大方便。而球磨矿粉的细度较难达到 400 m^2/ kg 以上，即使通过延长磨细时间，增加能耗，勉强达到 400 m^2/ kg 以上，也难以长期稳定。一旦其细度大幅度降低，会给混凝土带来诸多问题，如：黏聚性下降出现离析和泌水；凝结时间延长；早期强度降低，甚至 28 d 强度也会不同程度降低等。因此，在使用矿粉时应加强比表面积检测。

(2)掺量选择要合适

单掺矿粉时，可按等量取代原则确定矿粉的合适掺量，对于地上结构以及有较高早期强度要求的混凝土结构，掺量一般为 20%～30%；对于地下结构、强度要求中等的混凝土结构，掺量一般为 30%～50%；对于大体积混凝土或有严格温升限制的混凝土结构，掺量一般为 50%～65%；对于有较高耐久性能要求的特殊混凝土结构(如海工防腐蚀结构、污水处理设施等)，掺量可达 50%～70%。

尽管在试配时，矿粉掺量在 70%以内对混凝土强度影响不大，但过大的掺量在实际应用中确存在很多问题。一是混凝土凝结时间问题。掺量过高时，薄壁结构由于混凝土温度很快与环境温度相同，其混凝土的凝结时间会明显加长，不利于施工。对于竖向结构，由于混凝土长期处于塑性状态，会使混凝土发生较大沉降收缩，常常出现沿箍筋的环行裂缝。大体积混凝土的凝结时间则不然，由于它能积聚水化热，凝结时间往往比试验要短的多。因此采用大掺量矿粉或矿粉与粉煤灰复配可降低水化热，延缓凝结时间，对大体积混凝土是比较有利的。另一个是混凝土黏聚性问题。随着混凝土强度等级提高，混凝土的黏聚性不断增加，这样配制混凝土就存在着两头难的问题。低强度等级混凝土粘聚性差，需要设法增加其黏度，减少混凝土离析泌水的可能；高强度等级混凝土黏聚性大，需要设法降低其黏度来保证施工性能。由于细度达到 400 m^2/ kg 以上的矿粉可增加混凝土黏度，因此它有利于低强度等级混凝土而不利于高强度等级混凝土配制。配制高强度混凝土时需要矿粉和可以降低混凝土黏度的优质粉煤灰复合使用。

(3)养护非常重要

受施工进度、结构形式、养护手段和人员素质等方面因素的影响，混凝土的养护经常得不到重视，使混凝土的养护出现不少问题。在矿粉或矿粉和粉煤灰复合掺加的情况下，更需要加强养护，只有充分养护才能发挥掺和料的作用。首先早期养护应在混凝土终凝前进行(如喷洒养护剂、覆盖湿麻布或塑料布等)；再者水养护时间至少为 7 d，当掺量达 50%以上时，水养护期应延长至 14 d。在拆模后由专人负责一遍又一遍地用喷雾器在墙上喷水，这样既能长期保持混凝土表面的湿度，又节约用水，还减少了因养护用水四处流淌影响施工。

有时掺矿粉混凝土拆模后常常会出现蓝色斑斓。这是矿粉混凝土的独有特点，属正常现象，说明混凝土在早期得到很好的养护，有利于其强度等性能的充分发挥。出现蓝色斑斓的原因是由于矿粉水化硬化过程中有微量 FeS 和 MnS 生成，该水化物呈蓝色。随着混凝土暴露在空气中 3～5 d 后，上述微量化合物会进一步氧化变成 $FeSO_4$ 和 $MnSO_4$，蓝色斑斓也就随之消失。

六、沸 石 粉

沸石粉是沸石岩经磨细后形成的一种粉状掺和料，沸石岩是含水硅铝酸盐矿物，系火山爆发过程中形成，属于火山灰材料，有三十多个品种，用做混凝土掺和料的主要是斜发沸石和涤光沸石。其主要化学成分是：SiO_2（60%～70%），Al_2O_3（10%～30%），可溶硅（5%～12%），可溶铝（6%～9%）。在沸石结构中形成了许多孔穴和孔道，它们常常被水分子所填充，这些水分子可在某一特定温度下加热而脱除，但不破坏沸石结构，沸石脱水后留下的孔穴和孔道，变成了如海绵或是泡沫的构造，具有吸附的性质。

沸石粉本身没有活性，但在掺入水泥混凝土后，在水泥活性的激发下，沸石粉所含的活性二氧化硅、活性三氧化二铝可以与水泥水化时析出的氢氧化钙作用生成含水的硅酸钙凝胶和含水的铝酸钙凝胶，提高水泥的水化程度，减少混凝土的孔隙率，提高混凝土的强度和其他性能。

天然沸石作为一种火山灰质掺合料，在水泥混凝土中可发挥出火山灰效应，增加混凝土强度与密实度。但沸石粉与一般的火山灰质村料又有所不同，它是细微晶材料，又具有多孔结构、内表面积大、吸附和离子交换能力强的特征。掺入水泥混凝土后，在搅拌初期，由于沸石吸水，一部分自由水被沸石粉所吸附走，在水化硬化过程中，当水泥进一步水化需水时，沸石粉便排出原来吸附的水分，使水泥石的水化更加充分，具有内养护的功能。掺入沸石粉可以显著提高混凝土拌合物的黏聚性和保水性，坍落度略有降低。掺有天然沸石粉的混凝土耐久性具有很大的特点，表现为优良的抗渗性与抗冻性.特别是对降低混凝土的碱含量，预防碱骨料反应具有优异的抑制作用。之所以能抑制碱骨料反应，主要是通过离于交换而降低水泥石细孔溶液中的 Na^+ 及 K^+ 的浓度。

对沸石粉的质量指标的一般要求是：细度（80 μm 方孔筛筛余）不大于 8%，吸氨值大于等于 100 mg/100 g，密度 2.2～2.4 g/cm³，容重 700～800 kg/m³。

七、偏高岭土

偏高岭土是由高岭土在 700 ℃～800 ℃条件下脱水制得的白色粉末，平均粒径 1～2 μm，SiO_2 和 Al_2O_3 含量 90%以上，特别是 Al_2O_3 较高。在混凝土中的作用机理与硅粉及其他火山灰相似，除了微粉的填充效应和对硅酸盐水泥的加速水化作用外，主要是活性 SiO_2 和 Al_2O_3 与 $Ca(OH)_2$ 作用生成 CSH 凝胶和水化铝酸钙（C_4AH_{13}、C_3AH_6）水化硫铝酸钙（C_2AH_8）。由于其极高的火山灰活性，故有超级火山灰（Super-Pozzolan）之称。

研究结果表明，掺入偏高岭土能显著提高混凝土的早期强度和长期抗压强度、抗弯强度及劈裂抗拉强度。由于高活性偏高岭土对钾、钠和氯离子的强吸附作用和对水化产物的改善作用，能有效抑制混凝土的碱骨料反应和提高抗硫酸盐腐蚀能力。一般随着偏高岭土掺量的提高，混凝土的坍落度将有所下降，因此需要适当增加用水量或高效减水剂的用量。

八、掺和料的复掺

1. 掺和料复掺的效应

掺和料复掺（即粉煤灰、硅粉和矿渣粉等复合使用 ）能补偿单掺之不足，使单组分充分发挥各自的效应。并由于各组分颗粒形态、细度、化学组成均有不同，有可能相互激发，相互补充，对水泥石的孔结构产生复合胶凝效应，复合胶凝效应包括三方面作用：诱导激活效应、表面微晶化效应和界面耦合效应。

诱导激活是介稳态复合相在水化过程中相互诱导对方能态跃过反应势垒，使介稳态体系活化，使水化动力学加速。诱导激活是介稳相离子基团和分子的化学复合作用。以介稳态非典型玻璃相复合体系为例。高钙类玻璃相（如：矿渣）与高铝中硅玻璃相（如：粉煤灰）复合体系水化液相主要离子为 Ca^{2+}、AlO^{+} 和 SiO_4^{4+}，当存在 SO_4^{2-} 时，则形成 Aft，Aft 是良好的胶凝产物，具有稳定性好，溶解度等特点。它的形成将消耗液相中的 Ca^{2+} 和 AlO^{+}，溶液中 Ca^{2+} 浓度降低，促使高钙玻璃相水解反应继续进行，AlO^{2+} 浓度降低则促进了高铝中硅玻璃相水解。两类玻璃相水化液相离子互补，使 Aft 形成反应不断加速，同时也加速了高钙玻璃相网络配位离子 Ca^{2+} 和高铝中硅玻璃相网络离子 Al^{3+} 被持续萃取。上述过程循环反复，使玻璃相失去稳定性，活性提高，使非典型玻璃相被相互诱导激活。

介稳态复合体系在水化过程中若不存在外界干扰，系统中的水化产物只能借助热力学起伏在某局部区域出现，即新相只能通过成核才能形成，当有另一复合相存在时，其微晶核作用降低了成核势垒，产生非均匀成核使水化产物在另一复合相表面沉淀析出，形成表面微晶化效应，加速了水化过程。

复合体系通过诱导激活、水化硬化形成稳定的凝聚体系，其显微界面的黏结强度与其宏观物理力学性能密切相关。普通混凝土的浆体与骨料的界面是力学的薄弱环节，界面区显微结构研究结果表明：掺和料掺入混凝土中，可改善水泥浆—骨料界面区 $Ca(OH)_2$ 的含量与取向度。掺和料对水化产物 $Ca(OH)_2$ 数量、尺寸及空间分布排列的影响，均有利于界面黏结强度的改善。因此掺矿物掺和料的混凝土抗压和抗折强度有显著提高，耐久性有明显改善。

2. 复掺时，复合比例的选择

目前，复掺最常见的是矿渣粉与粉煤灰复合使用。这是因为，粉煤灰比矿粉更为廉价，单掺矿粉对混凝土成本不利。虽然单掺粉煤灰可以大幅度降低成本，但掺量受到较大限制。

矿粉与Ⅱ级粉煤灰复合使用时，粉煤灰的取代量宜控制在 15%以内，矿粉宜控制在 30%以内。由于Ⅱ级粉煤灰的来源较Ⅰ级粉煤灰要广，供应量充足，因此在混凝土中大量使用。然而Ⅱ级粉煤灰的质量稳定性差，矿粉的质量稳定性远好于Ⅱ级粉煤灰，给混凝土配制带来了很好的选择，只要通过试验找出合适的复配比例及合适的掺量，就可以配制出和易性好而成本有无明显增加的混凝土。在条件允许的情况下，应尽可能多用矿粉，降低Ⅱ级粉煤灰质量波动给混凝土带来的不利影响。其实这种配制混凝土的原则适应于任何原材料。也就是说，质量差或质量稳定性差的原材料不得不用时，应在充分试验的基础上，在条件允许的前提下尽可能少用。另外，由于Ⅱ级粉煤灰和矿渣粉同样具有增加混凝土黏度的趋势，因此不宜配制高强混凝土。

矿粉与Ⅰ级粉煤灰复合使用应是最佳组合。粉煤灰可控制在 20%以内，矿粉可以控制在 40%以内，它们之间的比例可以根据不同强度等级，不同技术要求进行调整。从强度方面说，粉煤灰等量取代水泥时，28 d 强度基本都比空白混凝土强度低，而矿粉在合适的掺量下会使混凝土的 28 d 强度稍有提高，这样二者有较好的“强度互补效应”。同时，二者复合使用兼顾混凝土早期强度与后期强度，早期发挥矿粉的火山灰效应，改善浆体和骨料的界面结构，弥补由于粉煤灰的火山灰效应滞后于水泥熟料水化，从而使得火山灰反应生成物和水泥水化生成的凝胶数量不足导致与未反应的粉煤灰之间界面粘结不牢引起的早期强度损失（引自黄士元等编著《近代混凝土技术》);后期发挥Ⅰ级粉煤灰的火山灰效应所带来的孔径细化作用以及未反应的粉煤灰颗粒的“内核作用”,使混凝土后期强度持续得到提高。从混凝土黏聚性方面说,矿粉有增加混凝土黏聚性和泌水的趋势,Ⅰ级粉煤灰却能明显降低混凝土的黏聚性和减少混凝土泌水的趋势,二者的互补优势更为明显,适合于配制各种强度等级的混凝土。

第五节 混凝土外加剂

混凝土外加剂是一种在混凝土搅拌之前或拌制过程中加入的、用以改善混凝土性能的材料,包括化学类外加剂和矿物类外加剂,化学类外加剂的掺量一般小于5%,矿物类外加剂(磨细矿渣、磨细粉煤灰等)则以改善混凝土的耐久性能为主要目的。目前人们通常所指的混凝土外加剂就是化学类外加剂。混凝土外加剂的特点是品种多、掺量小、在改善新拌和硬化混凝土性能中起着重要的作用,外加剂的研究和应用促进了混凝土施工新技术和新品种混凝土的发展。比如高性能混凝土,混凝土达到高性能的最重要的技术途径是使用优质的高效减水剂和矿物外加剂。前者能降低混凝土的水灰比,增大坍落度和控制坍落度损失,赋予混凝土高密实度和优异施工性能;后者能填充胶凝材料的孔隙,参与胶凝材料的水化,改善混凝土的界面结构,提高混凝土的密实性,强度和耐久性。

一、混凝土外加剂的历史与发展

混凝土外加剂作为产品在混凝土中应用的历史大约有一百年。但古代,人们已在建筑用胶凝材料中使用糯米汁、动物血等物质作为添加剂。正式的工业产品始见于1910年,到30年代在美国开发北美洲时,混凝土路面由于严寒气候的除冰而很快受到破坏,为提高路面混凝土质量而使用了“文沙树脂”来提高混凝土的耐久性。1935年美国Master Builder的E. W. Scxiptrt研究制造成功以纸浆废液中木质磺酸盐为主要成分的“普浊里”(Pozzolitn)减水剂。40年代中期开发出了羟基羧酸盐类减水剂。50年代使用的绝大多数是普通减水剂,1954年制定了第一批混凝土外加剂检验标准。进入了20世纪60年代以后是混凝土外加剂发展最具历史意义的时期。当时由于要求混凝土具有更高的强度和更大的流动度,而普通减水剂如木质磺酸盐及文沙树脂等引气剂已不能满足要求。1962年日本花王石碱公司的服部健一首先研制成功了萘系减水剂,即麦地高效减水剂。1964年前西德又研制成功了以磺化三聚氰胺甲醛树脂为主要成分的另一类高效减水剂“Melment”(梅尔门特)。这类减水剂减水15%以上,并且不引气,适于配制高强大流动度混凝土,很快得到各国的公认。这种减水剂在美国叫做High ragewater redncing agent(高度减水),英国、澳大利亚、加拿大等国称为Superplasticizer(超塑化剂)和Fluifier(流化剂)。随后前苏联建工部托拉斯伏尔加河岸地区建设总局又制造出一种新超塑化剂“Anuaccah”,由含硫酸盐的丙烯酸盐废料加工而成。这种塑化剂能够生产复杂结构的密筋构件,与未掺塑化剂的混凝土相比,能够用较低标号的水泥获得高强混凝土;新拌混凝土可以作长距离运输。在混凝土中掺入超塑化剂,保证拌合物不分层,能把振动时间缩短1/2~1/3或者不用振动;混凝土拌合物的流动度可提高5倍,而不降低强度;抗渗性可提高2~3个标号;减少拌合用水量,保证拌合物和易性,混凝土强度可提高1~2个等级;

膨胀剂是一类掺量较大的外加剂。在20世纪60年代中期首先由日本开发应用,日本的河野俊夫研制成功了石灰系膨胀剂。膨胀剂和膨胀水泥都有可以配制成补偿收缩混凝土和自应力混凝土，日本首创的混凝土膨胀剂，给膨胀一自应力混凝土的广泛应用带来了生机，它的使用灵活、方便，与用膨胀水泥相比，成本大大下降。近年来美国为解决大体积混凝土冷缩裂缝问题，在普通水泥中掺入 MgO，它产生的膨胀率能符合大体积混凝土补偿冷缩的要求。欧洲、日本的一些专利还提出用铁屑和催氧剂等掺入普通混凝土中，通过 Fe_2O_3 水化生成 $Fe(OH)_3$，可使混凝土体积产生膨胀，这种膨胀只适于在浇注机械底座和地脚螺栓时应用。前苏联的研究成果则是利用含铝矿渣、含铝酸钙的工业废渣、硫酸盐熟料和煅烧明矾石等经磨细混合成为明矾石系膨胀剂。

近年来又开发了以低级乙醇的氧化物为主要成分的非离子型有机减缩剂。它将水泥凝胶毛细孔中间隙水的表面张力降低，由于毛细管张力，使凝胶的收缩减小。使用减缩剂后，混凝土的干缩可以减小 40%。

随着混凝土中特殊性能要求而发展起来的速凝剂、缓凝剂、引气剂(发气剂)、阻锈剂、防水剂、泵送剂、着色剂、脱模剂、养护剂、水化抑制剂等品种日益增加。目前国内外总的外加剂品种在 500 种左右。

我国大规模研制、开发和使用外加剂是在解放后，大致可分成 4 个阶段。

20 世纪 50 年代初期到 60 年代中期为发展的起步阶段。最早由重工业部和水利部研究采用松香类引气剂和加气水泥，使用于塘沽新港及佛子岭水库。50 年代还广泛地使用了氯化钙早强剂。铁道部研究院对纸浆废液进行了大量的研究，提出了亚硫酸盐纸浆废液、芦苇浆废液及其石灰沉淀制剂等外加剂的加工和应用。其后又提出了用制糖工业的废液经加工后制成糖钙缓凝减水剂。但到了 60 年代初由于外加剂使用中的一些技术问题没有很好解决而阻碍了进一步的发展。如氯化钙引起的钢筋锈蚀问题，由于引气剂质量而引起的混凝土强度损失，木钙掺量过大而引起的严重缓凝等问题。

由 20 世纪 70 年代中期至 80 年代中期为第二个阶段。我国出现了一个大量研究生产外加剂，特别是减水剂的高潮。如由中国建科院、北京建科所、冶金部建筑研究院等组成了木钙研究推广协作组，鉴定推广了木钙减水剂。1978 年由冶金部和武汉化工所共同研究和鉴定了萘系减水剂 FDN 等。几乎国外常用的类型我国也都相继研制成功，虽然质量上还有一定差距。

20 世纪 80 年代到 90 年代中期为第三个阶段。这一时期的特点为以标准化为中心规范了外加剂的质量，推动了外加剂的应用技术发展。由于外加剂品种发展很快，为了规范生产和使用，必须要有相应的标准。这一阶段共制订了 14 种外加剂的 8 个国家标准和 1 个技术规范。使生产外加剂有章可循，有了统一的质量评定和比较标准。

20 世纪 90 年代至今为第四个阶段。混凝土外加剂在这一阶段走向高科技领域的时代，随着 90 年代高性能混凝土(HPC)的出现和发展，对外加剂提出了更高要求，复合型外加剂、新的更高性能外加剂是发展方向。

二、混凝土外加剂的分类

外加剂可由材料作用、效果或使用目的为主来区分，也可由材料的组成、化学作用或物理化学作用为主来区分。

根据《混凝土外加剂的分类、命名与定义》规定，混凝土外加剂按其主要功能分为四类：

(1)改善工作性的外加剂：减水性、泵送剂、引气剂 。

(2)调节凝结硬化时间的外加剂:缓凝剂、早强剂、速凝剂。

(3)改善耐久性的外加剂:阻锈剂、防水剂、引气剂。

(4)改善其他性能的外加剂:加气剂、着色剂、膨胀剂、防冻剂

混凝土外加剂按化学性质分类见表 3—5—1。主要混凝土外加剂的种类及应用范围见表 3—5—2。

三、常用混凝土外加剂简介

1. 减水剂

·定　　义:在混凝土坍落度基本相同的条件下,能减少拌合用水的外加剂。按其减水率的大小可分为普通减水剂、高效减水剂和高性能减水剂。

·主要作用:

(1)增大流动性。在用水量及水灰比不变时,混凝土坍落度可增大 100～200 mm,且不影响混凝土的强度。

(2)提高混凝土的强度。在保持流动性及水泥用量不变的条件下,可减少拌和用水量 10%～40%,从而降低水灰比,使混凝土强度提高。

(3)节约水泥。在保持流动性及水灰比不变的条件下,可以在减少拌和水量的同时,减少水泥用量。

表 3—5—1　外加剂按化学性质分类表

大类	细类		外加剂	作用
	名称	类别		
无机化合物外加剂	无机电解质盐类	Ⅰ价金属强酸盐	$LiCl$　Li_2SO_4 $NaCl$　KNO_3　KCl　K_2SO_4　Na_2SO_4 $NaNO_3$　$NaNO_2$	碱骨料反应抑制剂 调凝剂 阻锈剂
		Ⅰ价金属弱酸盐	Na_2CO_3　Na_2SiO_2　Na_3PO_4 $Na_4P_2O_7$　$K_4P_2O_7$　CH_3COONa	调凝剂
		Ⅱ价金属强酸盐	$CaCl_2$　$MgCl_2$　CaI_2　CaF_2 $Ca(NO_3)_2$　$Ca(NO_2)_2$　$BaCl_2$ $SrCl_2$　$Ba(NO_3)_2$　$Ca(SO_4)_2.2H_2O$ $CaSO_4$　$MgSO_4$　$PbSO_4$　$BaSO_4$	调凝剂、早强剂
		Ⅱ价金属弱酸盐	$Ca(CH_3COO)_2$ $CaCO_3$ $ZnCO_3$ $Ca_6P_2O_7$	调凝剂
		Ⅲ价金属强酸盐	$Al_2(SO_4)_3$　$AlCl_3$　$Al(NO_3)_3$	
	金属氢氧化物		$NaOH$　KOH　$Ca(OH)_2$ $Mg(OH)_2$　$Al(OH)_3$　$Fe(OH)_3$	调凝剂、早强剂
	金属氧化物		CaO	膨胀剂
			CaO　CuO　Fe_2O_3　Cr_2O_3	着色剂
			ZnO　PbO　CdO　B_2O_3	缓凝剂
	轻金属		Al 粉　Mg 粉	加气剂

续上表

大类	细类		外加剂	作用
	名称	类别		
有机化合物外加剂	表面活性剂	阴离子表面活性剂	木质素磺酸盐类 多环芳香族磺酸盐类 羟基、羧基酸盐类 多羟基碳水化合物及其盐类 水溶性密胺树脂甲醛磺酸盐 烷基苯磺酸盐类 其他	减水剂 调凝剂 引气剂
		阳离子表面活性剂	三甲烷基戊二甲二烷基胺盐 杂环胺盐 其他	减水剂 调凝剂
		非离子表面活性剂	多元醇化合物 含氧有机酸 醇胺 其他	早强剂 调凝剂
	高分子聚合物	树脂类	聚氯乙烯 聚酯酸乙烯 聚丙烯酸酯 聚乙烯基呋喃	黏结剂 防水剂
		橡胶类	合成橡胶	黏结剂
		高分子电解类	各种高分子盐类	聚凝剂
	各种有机化合物及复盐	各种醇、酸、脂、酚及其衍生物	烷基磷酸盐 硼酸脂等	消泡剂
		皂类化合物	松香皂热聚物	引气剂
		硬脂酸盐 油酸盐	硬脂酸钙 硬脂酸锌 硬脂酸胺 油脂钙、油酸铵、丁基硬脂酸	防水剂
复合类	有机类与有机类复合			
	无机类与无机类复合			
	有机类与无机类复合			

表 3—5—2　主要混凝土外加剂的种类及应用范围

种类	主要成分	性能特点	应用领域
塑化剂	木质素磺酸盐 亚硫酸盐纸浆废液之衍生物	减水 改善和易性	现浇混凝土 预制混凝土
流化剂 即超塑化剂	磺化三聚氰胺甲醛缩合物 磺化萘—甲醛缩合物 改性木质素磺酸盐	减水显著，和易性显著提高，副作用小	流态混凝土，早、高强流态混凝土
高性能减水剂	聚羧酸盐	高效减水、减少坍落度损失	高性能混凝土、耐久性混凝土

续上表

种类		主要成分	性能特点	应用领域
密实剂		硬脂酸盐 油酸盐 硅酮、硅烷	憎水，缩小孔隙，隔断毛细孔道	防水要求高的工程
引气剂		松香或其钠盐 某些洗涤剂 某些石油衍生物	引入小气泡以提高抗冻性，改善和易性	抗冻性要求高的工程
促硬剂		三乙醇胺，氮化物，草酸盐，铝酸盐	提前脱模、起吊与承载	现浇混凝土 预制混凝土
防冻剂			新浇混凝土早期防冻	冬期施工
喷射助剂		铝酸钾，铝酸钠，KOH，碱的氟化物	速凝、早强、高强与岩石黏结好	喷射混凝土（隧道衬里，地下矿井岩石加固等）
缓凝剂		磷酸盐、硼酸盐、木质磺酸盐及其衍生物、柠檬酸	延缓和易性保持时间	大面积施工 大尺寸预制件
加气剂		Al、Mg、Zn、H_2O_2	产生小气泡	加气混凝土
泡沫剂		蛋白质、松香皂、某些洗涤剂	产生稳定泡沫	泡沫混凝土
空心微珠		包裹空气的塑料小球	提高抗冻性	抗冻性要求高的混凝土
稳定剂		多电解质	防止离析 增强黏度	均匀性要求高的混凝土
泵送助剂		LP、BV、ST 剂	塑化，引入小气泡，增强黏度	泵送混凝土
灌注助剂		BV、LP、VZ、CB、ST、某些膨胀剂	塑化、减水，膨胀	预应力构筑物或预制件
消泡剂		磷酸三丁酯，酞酸二丁酯	消泡	无气泡的混凝土
碱反应阻止剂		锂盐、锆盐、钡盐	抑制碱骨料反应	使用对碱敏感的骨料时用
防蚀剂	混凝土防蚀剂	氟硅酸盐	减少 $Ca(OH)_2$ 阻塞毛细孔	管道，液体贮罐
	钢筋防锈剂	氮化钠 苯甲酸钠	钝化钢筋	防锈蚀

(4)改善混凝土的耐久性。

·作用机理：目前，一般认为减水剂能够产生减水作用主要是由于减水剂的吸附、分散作用与湿润、润滑作用所致。水泥在加水拌和的过程中，由于水泥矿物中含有带不同电荷的组分，而正负电荷的相互吸引将导致混凝土产生絮凝结构，絮凝结构也可能由于水泥颗粒在溶液中的热运动使其在某些边棱角处相互碰撞、相互吸引而形成。由于絮凝结构包裹了一部分拌和水，降低了流动性，减水剂的作用表现在以下三个方面：

(1)减水剂为表面活性物质，其分子由亲水基团和憎水基团两个部分组成。其憎水基团定向吸附于水泥颗粒表面，亲水基团指向水溶液，使水泥颗粒表面带有相同电荷，斥力作用使水泥颗粒分开，放出絮凝结构游离水，增加流动性；

(2)亲水基吸附大量极性水分子，增加水泥颗粒表面溶剂化水膜厚度，起润滑作用，改善工作性；

(3)减水剂降低表面张力,水泥颗粒更易湿润,使水化比较充分,从而提高混凝土的强度。

现在,大家普遍接受的减水剂作用机理的理论有三种:静电斥力理论、空间位阻效应理论、反应性高分子缓慢释放理论。

静电斥力理论:减水剂多为阴离子表面活性剂,由于水泥粒子在水化初期时其表面带有正电荷(Ca^{2+}),减水剂分子中的负离子 SO_3^-、COO^- 就会吸附于水泥粒子上,形成吸附双电层(ξ电位),相互接近的水泥粒子会同时受到粒子间的静电斥力和范得华引力的作用。随着ξ电位绝对值的增大,粒子间逐渐以斥力为主,从而防止了粒子间的凝聚,同时,静电斥力还可以把水泥颗粒内部包裹的水释放出来,使体系处于良好而稳定的分散状态。随着水化的进行,吸附在水泥粒子表面的减水剂量减少,ξ电位绝对值随之降低,体系不稳定,从而发生了凝聚。这一理论主要适用于萘系、三聚氰胺系及改性木钙系等常用的高效减水剂。

空间位阻效应理论:这一理论主要适用于聚羧酸系减水剂。当水泥颗粒表面的吸附层厚度增加时,有利于水泥颗粒的分散,释放水泥颗粒之间的自由水。聚羧酸系减水剂的聚合物分子中梳形侧链$-(CH_2-CH_2-O)n-$的大量存在,使得分子结构呈梳型,在水泥颗粒的表面吸附形成较大的吸附层,其减水作用主要由大分子链及其支链所引起的空间位阻效应。其含有的较多较长的支链吸附在水泥颗粒表层后,可以在水泥粒子表面上形成较厚的立体包层,从而使水泥达到较好、较持久的分散效果。

反应性高分子缓慢释放理论:这一理论与空间位阻效应理论类似,主要用于聚羧酸系高性能减水剂减水与保坍的研究。聚羧酸系减水剂的聚合物分子中含有酯或酸酐时,它是一种非水溶性的反应性高分子微细粒子,在混凝土的碱性环境中,发生水解反应,生成的羧基被水泥颗粒吸附带上负电,使得水泥颗粒之间的静电斥力起到二次补充作用,再次增加水泥颗粒分散程度,延缓水泥凝结,起到防止混凝土坍落度损失。

· **适用范围**:适用于普通混凝土,钢筋混凝土及最低气温 5 ℃以上施工的混凝土工程。

· **主要品种**:普通减水剂应用最多的是木质素磺酸盐及其衍生物、高级多元醇及多元醇复合体、羟基羧酸及其盐、聚乙烯醚及其衍生物等。高效减水剂主要有:萘磺酸盐甲醛缩合物、多环芳烃磺酸盐甲醛缩聚物、胺基磺酸盐、三聚氰胺磺酸盐甲醛缩聚物等。高性能减水剂目前主要是聚羧酸系减水剂。

(1)木质素系减水剂

包括木质素磺酸钙(木钙)、木质素磺酸钠(木钠)、木质素磺酸镁(木镁)等。其中木钙减水剂应用较多。

木钙减水剂是以生产纸浆或纤维浆剩余下来的亚硫酸浆废液为原料,采用石灰乳中和,经生物发酵除糖、蒸发浓缩、喷雾干燥而制得的棕黄色粉末。属于阴离子型高分子表面活性剂,木钙减水剂的适宜掺量,一般为水泥质量的 0.2%~0.3%。其减水率为 10%~15%,混凝土 28 d 抗压强度提高 10%~20%;若不减水,混凝土坍落度可增大 80~100 mm;若保持混凝土的抗压强度和坍落度不变,可节约水泥用量 10%左右。木钙减水剂对混凝土有缓凝作用,掺量过多或在低温下,其缓凝作用更为显著,而且还可能使混凝土强度降低,使用时应注意。

木钙减水剂可用于一般混凝土工程,尤其适用于大体积浇筑、滑模施工、泵送混凝土及夏季施工等。木钙减水剂不宜单独用于冬季施工,在日最低气温低于 5 ℃,应与早强剂或防冻剂复合使用。木钙减水剂也不宜单独用于蒸养混凝土及预应力混凝土,以免蒸养后混凝土表面出现疏松现象。

(2)萘磺酸盐系减水剂

萘系减水剂，是用萘或萘的同系物经磺化与甲醛缩回而成。目前，我国生产的主要有NNO、NF、FDN、UNF、MF、建Ⅰ型等减水剂，其中大部分品牌为非引气型减水剂。它与蒽系减水剂、甲基萘系减水剂、古马隆系减水剂、煤焦油混合物系减水剂，因其生产原料均来自煤焦油中的不同成分，因此统称为煤焦油系减水剂。

萘系减水剂的适宜掺量为水泥质量的0.5%～1.0%，减水率为10%～25%，混凝土28 d强度提高20%以上。萘系减水剂的减水增强效果好，对不同品种水泥的适应性较强。适用于配制早强、高强、流态、蒸养混凝土，但坍落度损失较大。

(3)水溶性树脂减水剂

这类减水剂是以一些水溶性树脂为主要原料制成的减水剂，如三聚氰胺树脂(蜜胺减水剂)等。该类减水剂增强效果显著，为高效减水剂，我国产品有SM树脂减水剂等。SM减水剂掺量为水泥质量的0.5%～2.0%，其减水率为15%～27%，混凝土3 d强度提高30%～100%，28 d强度可提高20%～30%。SM减水剂适于配制高强混凝土、早强混凝土、流态混凝土及蒸养混凝土等。

(4)聚羧酸系减水剂

聚羧酸系减水剂产生于20世纪80年代，目前总体上可将聚羧酸系高性能减水剂分为两大类：一类是以马来酸酐为主链接枝不同的聚氧乙烯基(EO)或聚氧丙烯基(PO)支链；另一类以甲基丙烯酸为主链接枝(EO)或(PO)支链。聚羧酸减水剂具有以下特点：

①优良的保塑性能，由于外伸高分子侧链的空间位阻作用有效阻碍了水泥粒子之间的二次团聚，因此该产品具有高分散性能并可长时间保持该性能，实现混凝土拌合物优良的保塑能力。

②良好的减水率，该产品在低掺量下(一般为0.2～0.3%，折合干基与水泥的质量比)即具备良好的减水性能，在高标号混凝土(C50以上)中效果尤为显著，其最高减水率可达40%；

③良好的早强及增强效果，在相同条件下，掺加该产品后的混凝土，早强及增强效果高于其它类型的高效减水剂。

④提高混凝土的力学性能，由于具有良好的减水效果，增加混凝土的结构致密性，应而能够提高抗压、抗弯和抗拉强度。

⑤大幅提高混凝土耐久性，降低混凝土碱—骨料反应，提高混凝土的抗冻融能力。

⑥尺寸稳定性，掺用该产品后的混凝土能有效改善其收缩和徐变性能，具有良好的尺寸稳定性，降低裂缝风险。

⑦优异的保水性能，掺用该产品后的混凝土，比基础产品混凝土泌水明显减少，且无离析；更容易实现施工作业。

聚羧酸减水剂主要用于配制低水灰比、高强、自密实和高耐久性混凝土。是混凝土高性能减水剂的主要发展方向。

2. 早强剂、早强减水剂

·定　　义：早强剂是加速混凝土早期强度发展，并对后期强度无显著影响的外加剂。早强减水剂是兼有早强和减水功能的外加剂。

·主要作用：提高混凝土早期强度、缩短施工周期。早强减水剂还可以改善拌合物流动性，节约水泥。

·作用机理:不同种类早强剂的作用机理不同,大致有两种观点,一是对水泥水化起催化作用,促使氢氧化钙浓度降低,加速 C_3S 的水化;二是与水化产物发生反应,生成新的水化物质。促进水泥的水化。早强剂不同于速凝剂,速凝剂主要作用于水泥矿物中的 C_3A、石膏,加速水泥的凝结;而早强剂则侧重于加速 C_3S 的溶解与水化产物的晶体析出,提高早期强度,与水泥的凝结时间关系不大。各类早强剂作用机理在下面的分类介绍中详述。

·适用范围:适用于蒸养混凝土及常温,低温和最低温度不低于−5℃环境中施工的有早强或防冻要求的混凝土工程。

·主要类别:早强剂主要有无机盐类(氯盐类、硫酸盐类)和有机胺及有机—无机的复合物三大类。

(1)氯盐类早强剂

氯盐类早强剂主要有氯化钙、氯化钠、氯化钾、氯化铝及三氯化铁等,其中以氯化钙应用最广。氯化钙为白色粉末状物,其适宜掺量为水泥质量的0.5%～1.0%,能使混凝土3 d强度提高50%～100%,7 d强度提高20%～40%,同时能降低混凝土中水的冰点,防止混凝土早期受冻。

氯盐对水泥混凝土的作用机理有两种说法,一是对水泥水化起催化作用,与水泥水化产物氢氧化钙生成难溶于水的氧氯化钙,促使氢氧化钙浓度降低,加速 C_3S 的水化;二是氯盐可吸附在水化硅酸钙表面,生成复合水化硅酸盐,同时在石膏存在下与水泥中 C_3A 作用生成更难溶于水的氯铝酸盐,加速水泥中的 C_3A 水化。此外,由于氯盐多为易溶盐类,具有盐效应,可加大硅酸盐水泥熟料矿物的溶解度,加快水化反应进程,并且,氯盐还增强水化硅酸钙的缩聚过程。

采用氯盐作早强剂,最大的缺点是含有 Cl^-,会使钢筋锈蚀,并导致混凝土开裂。为了抑制氯盐对钢筋的锈蚀作用,常将氯盐与阻锈剂(如亚硝酸钠 $NaNO_2$)复合应用。

(2)硫酸盐类早强剂

硫酸盐类早强剂,最早出现于前苏联。主要有硫酸钠、硫代硫酸钙、硫酸铝、硫酸铝钾等,其中硫酸钠应用较多。硫酸钠为白色粉状物,一般掺量为0.5%～2.0%,当掺量为1%～1.5%时,达到混凝土设计强度70%的时间可缩短一半左右。

硫酸钠对水泥混凝土的作用,一是硫酸钠较快地与氢氧化钙作用生成石膏和碱,加速 C_3S 的水化;其二是新生成的细粒二水石膏比在水泥粉磨时加入的石膏对水泥的反应快得多,加速硫铝酸盐(钙矾石)生成,消耗 C_3S 水化释放的氢氧化钙,使 C_3S 的水化加快。硫酸盐还可以激发水泥中活性混合材料的活性,加速火山灰反应。

硫酸钠对钢筋无锈蚀作用,适用于不允许掺用氯盐的混凝土。但由于它与氢氧化钙作用生成强碱 NaOH,为防止碱骨料反应,硫酸钠严禁用于含有活性骨料的混凝土,同时应注意不能超量掺加,以免导致混凝土产生后期膨胀开裂破坏,并防止混凝土表面产生“白霜”。

(3)钙盐系列早强剂

试验证明,许多钙盐能降低硅酸三钙—水系统的pH值,从而加速硅酸三钙的水化。具有这一作用的钙盐有硝酸钙、甲酸钙、溴化钙、氯化钙等。其中甲酸钙是替代氯化钙的最佳物质。硝酸钙对硅酸盐水泥有较好的早强作用,但对掺加混合材料的水泥作用较弱。

(4)有机胺类早强剂

有机胺类早强剂主要有三乙醇胺、三异丙醇胺等,其中早强效果以三乙醇胺为佳。三乙醇胺为无色或淡黄色油状液体，呈碱性，能溶于水。三乙醇胺做早强剂的掺量为水泥质量的0.02%～0.05%，掺0.1%～0.3%时能使混凝土发生快凝。三乙醇胺对水泥水化作用的确切机理还不清楚，也不知道到底是促凝还是缓凝，目前认为三乙醇胺能加速 C_3A 和石膏之间形成钙凡石的反应，三乙醇胺掺量小时对混凝土稍有缓凝作用，掺量过多会造成混凝土严重缓凝和混凝土强度下降，故应严格控制掺量。

3. 缓凝剂、缓凝减水剂

· **定　　义**：缓凝剂是指能延缓混凝土凝结时间，并对混凝土后期强度发展无不利影响的外加剂。缓凝减水剂是兼有缓凝和减水功能的外加剂。

· **主要作用**：延缓混凝土凝结，改善混凝土拌合物和易性，可降低水泥早期水化热，防止混凝土开裂。

· **作用机理**：吸附理论、络合理论、沉淀理论和控制氢氧化钙结晶生长理论。

吸附理论：多数缓凝剂有表面活性，它们在固—液界面产生吸附，改变固体粒子表面性质，即亲水化。由于吸附作用，它们分子中的羟基吸附在水泥粒子表面，阻碍水泥水化过程，使晶体相互接触受到屏蔽，改变结构形成过程。如葡萄糖吸附在 C_3S 表面上生成吸附膜，延缓水化。大部分无机盐缓凝剂在水泥粒子表面，尤其是 C_3S 表面形成难溶性膜层，而产生缓凝作用。

络合理论：络合理论认为，金属离子轨道状态 d 层未充满电子称为接受体，d 层充满电子（d^{10}）称给予体。电子接受体对水化有活化作用，而电子给予体具有抑制作用。如铜、锌的化合物具有缓凝作用。

表 3—5—3　金属离子轨道状态

元素	K	Ca	Mn	Fe	Cu	Zn
轨道状态	$3d^0$	$3d^0$	$3d^5$	$3d^6$	$3d^9$	$3d^{10}$

羟基羧酸及其盐能与过渡金属离子形成稳定的络合物，而与碱金属离子（如 Ca^{2+}，Mg^{2+}）只能在碱性介质中形成不稳定的络合物，因此，在水泥中它与钙离子形成不稳定络合物，在水化初期控制了液相中钙离子浓度，产生缓凝作用，随水化过程的进行，这种不稳定的络合物将会破坏，水泥水化将继续正常进行。

沉淀理论：缓凝剂分子在水泥粒子上吸附层的存在，使分子间的作用力保持在厚的水化层表面上，水泥悬浮体趋于稳定，并阻止水泥粒子凝聚。它们不仅在原胶凝物质的粒子表面吸附，而且在水化和硬化过程中吸附在新相的晶胚上使其稳定。并且由于改变了饱和溶液中晶胚生成速度，控制了胶凝物质的水化和硬化过程。在水泥水化继续进行过程中，由于水泥粒子的膨胀引起吸附层分子之间的空隙扩大或膜层破坏，水化可继续进行。这样在合理掺量范围内，对后期强度发展几乎没有坏的影响。

控制氢氧化钙结晶生长理论：缓凝剂吸附在氢氧化钙的核上，抑制其继续生长，在达到一定过饱和度之前，氢氧化钙的生长将停止。但，仅仅抑制或改变氢氧化钙生长和状态不足以引起缓凝，而更重要的是缓凝剂在水化的硅酸三钙上的吸附。

· **适用范围**：适用于大体积混凝土、碾压混凝土、炎热气候条件下施工的混凝土、大面积浇筑的混凝土、避免冷缝产生的混凝土、自流平免振混凝土及需长时间停放或长距离运输的其他需要延缓凝结时间的混凝土。

· **主要品种**：缓凝剂分为无机和有机两大类。无机类的主要有：锌盐、硼酸盐、磷酸盐等；有机类的有：糖类及碳水化合物，木质素磺酸盐、羟基羧酸及其盐类、多元醇及其衍生物等。

4. 引气剂

· **定　　义**：引气剂是指在混凝土搅拌过程中，能引入大量分布均匀的微小气泡，以减少混凝土拌合物的泌水、离析，改善和易性，并能显著提高硬化混凝土抗冻性、耐久性的外加剂。

· **主要作用**：

a. 改善混凝土拌合物的和易性。

b. 显著提高混凝土的抗渗性、抗冻性。

c. 降低混凝土强度。一般混凝土的含气量每增加1%时，其抗压强度将降低4%～6%，抗折强度降低2%～3%。

· **作用机理**：引气剂大部分为阴离子表面活性剂，在水气界面上，憎水基向空气一面定向吸附，在水泥水界面上，水泥或水化粒子与亲水基相吸附，憎水基背离水泥及其水化粒子，形成憎水化吸附层，并力图靠近空气表面，由于这种粒子向空气表面靠近和引气剂分子在空气水界面上的吸附作用，将显著降低水的表面张力，使混凝土在拌合过程中产生大量微细气泡，这些气泡有带相同电荷的定向吸附层，所以相互排斥并能均匀分布；另一方面，许多阴离子引气剂在含钙量高的水泥溶液中有钙盐沉淀，吸附于气泡膜上，能有效防止气泡破灭，引入的细小均匀的气泡能在一定时间内稳定存在。

由上可见，引气剂的界面活性作用与减水剂相似，区别在于减水剂的界面活性作用主要发生在液固界面上，而引气剂主要作用在气液固界面上。

· **适用范围**：引气剂可用于抗渗混凝土、抗冻混凝土、抗硫酸盐侵蚀混凝土、泌水严重的混凝土、贫混凝土、轻混凝土，以及对饰面有要求的混凝土等，但引气剂不宜用于蒸养混凝土及预应力混凝土。

· **主要品种**：引气剂分为离子型和非离子型，其中离子型又分为阴离子型和阳离子型。应用较多的引气剂为松香热聚物、松香皂、烷基苯磺酸盐等。

5. 防冻剂

· **定　　义**：能使混凝土在负温下硬化，并在规定时间内达到足够防冻强度的外加剂。目前，防冻剂品种适用于0～－15℃的气温，当在更低气温下施工时，应增加其他混凝土冬季施工措施。

· **主要作用**：提高早期强度，防止混凝土受冻破坏。

· **作用机理**：

防冻剂是一种复合外加剂，由减水组分、引气组分、防冻组分，有时还掺有早强组分等组成。

减水组分的主要功能是减水。减水剂在防冻剂中的作用有三：一，减少水就意味着提高强度，就是提高混凝土的抗冻能力；二，在盐分一定的情况下减少用水量，提高混凝土中自由水中盐的浓度，而其孔隙的细化作用又更进一步降低液相冰点，有利于水化反应进行，提高早期强度；三，降低水结冰对混凝土形成的冻胀力。

引气组分的作用是在混凝土拌合物中，增加微小封密气泡的方法，使气泡像滚珠一样，降低其黏性，减少混凝土与管壁之间的摩阻力，增加施工阶段的润滑性，同时又改善了混凝土硬化后内部的孔结构，能减缓冰晶的冻胀力，从而减少对混凝土内部结构的损伤，并能大幅度提高硬化混凝土的抗冻能力。

防冻组分是指一种使混凝土拌合物在负温环境下不受冻害的化学物质。有许多无机盐和若干有机物都有防冻功能，其作用方式可以分成三类：一类是与水有很低的共熔温度，具有能降低水的冰点而使混凝土在负温下仍在进行水化作用，如亚硝酸钠、氯化钠。可是一旦用量不足或气温太低，仍然会造成冻害。另一类是既能降低水的冰点，也能使含该类物质的冰的晶格构造严重变形，因而无法形成冻胀应力而破坏水化矿物构造使混凝土强度受损，如尿素、甲醇。用量不足时，在负温下强度停止增长，但转正温后对最终强度无影响；第三类是，虽然水溶液有很低的共熔温度，但不能使混凝土中水的冰点明显降低．它的作用在于直接与水泥发生水化反应而加速混凝土凝结硬化，有利于混凝土强度发展，如氯化钙、碳酸钾。

微量的早强组分虽然不参与水泥的水化反应，但能起到催化作用，能加速水泥中的矿物水化形成钙钒石的过程，从而使混凝土在较短时间内形成强度骨架，尽快达到抗冻临界强度，增强混凝土抵御冻害的能力，更重要的是，早期的水化反应速度的加快，使混凝土内大部分自由水变成不结冰的化合水，从而减少混凝土的冻害。

· **适用范围**：适用于负温条件下施工的混凝土。

· **主要品种**：主要品种有强电解质无机盐类、水溶性有机化合物类和复合类，其中强电解质无机盐类包括氯盐类、氯盐阻锈类、无氯盐类三种。

氯盐类：以氯盐为防冻组分的外加剂；

氯盐阻锈类：以氯盐与阻锈剂为防冻组分的外加剂；

无氯盐类：以亚硝酸盐、硝酸盐等无机盐为防冻组分的外加剂。

水溶性有机化合物类：以某些醇类等有机化合物为防冻组分的外加剂。

复合型防冻剂：以无机盐类和有机化合物复合或以防冻组分复合早强、引气、减水等组分的外加剂。

6. 速凝剂

· **定　　义**：速凝剂是指能使混凝土迅速凝结硬化的外加剂。

· **主要作用**：速凝剂掺入混凝土后，能使混凝土在 5 min 内初凝，1 h 就可产生强度，1 d 强度提高 2～3 倍，但后期强度会下降，28 d 强度约为不掺时的 60%～90%。

· **作用机理**：关于速凝剂的作用机理至今尚无定论，目前主要有以下几种观点。

(1)生成水化铝酸钙而速凝：该类速凝剂消除了水泥中石膏的缓凝作用。速凝剂的组分与水泥中的石膏等成分发生化学反应，生成氢氧化钠与溶解度更低的盐类，同时，氢氧化钠又使水泥中的石膏变成 Na_2SO_4，大大降低浆体中 $CaSO_4$ 的浓度，在这种条件下，水泥中的 C_3A 可以迅速进入溶液，析出六角板状的水化产物 C_3AH_6(进而生成 C_4AH_{13})，石膏的缓凝作用消失，水化热释放，导致水泥浆的迅速凝结。

(2)加快水泥水化速率而速凝：长沙矿山研究院的研究认为，在水泥—速凝剂—水的体系中，由于$Al_2(SO4)_3$等电解质的解离，以及水泥粉磨过程中所加石膏的溶解，水化初期溶液中硫酸根离子浓度骤增并与溶液中的 Al_2O_3、$Ca(OH)_2$ 等组分急速反应，迅速生成微细针柱状的钙矾石及中间次生成物石膏，这些新生晶体的生长、发展，在水泥颗粒交叉连生成网络状结构而速凝。同时，速凝剂中的铝氧熟料及石灰提供了有利的放热反应，为整个水化体系提供40℃左右的反应温度，促进了水化产物的形成和发展。

(3)形成水化铝酸钙骨架并促进硅酸三钙水化而速凝：中国建材研究院的研究认为，铝氧熟料促进水泥凝结的主要原因，一是铝氧熟料反应后得到氢氧化钠，促进硅酸三钙水化，硅离子溶出加快；二是速凝剂的加入减弱并消除了硅酸三钙初始生成的水化膜和双电层的阻碍作用，导致了诱导期的缩短或消失；三是熟料矿物初期水化得到的钙离子与速凝剂中的 AlO^{2-} 反应迅速生成水化铝酸钙晶体，搭接成网络；四是铝氧熟料溶于水时放出大量热量，促进了水化铝酸钙的析晶放热和硅酸三钙的水化反应放热，这些放热反应的共同作用造成水泥浆体温度骤然升高，升高值甚至可达 40℃，进一步促进了水泥水化反应的进行；五是水化产物的形成，尤其是水化铝酸钙的形成结合了大量的游离水，浆体迅速失去流动性；六是水化产物的结晶和生长交叉形成网络结构，水化硅酸钙填充其间，促使水泥迅速凝结硬化。

(4)新型低碱早强速凝剂速凝机理：武汉工业大学的研究认为，速凝剂中的铝酸盐或钡硫铝酸盐和外加剂的水溶性硫酸盐、铝盐等化合物与硅酸钙水化溶出的钙离子迅速化合形成大量钙矾石，为水泥浆体提供凝聚结构的骨架，由于液相中钙离子被迅速化合，促使 C_3S 水化形成的 CSH 处于低 C/S 比的水平，渗透性好，水得以不断透过 CSH 向 C_3S 内部扩散，C_3S 内部的钙离子可以向外扩散进入溶液中而不出现诱导期(或诱导期延长至凝结之后才出现)。CSH 连续大量迅速形成，与钙矾石骨架胶结而使水泥浆迅速凝结。

· **适用范围**：主要用于矿山井巷、铁路公路隧道、饮水涵洞、地下工程以及喷锚支护时的喷射混凝土或喷射砂浆工程中。

· **主要品种**：常用的速凝剂是硅酸钠(水玻璃，改性硅酸钠)、铝酸盐速凝剂、碱土金属的碳酸盐或其氢氧化物，以及无碱速凝剂。

(1)碱土金属碳酸盐和碱土金属的氢氧化物，其常规掺量为水泥重量的 2.5%～6%，它们主要是促进 C_3S 的水化。一般加入少量的碳酸铝，可以影响水泥的凝结时间。但是，只有当大剂量掺入时，其影响才能被观察到。这种速凝剂的特点是水泥的最终强度大幅下降，与空白混凝土相比，28 d 强度明显下降(一般是 30%～40%)，有一些工程甚至下降 50%。

(2)硅酸钠、硅酸钾类速凝剂主要用于湿拌喷射混凝土，它们通常都是液体，而且掺量很大(大于 10%胶凝材料重量)。可溶性的硅酸盐由于反应生成硅酸钙沉淀而加速凝结。当大剂量使用时，这些促凝剂降低了与基底的黏结力，最终导致混凝土强度的下降和严重的干缩。

(3)铝酸盐类(铝酸钠、铝酸钾)速凝剂既可以用干混，又可以用于湿混喷射混凝土工程，常用剂量一般为 2.5%～5.5%。铝酸钾比铝酸钠速凝效果更好，但价格也更高。它们主要是直接参与硅酸盐水泥水化而加速水泥的凝结，与石膏结合，阻止水泥颗粒表面形成钙矾石，而使 C_3A 立即反应，产生大多数喷射混凝土所需要的初始强度。它们的作用通常受水泥的化学成分、细度以及所含的矿物添加剂的影响，但这种影响比所看到的碳酸盐类外加剂的影响要小。最终强度将损失为 20%～25%。

(4)非碱性粉末状促凝剂，九十年代初开始使用非碱性速凝剂粉末。一般，它们主要是铝酸钙外加剂，掺量在 6%～12%，其化学作用不同于碱基外加剂。促凝作用是直接参与水的反应，而不是直接参与水泥的水化反应。无碱速凝剂的应用才刚刚开始，新产品主要是氢氧化铝或与硫酸铝复合的产品，在少量使用时(4%)就能产生足够的早期强度。当掺量高达 8%时，后期强度没有损失。但用量大于 10%时，会出现明显的后期强度损失。

(5)无碱液体速凝剂

液体无碱速凝剂的碱含量少于 0.3%，它们的常规掺量为胶结料的 3%～10%，当掺量恰当时，它能够产生较高的早期强度，这种外加剂最重要的特性是其后期强度不损失(与空白样相比)。

7. 泵送剂

· 定　　义:泵送剂是能改善混凝土拌合物泵送性能的外加剂。泵送性,就是混凝土拌合物顺利通过输送管道,不阻塞、不离析、黏塑性良好的性能。泵送剂是流化剂中的一种,它除了能大大提高拌合物流动性以外,还能使新拌混凝土在 60～180 min 时间内保持其流动性,剩余坍落度应不低于原始的 55%。此外,它不是缓凝剂,缓凝时间不宜超过 120 min(有特殊要求除外)。

· 主要作用:提高拌合物的和易性,降低泵送阻力,改善泵送性能。

· 作用机理:单一组分的外加剂很难满足泵送混凝土对外加剂性能的要求,常用的泵送剂是多种外加剂的复合产品,其主要组成有:

(1)减水组分:普通减水剂、高效减水剂和高性能减水剂都可作为泵送剂的减水组分,视工程对混凝土泵送剂减水率的要求而定。必要时也可将几种减水剂复合使用。有些高效减水剂和高性能减水剂本身就具有控制混凝土坍落度损失的功能,可以优先选用。

(2)缓凝组分:在配制泵送剂的组成中,某些减水剂虽然能降低混凝土水胶比,但混凝土坍落度损失较快,不利于泵送,在泵送剂中掺入适量组成的缓凝剂,可以控制混凝土坍落度损失,有利于泵送。在炎热的天气时,就更为重要。一般来说缓凝高效减水剂就是在各种高效减水剂中加入适量的缓凝组分,使其符合标准以及工程的要求。各种高效减水剂,在正常掺量时,对水泥混凝土的凝结时间无明显影响,有时在超掺量使用时,对混凝土的凝结和硬化时间也会有较多的延长,起到缓凝高效减水剂的作用。

(3)润滑组分:润滑组分可在输送管壁形成润滑薄膜,减少混凝土的输送阻力,以降低泵送压力。

(4)引气组分:在泵送混凝土中适量地加入引气剂,可防止离析和泌水。引气剂引入大量小的稳定气泡,在拌合物中起到类似轴承滚珠的作用,这些气泡使得砂粒运动更加自由,可增加拌合物的可塑性。气泡还可以对砂粒级配起到补充作用,即减少砂子间断级配的影响。

(5)增稠组分:这些组分可以提高拌合水的黏度或提高混凝土拌合物的保水能力。

· 适用范围:适用于工业与民用建筑及其他建筑物的泵送施工混凝土;特别适用于大体积混凝土、高层建筑、超高层建筑和滑模施工。

· 主要品种:普通泵送剂、高效泵送剂。

8. 防水剂

· 定　　义:能降低混凝土在静水压力的透水性的外加剂。

· 主要作用:提高混凝土的密实性,防渗性。

· 作用机理:防水剂使混凝土起到防水作用的原因有以下几点。

(1)混入微细粒子,填充混凝土孔隙。

(2)与水泥的水化反应过程中生成的可溶性成分结合,形成稳定的产物。

(3)混入憎水性的物质或生成憎水性成分。

(4)形成防水性的薄层。

· 适用范围:适用于工业与民用建筑的屋面、地下室、隧道、巷道给排水池、水泵站等有防水抗渗要求的混凝土工程。

· 主要品种:

无机化合物类:如硅酸钠(水玻璃)、$FeCl_3$,三氯化铝、锆化合物、硅酸质粉末系(如粉煤灰、硅灰)等。

硅酸钠与水泥水化产物氢氧化钙,反应生成不溶性硅酸钙,可以提高水泥石的密实性,但效果不太明显,使用中多作为防水的速凝剂。

三氯化铁防水剂的掺量为3%,在混凝土中与氢氧化钙反应生成氢氧化铁凝胶,使混凝土具有较高密实性和抗渗性,抗渗压力可达2～5 MPa,三氯化铝的掺量为1.5%～5%,它与氢氧化钙作用,生成活性很高的氢氧化铝,然后进一步反应生成水化氯铝酸盐,使凝胶体数量增加,同时水化铝酸盐有一定的膨胀性,提高混凝土密实性和抗渗性。同时它的促凝作用很强,可用于防水堵漏。

锆容易与胺和乙二醇物质化合,可作为纤维类的防水剂,锆与水泥中的钙结合形成不溶物,具有憎水作用,也可用作混凝土防水剂。

有机化合物类:有机类防水剂可分为两类,一类是憎水性的表面活性剂,如硬脂酸、棕榈酸、油酸、松香酸及其皂类、有机硅憎水剂。另一类是天然和合成的聚合物乳液及水溶性树脂。憎水性表面活性剂对混凝土有分散、减水、引气作用,可改善混凝土的均匀性和和易性,同时使混凝土内的毛细孔和其表面憎水化,阻止压力水的渗入。水溶性树脂主要通过填充混凝土中空隙,增加材料间黏结力,提高混凝土抗拉强度、变形性和抗裂性来达到防水的目的。

混合物类:无机类混合物,有机类混合物等。

复合类:上述各类与引气、减水组分等复合而成。

9. 膨胀剂

· **定　　义**:膨胀剂是与水泥、水拌合后经水化反应生成钙矾石、氢氧化钙或钙矾石和氢氧化钙,使混凝土产生体积膨胀的外加剂。

· **主要作用**:膨胀剂主要作用是补偿混凝土硬化过程中的干缩和冷缩,避免混凝土开裂。

· **作用机理**:不同类型的膨胀剂引起膨胀的原因不尽相同。硫铝酸钙类膨胀剂加入水泥混凝土后,自身组成中的无水硫铝酸钙水化或参与水泥矿物的水化或与水泥水化产物反应,形成三硫型水化硫铝酸钙(钙矾石),钙矾石相的生成,使固相体积大大增加,而引起表观体积膨胀。氧化钙类膨胀剂的膨胀作用主要由氧化钙晶体水化形成氢氧化钙晶体体积增大而导致的,同时混凝土在外约束条件下或混凝土中的钢筋等内约束条件下对膨胀产生的限制使得在混凝土中产生相应的压应力,从而抵消混凝土收缩的拉应力,避免混凝土开裂。

· **适用范围**:混凝土膨胀剂可以应用于各种抗裂防渗混凝土,尤其适用于与防水有关的地下、水工、海工、地铁、隧道和水电等钢筋混凝土结构工程。

· **主要品种**:混凝土膨胀剂按水化产物分为硫铝酸钙类混凝土膨胀剂(代号A),氧化钙类混凝土膨胀剂(代号C),硫铝酸钙—氧化钙类混凝土膨胀剂(代号为AC)。

四、使用外加剂应注意的事项

1. 根据工程特点选用合适的外加剂

几乎各种混凝土都可以掺用外加剂,但必须根据工程需要、施工条件和施工工艺等选择合适的外加剂。如一般混凝土主要采用普通减水剂,早强、高强混凝土采用高效减水剂,气温高时,掺用引气性大的减水剂或缓凝减水剂,气温低时,一般不用单一缓凝型减水剂,多用复合早强减水剂,为了提高混凝土的抗水性,采用防水剂,高层建筑采用泵送混凝土时应使用泵送剂等,为了发挥各种外加剂的特点,不宜互为代用。同时,外加剂对不同的水泥有适应性问题,使用中必须检测控制。

2. 注意外加剂的质量

外加剂使用前必须按标准进行检测，符合标准要求的外加剂才能用于配制混凝土。

3. 注意水泥品种的选择

在原材料中，水泥对外加剂的影响最大，水泥品种不同，减水剂的减水、增强效果就不同，其中对减水效果影响更明显。高效减水剂对水泥更有选择性，不同水泥其减水率的相差较大，水泥矿物组成、掺和料、调凝剂、碱含量、细度等都将影响减水剂的使用效果，如掺有硬石膏的水泥，对于某些掺减水剂的混凝土将产生速硬或使混凝土初凝时间大大缩短，其中萘系减水剂影响较小，糖蜜类会引起速硬，木钙类会使初凝时间延长。因此，同一种减水剂在相同的掺量下，往往因水泥不同而使用效果明显不同，或同一种减水剂，在不同水泥中为了达到相同的减水增强效果，减水剂的掺量明显不同。在某些水泥中，有的减水剂会引起异常凝结现象。为此，当水泥可供选择时，应选用对减水剂较为适应的水泥，提高减水剂的使用效果。当减水剂可供选择时，应选择施工用水泥较为适用的减水剂，为使减水剂发挥更好效果，在使用前，应结合工程进行水泥选择试验。

4. 使用前进行试验

为了确保工程质量，根据现有的标准，如对减水剂在使用前首先要作匀质性试验，一般应测定减水率和含固量(含水率)等，然后进行混凝土试配，如检验减水剂混凝土的性能，一般应测定坍落度损失、减水率、含气量和抗压强度四项。

5. 注意掌握掺量

每种外加剂都有适宜的掺量，即使同一种外加剂，不同的用途有不同的适宜的掺量。掺量过大，不仅在经济上不合理，而且可能造成质量事故。对有引气、缓凝作用的减水剂，尤其要注意不能超掺量。如木钙掺量大于水泥重量的 0.5%，会引入过量空气而使初凝缓慢，降低混凝土强度。高效减水剂掺量过小，失去高效能作用，而掺量过大，则会由于泌水而影响质量。氯盐的限制是众所周知的，过量会引起钢筋锈蚀。防冻剂的掺量与温度有关，并且根据强度效果作了掺量规定，总之，影响外加剂掺量的因素较多，如对减水剂就有掺加方法、水泥品种、拌合物的初始流动性及养护制度等。

6. 采用适宜的掺加方法

在混凝土搅拌过程中，外加剂的掺加方法对外加剂的使用效果影响较大。如减水剂掺加方法大体分为先掺法(在拌合水之前掺入)、同掺法(与拌合水同时掺入)、滞水法(在搅拌过程中减水剂滞后于水 1～2 min 加入)、后掺法(在拌合后经过一定的时间才按 1 次或几次加入到具有一定含量的混凝土拌合物中，再经 2 次或多次搅拌)。不同的掺加方法将会带来不同的使用效果，不同品种的减水剂，由于作用机理不同，其掺加方法也不一样。如对于萘系高效减水剂，为了避开水泥种的 C_3A、C_4AF 矿物成分的选择性吸附，以后掺法为好，又如木钙类减水剂，由于其作用机理是大分子保护作用，故不同的掺加方法影响不显著。影响减水剂掺加方法的因素主要有水泥品种、减水剂品种、减水剂掺量、掺加时间及复合的其他外加剂等，采用哪种方法宜通过试拌和工程具体情况确定。

7. 注意调整混凝土的配合比

一般地说，外加剂对混凝土配合比没有特殊要求，可按普通方法进行设计。但在减水或节约水泥的情况下，应对砂率、水泥用量、水灰比等作适当调整。

(1)砂率,砂率对混凝土的和易性影响很大。由于掺入减水剂后和易性能获得较大改善,因此砂率可适当降低,其降低幅度约为1%～4%,如木钙可取下限1%～2%,引气性减水剂可取上限3%～4%,若砂率偏高,则降低幅度可增大,过高的砂率不仅影响混凝土强度,也给成型操作带来一定的困难。

(2)水泥用量,混凝土中掺用减水剂均有不同程度节约水泥的效果,使用普通减水剂可节约5%～10%,高效减水即可节约10%～15%。用高标号水泥配制混凝土,掺减水剂可节约更多的水泥。

(3)水灰比,掺减水剂混凝土的水灰比应根据所掺品种的减水率确定。原来水灰比大者减水率也较水灰比小者高。在节约水泥后为保持坍落度相同,其水灰比应与未省水泥时相同或增加约0.01～0.03。

8. 注意施工特点

如搅拌过程中要严格控制减水剂和水的用量,选用合适的掺加方法和搅拌时间,保证减水剂充分起作用。对于不同的掺加方法应有不同的注意事项,如干掺时注意所用的减水剂要有足够的细度,粉粒太粗,溶解不匀,效果就不好;后掺或干掺的,必须延长搅拌时间1 min以上。

掺减水剂的混凝土坍落度损失一般较快,应缩短运输及停放时间,否则要增加保坍措施。在运输过程中应注意保持混凝土的匀质性,避免分层,掺缓凝型减水剂要注意初凝时间延缓。又如,蒸养混凝土中外加剂若使用不当,混凝土表面会出现起鼓、胀裂酥松等质量问题,强度也显著下降,因此在蒸养混凝土中要注意如下问题:选择合适的外加剂,如引气类外加剂就不宜使用;要控制外加剂掺量;要有一定的预养期和升温期;要通过试验确定恒温温度和时间。

9. 加强养护,添加外加剂的混凝土,其施工性能及硬化后的性能均与不掺外加剂混凝土有很大的不同,有的延长混凝土的凝结,有的早期强度增长特别快,大多数外加剂使混凝土的收缩量增加,而膨胀剂使混凝土体积膨胀。因此掺外加剂的混凝土更应该注意养护,保持混凝土在潮湿条件下养护是混凝土达到设计要求的关键条件与避免混凝土开裂的重要步骤。

第四章 混凝土配合比设计的方法

第一节 混凝土配合比设计的历史与发展

混凝土配合比设计就是按照工程设计和施工的要求选择适用于制作所需混凝土的材料，根据工程设计中指定的混凝土性能和经济原则，选择混凝土组分的最佳配合比和用料量。配合比在很大程度上决定了混凝土的几乎所有性能：强度、工作性、耐久性和经济性。

水泥混凝土配合比设计的基本理论和应用技术的研究可以追溯到十九世纪末，当时，许多国家的混凝土专家，根据本国的材料和工程特点完成了相适应的混凝土配合比设计理论研究和大量的适用性技术研究。

混凝土配合比设计原理最初是从强度的计算理论开始的，早在 1919 年 美国波特兰水泥协会的 Abrams 就发表了混凝土强度的水灰比定则：对于一定材料，强度仅取决于一个因素，即水灰比 。这一定则可以用下列公式表示：

$$\sigma_c = \frac{a}{b^{1.5[m(w)/m(c)]}}$$

式中，σ_c 为某一定龄期的抗压强度；a 为经验常数，一般取 925 kg / m^3；b 取决于水泥的种类，但可取 4 左右。

1930 年，瑞士的鲍罗米(Belomey)根据大量试验数据，应用数理统计方法，纳入了水泥强度因素后，提出了混凝土强度与水泥实际强度及 W/C 之间的关系。确认了混凝土强度取决于水泥石性能，而水泥石性能又取决于自身的孔隙率。因为鲍罗米公式中没有考虑水泥的物理化学性质、水泥水化程度，水化时温度、含气量变化及泌水形成的裂缝等因素，后来美国著名混凝土专家 T. C. 鲍尔斯(Powers)又确立了混凝土强度增长与胶空比关系的凝胶空间比学说，即已水化水泥浆体积与已水化水泥浆体积加毛细孔体积加气孔体积之和的比值。进一步反映了混凝土强度与毛细空隙的关系。

此外，还有法国 R. 费莱(Feret)强度公式，挪威 I. 雷茨(Lyse)的强度公式，美国 A. N. 泰尔博特(Talbot)和 F. E. 理查尔特(Richart)的水泥空间比学说等。

骨料的粒度和级配理论研究从 20 世纪 50 年代开始较为重视，这一理论的核心是从骨料的粒度和级配出发，探求最大密度的混凝土，达到最高的强度。主要有美国 W. B. 富勒的最大密度的理想级配曲线，C. A. G. 魏莫斯(Weymouth)的粒子干扰学说，法国 R. 万利特(Vallete)的间断级配理论等。

此外，人们在实验配合法方面开展了研究，其中，绝对体积法、假定容重法、恒定用水量理论、最佳砂率和砂浆拨开系数、集灰比和典型级配等方法对配合比设计起了很大作用。强度与水灰(胶)比 m（w）/ m（c)成反比的这种观点仍然是大多数配合比设计方法的基础。为简化计算，取水灰比倒数，导出近似的直线公式：

$$f_{cu,p} = A f_{ce}\left[\frac{m(c)}{m(w)} - B\right]$$

式中，$f_{cu,p}$为混凝土的配制强度；f_{ce}为水泥的实测强度；$m(c)/m(w)$为灰水比［或胶水比 $m(b)/m(w)$］；A,B 为回归系数。

在 20 世纪 50 年代，人们经常提到配合比设计的四定则，它对现代混凝土配合比设计仍有指导意义。

水灰比定则：在水泥强度固定的条件下，水灰比是决定混凝土强度的最主要因素，其他（加水量、砂率、石子粒径）都是次要因素，可忽略不计。

最小加水量定则：在满足施工稠度的条件下，加水量越少配制的混凝土质量越好，也最经济。

最小砂率定则：在满足施工和易性的条件下，砂率越小，石子的骨架作用越密实，配制的混凝土质量越好，也最经济。

实体积定则：混凝土的密度等于各种材料质量之和（包括空气体积）。

随着 HPC 混凝土的应用。国内外提出多种 HPC 配合比设计方法，比较著名的有：美国 Mehta 和 Aitcin 推荐的方法，法国路桥中心建议的方法，日本阿部道彦方法，以及基于最大密实度理论的方法：包括 Domone P L J 的方法，Carbonari B T 的方法以及清华大学王怀德的方法（颗粒堆积物密实度计算线性模型的修正）等。近年来 HPC 配合比设计趋向于计算机化，典型的方法与软件有：法国路桥中心的 RENE-LCPC TM 软件、Dunstan M R H 的方法澳大利亚 Day K W 的 Conad 配合比设计系统，以及我国陈肇元—王怀德 HPC 配合比设计系统等。

第二节　混凝土配合比设计的基本原理

混凝土配合比设计的基本原理是建立在混凝土和混凝土混合料性能变化规律的基础上的。在普通混凝土配合比中有四个基本变量：水泥、水、细骨料、粗骨料。配合比设计就是确定这四个变量的值。这就需要根据混凝土和混凝土混合料性能的变化规律建立四个表示各个未知数之间相互关系的方程。

一、确定用水量的方程——需水性定则

它表示在实际应用的情况下，混凝土混合料的流动性和用水量之间的依赖关系。在不同的配合比设计方法中，都直接或间接地采用了这个基本定则。

每立方米混凝土的用水量可按下式计算：

$$m_{w0}=10/3(T+K)$$

式中，m_{w0}为每立方米混凝土用水量(kg)；T 为塌落度(cm)；K 为骨料常数，按表 4—2—1 选用。

表 4—2—1　流动性混凝土用水量的集料常数

粗集料最大粒径(mm)		10	20	40	80
K	碎石	57.5	53.0	48.5	44.0
	卵石	54.5	50.0	45.5	41.0

注：采用火山灰水泥时，K 增加 4.5-6.0，采用细纱时，K 增加 3.0。

二、确定水灰比和水泥用量的方程——水灰比定则

它阐明水和水泥(胶结材料)的质量比与混凝土抗压强度之间的依赖关系,用它就可以根据混凝土配制强度确定水灰比。

$$W/C=(a_a f_{ce})/(f_{cu0}+a_a a_b f_{ce})$$

式中 W/C——水灰比或水胶比;

f_{cu0}——配制强度(MPa);

a_a, a_b——回归系数,按所用材料回归分析,当无实际资料时,JGJ 55—2000 规定,可按表 4—2—2 采用;

f_{ce}——水泥的实测强度(MPa),$f_{ce}=r_c f_{ce,g}$,r_c 为水泥标号富余系数,$f_{ce,g}$ 为水泥 28 d抗压强度等级值。

表 4—2—2 a_a,a_b 回归系数

系数 \ 石子品种	碎　石	卵　石
a_a	0.46	0.48
a_b	0.07	0.33

知道了水灰比及用水量后,即可求得水泥用量 m_{c0}:

$$m_{c0}=m_{w0}/(W/C)$$

三、确定骨料总用量的方程——绝对体积法和假定质量法的假设

(1)绝对体积法,这种方法假设混凝土组成绝对体积的总和等于混凝土的体积。因此得下列方程式。

$$m_{c0}/\rho_c+m_{s0}/\rho_s+m_{g0}/\rho_g+m_{w0}/\rho_w+10a=1\,000$$

式中 $m_{c0}, m_{s0}, m_{g0}, m_{w0}$——分别为每立方米混凝土中水泥、砂、石、水的用量(kg);

$\rho_c, \rho_s, \rho_g, \rho_w$——分别为水泥、砂、石、水的视密度,(g/cm^3);

1 000——指 1 m^3 的体积 1 000 L;

a——混凝土含气量百分数,在不使用引气型外加剂时,可取1;

β_s——砂率(%)。

(2)假定质量法,这种方法假定混凝土混合物湿表观密度值(又称计算湿表观密度)为已知,求单位体积混凝土的骨料总用量。

$$m_{c0}+m_{s0}+m_{g0}+m_{w0}=m_{cp}$$

式中 m_{cp}——每立方米混凝土拌合物的假定质量(kg)。

四、确定粗细骨料比例的方程——颗粒级配问题

在处理颗粒级配的问题上,各种配合比计算方法有着不同的特点。

(1)最佳含砂率,即在保证混凝土强度与和易性要求的情况下用水量或水泥用量为最小时的含砂率。

$$\beta_s = m_{s0}/(m_{s0} + m_{g0}) \times 100\%$$

影响最佳含砂率的因素有：

a. 最大粒径：随着最大粒径的增加，含砂率减少。

b. 粗骨料品种：碎石混凝土的含砂率较卵石混凝土的大。

c. 细骨料的粗细程度：用洗砂时的含砂率较用粗砂的小。

d. 水泥用量：随着水泥用量的增加，含砂率减少。

(2)美国的观点。在单位体积混凝土中按捣实体积计的粗骨料最佳用量，取决于粗骨料的最大粒径和细骨料的细度模数，而与粗骨料的形状无关。

$$m_{g0} = [V_y + 1/10(2.80 - M_k)] \times 1\,000\rho_g$$

式中 ρ_g——在干燥捣实状态下粗骨料的堆积密度(kg/L)；

M_k——细骨料的细度模数；

V_y——$M_k=2.80$ 时单位体积混凝土粗骨料的最佳用量，按捣实体积计，V_y 可根据最大粒径按表 4—2—3 选用。

表 4—2—3 粗骨料的最佳用量(按捣实体积计)

最大粒径(mm)	10	20	40	80
V_y	0.42	0.61	0.72	0.80

(3)砂浆拨开系数，这是前苏联的观点，这种方法认为在混凝土混合料中砂浆的体积应较粗集料的空隙体积大。

$$\beta_s = k\,P_g\rho_S/(\rho_g + P_g\rho_S)$$

式中 P_g——粗集料空隙率；

ρ_g——粗集料堆积密度(kg/m^3)；

ρ_s——细集料堆积密度(kg/m^3)；

k——砂浆拨开系数。机械振捣时 $k=1.1\sim1.2$，人工捣实时 $k=1.2\sim1.4$。

(4)集灰比方法，即骨料与水泥的质量比。这是英国的方法，它实际反应的是混凝土需水性定则和颗粒级配处理问题。这种方法的特点是，混凝土混合料的和易性按密实因素分为四个等级，最大粒径为 40、20、10 mm 的集料级配曲线按粗细程度分为四种标准类型。根据表格，按和易性等级、骨料级配曲线标准类型和水灰比，选择集灰比。根据粗集料和细集料的筛分结果，确定细骨料与粗骨料的比例，使其与某一标准集料级配曲线相似，得到砂石的质量比。这种方法使用方便，但在这种情况下，含砂率是对混凝土混合料和易性影响的主要因素。

第三节 混凝土配合比设计的基本步骤

一般，混凝土配合比的设计可分为三个阶段。第一阶段为了解阶段，了解混凝土应用的原始条件，从设计文件中找出施工项目的要求和按施工计划所定的技术措施，列成具体数据。第二阶段为理论配合比设计阶段，根据原始条件的数据，按有关规范、标准确定各种参数。第三阶段试配调整阶段，对理论配合比进行试拌，检测混凝土性能，进行必要的调整。

一、了解阶段

根据设计要求、相关验收标准、施工规范等要求，结合混凝土所处环境、使用部位、构件状况、施工方式、当地原材料状况，编制混凝土配合比设计计划，可细化为以下具体表格：混凝土所处环境调查表（表4—3—1）、混凝土基本情况及施工情况调查表（表4—3—2）、混凝土技术指标选定表（表4—3—3）、混凝土原材料选定表（表4—3—4）。确定混凝土技术指标。选择拟用材料种类。核对供应商提供的水泥熟料的化学成分和矿物组成、混合材种类和数量等资料，初步选定混凝土的水泥、矿物掺和料、骨料、外加剂、拌和水的品种以及水胶比、胶凝材料总用量，矿物掺和料和外加剂的掺量。

二、理论配合比设计阶段

按照《普通混凝土配合比设计规程》JGJ 55的规定计算单方混凝土中各种原材料组分用量，并核算配合比的水灰比、胶凝材料总量、总碱含量和氯离子含量是否满足设计的要求。否则应重新选择原材料或调整计算的配合比，直至满足要求为止。

三、试配调整阶段

1. 采用工程中实际使用的原材料和搅拌方法，通过适当调整混凝土外加剂用量或砂率，调配出坍落度、含气量、泌水率符合要求的混凝土配合比。试拌时，每盘混凝土的最小搅拌量应在15L以上。该配合比作为基准配合比。

2. 改变基准配合比的水灰比、胶凝材料用量、矿物掺和料掺量、外加剂掺量或砂率等参数，调配出拌合物性能与要求值基本接近的配合比3～5个。

3. 按要求对上述不同配合比混凝土制作力学性能和抗裂性能对比试件，养护至规定龄期时进行试验。其中，抗压强度试件每种配合比宜制作4组，标准养护至1 d、3 d、28 d、56 d时试压，试件的边长可选择150 mm或100 mm（强度等级C50及以上的混凝土试件边长应采用150 mm）；抗裂性对比试验参照《铁路混凝土工程施工质量验收补充标准》附录C规定的方法试验。

4. 从上述配合比中优选出拌合物性能和抗裂性优良、抗压强度适宜的一个或多个配合比各成型一组或多组耐久性试件，养护至规定龄期时进行试验。

5. 根据上述不同配合比对应混凝土拌合物的性能、抗压强度、抗裂性以及耐久性能试验结果，按照工作性能优良、强度和耐久性满足要求、经济合理的原则，从不同配合比中选择一个最适合的配合比作为理论配合比。

6. 采用工程实际使用的原材料拌合混凝土，测定混凝土的表观密度。根据实测拌合物的表观密度，求出校正系数，对理论配合比进行校正（即以理论配合比中每项材料用量乘以校正系数后获得的配合比作为混凝土配合比）。校正系数按下式计算：

校正系数＝实测拌合物密度值/理论配合比拌合物密度值

7. 当混凝土的力学性能或耐久性能试验结果不满足设计或施工的要求时，则应重新选择原材料，按上述步骤重新试拌和调整混凝土配合比，直至满足要求为止。

8. 当混凝土原材料、施工环境温度等发生较大变化时，应及时调整混凝土配合比。

表 4—3—1　混凝土所处环境调查表

混凝土设计强度等级：________　工程名称：________　使用部位：________

类别	碳化环境 T1	T1	T2	T2	T3	T3
环境因素	室内年平均相对湿度小于 60%	长期在水下（不包括海水）或土中	室内年平均相对湿度大于等于 60%	室外环境	水位变动区	干湿交替
选定等级						

类别	氯盐环境 L1	L1	L1	L2	L2	L2	L3	L3	L3
环境因素	长期在海水水下区	离平均水位 15 m 以上的海上大气区	离涨潮岸线 100~300 m 的陆上近海区	离平均水位 15 m 以内的海上大气区	离涨潮岸线 100 以内的陆上近海区	海水潮汐区或浪溅区（非炎热地区）	海水潮汐区或浪溅区（南方炎热地区）	盐渍土地区露出地表的毛细吸附区	遭受氯盐冷冻液和氯盐化冰盐侵蚀的部位
选定等级									

化学侵蚀	环境因素	H1	H2	H3	H4
硫酸盐侵蚀	环境水中 SO_4^{2-} 含量（mg/L）	≥200 ≤600	>600 ≤3 000	>3 000 ≤6 000	>6 000
硫酸盐侵蚀	强透水性环境土中 SO_4^{2-} 含量（mg/kg）	≥2 000 ≤3 000	>3 000 ≤12 000	>12 000 ≤24 000	>24 000
硫酸盐侵蚀	弱透水性环境土中 SO_4^{2-} 含量（mg/kg）	≥3 000 ≤12 000	>12 000 ≤24 000	>24 000	—
盐类结晶	环境土中 SO_4^{2-} 含量（mg/kg）	—	≥2 000 ≤3 000	>3 000 ≤12 000	>12 000
酸性侵蚀	环境水中 pH 值	≤6.5 ≥5.5	<5.5 ≥4.5	<4.5 ≥4.0	—
二氧化碳侵蚀	环境水中侵蚀性 CO_2 含量（mg/L）	≥15 ≤40	>40 ≤100	>100	—
镁盐侵蚀	环境水中 Mg^{2+} 含量（mg/L）	≥300 ≤1 000	>1 000 ≤3 000	>3 000	—
选定等级					

类别	冻融环境 D1	D2	D2	D2	D3	D3	D3	D4
环境因素	微冻地区＋频繁接触水	微冻地区＋水位变化区	严寒和寒冷地区＋频繁接触水	微冻地区＋氯盐环境＋频繁接触水	严寒和寒冷地区＋水位变化区	微冻地区＋氯盐环境＋水位变化区	严寒和寒冷地区＋氯盐环境＋频繁接触水	严寒和寒冷地区＋氯盐环境＋水位变化区
选定等级								

类别	磨蚀环境 M1	M2	M2	M3	M3
环境因素	风蚀（有砂情况）：风力等级≥7 级，且年累计刮风时间大于 90 d	风蚀（有砂情况）：风力等级≥9 级，且年累计刮风时间大于 90 d	流水冲刷：被流冰撞击、磨损、冲刷（冰层水位下 0.5 m~冰层水位上 1.0 m）	风蚀（有砂情况）：风力等级≥11 级，且年累计刮风时间大于 90 d	泥砂冲刷：被大量夹杂泥砂或物体磨损、冲刷
选定等级					

表 4—3—2 混凝土基本情况及施工情况调查表

工程名称：________________

设计强度等级	使用部位	混凝土种类	钢筋最小间距	混凝土保护层厚度	构件尺寸	构件最小截面	施工方式	运输方式	振捣方式	坍落度要求	其他需要说明的情况

表 4—3—3 混凝土技术指标选定表

工程名称：________________

强度等级	使用部位	设计年限	碳化环境	氯盐环境	化学侵蚀	冻融环境	磨蚀环境	抗渗等级	抗冻等级	密度	坍落度	泌水率	含气量	抗裂性	试配强度	电通量	弹性模量	耐磨性	碱含量	氯离子总含量	最大水胶比	胶凝材料的最低用量	非受力裂缝宽度	试验龄期

表 4—3—4　混凝土原材料选定表

混凝土设计强度等级：________　工程名称：________　使用部位：________

水泥			掺和料				胶凝材料总量	水胶比	细骨料			粗骨料			水		外加剂		
品种	等级	厂家	品种	等级	厂家	掺量			产地	细度模数	含泥量	产地	最大粒径	颗粒级配	种类	产地	品种	厂家	掺量

第五章　常见普通混凝土配合比设计

第一节　普通混凝土配合比设计

一、原材料选择

1. 水泥

水泥属水硬性胶凝材料，在混凝土中主要起胶结作用。按大类可分为通用水泥、特种水泥和专用水泥。土建工程常用的为通用水泥，即常说的五大水泥。五大水泥各有各的特点与适用范围，在选择时应尽可能选择最适合的品种。水泥强度等级的选择，在没有减水剂的情况下应比混凝土强度等级高，一般情况下，配制低强度混凝土(30 MPa 以下)时，水泥强度为混凝土强度的 1.5～2.0 倍为宜；配制高强度混凝土(30 MPa 以上)时，水泥强度等级可降低为混凝土强度等级的 0.9～1.5 倍。同时，水泥强度等级的选择应保证混凝土的和易性、施工性及其他性能指标。

表 5—1—1　五大水泥的选用

项目		硅酸盐水泥	普通水泥	矿渣水泥	火山灰水泥	粉煤灰水泥
环境条件	在普通气候环境中的混凝土		∨∨	∨	∨	∨
	在干燥环境下的混凝土		∨∨	∨	×	×
	在高湿度环境中，或永远处在水下的混凝土			∨∨	∨	∨
	在严寒地区的露天混凝土、寒冷地区的经常处在水位升降范围内的混凝土		∨∨	∨	×	×
	严寒地区处在水位升降范围内的混凝土(水泥强度等级大于等于 42.5)		∨∨	×	×	×
工程特点	厚大体积的混凝土			∨∨	∨∨	∨∨
	要求快硬的混凝土	∨∨	∨	×	×	×
	C40 以上的混凝土	∨∨	∨	∨	×	×
	有抗渗要求的混凝土		∨∨	∨	∨∨	∨
	有耐磨性要求的混凝土	∨∨	∨∨	∨	×	×

注：∨∨优先选用，∨可以选用，×不得选用。受侵蚀性环境水或侵蚀性气体作用的混凝土，应根据侵蚀性介质的种类、浓度等具体条件，按专门或设计规定选用。蒸汽养护用的水泥品种，宜根据具体条件通过试验确定。

2. 砂

一般认为，砂子在混凝土中与石子共同起骨架作用，砂子是来填充石子空隙的。砂子的选择可根据本地砂源情况结合混凝土性能与经济性进行综合考虑确定。一般混凝土用砂子最好选择Ⅱ区中砂，如用特细砂配制混凝土时，其细度模数不得小于0.7，平均粒径不得小于0.15 mm。如混凝土强度为C25～C30时，细度模数不得小于0.9，平均粒径不得小于0.18 mm，C30以上混凝土，最好选择级配良好的砂子。同时，混凝土用砂的含泥量、泥块含量、有害物质含量、坚固性等指标应满足相应混凝土的要求。

3. 石子

石子的选择与砂子类似，应根据本地资源情况结合混凝土性能与经济性进行综合考虑确定。一般应选择级配好、空隙率小、与水泥浆黏结力好的石子。同时石子的含泥量、泥块含量、有害物质含量、坚固性、针片状含量、压碎值指标等指标应满足相应混凝土的要求。石材的水饱和抗压强度应不小于45 MPa，其极限抗压强度与所浇筑混凝土的强度之比一般不宜小于1.5倍。

卵石表面光滑且多呈圆形，碎石表面粗糙多棱角，在水泥用量相同的情况下，卵石混凝土拌合物的流动性大于碎石的，但其与水泥浆的黏结力较碎石的差。因此在同样配合比情况下，卵石混凝土的强度较碎石混凝土的低，但在相同流动度、相同水灰比的情况下，卵石混凝土的用水量较碎石的小，卵石混凝土比碎石混凝土节约水泥。

石子分为连续粒级和单粒级。连续粒级的石子其分级尺寸是相互衔接的，拌制的混凝土和易性较好，不易发生离析现象。单粒级的石子分级尺寸不相衔接，有意剔除某些中间尺寸的粒级，因而减少骨料间的干扰，大颗粒骨料的空隙直接由比它小得多的小骨料来填充，使空隙率降低，密度增大，密实性增加，可节约水泥，但混凝土拌合物易产生离析现象。

4. 水

符合标准的生活饮用水都可以用来拌制混凝土。使用其他水源时，水质应不影响混凝土的和易性和凝结，不影响强度的发展，不降低混凝土的耐久性。用于拌制混凝土的水质标准参见JGJ 63—2006《混凝土用水标准》。

5. 外加剂

外加剂是指在混凝土拌和过程中掺入的能显著改善混凝土性能的物质。其掺量一般不大于水泥质量的5%。由于外加剂对混凝土性能的改善，它在工程中应用的比例越来越大，已成为混凝土的第五组份。在普通混凝土中使用最多的是减水剂，它可以起到增加坍落度提高工作性能、提高强度、降低混凝土成本的作用。

二、配合比参数确定

1. 混凝土试配强度

为使配制的混凝土具有必要的强度保证率，混凝土的配制强度必须大于其强度等级值，配制强度一般按下式计算：

$$f_{cu,0}=f_{cu,k}+t\sigma$$

式中　$f_{cu,0}$——混凝土配制强度（MPa）；

$f_{cu,k}$——混凝土设计强度等级（MPa）；

t——为达到一定保证率所需的标准离差倍数，当保证率为85%时取1，当保证率为

95%时取 1.645；

σ——标准离差(MPa)，也称为均方差、根方差，取决于混凝土生产过程中的质量管理水平，应由施工单位根据混凝土的强度等级、设备、工艺、材料、配合比等方面基本相同的历史资料(不少于 25 组)，按下式计算：

$$\sigma=[(\sum f_{cu,i}^2-n\mu f_{cu}^2)/(n-1)]^{1/2}$$

式中 $f_{cu,i}$——第 i 组混凝土试件强度代表值(MPa)；

μf_{cu}——统计周期内混凝土试件强度平均值(MPa)；

n——统计周期内混凝土试件总组数。

标准离差的下限值，对 C20～C25 级混凝土取 2.5 MPa，对 C30 及以上的混凝土取 3.0 MPa。如果计算结果低于下限值，则取下限值作为计算混凝土配制强度的标准差。

当施工单位没有历史统计资料时，强度标准差按现行国家标准《混凝土结构工程施工质量验收规范》或相关行业工程质量验收标准的规定取用。凭经验时，可根据要求的强度等级按下列规定取用：当强度等级小于等于 C15 时，标准差取 4 MPa，强度等级为 C20～C35 时，标准差取 5 MPa，强度等级大于等于 C40 时，取 6 MPa。

2. 水泥品种和强度等级

水泥品种的选择，如设计文件已指定时，按设计文件；如设计文件未指定时，按工程性质及施工环境等因素参照表 5—1—1 选用。水泥强度等级的选用，不掺减水剂的情况下可参照表 5—1—2。

表 5—1—2　水泥强度等级的选择

混凝土强度等级	≤C10	C15-C25	C30-C40	≥C50
水泥强度等级	32.5	32.5，42.5	42.5，52.5	52.5-62.5

3. 混凝土稠度

当设计图标明稠度要求时，可按所要求的稠度进行配合比设计。如果设计图纸没有标明稠度要求时，可根据结构物类型及施工条件选择合理的稠度值。

表 5—1—3　混凝土稠度的选择

序号	结构类型	坍落度(cm)	
		振动器捣实	人工捣实
1	基础或地面等的垫层	1～3	2～4
2	无筋的厚大结构(挡土墙、基础、厚大块体)或配筋稀疏的结构	1～3	3～5
3	板、梁和大型及中型截面的柱子等	3～5	5～7
4	配筋密的结构(薄壁、斗仓、筒仓、细柱等)	5～7	7～9
5	配筋特密的结构	7～9	9～12

干硬性混凝土所需的维勃稠度值应根据结构或构件的种类及振动条件经试验确定。流动性的混凝土坍落度以 10～15 cm 为宜，泵送高度较大或炎热条件下施工时，坍落度可以更大一些。

4. 粗骨料最大粒径

粗骨料的最大粒径应符合下列要求：

①不得大于构件截面最小边长的1/4。

②对于实心板，允许采用最大粒径等于板厚1/2的颗粒级配，但不得超过50 mm。

③不得大于钢筋间最小间距的3/4。

5. 砂率

砂率对混凝土拌合物的流动性及黏聚性有较大的影响，在配合比设计时应确定合理的砂率值。合理的砂率值是指在用水量和水泥用量一定的情况下，能使混凝土拌合物获得最大的流动性且能保持黏聚性及保水性良好时的砂率值。一般，粗骨料粒径大砂率小，细骨料粒径小砂率大；细砂的砂率小，粗砂的砂率大；碎石的砂率大，卵石的砂率小；水灰比大的砂率大，水灰比小的砂率小；水泥用量大则砂率小，水泥用量小则砂率大。确定合理的砂率值可通过以下几种方法。

(1)计算法

砂率的计算公式如下：

$$\beta_s = k P_g \rho_S / (\rho_g + P_g \rho_S)$$

式中　P_g——粗骨料空隙率；

ρ_g——粗骨料堆积密度(kg/m^3)；

ρ_s——细骨料堆积密度(kg/m^3)；

k——砂浆拨开系数。机械振捣时k＝1.1～1.2，人工捣实时k＝1.2～1.4。

另外，有人对上述计算公式进行了简化，其简化公式为：

$$\beta_s = \beta_{s0} + \beta_{se} + \beta_{sr} + \beta = 30 + (100P_g - 37)/2 + 16(\rho_s - \rho_g) + \beta$$

式中　β_{s0}——常数，是特定条件下的砂率值。

$\beta_{se} = (100P_g - 37)/2$，描述在一定条件下砂率和石子空隙率的直线函数关系，它表明石子空隙率越大，砂率越大。

$\beta_{sr} = 16(\rho_s - \rho_g)$，描述在一定条件下砂率与砂石堆积密度之差的直线函数关系，它表明砂子堆积密度比石子的越大，砂率就越大。

$\beta = \sum\beta_i$，β_i的取值如下：

a. 单位水泥用量在200～480 kg/m^{3}时，$\beta_1 = (300 - C)/30$；

b. 采用中砂$\beta_2 = 0$，采用粗砂$\beta_2 = 3$，采用细砂$\beta_2 = -3$；

c. 机械振捣$\beta_3 = 0$，人工捣固$\beta_3 = 4$；

d. 坍落度为10～80 mm时，$\beta_4 = 0$，其他情况可根据经验确定。

(2)查表法

当无历史资料参考时，混凝土砂率的确定可参照表5—1—4选用。

表5—1—4　混凝土的砂率(%)

水灰比	卵石最大粒径(mm)			碎石最大粒径(mm)		
	10	20	40	10	20	40
0.40	26～32	25～31	24～30	30～35	29～34	27～32
0.50	30～35	29～34	28～33	33～38	32～37	30～35

续上表

水灰比	卵石最大粒径(mm)			碎石最大粒径(mm)		
	10	20	40	10	20	40
0.60	33～38	32～37	31～36	36～41	35～40	33～38
0.70	36～41	35～40	34～39	39～44	38～43	36～41

注:(1)本表系坍落度为10～60 mm的混凝土的砂率,坍落度大于60 mm的混凝土砂率,可经试验确定,也可在上表的基础上,按坍落度增大20 mm,砂率增大1%的幅度予以调整,坍落度小于10 mm的混凝土,砂率应经试验确定。

(2)本表系中砂的选用砂率,对细砂或粗砂,可相应地减少或增大砂率。

(3)只用一个单粒级粗骨料配制混凝土时,砂率应适当增大。

(4)对薄壁构件,砂率取偏大值。

选取的砂率值经试配,如所得到的混凝土黏聚性及保水性均良好且坍落度也能达到要求,则此选定的砂率值就可定为合适,否则,应根据试配结果予以适当调整。

(3)试验法

需要比较精确地确定合理砂率的范围或需要了解砂率变化对混凝土拌合物性能的影响时,应通过试验法确定合理砂率。其步骤如下:

①至少拌制五组不同砂率的混凝土拌合物,它们的用水量和水泥用量均相同,唯砂率值以每组相差1%～3%的间隔变动。

②测定每组拌合物的坍落度并同时检验其黏聚性和保水性。

③用坐标纸作坍落度-砂率关系图,如图上有极大值,则极大值所对应的砂率即为合理砂率。如因黏聚性不好而得不出极大值,则合理砂率应为黏聚性和保水性保持良好而坍落度最大时的砂率值。

6. 水灰比

混凝土强度主要取决于水灰比值,根据混凝土试配强度按下式计算水灰比:

$$W/C=(a_a f_{ce})/(f_{cu0}+a_a a_b f_{ce})$$

式中　W/C——水灰比或水胶比;

f_{cu0}——配制强度(MPa);

a_a,a_b——回归系数,按所用材料回归分析,当无实际资料时,《普通混凝土配合比设计规程》JGJ 55—2000规定值见表5—1—5;

表5—1—5　回归系数

系数 \ 石子品种	碎　石	卵　石
a_a	0.46	0.48
a_b	0.07	0.33

f_{ce}——水泥的实测强度(MPa),当无水泥28天强度实测值时,$f_{ce}=r_c f_{ce,g}$,r_c为水泥标号富余系数,对不同水泥厂的不同水泥它的值都不同,可按历史数据或经验分别选取,并应根据水泥质量的波动情况及时调整。$f_{ce,g}$为水泥28 d抗压强度等级值。

上式计算得出的水灰比仅满足了试配强度的要求,从耐久性的角度出发,混凝土还必须满足最大水灰比和最小水泥用量的要求。《普通混凝土配合比设计规程》JGJ 55-2000 规定普通混凝土的最大水灰比和最小水泥用量符合下列规定。

表 5—1—6　普通混凝土的最大水灰比和最小水泥用量

环境条件		结构物类别	最大水灰比			最小水泥用量		
			素混凝土	钢筋混凝土	预应力混凝土	素混凝土	钢筋混凝土	预应力混凝土
干燥环境		正常的居住或办公用房屋内部件		0.65	0.60	200	260	300
潮湿环境	无冻害	高湿度的室内部件 室外部件 在非侵蚀性土和(或)水中的部件	0.70	0.60	0.60	225	280	300
潮湿环境	有冻害	经受冻害的室外部件 在非侵蚀性土和(或)水中且经受冻害的部件 高湿度且经受冻害的室内部件	0.55	0.55	0.55	250	280	300
有冻害和除冰剂的潮湿环境		经受冻害和除冰剂作用的室内和室外部件	0.50	0.50	0.50	300	300	300

注:1. 当用活性掺和料取代部分水泥时,表中的最大水灰比和最小水泥用量即为替代前的水灰比和水泥用量。2. 配制 C15 级其以下等级的混凝土,可不受本表限制。

对有明确抗冻或抗渗要求的混凝土应根据所要求的抗冻或抗渗等级按表 5—1—7、表 5—1—8 控制其最大水灰比。

表 5—1—7　抗渗混凝土最大水灰比

抗渗等级	最大水灰比	
	C20～C30 混凝土	C30 以上混凝土
P6	0.60	0.55
P8—P12	0.55	0.50
P12 以上	0.50	0.45

注:未掺外加剂及掺和料。

表 5—1—8　抗冻混凝土的最大水灰比

抗冻等级	普通混凝土无引气剂	掺引气剂
F50	0.55	0.60
F100	—	0.55
F150 及以上	—	0.50

7. 用水量和水泥用量

混凝土的用水量直接影响所配制混凝土的性能和经济效果,它主要与所选用的稠度(坍落度)和骨料的品种、粒径有关。可通过查表法或计算法确定。

(1)查表法

表 5—1—9　干硬性混凝土的用水量(kg/m³)

拌合物稠度		卵石最大粒径(mm)			碎石最大粒径(mm)		
项目	指标	10	20	40	16	20	40
维勃稠度(s)	16～20	175	160	145	180	170	155
维勃稠度(s)	11～15	180	165	150	185	175	160
维勃稠度(s)	5～10	185	170	155	190	180	165

表 5—1—10　塑性混凝土的用水量(kg/m^3)

拌合物稠度		卵石最大粒径(mm)				碎石最大粒径(mm)			
项目	指标	10	20	31.5	40	16	20	31.5	40
坍落度(mm)	10～30	190	170	160	150	200	185	175	165
	35～50	200	180	170	160	210	195	185	175
	55～70	210	190	180	170	220	205	195	185
	75～90	215	195	185	175	230	215	205	195

使用查表法确定混凝土用水量时应注意以下事项：

①上述表格适用于水灰比在 0.40～0.80 范围内确定普通混凝土的用水量，水灰比小于 0.40 的混凝土以及采用特殊成型工艺的混凝土用水量应通过试验确定。

②上述表格中的用水量系采用中砂时的平均取值，采用细砂时，每立方米混凝土用水量可增加 5～10 kg；采用粗砂时，则可减少 5～10 kg。

③掺用各种掺和料时，用水量应相应调整。

④流动性和大流动性混凝土的用水量宜按下列步骤计算：

首先，以上表中坍落度 90 mm 的用水量为基础，按坍落度每增加 20 mm，用水量增加 5 kg，计算出未掺外加剂的混凝土用水量。

⑤水泥中混合材品种的影响，水泥在生产时如采用火山灰或沸石作为混合材或替代部分混合材，则在配制混凝土时相应增加用水量。

⑥骨料质量的影响，对风化颗粒多、质量差的骨料，用水量也需适当增加。

⑦施工条件的影响，在气候炎热、干燥或远距离运输的情况下应适当增加用水量。

(2)计算法

每立方米混凝土的用水量可按下式计算：

$$m_{w0}=10/3(T+K)$$

式中　m_{w0}——每立方米混凝土用水量(kg)；

T——坍落度(cm)；

K——骨料常数，按表 5—1—11 选用。

表 5—1—11　流动性混凝土用水量的集料常数

粗集料最大粒径(mm)		10	20	40	80
K	碎石	57.5	53.0	48.5	44.0
	卵石	54.5	50.0	45.5	41.0

注：采用火山灰水泥时，K 增加 4.5～6.0，采用细纱时，K 增加 3.0。

(3)掺外加剂的用水量

掺外加剂的混凝土用水量按下式计算。

$$m_{wa}=m_{w0}(1-\beta)$$

式中　m_{wa}——掺外加剂混凝土每立方米混凝土的用水量(kg)；

m_{w0}——未掺外加剂混凝土每立方米混凝土的用水量(kg)；

β——外加剂减水率(%)，其值应经试验确定。

(4)水泥用量计算

水灰比和用水量确定后就可计算出每立方米混凝土的水泥用量：

$$m_{c0}=(C/W)\times m_{w0}。$$

式中　m_{c0}——每立方米混凝土的计算水泥用量(kg)；

C/W——计算得到的水灰比；

m_{w0}——选用的用水量。

计算得出的用水量、水泥用量必须对照表 5—1—6 看是否符合耐久性的要求，如果计算的水泥用量小于表中数值，应取表中水泥量核算水灰比，从新进行设计。

8. 外加剂用量

外加剂用量的计算分两种情况，一种是防冻剂、早强剂等不具有减水作用的外加剂，其在混凝土中的掺量可依据经验、产品说明书推荐掺量选择几个不同掺量进行改善混凝土性能的试验，以达到对混凝土某种性能改善最佳时的掺量为准，每方混凝土中的用量以外加剂掺量乘以胶凝材料总量求得，直接加入混凝土中，对混凝土其他材料的用量可不做调整。另外一种情况是带有减水作用的外加剂，应事先试验出不同掺量下的减水率，以配合比设定的减水率反查掺量，在每方混凝土中的用量以外加剂掺量乘以胶凝材料总量求得，同时对混凝土的用水量、水泥用量进行调整。

9. 骨料用量

骨料用量的确定在《普通混凝土配合比设计规程》JGJ 55—2000 标准中规定可用体积法和重量法确定。

(1)体积法

$$m_{c0}/\rho_c+m_{s0}/\rho_s+m_{g0}/\rho_g+m_{w0}/\rho_w+0.01a=1$$

$$\beta_s=m_{s0}/(m_{s0}+m_{g0})\times 100\%$$

式中　$m_{c0},m_{s0},m_{g0},m_{w0}$——分别为每立方米混凝土中水泥、砂、石、水的用量(kg)；

$\rho_c,\rho_s,\rho_g,\rho_w$——分别为水泥、砂、石、水的视密度。($kg/m^3$)；

a——混凝土含气量百分数，在不使用引气型外加剂时，可取1；

β_s——砂率(%)。

(2)重量法

$$m_{c0}+m_{s0}+m_{g0}+m_{w0}=m_{cp}$$

$$\beta_s=m_{s0}/(m_{s0}+m_{g0})\times 100\%$$

式中　$m_{c0},m_{s0},m_{g0},m_{w0}$——分别为每立方米混凝土中水泥、砂、石、水的用量(kg)；

m_{cp}——每立方米混凝土拌合物的假定质量(kg)，其值可根据本单位积累的试验资料确定，如缺乏资料，可根据集料的表观密度、粒径及混凝土强度等级在 2 350～2 450 kg 的范围内选定。

β_s——砂率(%)。

三、配合比试配和调整

1. 配合比试配

混凝土试配应采用工程中实际使用的原材料。粗细骨料的称量均以干燥状态为基准，如采用的骨料不是干料，则应根据它们的含水率修正每盘混凝土的材料用量。混凝土的搅拌方法宜与生产时用的方法相同。试配时所需混凝土数量取决于骨料的最大粒径、混凝土检验项目及搅拌机容量。每盘混凝土的最小搅拌量应符合表 5—1—12 的规定，当采用机械搅拌时，其搅拌量应不小于搅拌机额定搅拌量的 1/4。

表 5—1—12　最小搅拌量

骨料最大粒径(mm)	拌合物数量(L)
31.5 及以下	15
40	25

根据试配时混凝土的用量，可由下式计算试配混凝土所需的材料用量：

$$m'_{c0}(\text{或 } m'_{s0}, m'_{g0}, m'_{w0}) = [m_{c0}(\text{或 } m_{s0}, m_{g0}, m_{w0})/1\,000] \times J$$

式中　m'_{c0}(或 m'_{s0}，m'_{g0}，m'_{w0})——每盘混凝土的水泥(或细骨料、粗骨料、水)的称量(kg)；

m_{c0}(或 m_{s0}，m_{g0}，m_{w0})——每立方米混凝土的水泥(或细骨料、粗骨料、水)的计算用量(kg)；

J——试配所需的混凝土量(L)。

进行试配时，首先应进行试拌，以检查拌合物的性能。当试拌得出的拌合物坍落度或维勃稠度不能满足要求，或黏聚性和保水性不好时，应在保证水灰比不变的条件下相应调整用水量或砂率，直到符合要求为止。然后提出供混凝土强度试验用的基准配合比。

混凝土强度试验至少应采用三个不同的配合比。其中一个应为按上述过程确定的基准配合比，另外两个配合比的水灰比宜较基准配合比分别增加和减少 0.05；用水量应与基准配合比相同，砂率可分别增加和减少 1%。当不同水灰比的混凝土拌合物坍落度与要求值的差超过允许偏差时，可通过增减用水量调整。

制作强度试验试块时，应检验拌合物的坍落度或维勃稠度、黏聚性、保水性及拌合物的表观密度，并依此结果作为相应配合比的混凝土拌合物性能。

2. 配合比的调整与确定

根据试验得出的混凝土强度与其相应的灰水比(C/W)关系，用作图法或计算法求出与混凝土配制强度相对应的水灰比，并按下列原则确定每立方米混凝土的材料用量。

(1)用水量(m_w)应在基准配合比用水量的基础上，根据制作强度试件测得的塌落度或维勃稠度进行调整确定。

(2)水泥用量(m_c)应以用水量乘以选定出来的灰水比计算确定。

(3)粗细骨料(m_s，m_g)的用量应在基准配合比的粗细骨料用量基础上按选定的灰水比进行调整后确定。

(4)按上述方法确定配合比后计算表观密度的计算值 $\rho_{c,c}$：

$$\rho_{c,c} = m_c + m_g + m_s + m_w$$

(5)按下式计算混凝土配合比校正系数 δ：

$$\delta = \rho_{c,t} / \rho_{c,c}$$

式中　$\rho_{c,t}$——混凝土表观密度实测值(kg/m^3)；

$\rho_{c,c}$——混凝土表观密度计算值(kg/m^3)。

(6)当混凝土表观密度实测值与计算值之差的绝对值不超过计算值的 2%时，按上述步骤确定的配合比即为确定的设计配合比；当二者之差超过 2%时，应将配合比中每项材料的用量

乘以矫正系数 δ,即为确定的设计配合比。

第二节　掺和料混凝土配合比设计

掺和料在混凝土中的使用最初是以强度为设计目标,作为节约水泥用量降低混凝土成本为目的,最先用于混凝土掺合料的是粉煤灰、硅灰,其后逐渐发展到磨细矿渣、沸石粉等工业废料。随着人们对掺和料在混凝土中作用认识的逐步深入,现在混凝土中加入掺和料的目的除了经济原因以外,更主要的目的是改善混凝土的耐久性能。目前,掺和料已成为混凝土的第六组分,是配制高性能混凝土必不可少的组分之一。

掺和料混凝土配合比的设计以普通混凝土配合比设计为基础,其主要问题是适用范围、掺加方式与掺量限制。

一、适用范围

1. 粉煤灰的适用范围

粉煤灰的主要特点是资源多、成本低、适用范围广,缺点是早期强度偏低。粉煤灰可用于配制泵送混凝土、大体积混凝土、抗渗防水混凝土、蒸养混凝土、地下工程混凝土、压浆混凝土、碾压混凝土、水下混凝土、抗化学侵蚀混凝土和抑制碱骨料反应混凝土等除需要早强的各种混凝土类型。粉煤灰按质量情况分为三级,其适用范围如下:

(1)Ⅰ级粉煤灰可用于有抗冻、防腐蚀等耐久性要求的钢筋混凝土和预应力混凝土结构。

(2)Ⅱ级粉煤灰可用于钢筋混凝土和素混凝土结构,不宜用于预应力混凝土结构。当Ⅱ级粉煤灰得需水量比不大于 100%时,可用于有抗冻、防腐蚀等耐久性要求的混凝土。

(3)Ⅲ级粉煤灰可用于强度等级低于 C20 的素混凝土结构、贫混凝土、水泥粉煤灰稳定层、石灰粉煤灰稳定层等。

(4)粉煤灰不宜用于有早强要求的结构、养护温度和湿度无保障或低温施工时期等易于开裂的薄壁混凝土结构或构件。

2. 矿粉

矿粉的主要特点是具有自水化性(在有足够碱度条件下)、掺量大、抗侵蚀性能好。矿粉混凝土的早期强度比粉煤灰混凝土高,几乎可适用于各种类型的混凝土,尤其适用于海水、盐、碱、等具有侵蚀性破坏环境中的混凝土结构。

3. 硅灰

硅灰最大的特点是早强、高强、配制的混凝土密实度好,缺点是掺量大时收缩大。硅灰可用于配制有早强要求、强度等级高混凝土结构以及对抗冻、抗渗、抗侵蚀、抗冲磨、抑制碱骨料反应等要求高的混凝土。硅灰混凝土适用于低温或负温情况下施工。当硅灰混凝土在炎热季节施工时,应控制混凝土的温升、干缩与自收缩,避免因收缩产生裂缝。

二、掺和料的掺加方式

掺和料在混凝土中的掺加方式经历了三个历程,最初的掺加方式是不作为胶凝材料考虑,仅为改善工作性而加入的外掺方式,后来考虑部分胶凝材料作用,以超量取代的掺入方式掺加到混凝土中,现在大多以复合胶凝材料概念,掺和料作为胶凝材料一部分替代水泥掺入混凝土中。这也反映出人们对掺和料的研究与认识的不断提高，当然掺和料的控制指标与质量水平也在提高。

1. 超量取代

《粉煤灰混凝土应用技术规范》GBJ 146—1990 标准规定，粉煤灰混凝土配合比的设计以基准混凝土配合比为基础，按等稠度、等强度等级、同强度保证率、同标准差及离差系数为原则，采用超量取代法进行设计。所谓超量取代法即是为达到粉煤灰混凝土与基准混凝土等强度的目的，粉煤灰的掺入量超过其取代的水泥量，其掺入量等于取代水泥质量乘以粉煤灰超量系数。超量系数按表 5—2—1 选用。

表 5—2—1　粉煤灰超量系数

粉煤灰等级	超量系数
Ⅰ	1.1～1.4
Ⅱ	1.3～1.7
Ⅲ	1.5～2.0

配合比设计步骤如下：

(1)按普通混凝土配合比设计方法设计基准混凝土配合比。

(2)按实际施工条件与标准规定选取粉煤灰取代水泥百分率 β_c。计算每立方米粉煤灰普通混凝土的水泥用量 C：

$$C=C_0\times(1-\beta_c)$$

(3)选取粉煤灰超量系数 δ_c。计算每立方米混凝土的粉煤灰掺量 F。

$$F=\delta_c\times(C_0-C)$$

(4)计算每立方米粉煤灰混凝土中粉煤灰超出水泥的体积，扣除同体积的细骨料用量。

$$S=S_0-(C/\rho_c+F/\rho_f-C_0/\rho_c)\times\rho_S$$

(5)石子用量、水用量取基准混凝土配合比的用量。

(6)试配及调整同普通混凝土配合比调整。

2. 复合胶凝材料

掺入掺和料的主要目的是为了提高耐久性，它可以改善混凝土的工作性、降低水化热、抑制碱骨料反应、增加长期强度与耐久性能。目前各种掺和料作为胶凝材料的一部分替代水泥用量掺入，作为复合胶凝材料的一部分，通过验证所设计配合比的施工性能、力学性能、耐久性指标来确定配合比。

混凝土配制中加入的掺和料不同于水泥生产中添加的混合材，混合材水泥中添加的粉煤灰、矿渣、火山灰等一般为节省水泥熟料和调节水泥强度等级，却降低了水泥的性能，如火山灰水泥需水量高，矿渣硬度与熟料硬度的差异造成矿渣粉磨细度不足，矿渣水泥容易泌水等，在混凝土配制中添加的矿物掺和料则按各自产品指标单独控制生产，能真正发挥掺和料的各种效应，提高混凝土的工作性与长期性能。也正因为如此，在配制高性能混凝土时，一般采用硅酸盐水泥或普通硅酸盐水泥掺加掺和料组成复合胶凝材料，使用添加混合材水泥配置时掺和料也一般不宜和掺有同种混合材料的水泥再复合使用。

而且随着掺和料掺量的增加，应适当降低水胶比与增加粗骨料用量，发挥掺合料的性能与保证混凝土的体积稳定性。

三、掺和料的掺量

各种标准规范对掺和料掺量限制的规定大致范围相同，细节之处不尽相同，这主要在于应用领域、应用目的以及标准发布时人们对掺和料认识的不同。

1.《粉煤灰混凝土应用技术规范》GBJ 146—90 规定粉煤灰取代水泥的最大限量见表 5—2—2。

表 5—2—2　粉煤灰取代水泥的最大限量(以重量计)

混凝土种类	粉煤灰取代水泥的最大限量(%)			
	硅酸盐水泥	普通硅酸盐水泥	矿渣硅酸盐水泥	火山灰硅酸盐水泥
预应力钢筋混凝土	25	15	10	—
钢筋混凝土 高强度混凝土 高抗冻融性混凝土 蒸养混凝土	30	25	20	15
中低强度混凝土 泵送混凝土、大体积混凝土 水下混凝土 地下混凝土、压浆混凝土	50	40	30	20
碾压混凝土	65	55	45	35

注:当钢筋混凝土中钢筋保护层厚度小于 5 cm 时,粉煤灰取代水泥的最大限量应比规定相应减少 5%。

2. 在《混凝土结构耐久性设计规范》GB/T 50476—2008 标准中规定,配筋混凝土的胶凝材料中,矿物掺和料用量占胶凝材料总量的比值应根据环境类别与作用等级、混凝土水灰比、钢筋的保护层厚度以及混凝土施工养护期限等因素综合确定,并符合下列规定:

(1)长期处于室内干燥Ⅰ-A 环境中的混凝土结构构件,当其钢筋(包括最外侧的箍筋、分布钢筋)的混凝土保护层小于等于 20 mm,水胶比大于 0.55 时,不应使用矿物掺和料或粉煤灰硅酸盐水泥、矿渣硅酸盐水泥,长期湿润Ⅰ－A 环境中的混凝土结构构件,可采用矿物掺合料,且厚度较大的构件宜采用大掺量矿物掺合料混凝土。

(2)Ⅰ－B、Ⅰ－C 环境和Ⅱ－C、Ⅱ－D、Ⅱ－E 环境中的混凝土结构构件,可使用少量矿物掺合料,并可随水灰比的降低适当增加矿物掺和料用量。当混凝土的水灰比大于等于 0.4 时,不应使用大掺量矿物掺合料混凝土。

(3)氯化物环境和化学腐蚀环境中的混凝土结构构件,应采用较大掺量矿物掺和料混凝土,Ⅲ－D、Ⅳ－D、Ⅲ－E、Ⅳ－E、Ⅲ－F 环境中的混凝土结构构件,应采用水灰比小于等于 0.4 的大掺量矿物掺和料混凝土,且宜在矿物掺和料中再加入胶凝材料总重的 3%～5%的硅灰。

(4)硫酸盐环境中使用抗硫酸盐水泥或高抗硫酸盐水泥时,宜掺加矿物掺和料。当环境作用等级超过Ⅴ－E 级时,应根据当地的大气环境和地下水变动条件,进行专门试验研究和论证后确定水泥的种类和掺和料用量,且不应使用高钙粉煤灰。硫酸盐环境中的水泥和矿物掺和料中不得加入石灰石粉。

(5)对可能发生碱骨料反应的混凝土,宜采用大掺量矿物掺和料;单掺磨细矿渣的用量占胶凝材料总重大于等于 50%,单掺粉煤灰大于等于 40%,单掺火山灰质材料不小于 30%,并应降低水泥和矿粉掺和料中的含碱量和粉煤灰中的游离氧化钙含量。

《混凝土结构耐久性设计与施工指南》CCES 01—2004 (2005 年修订版)从混凝土使用环境不同以耐久性为考虑,规定掺和料用量的限定范围见表 5—2—3。

表 5—2—3　不同环境作用下混凝土胶凝材料品种与矿物掺和料用量的限定范围

<table>
<tr><th>环境分类</th><th>环境作用等级
(环境条件)</th><th>水泥适用品种</th><th>矿物掺和料的限定范围
(占胶凝材料总量的比值%)</th><th>备注</th></tr>
<tr><td rowspan="4">Ⅰ</td><td>Ⅰ－A(室内干燥)</td><td>PO,PI,PII,
SP,FP,CP</td><td>$W/B=0.45$ 时,$f/0.3+s/0.5\leqslant 1$
$W/B=0.55$ 时,$f/0.2+s/0.3\leqslant 1$</td><td>对于保护层最小厚度≤20mm 或 $W/B>0.55$ 的构件混凝土,不宜采用 SP,FP,CP 水泥</td></tr>
<tr><td>Ⅰ－B(长期湿润或水中)</td><td>PO,PI,PII,
SP,FP,CP</td><td>$f/0.5+s/0.7\leqslant 1$</td><td></td></tr>
<tr><td>Ⅰ－B(非干湿交替的室内潮湿环境和露天环境)</td><td>PO,PI,PII,
SP,FP,CP</td><td rowspan="2">$W/B=0.4$ 时,$f/0.3+s/0.6\leqslant 1$
$W/B=0.5$ 时,$f/0.2+s/0.3\leqslant 1$
$W/B=0.55$ 时,$f/0.15+s/0.25\leqslant 1$</td><td>保护层最小厚度≤25 mm 或 $W/B>0.5$ 的构件混凝土不建议采用 SP,FP,CP 水泥</td></tr>
<tr><td>Ⅰ－C(干湿交替)</td><td>PO,PI,PII</td><td></td></tr>
<tr><td rowspan="2">Ⅱ</td><td>Ⅱ－C, Ⅱ－D
(一般冻融,无盐)</td><td>PO,PI,PII</td><td rowspan="2">$f/0.3+s/0.4\leqslant 1$</td><td rowspan="2">一般冻融下如不引气,矿物掺和料量不超过 20%</td></tr>
<tr><td>Ⅱ－D, Ⅱ－E
(盐冻)</td><td>PO,PI,PII</td></tr>
<tr><td>Ⅲ</td><td>Ⅲ－D, Ⅲ－E,
Ⅲ－F</td><td>PO,PI,PII</td><td rowspan="2">用量不小于:$f/0.25+s/0.4=1$
用量不大于:$f/0.5+s/0.8=1$</td><td rowspan="2">当 $0.5\geqslant W/B>0.4$ 时,需同时满足Ⅰ类环境下的要求;
如同时处于冻融环境,掺和料用量的上限尚应满足Ⅱ类环境要求</td></tr>
<tr><td>Ⅳ</td><td>Ⅳ－C, Ⅳ－D,
Ⅳ－E</td><td>PO,PI,PII</td></tr>
<tr><td>V_1</td><td>V_1－C, V_1－D,
V_1－E</td><td>PI,PII,PO,
SR,HSR</td><td></td><td>当 $0.5\geqslant W/B>0.4$ 时,矿物掺和料上限需同时满足Ⅰ类环境下的要求;
如同时处于冻融环境,掺和料用量的上限尚应满足Ⅱ类环境要求</td></tr>
<tr><td>V_2</td><td>V_2－C, V_2－D,
V_2－E</td><td>PI,PII,PO,</td><td>作用等级 D、E 时,掺和料的用量同限制Ⅲ类环境</td><td></td></tr>
<tr><td>V_3</td><td>V_3－E, V_3－F</td><td>PI,PII,PO,
SR,HSR</td><td colspan="2">引气混凝土用于不受冻融侵蚀的氯盐环境和其他化学腐蚀环境时,其含气量及耐久性指数 DF 值应满足中度饱水冻融环境条件下的要求</td></tr>
</table>

注:1. 表中水泥符号 PI—硅酸盐水泥,PII—掺混合材料≤5%的硅酸盐水泥,PO—掺混合材料 6%～15%的普通硅酸盐水泥,SP—矿渣硅酸盐水泥,FP—粉煤灰硅酸盐水泥,PP—火山灰硅酸盐水泥,CP—复合硅酸盐水泥,SR—抗硫酸盐硅酸盐水泥,HSR—高抗硫酸盐水泥。

2. 矿物掺和料指配制混凝土时外加的活性矿物掺和料与水泥生产时加入的粉煤灰、矿渣、火山灰等活性混合材料的总量。符号:S—矿渣,F—粉煤灰或火山灰,SF—硅灰,均用重量表示,表中公式内的 s 和 f 分别表示矿渣 S 和粉煤灰(或火山灰)F 占胶凝材料总量的比值。例如一般环境中干湿交替Ⅰ－C 作用等级,如混凝土的水胶比为 0.5,有 $f/0.2+s/0.3\leqslant 1$。如单掺粉煤灰,$s=0$,$f\leqslant 0.2$,即粉煤灰用量不能超过胶凝材料总重的 20%;如单掺磨细矿渣,$f=0$,$s\leqslant 0.3$,即磨细矿渣用量不能超过胶凝材料总重的 30%。双掺粉煤灰和磨细矿渣,如粉煤灰掺量为 10%,则从上式可得矿渣掺量需小于 15%。

计算水胶比 W/B 的胶凝材料总量为:$B=C+S+F+SF$,其中 C 对 PI 和 PII 水泥按全量取用,对 PO 水泥按全量扣除混合材料后取用,其中的活性混合材料则列入矿渣、粉煤灰和火山灰中(如生产厂家不提供数据,则取 C 为 85%水泥重,活性混合材料按 10%水泥重的 F 计算)。对其他混合水泥计算方法同 PO 水泥(如厂家不能提升数据,则不宜采用)。

3. 表中未列入的其他符合国家标准或行业标准的水泥(如硫铝酸盐水泥和铁铝酸盐水泥,适用于非高温地区)也可考虑使用。其他的活性矿物掺和料(如烧高岭土粉、磷渣粉、沸石岩粉)如经类比试验,能证明满足所要求的混凝土强度与耐久性,并经工程试点和鉴定的也可作为限定范围内的胶凝材料用来确定水胶比和最小胶凝材料用量。

4. 氯盐环境下如不能满足矿物掺和料的最低用量要求,就有需要降低最大水胶比限制或增加钢筋保护层的最小厚度。

5. V_1 化学腐蚀环境对矿物掺和料的最低用量要求,尚与水泥的 C_3A 等含量有关。

3.《公路工程混凝土结构防腐蚀技术规程》JTG/TB 07-01-2006 标准对混凝土中掺和料的掺量有如下规定：

(1)一般环境下除长期处于湿润环境、水中环境或潮湿土中环境的构件可以采用大掺量粉煤灰(掺量可不大于 50%，而水胶比应随掺量增加而减少)混凝土外，对暴露于空气中的一般构件混凝土，粉煤灰掺量不宜大于 20%，且单方混凝土胶凝材料中的硅酸盐水泥用量不宜小于 240 kg。

(2)冻融环境下混凝土胶凝材料中的粉煤灰掺量不宜超过 30%，并应限制所用粉煤灰的含碳量(宜不大于 2%)。

(3)在海水和除冰盐等氯盐环境下，不宜单独采用硅酸盐或普通硅酸盐水泥作为胶凝材料配制混凝土，应掺加大掺量(胶凝材料总量中单掺粉煤灰量≥30%，单掺磨细粒化高炉矿渣量≥50%，或各种矿物掺和料掺量之和≥50%)或较大掺量矿物掺和料，并宜加入少量的硅灰。海水环境下也不宜单独采用抗硫酸盐的硅酸盐水泥配制混凝土。

(4)硫酸盐等化学腐蚀环境下应选用低 C_3A 量的水泥并适当掺加矿物掺和料，严重化学腐蚀环境下的耐久性混凝土宜通过专门的试验研究确定。

4.《铁路混凝土结构耐久性设计暂行规定》(铁建设〔2005〕157 号)规定：混凝土中宜适量掺加符合技术要求的粉煤灰、矿渣粉或硅灰等矿物掺和料。不同矿物掺和料的掺量应根据混凝土的施工环境条件特点、拌和物性能、力学性能以及耐久性要求通过试验确定。一般情况下，矿物掺合料掺量不宜小于胶凝材料总量的 20%。当混凝土中粉煤灰掺量大于 30%时，混凝土的水胶比不宜大于 0.45。预应力混凝土以及处于冻融环境中的混凝土的粉煤灰的掺量不宜大于 30%。

《铁路混凝土工程施工质量验收补充标准》与《客运专线高性能混凝土暂行技术条件》也规定：当化学侵蚀介质为硫酸盐时，混凝土的胶凝材料还应符合下表的要求。

表 5—2—4　硫酸盐侵蚀环境下混凝土胶凝材料的要求

环境作用等级	水泥品种	水泥熟料中的 C_3A 含量，%	粉煤灰或磨细矿渣粉的掺量，%	最小胶凝材料用量，kg/m^3
H1	普通硅酸盐水泥	≤8	≥20	300
	中抗硫酸盐硅酸盐水泥	≤5	—	300
H2	普通硅酸盐水泥	≤8	≥25	330
	中抗硫酸盐硅酸盐水泥	≤5	≥20	300
	高抗硫酸盐硅酸盐水泥	≤3	—	300
H3、H4	普通硅酸盐水泥	≤6	≥30	360
	中抗硫酸盐硅酸盐水泥	≤5	≥25	360
	高抗硫酸盐硅酸盐水泥	≤3	≥20	360

5. 在《海港工程混凝土结构防腐蚀技术规范》JTJ 275—2000 标准对掺和料做了如下规定：

(1)当采用硅酸盐水泥、普通硅酸盐水泥拌制混凝土时，宜适当掺加优质掺和料。混凝土掺和料宜采用粒化高炉矿渣、粉煤灰、硅灰等。掺和料的掺量应通过试验确定。

(2)用硅酸盐水泥拌制的混凝土，磨细矿渣掺量不宜小于胶凝材料质量的50%；用普通硅酸盐拌制的混凝土，其掺量不宜小于胶凝材料质量的40%。

(3)对普通混凝土，粉煤灰取代水泥质量的最大限量应符合下列规定：

①用硅酸盐水泥拌制的混凝土不宜大于25%；

②用普通硅酸盐水泥拌制的混凝土不宜大于20%；

③用矿渣硅酸盐水泥拌制的混凝土不宜大于10%；

④经试验论证，最大掺量可不受以上限制。

(4)硅灰的掺量不宜大于水泥质量的10%。

第六章　特种混凝土配合比设计

第一节　泵送混凝土配合比设计

一、概　　述

泵送混凝土是以混凝土泵为动力，通过管道将搅拌好的混凝土混合料输送到浇筑地点的混凝土。混凝土泵是连续式运输机具之一，将混凝土从混凝土搅拌运输车或贮料斗中卸入泵的料斗后，利用泵的压力将混凝土沿管道直接输送到浇筑地点，可以同时完成水平和垂直运输，是发展较快的一种混凝土运输方法。与非泵送混凝土相比较，两者的不同点在于非泵送混凝土是根据工程设计所需的强度、耐久性指标进行配制的，对通常使用的混凝土施工机具，如人力手推车、起重机、吊桶、皮带机等施工方法在配合比设计时不是重点考虑的问题。与此相反，泵送混凝土除了根据工程设计所需的强度、耐久性指标外，还必须具有可泵性，可泵性是指泵送混凝土拌合物在泵压作用下，顺利通过泵送管道不堵塞、磨阻小、粘聚性好不离析的性能。这就对泵送混凝土所需原材料、配合比提出一系列新的要求。

二、影响混凝土泵送的因素

泵送成功与否，首先取决于是否供应可泵送的混凝土拌合物，并不是所有的混凝土拌合物都能泵送。如果混凝土坍落度太小，级配不好，或者骨料的最大尺寸对于泵送管道过大，都会给泵送带来困难。一般来说，不同原材料的配合比，拌制的混凝土性能固然不同，而相同配合比，若拌和时间、温度以及运输车辆等条件不同，所显示出的可泵性也不相同。影响混凝土泵送的因素是多方面的也是复杂的，但主要有以下几个方面。

1. 水及细粉料对混凝土可泵性的影响

混凝土拌合物是由表面性质、颗粒大小和密度不同的固体材料、液体材料和空气组成的。当拌合物在未加水之前，这个体系只是各种固体材料（石子、砂子和水泥等）散状颗粒的堆聚体，各颗粒之间无任何有机联系，孔隙多。但在加水拌和后，就可以使这个散状颗粒堆聚体各组分具有黏聚性，水泥也由此开始水化产生强度。水是各种材料之间的连接过渡体，不但提供水泥水化的必要条件，而且影响混凝土泵送的全过程。混凝土拌合物加水拌和使其流动性满足泵送要求是水对泵送有利的一个方面。与此相反，在混凝土拌合物中水又是可以用泵抽的唯一组分，如果混凝土拌合物中的细粉料对水没有足够的吸附能力和阻力，就会有一部分水在泵压作用下穿过固体颗粒之间的空隙，流向阻力较小的区域。在泵送过程中，这种现象会使输送管内泵压传递不均，造成骨料与水泥浆分离，这是水对泵送不利的一个方面。

由于水通过固体材料颗粒之间的空隙的阻力与固体颗粒的粒径大小有关，只有粒径小于0.3mm时，固体颗粒对水的阻力才增大，而且颗粒越细，阻力越大。因此，在泵送混凝土中小于0.3mm的细粉料必须有一定的数量（一般在350～450 kg/m^3）。

泵送混凝土增加细粉料的原理实际上与使用外加剂增加混凝土黏聚性的原理相同。防止混凝土在泵压下脱水造成管道堵塞。

2. 水泥浆含量的影响

混凝土的可泵性与水泥浆数量(在用水量确定时为水泥用量)有很大关系。因为混凝土混合料中石子本身无流动性,它必须均匀地分散在水泥浆体中才能流动(相对移动),而且石子产生相对移动的阻力和水泥浆的厚度有关。在混凝土拌合物中,水泥浆填充集料颗粒间的空隙并包裹着集料,在骨料表面形成浆层,而这种浆层厚度的增大,则减小骨料相对移动的阻力,使泵送管道内壁形成薄浆层,起到润滑作用,有利于泵送。薄浆层的作用原理可以用摩擦理论分析,摩擦表面相互黏着是造成摩擦、磨损的根本原因,如果把泵压当成定值,此时要降低摩擦系数,主要途径是设法降低或减弱摩擦的剪切强度,而剪切强度的大小取决于管道内壁表面润滑性能的好坏。很显然,水泥浆的含量正好可起到这种作用,因此泵送混凝土都规定了最小水泥用量。

泵送混凝土除了水泥用量影响泵送外,还与水泥浆本身的稠度有关,稠度过大(水灰比小)阻力也大,混凝土的流动性就会降低,但水灰比过大,水泥浆与骨料黏聚力减弱,混凝土泌水率高,容易造成骨料与浆液分离,不仅对泵送不利,而且还影响混凝土质量。

3. 石子粒径和表面性质的影响

石子在混凝土的各组成材料中用量最大,起骨架作用,能显著影响混凝土的可泵性和硬化混凝土的性能。石子粒径的最大尺寸不仅与配筋、施工方法等因素有关,也与泵送管道的直径直接相关。当泵送时输送管内3粒石子并排在一起最容易造成堵塞,因此石子粒径大小以及颗粒级配是配制泵送混凝土的重要条件。另一方面,石子的形状和表面性质也影响到混凝土拌合物的流动性和硬化混凝土的性能,颗粒较圆、表面平滑的卵石空隙率小,填充空隙和包裹颗粒所需的水泥浆也少,当水泥浆含量一定时,混凝土的流动性大,阻力小,有利于泵送。但卵石与水泥浆之间的黏结情况不如碎石好,水灰比相同时,卵石混凝土的强度低。

4. 管道和泵送压力的影响

管道对泵送的影响因素主要有管道内表面是否光滑、截面的大小与变化与否以及管线方向是否改变等方面。在泵送时,泵送的压力必须大于混凝土拌合物在管壁上的摩擦力即:

$$\Delta P \cdot \pi R^2 = 2\pi R l \cdot S$$

式中 R——输送管半径;

l——输送管长度;

P——混凝土泵送压力;

S——混凝土混合料和管壁之间的剪应力。

此外,作用在管壁上的剪应力必须小于混凝土拌合物的屈服值。

三、原材料选择

1. 水泥

泵送混凝土中,水泥的各项指标应符合相关标准的要求,水泥品种宜选用普通硅酸盐水泥、火山灰水泥和粉煤灰水泥,矿渣水泥应采取相应的技术措施减少混凝土泌水。普通硅酸盐水泥保水性、抗冻性能好,非常适于在泵送混凝土中使用。火山灰质硅酸盐水泥、粉煤灰水泥保水性能好,水化热小,不仅适于泵送,在大体积混凝土中也被广泛采用,由于水化热低,大大降低了温度裂缝产生的可能性。

在混凝土拌合料中，水泥浆填充骨料间隙并在骨料表面形成润滑层，可见，在泵送过程中，为了获得好的流动性，必须有足够的水泥浆，起到润滑管道和传递压力的作用，所以，水泥用量非常重要。水泥用量小，混凝土的和易性差，泵送阻力大，容易产生阻塞，最小的水泥用量视输送管径和泵送距离而定，一般为 280～ 300 kg/m^3；水泥用量大，造成浪费，还会影响混凝土强度，且水泥水热化高，也会使大体积混凝土产生过大的温度应力，因此，要在保证混凝土强度等级和利于泵送的前提下，正确计算水泥用量。

2. 细骨料

砂子宜用Ⅱ区中砂，细度模数在 2.6～2.9 之间最为适宜，砂中小于 0.315 mm 颗粒含量的多少对可泵性影响较大，当达到 15％以上时可增加混凝土黏聚性与流动性，对改善混凝土的泵送性能有利。砂率控制在 40％～ 50％时，制备的混凝土可获得好的和易性。

3. 粗骨料

粗骨料的粒径大小、颗粒级配对混凝土的泵送性能有很大的影响。配制泵送混凝土的粗骨料除应符合《普通混凝土用砂、石质量及检验方法》JGJ 52 标准外，还应该级配良好、针片状含量少，级配良好的粗骨料孔隙率小，在拌合物中摩擦阻力小，对节约水泥砂浆用量、增加混凝土密实性和可泵性具有良好的作用，《混凝土泵送施工技术规程》JGJ 10 对各种规格的粗骨料给出了最佳级配范围，可参照执行；针片状颗粒多的碎石降低混凝土的和易性与稳定性，增加堵管的可能，一般规定粗骨料的针片状颗粒含量应小于 10％。

此外粗骨料最大粒径与输送管径之比对碎石宜小于或等于 1∶3，卵石不宜大于 1∶2.5，对高层建筑一般为 1∶3 到 1∶4 之间，超高层建筑宜在 1∶4 至 1∶5 之间。否则极易造成管道阻塞。

4. 水

符合 JGJ 63 标准的混凝土拌合用水或饮用水即可。

5. 外加剂

泵送混凝土常采用的外加剂为泵送剂，混凝土泵送剂一般为多种组分、多种功能复合而成的复合外加剂，它不仅起到减水、降低混凝土水灰比、增加混凝土强度的作用，同时还必须起到增加坍落度、减少坍落度损失、保持适当的黏聚性、增加混凝土流动性等功能，一般来说，混凝土泵送剂由减水组分、保坍组分、保塑组分、缓凝组分、引气组分等组成。泵送剂的选择具体可参照第三章第五节混凝土外加剂一节中有关泵送剂的介绍。

6. 掺和料

最常用的掺和料有粉煤灰和磨细矿渣粉，掺和料的加入不仅可以减少水泥用量具有良好的经济型，同时因为与水泥颗粒不同的颗粒粒径，具有良好的互补性，对改善混凝土和易性有极大的作用。目前大量研究证明，掺和料在混凝土中具有填充效应、滚珠效应、火山灰效应等，不仅改善混凝土的和易性，对耐久性的改善作用巨大，已成为高性能混凝土不可缺少的组分。

四、配合比设计

泵送混凝土配合比设计与普通混凝土配合比设计的最大不同之处是要保证混凝土的可泵性，因此泵送混凝土配合比的设计应该在普通混凝土配合比设计的基础上重点关注以下五个方面。

1. 可泵性

泵送混凝土的可泵性是泵送施工工艺的基本要求，它与混凝土中胶凝材料用量、石子大小和级配、水灰比、坍落度以及外加剂性能等因素有关。泵送配合比设计时必须根据原材料状况、泵送距离、泵的种类、管径、施工气温风力等具体施工条件进行设计。目前，混凝土的可泵性一般用混凝土 10 s 时的相对压力泌水率 S_{10} 值来大致反应，S_{10} 是混凝土拌合物加压至 10 s 和 140 s 时泌水量的比值，S_{10} 可反映混凝土的保水性能和水在压力作用下渗透流动的内阻力，S_{10} 值越小，则混凝土的可泵性越好。一般 S_{10} 不大于 40％的混凝土泵送性能较好。

2. 坍落度的选择

混凝土泵送施工要求入泵的混凝土具有相当的坍落度，坍落度太小的混凝土不仅泵压高、机器磨损大、泵送效率低，而且极易造成堵管难以泵送；坍落度太大，则混凝土泌水多，容易因离析造成堵管。坍落度的选择应考虑配合比中胶凝材料用量的多少、坍落度的损失情况、泵送距离的长短、泵送高度、管道的布置、弯头的多少等具体情况选择，例如《混凝土泵送施工技术规程》JGJ 10 中推荐的坍落度见下表。

表 6—1—1　泵送混凝土坍落度的选取

泵送高度(m)	小于 30	30～60	60～100	大于 100
坍落度(mm)	100～140	140～160	160～180	180～200

以上要求的是混凝土的入泵坍落度，在配合比设计时必须根据外加剂的性能、运输距离、运输时间考虑坍落度的损失情况，初始设计坍落度应考虑坍落度损失的部分。

3. 水灰比的选择

伊德通过试验证明，混凝土的水灰比与其在管道中的流动阻力有关，混凝土拌合物的流动阻力随着水灰比的减小而增大，当水灰比小于 0.45 时流动阻力显著增加，当水灰比大于 0.60 时，虽然流动阻力减少，但混凝土容易离析，对泵送不利。一般水胶比在 0.40～0.60 时，混凝土泵送性能较好。

水灰比的选择必须综合混凝土的泵送性能、强度、耐久性各方面加以考虑，必须同时满足三者的要求。

4. 胶凝材料用量的选择

胶凝材料的多少决定着给管道起润滑作用的水泥浆量的多少。胶凝材料太少时，润滑层不足，混凝土在管道中的摩阻力加大，泵送性能就会下降，因此泵送混凝土的胶凝材料存在最小值限制。最小胶凝材料用量跟泵数距离、骨料种类、泵压、管径等因素有关，规范规定泵送混凝土的最小胶凝材料用量为 300 kg/m^3。

泵送混凝土的胶凝材料用量也不是越大越好，胶凝材料用量太大不仅不经济，而且增加混凝土水化热与收缩值，也使混凝土黏度增加泵送阻力升高。

5. 砂率选择

砂子在泵送混凝土中与水泥浆一起起着润滑管壁降低泵送阻力的作用，也对混凝土的保水性能、抗离析、抗泌水有极大的关系。泵送混凝土的砂率一般比普通混凝土大，砂率的选择应考虑骨料的粒径、种类、胶凝材料的多少、砂中小于 0.315 mm 颗粒含量等因素，在保证混凝土强度、耐久性和可泵性的同时，选择胶凝材料用量较少时的砂率。

第二节　喷射混凝土配合比设计

一、概　　述

喷射混凝土是利用压缩空气把按一定配比搅拌的混凝土由喷射机的喷口以高速高压喷出从而在被喷面形成混凝土结构层。喷射混凝土的方式可分为干喷、潮喷和湿喷。干喷法施工是水泥和骨料干拌均匀后加入干喷机料口，混合料从一个喷嘴喷出，同时从另一个喷嘴喷射水，在喷嘴口与干料混合形成混凝土喷射到目标物的施工方式；潮喷是在拌合水泥和骨料混合物时加入部分水，形成潮湿的混合料加入喷射机由一个喷嘴喷出，同时另一个喷嘴喷射水在喷嘴处混合形成喷射混凝土，其优点是可以大大降低施工环境中粉尘含量，改善施工环境。湿喷施工是先将水泥、骨料和水搅拌成混凝土拌合物再通过湿喷机喷嘴喷射到目的物。因湿喷混凝土所用水、水泥、粗细骨料、外加剂等材料喷射前经过正确的计量和充分拌和，水灰比能准确控制，有利于水泥的水化，因而施工中其喷射质量容易控制且回弹率低，混凝土均质性好，强度也较高，是喷射混凝土最好的施工方式。

二、原材料选择

1. 水泥

优选硅酸盐水泥或普通硅酸盐水泥，强度等级不小于 32.5 级。当有抗冻抗渗要求时，强度等级不低于 42.5 级。这是因为普通硅酸盐水泥含有较多的 C_3A 和 C_3S，凝结时间快，特别是与速凝剂有良好的相容性。当喷射混凝土遇有含较高可溶性硫酸盐的地层或地下水的地方，应当用抗硫酸盐类水泥。当结构要求早强时，可使用硫铝酸盐水泥或其他早强水泥。当骨料和水泥中的碱可能发生反应时，应使用低碱水泥。当喷射混凝土用于耐火结构时，应使用高铝水泥。

2. 骨料

粗骨料应采用坚固耐久的碎石或卵石，严禁使用具有潜在碱活性骨料，最大粒径不宜大于 16 mm，骨料级配宜采用连续级配。细骨料应采用坚固耐久的中砂或粗砂，细度模数应大于 2.5。整体骨料的级配范围宜符合下表。

表 6—2—1　喷射混凝土的骨料级配

筛孔尺寸(mm)	通过率(%)	筛孔尺寸(mm)	通过率(%)
20	100	1.25	20～40
16	90～100	0.63	15～25
10	65～90	0.3	10～20
5	40～70	0.16	4～10
2.5	25～55		

3. 外加剂

速凝剂是喷射混凝土必须使用的外加剂，它可以使混凝土速凝快硬，减少混凝土的回弹损失，防止喷射混凝土因重力作用而引起脱落，从而提高一次喷射厚度，缩小喷射时间间隔。可见速凝剂的质量和掺量对喷射混凝土的强度、质量和成本都很重要。速凝剂对于不同品种的水泥，其作用效果是不尽相同的。同时速凝剂的凝结时间也会因环境温度的不同而有差别，使用前应进行与水泥相容性和速凝效果的检验。一般应选择碱性小、对人体腐蚀性小、黏度大、回弹小、后期强度较高、初凝和终凝时间间隔短的速凝剂。

添加速凝剂的喷射混凝土后期强度相对于不掺速凝剂的混凝土强度偏低，28 d 强度损失30％左右。其原因是，掺加速凝剂的混凝土中水泥水化早期形成酥松的铝酸盐结构，对其早期强度贡献巨大，但后期水化物很难进入这种酥松结构，影响最终结构的致密性；或酥松结构中未水化水泥后期水化会对前期混凝土结构形成破坏应力，降低混凝土后期强度。

喷射混凝土中还可以加入减水剂以降低水灰比、减少用水量和提高强度；加入早强剂提高混凝土早期强度；缴入增稠剂以减少施工粉尘和回弹损失，加入防水剂提高混凝土密实性。但各种外加剂的加入前必须进行适应性的试验，不得对混凝土性能造成不利影响。

4. 水，水质应符合有关工程用水标准，水中不应含有影响水泥正常凝结于硬化的有害杂质，不使用污水、海水、pH 值小于 4 的酸性水、硫酸盐含量不大于 1％。

三、配合比设计

喷射混凝土的配合比设计应根据原材料性能、混凝土的技术条件和设计要求通过试验(包括现场试喷试验)选定，以期达到以下性能。

(1)3～24 h 具有满足下一环节施工所具有的强度，一般要求 3 小时强度达到 1.5 MPa，24 小时强度达到 5 MPa。

(2)28 d 具有设计要求的强度等级。

(3)有良好的耐久性。

(4)回弹量少，一般侧壁不大于 15％，拱顶不大于 25％。

(5)施工容易进行，不易发生堵管等影响连续施工的问题。

一般普通喷射混凝土应符合下列规定：

(1)胶骨比宜为 1∶4～1∶5。胶凝材料过少，混凝土回弹量大，并且初期强度增长速度慢；胶凝材料过大，增加施工中粉尘含量，并且混凝土的收缩也明显增加。

(2)水灰比宜为 0.40～0.50。水灰比过小，混凝土表面易出现干斑，回弹量和粉尘增大，水胶比过大，不仅混凝土宜流淌、滑移开裂，而且强度降低很大。

(3)砂率宜为 45％～60％。砂率过小时混凝土回弹量大、容易堵管；砂率过大混凝土收缩大、强度低。

(4)胶凝材料用量不宜小于 400 kg/m^3。

(5)混凝土坍落度宜为 8～13 cm。

钢纤维喷射混凝土宜符合下列规定：

(1)钢纤维等效直径 0.3～0.8 mm，长度 20～35 mm，长径比 30～80，抗拉强度不小于 600 MPa，钢纤维喷射混凝土中钢纤维的实际含量应根据弯曲韧度比和弯拉强度要求确定，一般不宜大于 78.5 kg/m^3(体积率 1％)，最小用量可按表 6—2—2 考虑。

(2)水泥强度等级不小于 42.5 级，骨料最大粒径不宜大于 10 mm，砂率不小于 50％。

(3)钢纤维喷射混凝土中宜加入硅灰或粉煤灰等活性掺和料，硅灰的加入量一般在 5％～15％，粉煤灰的加入量一般在 15％～30％，具体数量必须经过试验验证。

表 6—2—2　钢纤维喷射混凝土中钢纤维添加量

长径比	40	45	50	55	60	65	70	75	80
最小实际含量(kg/m³)	65	50	40	35	30	25	20	20	20
最小实际体积率(%)	0.83	0.64	0.51	0.45	0.38	0.32	0.25	0.25	0.25

(4)水灰比根据钢纤维喷射混凝土抗压强度要求确定。

(5)根据和易性和输料性能确定水泥、水、外加剂用量,一般水泥用量不小于 360 kg/m³。

喷射混凝土配合比设计的仅仅是理论配合比,因为不可避免的回弹使得喷射后实际形成结构的配合比与理论配合比相差较大。目前理论配合比与实际形成的配合比之间尚没有明确的关系。主要靠经验和实体试验结果具体确定配合比。

第三节　抗渗混凝土配合比设计

一、概　　述

抗渗混凝土是以优选混凝土原材料、调整混凝土配合比、掺外加剂或使用新品种水泥等方法提高自身的密实性、憎水性和抗渗性,使其满足抗渗等级要求的不透水性混凝土。抗渗等级是表征抗渗混凝土防水性能的主要指标。抗渗混凝土主要用于工业、民用建筑的地下防水工程、储水构筑物(水池、水塔)和江心、河心的取水构筑物以及处于干湿交替作用或冻融交替作用的工程(如桥墩、海港、码头、水坝等),此外也可用于屋面工程及其他防水工程。

抗渗混凝土根据采取的技术手段可分为普通抗渗混凝土、膨胀水泥抗渗混凝土和外加剂抗渗混凝土三种。普通防水混凝土是从材料和施工两个方面抑制和减少混凝土内部孔隙的生成,改变孔隙的特征(形状和大小),堵塞漏水通路,从而使之不依赖其他防水措施,仅靠提高自身密实性达到防水的目的。膨胀水泥防水混凝土是采用具有膨胀性能的特种水泥,在混凝土水化过程中通过水泥的膨胀性增加混凝土的密实性达到防水抗渗补偿收缩的目的。外加剂抗渗混凝土是在混凝土中掺入特殊外加剂—混凝土膨胀剂、防水剂等,改善混凝土孔结构、补偿混凝土收缩,达到混凝土密实预防开裂渗水的混凝土,是抗渗混凝土主要采取的方式。这里主要介绍膨胀剂抗渗混凝土的配合比设计。

二、原材料选择

1. 水泥

配制抗渗混凝土用的水泥除应满足相应标准的要求外,它的抗水性要好、泌水性要小、水化热要低并具有一定的抗侵蚀性。强度应在 32.5 级以上,每立方米混凝土中水泥(当有矿物掺和料时,包括矿物掺和料)用量不宜小于 320 kg。根据不同使用要求选择合理的水泥品种。

表 6—3—1　防水混凝土水泥品种的选择

水泥品种	普通硅酸盐水泥	火山灰质硅酸盐水泥	矿渣硅酸盐水泥
优点	早期及后期强度都较高，在低温下强度的增长比其他水泥快，泌水性小，干缩率小，抗冻耐磨性好	耐水性强，水化热低，抗硫酸盐侵蚀性好	水化热低，抗硫酸盐侵蚀性能优于普通水泥
缺点	抗硫酸盐侵蚀能力及耐水性比火山灰水泥差	早期强度低，在低温环境中强度增长较慢，干缩变形大，抗冻耐磨性差	泌水性和干缩变形大，抗冻和耐磨性均较差
适用范围	一般地下和水中结构及受冻融作用及干湿交替的防水工程，应优先选用，含硫酸盐侵蚀时不宜采用	适用于有硫酸盐侵蚀介质的地下防水工程，受反复冻融及干湿交替作用的防水工程不宜采用	必须采取提高水泥研磨细度或掺入外加剂的办法减少或消除泌水现象后，方可用于一般地下防水工程

2. 骨料

粗骨料宜采用连续级配，其最大粒径不宜大于 40 mm，含泥量不得大于 1.0%，泥块含量不得大于 0.5%。细骨料优选中砂，含泥量不得大于 3.0%，泥块含量不得大于 1.0%；砂率宜为 35%～45%。

3. 水

一般生活饮用水均可用来拌制混凝土，其他来源的水应通过试验检测，其指标符合《混凝土用水标准》JGJ 63 时方可用于拌制混凝土。

4. 膨胀剂

膨胀剂是与水泥、水拌合后经水化反应生成钙矾石、氢氧化钙或钙矾石和氢氧化钙，使混凝土产生体积膨胀的外加剂。膨胀剂主要功能是补偿混凝土硬化过程中的干缩和冷缩。选用膨胀剂时，首先检验它是否达到《混凝土膨胀剂》GB 23439—2009 标准。主要看三项：一是碱含量应小于 0.75%，二是水中 7 d、空气中 21 d 限制膨胀率符合标准要求，三是掺量不大于 12%（有些地方规定掺量小于 8%才能进入市场）。

大量工程实践表明，防水工程的底板混凝土的限制膨胀率 $\varepsilon=0.02\%\sim0.025\%$，侧墙 $\varepsilon=0.03\%\sim0.035\%$，后浇带或膨胀加强带 $\varepsilon=0.035\%\sim0.045\%$为宜。不同结构部位的抗裂要求不同，因此，膨胀剂掺量是不同的。必须根据工地原材料试配补偿收缩混凝土，在满足混凝土坍落度、强度和抗渗标号情况下，必须达到限制膨胀率的设计要求，否则要调整膨胀剂掺量。

三、配合比设计

抗渗混凝土配合比应根据工程要求，由混凝土的抗渗性、耐久性、使用条件及材料情况综合考虑进行设计。在设计方法上一般采用绝对体积法设计。在设计步骤上，可遵照普通混凝土配合比的设计步骤进行，但应重点关注以下几个方面。

1. 水灰比

水灰比是影响混凝土抗渗性能最主要的因素，这是因为水灰比的大小直接决定着混凝土的孔隙特征，对混凝土抵抗水渗透影响巨大，在《普通混凝土配合比设计规程》JGJ 55 标准中对抗渗混凝土规定了最大水灰比的限制，水灰比除了应满足试配强度的要求外，应满足表 6—3—2 要求。

表 6—3—2 抗渗混凝土最大水灰比

抗渗等级	最大水灰比	
	C20～C30 混凝土	C30 以上混凝土
P6	0.60	0.55
P8～P12	0.55	0.50
P12 以上	0.50	0.45

注:未掺外加剂及掺和料。

2. 砂率

抗渗混凝土要求有很好的和易性,砂率宜为 35%～45%,可参照表 6—3—3 根据砂石粒径、石子空隙率选定,经试拌后调整。

表 6—3—3 普通防水混凝土砂率的选择

砂细度模数	石子空隙率(%)					砂细度模数	石子空隙率(%)				
	30	35	40	45	50		30	35	40	45	50
0.70	35	35	35	35	35	2.16	35	35	36	37	38
1.18	35	35	35	35	36	2.71	35	36	37	38	39
1.62	35	35	35	36	37	3.25	36	37	38	39	40

注:本表按 5～31.5 mm 石子计算,采用其他石子时,可相应增减砂率。

3. 膨胀剂计算

膨胀剂掺量是按等量取代胶凝材料的内掺法。当基准混凝土的水泥用量为 C_0,膨胀剂掺量为 K 时:

膨胀剂用量 $E=C_0\times K$ (kg/m^3)

水泥用量 $C=C_0-E$ (kg/m^3)

当混凝土中掺入粉煤灰等掺和料(FA_0)时,则膨胀剂分别取代水泥和粉煤灰,即:

膨胀剂用量 $E=(C_0+FA_0)\cdot K$ (kg/m^3)

粉煤灰用量 $F=FA_0(1-K)$ (kg/m^3)

水泥用量 $C=C_0(1-K)$(kg/m^3)

4. 试配试验中,除了检测混凝土的抗渗等级进行抗渗试验以外,必须检测混凝土的限制膨胀率是否达到设计要求。

第四节 抗冻混凝土配合比设计

一、概 述

我国地域辽阔,北方相当大的部分处于严寒或寒冷地带,混凝土均经受不同程度的冻融破坏。冻融破坏成为混凝土结构损失使用功能的主要原因,严重影响了建筑物的长期使用和安全运行,为使这些工程继续发挥作用和效益,各部门每年都耗费巨额的维修费用,而这些维修费用为建设费用的1～3 倍。因此在混凝土建造之初的配合比设计阶段,加强混凝土抗冻融破坏的能力至关重要。

抗冻混凝土与冬季施工要求抵抗负温影响的混凝土不同。抗冻混凝土是混凝土投入使用后能够抵抗冻融破坏作用的混凝土;冬季施工混凝土是要求混凝土能够在一定的低温条件下混凝土强度不受影响能够继续发展。抗冻混凝土可能在冬季施工也可能不在冬季施工。

混凝土的冻融破坏都是由水在混凝土孔隙中的迁移冻结开始的,混凝土的抗冻性与其结构的密实性和孔结构有直接的关系。对抗冻混凝土配合比设计来说就是通过材料选取、参数设置等方面改善混凝土的密实性和空隙结构。

二、原材料选择

1. 水泥,应选用硅酸盐水泥、普通硅酸盐水泥,不宜使用火山灰质硅酸盐水泥。这是由于火山灰水泥需水量大所致,而且硅酸盐水泥、普通硅酸盐水泥中的 C_3A 的含量的增加会提高其混凝土的抗冻耐久性。

2. 骨料,宜选用连续级配的粗骨料,其含泥量不得大于 1.0%,泥块含量不得大于 0.5%,针片状含量应小于 10%;细骨料含泥量不得大于 3.0%,泥块含量不得大于 1.0%;骨料性能对混凝土的抗冻性影响较大,对混凝上抗冻性影响主要体现在骨料吸水量的影响及骨料本身抗冻性的影响。当混凝土的抗冻等级 F100 及以上时所用的粗骨料和细骨料均应进行坚固性试验,并应符合现行行业标准《普通混凝土用砂、石质量标准及检验方法 JGJ 52 标准的规定。

3. 外加剂,抗冻混凝土宜采用减水剂,对抗冻等级 F100 及以上的混凝土应掺引气剂。

引气剂对混凝土抗冻性的改善最为有效。引气剂是具有憎水作用的表面活性物质,它可以明显的降低混凝土拌合水的表面张力和表面能,使混凝土内部产生大量的微小稳定的封闭气泡。这些气泡切断了部分毛细管通路能使混凝土结冰时产生的膨胀压力得到缓解,不使混凝土遭到破坏,起到缓冲减压的作用。这些气泡可以阻断混凝土内部毛细管与外界的通路,使外界水分不易浸入,减少了混凝土的渗透性。同时大量的气泡还能起到润滑作用,改善混凝土和易性。因此,掺用引气剂,使混凝土内部具有足够的含气量,改善了混凝土内部的孔结构,是提高混凝土抗冻性最有效的措施。但使用中一定注意因引气剂引起混凝土含气量增加而带来的混凝土强度下降。

研究证明,混凝土的抗冻耐久性随孔结构性质变化而变化,当孔间距系数小于 250 μm 时,混凝土抗冻耐久性指数基本能达到 60 %以上,即可经受 300 次快速冻融循环试验。这只能通过添加合适的引气剂来达到。

减水剂可以大幅度降低混凝土的水灰比(水胶比),提高混凝土的强度和致密性,使混凝土抵抗冻融破坏的能力提高,从而提高混凝土的抗冻耐久性。

4. 掺和料

硅灰、磨细矿渣粉、粉煤灰等活性掺和料可以提高混凝土的密实性,对混凝土抗冻性能有利,但掺和料提高抗冻性能的发挥与其掺量和混凝土的水胶比、含气量有很大关系,其添加比例必须经过试验验证后确定。

三、配合比设计

抗冻混凝土配合比的计算方法和试配步骤除应遵守《普通混凝土配合比设计规程》JGJ 55 以外,重点应保证以下两个方面。

1. 水灰比

水灰比的大小不仅决定着混凝土的强度，也同时决定着混凝土中自由水的多少和混凝土的孔隙多少。由于多余的自由水在混凝上硬化过程中逐渐蒸发掉，形成大量开口孔隙，毛细孔又不能完全被水泥水化生成物填满，直至相互连通，形成毛细孔连通体系，具有这种孔隙结构的混凝土渗透性、吸水性都很大，最容易使混凝土受冻破坏。水灰比越大，混凝土的抗冻性越差。《普通混凝土配合比设计规程》JGJ 55 规定的最大水灰比见表 6—4—1。

表 6—4—1　抗冻混凝土的最大水灰比

抗冻等级	无引气剂时	掺引气剂时
F50	0.55	0.60
F100	—	0.55
F150 及以上	—	0.50

2. 含气量

含气量也是影响混凝土抗冻性的主要因素，含气量增加，平均孔隙间距减小可缓解冻融过程中的膨胀应力破坏。一般认为含气量约为 5%～6%对混凝土的抗冻性最有利。我国《混凝土结构耐久性设计与施工指南》CCES 01—2004 中对混凝土的冻融环境根据结构物所处地区的寒冷情况与混凝土饱水状况分为三种等级、六种情况（见表 6—4—2）。对冻融环境下混凝土的含气量与气泡间隔系数根据混凝土饱水情况及复合环境作用情况提出了具体的要求（见表 6—4—3）。

表 6—4—2　冻融环境分类及环境作用等级

环境类别	环境条件		作用等级	示　例
Ⅱ 冻融环境	微冻地区，混凝土高度饱水	无氯盐	Ⅱ－C	微冻地区水位变动区的构件，频繁受雨淋的构件水平表面
		有氯盐	Ⅱ－D	
	严寒和寒冷地区，混凝土中度饱水	无氯盐	Ⅱ－C	严寒和寒冷地区受雨淋构件的竖向表面
		有氯盐	Ⅱ－D	
	严寒和寒冷地区，混凝土高度饱水	无氯盐	Ⅱ－D	水位变动区的构件，频繁受雨淋的构件水平表面
		有氯盐	Ⅱ－E	

注：1. 氯盐指除冰盐或海水中氯盐。

2. 冻融环境按当地最冷月平均气温划分为严寒地区、寒冷地区和微冻地区，其最冷月的平均气温 t 分别为 t≤−8 ℃，−8 ℃<t<−3 ℃ 和 −3 ℃≤t≤2.5 ℃ 。但在海洋环境，海水的冰冻应根据当地的实际调查确定。

3. 高度饱水指冰冻前长期或频繁接触水或湿润土体，混凝土体内高度水饱和；中度饱和指冰冻前偶受雨水或潮湿，混凝土体内饱水程度不高。

表 6—4—3　混凝土含气量（平均值，%）

环境条件 骨料最大粒径(mm)	混凝土高度饱水	混凝土中度饱水	盐或化学腐蚀下冻融
10	7.0	5.5	7.0
15	6.5	5.0	6.5
25	6.0	4.5	6.0
40	5.5	4.0	5.5

混凝土高度饱水情况下气泡间隔系数不宜大于 250 μm;混凝土中度饱水情况下气泡间隔系数不宜大于 300 μm;盐或化学腐蚀冻融条件下的气泡间隔系数不宜大于 200 μm。

第五节 钢纤维混凝土配合比设计

一、概 述

钢纤维混凝土(Steel Fibre Rrinforced Concrete 简称 SFRC),是近 20 年来迅速发展起来的一种新型复合材料。通过钢纤维和混凝土的共同作用,使它不仅具有普通混凝土的优良特性,同时由于钢纤维的存在限制了裂缝的发展,从而使原来本质上是脆性的混凝土材料呈现出很高的抗裂和裂缝滞后、很大的延性和韧性、优良的抗拉、抗冲击、耐磨损、抗疲劳等特性。

钢纤维混凝土适用于对抗拉、抗剪、抗折强度和抗裂、抗冲击、抗疲劳、抗震、抗暴、耐磨等性能要求较高的混凝土结构工程,如道路、飞机跑道、桥面铺装、隧道衬里、码头、设备基础等。

钢纤维混凝土配合比设计的目的是将其组成的材料,即钢纤维、水泥、水、粗细骨料及外掺剂等合理的配合,满足结构设计要求的抗压强度、抗拉强度(或弯拉强度、弯曲韧度比)以及施工要求的和易性。钢纤维混凝土的配合比设计与普通水泥混凝土相比,其主要特点是:

1. 钢纤维混凝土一般是强度双控标准(抗压、抗拉或抗压、抗折)和韧度的要求。
2. 钢纤维体积率的确定方法。
3. 钢纤维混凝土的砂率和单位用水量与钢纤维体积率有关。

二、原材料的选择

1. 钢纤维的选择

目前国内外生产混凝土用的钢纤维有四种方法,钢纤维因此而分为四大类,即高强钢丝切断型钢纤维、剪切型钢纤维、铣削型钢纤维、熔抽型钢纤维。使用的材质有碳钢型、低合金钢型和不锈钢型。形状上有平直形、压痕形、波形、端钩形、大头形和不规则麻面形。钢纤维按抗拉强度可分为 380 级(抗拉强度不小于 380 MPa,小于 600 MPa)、600 级(抗拉强度不小于 600 MPa,小于 1 000 MPa)、1 000 级(抗拉强度不小于 1 000 MPa)。

钢纤维的长度一般为 20～60 mm,等效直径为 0.3～0.9 mm,长径比在 30～80 之间。

钢纤维混凝土破坏时往往是钢纤维从混凝土基体里拔出来,而不是拉断。纤维的增强效果主要取决于纤维的长径比、体积率及纤维和基体混凝土间的黏结强度等因素。纤维所受的应力与纤维长径比、水泥浆与纤维界面黏结强度成正比。要提高纤维在混凝土中的增强效果,一是提高钢纤维的长径比,二是提高钢纤维与基体之间的黏结强度。但是长径比过大将影响纤维混凝土的性能,混凝土和易性降低,还会产生纤维结球等现象,破坏混合料的均匀性,从而影响混凝土性能的改善,而界面的黏结性能就钢纤维本身而言,则取决于它的形状及表面的情况,异形钢纤维比平直形钢纤维的增强效果可提高约一倍。《纤维混凝土结构技术规程》CECS 38:2004 标准推荐的钢纤维几何参数范围见下表。

表 6—5—1　钢纤维几何参数选用

工程类别	长度(mm)	直径(等效直径)(mm)	长径比
一般浇筑钢纤维混凝土	20～60	0.3～0.9	30～80
钢纤维喷射混凝土	20～35	0.3～0.8	30～80
钢纤维混凝土抗震框架节点	35～60	0.3～0.9	50～80
钢纤维混凝土铁路轨枕	30～35	0.3～0.6	50～70
层布式钢纤维混凝土复合路面	30～120	0.3～1.2	60～100

2. 水泥的选择

水泥在钢纤维混凝土中起胶结作用，常选用硅酸盐水泥或普通硅酸盐水泥，水泥强度等级不低于 32.5 级。钢纤维混凝土中水泥用量比普通混凝土水泥用量偏大，一般不宜少于 360 kg/m^3。

3. 骨料的选择

砂的细度模数对钢纤维混凝土强度与和易性有一定影响，细度模数大的砂拌制的混凝土容易产生离析和泌水现象；细度模数小的砂混凝土的拌合物需水量较多，虽不产生离析和泌水现象，却需要较多的水泥浆才能包裹砂的表面，水泥用量大。一般以中砂为宜，细度模数不小于 2.4。

钢纤维混凝土的粗骨料最大粒径直接影响到钢纤维的握裹力，所用石子最大粒径不宜大于 20 mm 和钢纤维长度的 2/3，如果石子粒径过大，削弱了钢纤维的增强作用，并易于集中于大石子周围，不便于钢纤维的分散。当粗骨料粒径大于 20 mm 时，应选用适宜的纤维，经过专门的试验验证达到设计要求的增强、增韧效果才能使用。钢纤维混凝土用粗骨料的针片状颗粒含量不宜大于 5%，含泥量不大于 1%，泥块不大于 0.5%。

4. 外加剂

为了改善混凝土和易性，减少水分蒸发与坍落度的损失，提高混凝土抗折强度和抗裂性能，可掺用适当的外加剂。

三、配合比设计

钢纤维混凝土配合比设计的基本方法是建立在钢纤维混凝土拌合料的特性及其硬化后的强度基础上的。其主要目的是根据使用要求，既要满足抗压强度要求，又要符合抗折强度或抗拉强度、弯曲韧度比要求，以及和易性、经济性要求。合理确定拌合料的水灰比，钢纤维体积率、单位用水量和砂率等四个基本参数，由此，即可计算出各组成材料的用量。

钢纤维混凝土配合比的设计可在普通混凝土配合比设计的基础上重点对水灰比、钢纤维体积率、单位用水量、砂率确定加以设计。钢纤维混凝土的抗压强度、抗折强度和抗拉强度与水灰比、钢纤维体积率和长径比、砂率、用水量等因素有关，其中水灰比对抗压强度影响最大，其他因素影响较小。钢纤维体积率和长径比对抗折强度和抗拉强度影响最大，砂率和用水量对和易性影响较大。因此钢纤维混凝土配合比设计的原则是：

(1)在满足抗压强度和耐久性的基础上确定水灰比；

(2)按抗拉强度(或弯拉强度、弯曲韧度比)计算钢纤维体积率；

(3)根据施工要求稠度，选择单位用水量；

(4)在满足和易性、强度的基础上确定砂率。

1. 水灰比的确定

由于钢纤维混凝土的抗压强度,主要取决于水泥石的强度及其与骨料间的黏结力,水泥的强度及其与骨料间的黏结力又主要取决于水灰比的大小,而钢纤维的体积率和长径比对抗压强度影响不大(仅可提高抗压强度的5%~10%)。因此,钢纤维混凝土的水灰比,可按普通水泥混凝土抗压强度与水灰比的关系式求得。

$$f_{fcu}=AR_C(C/W-B)$$

式中 f_{fcu}——钢纤维混凝土试配拉压强度(MPa);

R_C——水泥实测28 d的抗压强度(MPa);

C/W——钢纤维混凝土所要求的灰水比;

A、B——经验系数。

钢纤维混凝土的水灰比一般不应大于0.50,对于以耐久性为主要要求的钢纤维混凝土不大于0.45。

2. 钢纤维体积率的确定

钢纤维混凝土的抗拉强度、弯拉强度、抗剪强度、韧度以及与钢筋的黏结强度等力学性能都有钢纤维体积率有关。钢纤维混凝土中钢纤维的体积率小到一定程度时将起不到增强增韧作用,对于不同品种、不同长径比的钢纤维,其最小体积率略有不同,《纤维混凝土结构技术规程》CECS 38:2004标准规定最小体积率为0.35%。钢纤维体积率超过2%时,拌合物的和易性差,施工困难,质量难以保证。但有特殊需要时,在保证质量和增强效果的情况下,可经试验和采取必要的施工措施,将钢纤维体积率增大。

对于不同工程结构,应根据抗拉强度(或弯拉强度、弯曲韧度比)的要求,通过试验建立体积率与抗拉强度(或弯拉强度、弯曲韧度比)的关系确定适合的钢纤维体积率。

空军工程设计研究局等单位研究认为钢纤维混凝土抗折强度与水灰比、钢纤维体积率、长径比及水泥的抗折强度有如下关系:

$$f_{fcu}=R_{tm}(0.12C/W+0.31+\beta_{tm}\rho_f\, l_f/d_f)$$

式中 f_{fcu}——钢纤维混凝土试配抗折强度(MPa);

R_{tm}——实测28 d的水泥抗折强度(MPa),无实测数据时,可按水泥的抗折标号乘以富裕系数1.13估计;

C/W——钢纤维混凝土所要求的灰水比;

β_{tm}——不同品种钢纤维对抗折强度的影响系数;

ρ_f——钢纤维体积率,%;

l_f——钢纤维长度;

d_f——钢纤维直径或等效直径。

表6—5—2 β_{tm}值表

纤维类型	β_{tm}
切割型	0.30
熔抽型	0.32
剪切型	0.62

当已知钢纤维混凝土的试配抗折强度、水灰比、水泥抗折强度及钢纤维的品种后，可通过上式求得钢纤维的体积率。

东南大学试验表明，剪切钢纤维混凝土的抗折强度与水灰比、体积率、长径比以及水泥抗压强度有如下关系：

$$f_{fcu}=R_c(0.0802C/W+0.08\rho_f l_f/d_f-0.0801)$$

式中　f_{fcu}——钢纤维混凝土试配抗折强度(MPa)；

R_c——实测 28 d 的水泥抗压强度(MPa)；

C/W——钢纤维混凝土所要求的灰水比。

若已知钢纤维混凝土的抗折强度、水灰比、水泥抗压强度及钢纤维长径比，按上式即可求得剪切钢纤维的体积率。

当无试验数据时，可根据不同的钢纤维混凝土结构工程，参考下表选用。

表 6—5—3　钢纤维体积率选用参考表

钢纤维混凝土结构类别	钢纤维体积率(%)	钢纤维混凝土结构类别	钢纤维体积率(%)
一般浇筑成型的结构	0.35～2.0	铁路轨枕刚性防水屋面	0.8～1.2
局部受压构件、桥面、预制桩、桩顶、桩尖	0.9～1.5	喷射钢纤维	0.5～1.5

3. 单位用水量的确定

在水灰比保持一定的条件下，单位体积用水量和钢纤维体积率是控制拌合料和易性的主要因素，用水量的确定应使拌合料达到要求的和易性、便于施工为准。可参照普通混凝土配合比设计先确定基本用水量，再考虑钢纤维加入的影响进行调整。一般，对于钢纤维长径比为 35～55 的钢纤维混凝土，当钢纤维体积率增加 0.5%时，单位用水量增加 7～9 kg。钢纤维体积率在 0.5～1.5 时用水量增加 10～20 kg。当拌合料中掺入外加剂或掺和料时，其掺量和单位用水量应通过试验确定。

4. 砂率的确定

砂率的确定与用水量的确定相似，可参照普通混凝土配合比设计先确定基本砂率，再考虑钢纤维加入的影响进行调整。一般，当钢纤维体积率增加 0.5%时，砂率增加 3%～5%。钢纤维体积率在 0.5～1.5 时，最佳砂率为 40%～50%。

第六节　高性能混凝土配合比设计

一、概　　述

高性能混凝土配合比的设计是以耐久性为主要目标，保证拌合物的工作性，兼顾混凝土结构强度要求，使三者达到统一。影响混凝土耐久性的因素是拌合物的均匀性、稳定性，硬化混凝土的密实度、中心质网络的形成、界面结构、尺寸稳定性和所使用原材料的品质等。在高性能混凝土配合比设计中强度指标是比较容易满足的，拌合物的工作性是保证混凝土浇筑质量的关键，高性能混凝土要求具有高流动性、体积稳定、不离析、不泌水、坍落度损失小。要想使耐久性、工作性、强度三者达到和谐统一，以强度设计为目标的普通混凝土配合比设计方法不适用于高性能混凝土配合比的设计。不同的研究者提出了不同的高性能混凝土配合比设计方法，比较著名的高性能混凝土配合比的设计方法有以下几种。

Mehta 和 Aitcin 推荐的高强高性能混凝土配合比确定方法。其设计理念是：采用适宜的骨料时，固定浆集比 35∶65 可以很好的解决强度、工作性和尺寸稳定性（弹性模量、干缩和徐变）之间的矛盾，配制出理想的高性能混凝土。

法国路桥实验中心建议的方法。该方法是在 Feret 公式和 Farris 模型的基础上提出以下三相假说：

①具有一定组成的混凝土强度主要受浆体性质的控制；不含砂、石的浆体可有最高的强度；

②当混凝土骨料的组成一定时，拌合物的工作性取决于浆体的体积和浆体的流动性；

③满足一定的强度及工作性要求时，需要浆体体积最小的砂率为最优砂率；对于等体积、等黏度、不同组成的浆体，最优砂率相同。

日本阿部道彦采用的配合比计算方法。该方法通过一系列经验表格提出在适当的原材料选定和给定配制条件下的混凝土配合比计算流程。

基于最大密实度理论的方法，混凝土骨料所占据的相对体积尽可能的多，骨料颗粒之间的空隙由具有一定水胶比的浆体填充。浆体的水胶比根据混凝土的设计强度确定。但是如果浆体仅仅填充骨料间的空隙，则混凝土拌合物将不能流动，必须使浆体有一定的富裕，以对骨料起润滑作用。此外还要考虑细骨料颗粒的表面积效应使实际使用的最优砂率小于骨料颗粒堆积最密实时的砂率。

这里主要介绍陈建奎、王栋民的全计算法配合比设计方法，该方法结合了 Mehta 和 Aitcin 方法和最大密实度理论，具有较好的实用性。

二、体积模型

传统的混凝土密实填充概念为：在混凝土中石子的空隙由砂子来填充，砂子的空隙由水泥来填充，水泥的空隙由水来填充。美国 P. K. Mehta 和加拿大 P. C. Aitcin 教授在对高性能混凝土（HPC）进行了大量的研究后认为：要使 HPC 同时达到最佳的施工和易性和强度性能，其水泥浆与骨料应有一个最佳体积比，建议取 $V_e:(V_s+V_g)=35:65$。这一认识事实上是确定了 HPC 配合比设计中水泥浆体体积与骨料体积间的定量关系。他们还假定，HPC 中水泥和细掺料（如粉煤灰和磨细矿渣）的体积比为 75∶25。

全计算法配合比设计方法提出如下观点和模型。

- 混凝土各组成材料（包括固、液、气三相）具有体积加和性；
- 石子的空隙由干砂浆来填充；
- 干砂浆的空隙由水来填充；
- 干砂浆由水泥、细掺料、砂和空气隙所组成。

该模型的基本模式较早由 A. M. Neville 提出。在 A. M. Neville 模型中，没有提出干砂浆体积的概念，所以混凝土中浆体与骨料是彼此割裂的。本模型假定混凝土总体积为 1 m^3（1 000 L），由水、水泥、细掺料、空气、砂、石等部分组成，对应的体积分别为 V_w，V_c，V_f，V_a，V_s，V_g。图中表示干砂浆体积的实线框可以上下移动，以调整用水量和砂率。

其中 V_e 为浆体体积（L）；V_{es} 为干砂浆体积（L）；V_w 为用水量（L）；V_c，V_f，V_a，V_s，V_g 分别为水泥、细掺料（如 FA）、空气、砂子和石子的体积用量（L）。

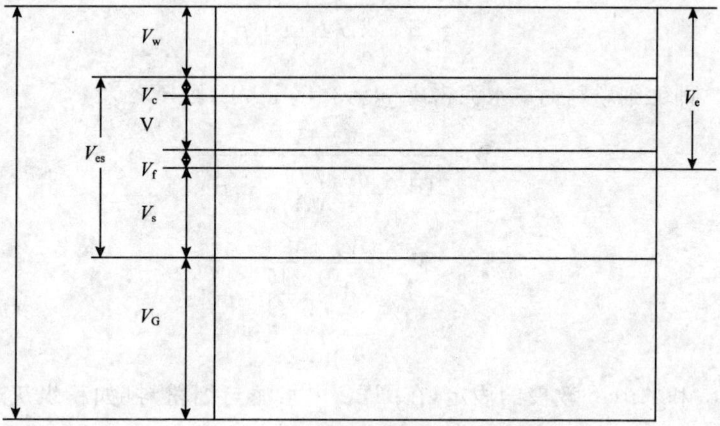

三、设计步骤

(1)配制强度

$$f_{cu,P}=f_{cu,o}+1.645\sigma$$

(2)水胶比

$$\frac{m(w)}{m(c+f)}=\frac{1}{\frac{f_{cu,P}}{Af_{ce}}+B}$$

(3)用水量

$$V_w=\frac{V_c-V_e}{1+\frac{1}{(1-\phi)\rho_c+\phi\rho_f}\left(\frac{f_{cu,P}}{Af_{ce}}+B\right)}$$

(4)胶凝材料组成与用量

$$m(c+f)=\frac{m(w)}{m(w)/m(c+f)}$$

$$m(c)=\frac{(1-\phi)\rho_c}{(1-\phi)\rho_c+\phi\rho_f}m(c+f)$$

$$m(f)=\frac{\phi\rho_f}{(1-\phi)\rho_c+\phi\rho_f}m(c+f)$$

(5)砂率及集料用量

$$S_P=\frac{(V_{es}-V_e+V_w)\rho_s}{(V_{es}-V_e+V_w)\rho_s+(1\,000-V_{es}-V_w)\rho_g}\times100\%$$

$$S=(V_{es}-V_e+V_w)\cdot\rho_s$$

$$G=(1\,000-V_{es}-V_w)\cdot\rho_g$$

(6)试配与配合比调整

四、简化计算

(1)用于 HPC 时用水量公式的简化

$$W=\frac{V_e-V_a}{1+\frac{1}{\rho_c}\left(\frac{f_{cu,p}}{Af_{ce}}+B\right)}$$

当 $\phi=0$ 时，即无细粉料时，水泥密度 $\rho_c=3.15$ kg/L，则 (V_w)

$$W=\frac{V_e-V_a}{1+0.317\left(\frac{f_{cu,p}}{Af_{ce}}+B\right)}$$

$$W=\frac{V_e-V_a}{1+\frac{0.317}{W/C}}$$

或 (V_w)

按照 Mehta 和 Aitcin 教授的假定，在 HPC 中水泥与细粉料（如粉煤灰或矿渣）的体积比为 75∶25，即 $V_c:V_f=75:25$，j=25% 时，则 $V_w+V_c+V_f+V_a=V_e$

$$W=\frac{V_e-V_a}{1+\frac{4}{3\rho_c+\rho_f}\left(\frac{f_{cu,p}}{Af_{ce}}+B\right)}$$

水泥密度 $r_c=3.15$ kg/L，细粉料比重 $r_f=2.51$ kg/L，则

$$V_W=\frac{V_e-V_a}{1+0.335\left(\frac{f_{cu,p}}{Af_{ce}}+B\right)}$$

或
$$V_w=\frac{V_e-V_a}{1+\frac{0.335}{m(w)/m(c+f)}}$$

(2)用于 HPC 时砂率公式的简化

当 $\rho_S\approx\rho_G$ 时（$\rho_S=2.65$，$\rho_G=2.65\sim2.70$）

$$S_p=\frac{V_{es}-V_e+W}{1\ 000-V_e}\times100\%$$

式中浆体体积 V_e 和干砂浆体积 V_{es} 尚需具体确定。根据美国 P. K. Mehta 和 P. C. Aitcin 教授的观点，要使 HPC 同时达到最佳的施工和易性和强度性能，其水泥浆与骨料的体积比应为 35∶65，故对 HPC 可取 $V_e=350$ L。干砂浆体积确定如下：

对于一定粒径的碎石，视密度为 ρ_0，堆密度为 ρ_b，石子空隙率 P 为：

$$P=1-\frac{\rho_b}{\rho_0}$$

根据模型的观点(2)，当单位体积石子的孔隙正好被干砂浆填满时，则得干砂浆体积为

$$V_{es}=1\ 000\ P\ \text{或}\ V_{es}=1\ 000\left(1-\frac{\rho_b}{\rho_0}\right)\times100\%$$

上式是计算干砂浆体积的通式，可以通过实测石子视密度 ρ_0 和堆密度 ρ_b 而精确计算。一般地，最大粒径 25 mm 的碎石，视密度 $\rho_0=2.70$ kg/L，堆密度 $\rho_b=1.55$ kg/L，则干砂浆体积

$$V_{es}=1\ 000\ '\left(1-\frac{1.55}{2.70}\right)=430\ L$$

当配制 HPC 时，采用最大粒径 10～20 mm 的碎石，由于比表面积较大，要保证良好的石

子包裹性和混凝土施工性，干砂浆的体积应增加 5% ，这样 $V_{es}=450$ L，同时 $V_e=350$ L，$V_s+V_g=650$ L(Mehta 的观点)。砂率的计算方法。

$$S_e=\frac{100+W}{650}$$

(3)外加剂用量的计算

减水率(η)的计算公式：

$$\eta=\left(\frac{W_0-W}{W_0}\Delta\eta\right)\times 100\%$$

根据所需减水率与外加剂性能确定外加剂的用量。

式中　W_0——坍落度 7～9 cm 基准混凝土用水量（kg/m^3），与石子最大粒径有关。W_0 取值如表 6—5—1；

W——HPC 的用水量（kg/m^3）；

η——减水剂增量系数，取决于 HPC 的初始坍落度，当 $SL=16\sim18$ cm 时，$\Delta\eta=0.04$，$SL=20\sim22$ cm 时，$\Delta\eta=0.06$。

表 6—6—1　基准混凝土用水量 W_0

粗骨料最大粒径(mm)	16	20	25	30
W_0（kg/m^3）	230	215	210	205

总结如上研究，由设计强度可算出配制强度，由配制强度求得水灰比和用水量，从而得到胶凝材料用量，根据细掺料的比例组分可分别求得水泥用量和细掺料用量，根据砂率和用水量的关系式求出砂率，近而得到粗细骨料用量。复合超塑化剂用量根据混凝土坍落度要求求出。由此所有组分材料用量即可全部定量计算。

五、配合比计算示例

C80 高性能混凝土配合比设计：

水泥采用冀东 525 水泥，砂为二区中砂，细度模数 2.8～3.2，含泥量＜2%，石子为花岗岩碎石，最大粒径 2.0 cm，含泥量＜1%，首钢磨细矿渣比表面积 500 m^2/kg，复合超塑化剂 CSP。配合比定量计算过程如下：

(1)配制强度

$$f_{cu,p}=f_{cu,0}+1.645\quad\sigma=80+1.645\times6=90\text{ MPa}$$

(2)水灰比

$$\frac{W}{C+F}=\frac{1}{\frac{f_{cu,p}}{Af_{ce}}+B}=\frac{1}{\frac{90}{0.48\times52.5\times1.13}+0.52}=0.27$$

(3)用水量

$$W=\frac{V_e-V_a}{1+0.335\left(\frac{f_{cu,p}}{Af_{ce}}+B\right)}=\frac{350-20}{1+0.335\left(\frac{90}{0.48\times52.5\times1.13}+0.52\right)}=147\text{ kg}$$

(4)胶凝材料组成与用量

$$m(c+f)=\frac{m(w)}{w/(c+f)}=\frac{147}{0.27}=544$$

$$m(f)=\frac{\phi\rho_f}{(1-\phi)\rho_c+\phi\rho_f}m(c+f)=\frac{0.25\times 2.51}{(1-0.25)\times 3.15+0.25\times 2.51}\times 544=114$$

$$m(c)==m(c+f)-m(f)=544-114=430$$

(5)砂率及集料用量

$$S_p=\frac{100+W}{650}=\frac{100+147}{650}=38\%$$

$$S=(100+W)\rho_s=(100+147)\times 2.65=657$$

$$G=(1\,000-450-147)\times 2.70=1\,086$$

$$G=(1\,000-V_{es}-V_w)\cdot\rho_g$$

$$\mu=\left(\frac{W_0-W}{W_0}+\Delta\eta\right)\times 3.67\%$$

超塑化剂掺量(μ)

$$\mu=\left(\frac{W_0-W}{W_0}+\Delta\eta\right)\times 3.67\%=[(215-147)/215+0.06]\times 3.67=1.38\%$$

C80 HPC 的配合比计算结果见表 6—6—2。

表 6—6—2　C80 HPC 配合比计算结果

C	BFS	S	G	CSP	W	CSP%
430	114	657	1 086	7.51	147	1.38

按照上述配合比进行试配，测试混凝土性能如下：坍落度 21 cm；强度 7 d，61.2 MPa；28 d，88.6 MPa。可见配合比设计与试配结果具有非常好的相关性。

第七章　混凝土配合比设计相关技术

第一节　砂石含水率排水法快速测定

在普通混凝土用砂与建筑用砂标准中，砂子含水率测定的标准方法是烘干法，该法虽然测试精度高，但是所需时间较长。在标准中也规定了炒干法，虽然设备简单，方便快捷，但对含泥量较多或有机杂质含量较多的砂子，测试精度不高。用排水法测试砂子含水率，不但具有炒干法方便快捷的优点，而且适用范围广，测试精度高，还不消耗能源。

1. 仪器设备：

天平——称量 1 000 g，感量 1 g；

容量瓶——500 ml；

浅盘、料勺、温度计等。

2. 试验步骤

(1)称取湿砂试样 300 g(m_0)，装入盛有半瓶自来水的容量瓶中，摇转容量瓶，使试样在水中充分搅动以排除气泡，稍放置后，用滴管添水，使水面与瓶颈刻度线齐平，塞紧瓶塞，擦干瓶外水分，称其重量(m_1)；

(2)倒出瓶中的水和试样，将瓶的内外表面洗净，再向瓶内注入与上步水温相差不超过 2 度的自来水至瓶颈刻度线。塞紧瓶塞，擦干瓶外水分，称其重量(m_2)；

(3)计算湿砂试样排开水的质量 m_{s0}，$m_{s0} = m_0 + m_2 - m_1$；

(4)计算含水率 W_{s0}

$$W_{s0}=[(m_{s0}-m_0/\rho_s)/(m_0-m_{s0})]\times100+\beta_t。$$

式中　ρ_s——干砂的视密度(g/cm^3)；

β_t——由试验水温引起的修正值，按表 7—1 取值。

表 7—1—1　水温与 β_t 对照表

水温(℃)	10～11	12～16	17～20	21～23	24～26	27～29	30
β_t(%)	0	0.05	0.10	0.15	0.20	0.25	0.30

第二节　混合骨料获得所要求级配的几种方法

有时，由于材料资源的限制或混凝土性能的要求，需要根据现有的几种骨料求得符合要求级配的混合骨料。混合骨料获得所要求级配可用图解法、计算法、摩氏配比设计法等方法得到，应用较多的是前两种方法。同时这种混合骨料求得所要求级配的方法也适用于市政、公路等行业不同粒径材料混合成要求级配的问题。

一、图 解 法

建立坐标轴,在左边纵坐标轴上标出每个筛孔尺寸通过率的刻度。过原点画一条与水平轴线成任一角度的直线代表所要求的级配,通过所要求级配每一筛孔尺寸的通过率确定横坐标每个筛孔尺寸的位置。(每一筛孔通过率水平与要求级配直线相交,由相交点向横坐标作垂线,垂线与横坐标的交点即筛孔位置),横坐标筛孔尺寸的刻度是不均等增加的。

把现有骨料按筛孔尺寸与通过率在图上确定一系列点,然后画出通过这些点的最佳直线分别与横坐标与100%通过率直线相交。连接前一种集料的高点与后一种骨料的低点作一直线,可求得这些直线与所要求的级配线的交点对应的纵坐标,后一点纵坐标与前一点纵坐标的差值就表示在混合级配中该骨料的含量(第一种骨料由第一个交点的纵坐标与0%相减,最后一种骨料由100%与最后一个交点的纵坐标相减)。

当第一种骨料为砂子时,所求得第一种骨料的含量即为混凝土的砂率。

这种方法适用于每一骨料由少数几个筛孔尺寸控制,当要求的筛孔尺寸较多时,很难画出合理直线,所求得的混合级配精确度较差。

二、计 算 法

比面(骨料表面积与体积之比,实际上常用表面积与重量之比来表示)概念是计算法的基础,即认为只要骨料的总比面不变,可配制出特性类似的混凝土。相对来说,测定比面较难,可用表面积指数代替。表面积指数是每相邻两种筛孔之间材料的任意数值,由于标准骨料的相对密度不可能随粒径有很大变化,而筛孔尺寸总是对半递减,所以表面积指数就应倍增。假定颗粒形状在级配刻度上是保持不变的(这显然是不符合实际的假定,但却很方便),一般设最大粒径的表面积指数为1/8,小一号粒径的表面积指数即为1/4,依此类推,但对砂子0.3与0.15 mm筛孔的材料应有同样的表面积指数(把0.3和0.15 mm筛孔的骨料归在一组)。

表7—2—1 级配计算法

1	2	3	4	5		6	
筛孔尺寸(mm)	表面积指数值	所要求的级配(筛孔间百分率)	要求的表面积指数(2列×3列所得乘积的最接近整数)	现有集料在筛孔间的百分率(%)		可得的表面积指数(2列×5列所得乘积的最接近整数)	
				细	粗	细	粗
20.0～10.0	1/8						
10.0～5.0	1/4						
5.0～2.36	1/2						
2.36～1.18	1						
1.18～0.6	2						
0.6～0.3	4						
通过0.3	8						
			A			B	C

混合后的砂率 β_s(%)按如下计算

所求表面积指数 A=β_s/100×细骨料可得表面积指数 B+((100−β_s)/100)×粗骨料可得表面积指数 C

计算法只能用于处理两种骨料，细骨料与粗骨料，而几种粗骨料的混合比例对砂率影响不大。假如计算法用于非常细的砂，将由于计算表面积指数着重强调其更小的颗粒，而使得算出的砂率会不合理地偏低，一般当混凝土的砂率低于 20%时，在实际的混凝土配制中会产生严重的问题。

此外，还有摩氏配合比设计法中提到的方法。摩达克(Murdock)提出的设计法与上面的计算法有关，但此法还包括另外一些影响混凝土和易性的因素，如拌和物稠度与颗粒形状、大小分布及配比比例通过数字来评估这些因素。

第三节　黄金分割法在材料掺量优选中的应用

黄金分割法的实质是，在所选择的整体 1 的范围内，有这样两个最佳对比点，它们符合对称性和相似性的要求，这两个对比就是 0.382 和 0.618。在 0.382 和 1 之间，原来 0.618 那点正好是其间的 0.382，而在 0 和 0.618 之间，原来 0.382 那点正好是其间的 0.618，这是所谓的对称性和相似性。

在配合比设计中，常常需要确定掺和料或外加剂的掺量。当对某种材料的性能不了解，需要确定其最佳掺量时，如果用枚举法或全面法进行试验确定则试验目的性不强、试验次数太多。较好的方法就是采用黄金分割法进行几轮试验选取最佳掺量，这样，每一步都能保证再向正确目标靠近，不会做无用功而且试验次数较少。其具体方法如下：

假设某材料产品说明书上推荐掺量是胶凝材料的 1%～5%，为找到该材料在本次配合比设计中的最佳掺量，确定试验验证指标(如强度、电通量等)后，可制定如下试验方案。

第一步：在 1%～5%范围内选取黄金分割点进行两个试验，分别是：

试验 1：以掺量 1%～5%的 0.618 点位即 1%+(5%−1%)×0.618=3.47%进行试验；

试验 2：以掺量 1%～5%的 0.382 点位即 1%+(5%−1%)×0.382=2.53%进行试验。

如果试验 2 的验证指标好于试验 1 的指标，则说明该材料的掺量范围在本次配合比设计中应该在 1%～3.47%之间。可进行第二步试验，在 1%～3.47%之间再寻找最佳掺量。因试验 2 的掺量 2.53%即是掺量范围 1%～3.47%之间的 0.618 点，第二步试验只需增加掺量范围 1%～3.47%之间的 0.382 点进行试验 3 即可。

试验 3：以掺量范围 1%～3.47%之间的 0.382 点位即 1%+(3.47%−1%)×0.382=1.94%进行试验。

若第二步试验对比仍是试验 2 的结果好于试验 3，则说明该材料的掺量范围在本次配合比设计中应该在 1.94%～3.47%之间。可进行第三步试验继续优选，在 1.94%～3.47%之间寻找最佳掺量，此时试验 2 的掺量 2.53%即是掺量范围 1.94%～3.47%之间的 0.382 点位，第三步试验只需增加掺量范围 1.94%～3.47%之间的 0.618 点位进行试验 4 即可。

试验 4：以掺量范围 1.94%～3.47%之间的 0.618 点位即 1.94%+(3.47%−1.94%)×0.618=2.89%进行试验。

若此时，试验 4 的验证指标好于试验 2 的结果，则说明该材料的掺量范围在本次配合比设计中应该在2.53%～3.47%之间。可进行第四步试验，在2.53%～3.47%之间再寻找最佳掺量。因试验4的掺量2.89%即是掺量范围2.53%～3.47%之间的0.382点，第四步试验只需增加掺量范围2.53%～3.47%之间的0.618点进行试验5即可。

试验5：以掺量范围2.53%～3.47%之间的0.618点位即2.53%+(3.47%－2.53%)×0.618=3.11%进行试验。

对比试验4和试验5的结果，选取其中较好者即是四步黄金分割法找出的最佳掺量。

采用黄金分割法一般做四步对比试验已经足够准确，由于相似性和对称性，四步对比只需进行五个具体试验即可。由此可见，黄金分割法的优点是方向性好、试验次数少、逼近最佳值的速度较快，特别适合考察指标试验周期较短的材料最佳掺量确定。但是黄金分割法需每一步等试验结果出来才能确定下一步试验方向，当考察指标的试验周期较长时，黄金分割法耗时也较长。

第四节　正交试验设计

常用的混凝土配合比确定方法是基于平均相关性的计算法。尽管在配制混凝土过程中经过相应试验之后可以进一步搞清这些相关性，提高配合比计算的精度，但为了避免复杂的数学计算以及由于不十分清楚的许多因素对混凝土性能的相互影响，这些方法所考虑的因素是有限的，因此，在一定程度上影响其精确度的进一步提高。采用试验优化设计的方法能考虑具体生产条件下大量影响因素的数学模型，用少量的试验得到最多最可靠的信息，经综合分析评价，可以得出全面的结论。不仅能使工艺计算准确；而且能在原始参数变化时进行配合比的必要修正，从而成功地控制混凝土的质量和构件的生产。多因素多指标试验优化设计方法有正交试验设计、回归正交试验设计、混料优化设计、D-最优设计、回归旋转设计等。其中最常用的是正交试验设计方法。

正交试验设计(Orthogonal experimental design)是研究多因素多水平的一种设计方法，它是根据正交性从全面试验中挑选出部分有代表性的点进行试验，是分析式设计的主要方法。是一种高效率、快速、经济的试验设计方法。日本著名的统计学家田口玄一将正交试验选择的水平组合列成表格，称为正交表，正交表是一整套规则的设计表格，有等水平正交表、混合正交表两种，在正交表中有时还可以分析有交互作用的因素。例如作一个三因素三水平的实验，按全面实验要求，须进行$3^3=27$种组合的实验，且尚未考虑每一组合的重复数。若按$L_9(3^3)$正交表安排实验，只需作9次，按$L_{18}(3^7)$正交表进行18次实验，显然大大减少了工作量。因而正交实验设计在很多领域的研究中已经得到广泛应用。

一、正 交 表

1. 等水平正交表，用$L_n(t^c)$表示，其中L为正交表的代号，n为试验的次数，t为水平数(每个因素可安排的考察水平数)，c为列数(是可能安排最多的因素个数)。例如$L_9(3^4)$，它表示需作9次实验，最多可观察4个因素，每个因素均为3水平。$L_9(3^4)$正交表见表7—4—1。

表 7—4—1　正交表 $L_9(3^4)$

试验号	列号 1	列号 2	列号 3	列号 4	试验号	列号 1	列号 2	列号 3	列号 4
1	1	1	1	1	6	2	3	1	2
2	1	2	2	2	7	3	1	3	2
3	1	3	3	3	8	3	2	1	3
4	2	1	2	3	9	3	3	2	1
5	2	2	3	1					

各列水平数均为 2 的常用正交表有：$L_4(2^3)$，$L_8(2^7)$，$L_{12}(2^{11})$，$L_{16}(2^{15})$。

各列水平数均为 3 的常用正交表有：$L_9(3^4)$，$L_{27}(3^{13})$。

各列水平数均为 4 的常用正交表有：$L_{16}(4^5)$，$L_{64}(4^{21})$。

各列水平数均为 5 的常用正交表有：$L_{25}(5^6)$，$L_{125}(5^{31})$

2. 混合型正交表，当一个正交表中各列的水平数不相等时，称它为混合型正交表，如表 7—4—2 显示的 $L_8(4^1\times2^4)$，此表的 5 列中，有 1 列为 4 水平，4 列为 2 水平。通常用 $L_n(m_1^{k1}m_2^{k2})$表示。其中 m_1^{k1} 表示，水平数为 m_1 的有 k_1 列；m_2^{k2} 表示，水平数为 m_2 的有 k_2 列。用这类正交表安排试验时，水平数为 m_1 的因素最多可安排 k_1 个，水平数为 m_2 的因素最多可安排 k_2 个。

科学实践中，由于试验条件所限，各因素的水平数选取太多时会大大增加试验量，可对需要重点考察的因素多取水平，而其他因素水平数可适当减少。混合正交表正是用来设计该类试验的，即各因素的水平数不完全相同的正交表。

常用的混合水平正交表有：$L_8(4^1\times2^4)$，$L_{16}(4\times2^{12})$，$L_{16}(4\times2^9)$，$L_{16}(4^4\times2^3)$。

表 7—4—2　正交表 $L_8(4^1\times2^4)$

试验号	列号 1	列号 2	列号 3	列号 4	列号 5
1	1	1	1	1	1
2	1	2	2	2	2
3	2	1	1	2	2
4	2	2	2	1	1
5	3	1	2	1	2
6	3	2	1	2	1
7	4	1	2	2	1
8	4	2	1	1	2

3. 交互作用正交表，在现实生活中，某一考察指标的各个因素有时不是单独对考察指标产生影响，存在某一因素对考察指标的影响依赖于另一个因素的水平变化，即这两个因素存在交互作用，例如掺粉煤灰与矿粉两种掺和料的混凝土，粉煤灰的掺量对混凝土强度的影响就与矿粉的掺加量有关。在每一张正交表后都附有相应的交互作用表，可专门用来安排交互作用试验。安排交互作用的试验时，是将两个因素的交互作用当作一个新的因素，占用一列，为交互作用列。关于有交互作用的正交表因素水平的安排设计见正交试验设计步骤部分。

根据正交表的数据结构看出，正交表是一个 n 行 c 列的表，其中第 j 列由数码 1，2，… S_j组成，这些数码均各出现 N/S 次，例如 $L_9(3^4)$表中，第二列的数码个数为 3，S＝3 ，即由 1、2、3 组成，各数码均出现 3 次。

二、正交表的基本性质

1. 正交性

正交表的正交性主要表现在：

(1)任一列中各元素(即水平)出现次数相等；任何两列的同行元素构成的元素对为一个“完全对”，且每种元素对出现次数相同。

(2)正交表各列的地位平等，表中各列之间可以相互置换，称为列置换；正交表的各行之间也可相互置换，称为行置换；正交表的同一列的水平间也可以相互置换，称为水平置换。上述三种置换称为正交表的三种初等变换。经过初等变换得到的正交表称为原正交表的等价表。实际应用时，可根据不同试验的要求，把一个正交表变换成与之等价的其他变换形式。

2. 代表性

(1)由于正交表任一列的不同水平都会出现，试验中包含了所有因素的所有水平；同时，由于正交表的任何两列的所有水平都出现，且相互配合，使得对任意两个因素的所有水平信息及任 2 个因素间的组合信息无一遗漏。因此，尽管用正交表安排的是部分试验方案，但却能了解到全面试验的情况，在这个意义上说，正交试验可以代表全面试验。

(2)由于正交表的正交性，正交试验的试验点(处理组合)必然均衡地分布在全面试验之中，因而具有很强的代表性。所以，由部分试验寻找的最优条件与全面试验所寻找的最优条件，应该有一致的趋势。

3. 综合可比性

由于正交表的正交性，使得任意因素的不同水平具有相同的试验条件，这就保证了在每列因素的各个水平的效应中，最大限度地排除了其他因素的干扰，从而可以综合比较该因素不同水平对试验指标值的影响，把这种特性称为综合可比性。

不可否认正交试验作为部分实施试验，相对于全面实施试验来说，具有减少处理组合数，缩小试验规模，提高试验效率的优点。但是，正交设计也有其不足的一面，如果设计不当，会出现某些因素效应与其他因素的交互效应相混杂的问题。解决该问题的办法是在正交设计中通过巧妙的表头设计，可以达到避免重要因素的效应与重要的交互效应相互混杂的目的。

三、正交试验设计的基本步骤

1. 明确试验目的，确定评价指标

任何一个试验都是为了解决某些问题，或是为了得到某些结论而进行的，所以任何一个正交试验都应该有一个明确的目的，这是正交试验设计的基础。如用混凝土强度表示试验结果特性的值，用它来衡量或考核试验效果。

2. 确定因素和因素水平

影响试验指标的因素很多，首先要根据专业知识与以往的研究经验，尽可能全面考虑到影响试验指标的诸因素。然后根据试验要求和尽量少选因素的原则，选出主要因素，略去次要因素，以减少要考察的因素。如果对问题了解不够，可以适当多取一些因素。确定因素的水平时，尽可能使因素的水平数相等，以方便试验数据处理。最后列出因素水平表。

在实际工作中，应根据专业知识和有关资料，尽可能把因素水平设置在最佳区域或接近最佳区域。如果经验或资料不足，不能保证把因素水平定在最佳区域附近，就需要把水平尽量拉开，尽可能使最佳区域包含在拉开的区间内。然后通过1～2套试验，逐步缩小水平范围，以便寻找出最佳区域。在确定因素和水平的同时，应考虑各因素之间有没有交互作用，将其也作为考察因素。

3. 选择适当的正交表

(1)先看水平数。若各因素全是2水平，就选用$L(2^{*})$表；若各因素全是3水平，就选$L(3^{*})$表。若各因素的水平数不相同，就选择适用的混合水平表。在确定因素的水平数时，主要因素宜多安排几个水平，次要因素可少安排几个水平。每一个交互作用在正交表中应占一列或二列。要看所选的正交表是否足够大，能否容纳得下所考虑的因素和交互作用。为了对试验结果进行方差分析或回归分析，还必须至少留一个空白列，作为“误差”列，在极差分析中要作为“其他因素”列处理。

(2)看试验精度的要求。若要求高，则宜取试验次数多的正交表。若试验费用很昂贵，或试验的经费有限，或人力和时间紧张，则不宜选实验次数太多的正交表。

(3)不明确某因素或某交互作用的影响是否确实存在时，选择正交表常为该选大表还是选小表而犹豫。若条件许可，应尽量选用大表，让影响存在可能性较大的因素和交互作用各占适当的列。某因素或某交互作用的影响是否真的存在，留到方差分析进行显著性检验时再做结论。这样既可以减少试验的工作量，又不至于漏掉重要的信息。

4. 表头设计

(1)无交互作用的表头设计

根据需解决的问题，编制因素水平表。例如，要考察混凝土中粉煤灰掺量与外加剂掺量对其28 d强度的影响。则考核指标为混凝土28 d强度，因素为粉煤灰掺量与外加剂掺量两个，若各因素均设三个水平，则因素水平见表7—4—3。

表7—4—3　因素水平表

水平	因素		
	粉煤灰掺量(A)	外加剂掺量(B)	(C)
1	0	0	
2	15%	0.5%	
3	30%	1%	

根据因素水平表选用合适的正交表，上例可选择$L_9(3^4)$，在正交表中将具体的因素、水平列入，形成试验方案表，见表7—4—4。

表7—4—4　试验方案表

试验号	列号			
	1(粉煤灰掺量)	2(外加剂掺量)	3(误差分析)	4
1	1(0%)	1(0%)	1	1
2	1(0%)	2(0.5%)	2	2
3	1(0%)	3(1%)	3	3

续上表

试验号	列号			
	1(粉煤灰掺量)	2(外加剂掺量)	3(误差分析)	4
4	2(15%)	1(0%)	2	3
5	2(15%)	2(0.5%)	3	1
6	2(15%)	3(1%)	1	2
7	3(30%)	1(0%)	3	2
8	3(30%)	2(0.5%)	1	3
9	3(30%)	3(1%)	2	1

(2)有交互作用的表头设计

在表头安排时应优先考虑交互作用不可忽略的处理因素，按照不可混杂的原则，将它们及交互作用首先在表头排妥，而后再将剩余各因素任意安排在各列上。但是交互作用列是不能随意安排的，一般可以通过两种方法来安排。第一种方法是查所选正交表对应的交互作用表(见附录Ⅰ)，表 7—4—5 就是正交表 $L_8(2^7)$对应的交互作用表。表中写了两种列号，一种列号是带括号的，它们表示因素所在的列号；另一种列号是不带括号的，它们表示交互作用的列号。根据表 7—4—5 就可以查出正交表 $L_8(2^7)$中任何两列的交互作用列。例如，要查第 2 列和第 4 列的交互作用列，先在表对角线上找到列号(2)和(4)，然后从(2)向右横看，从(4)向上竖看，交叉的数字为 6，即为它们的交互作用列，所以如果将 A，B 分别放在正交表 $L_8(2^7)$的第 2 列和第 4 列，则 A×B 应该放在第 6 列。类似地，从该表中还可查同其他两列间的交互作用列。

表 7—4—5　$L_8(2^7)$二列间的交互作用

列号	列号						
( )	1	2	3	4	5	6	7
(1)	(1)	3	2	5	4	7	6
(2)		(2)	1	6	7	4	5
(3)			(3)	7	6	5	4
(4)				(4)	1	2	3
(5)					(5)	3	2
(6)						(6)	1
(7)							(7)

第二种方法是直接查对应正交表的表头设计表，表 7—4—6 就是正交表 $L_8(2^7)$的表头设计表，它实质上是根据交互作用表整理出来的，对 3 个因素，可以将 A，B，C 依次安排在 1，2，4 列，而交互作用 A×B，A×C 分别安排在第 3 列和第 5 列上。

表 7—4—6　$L_8(2^7)$表头设计

因素数	列号						
	1	2	3	4	5	6	7
3	A	B	A×B	C	A×C	B×C	
4	A	B	A×B C×D	C	A×C B×D	B×C A×D	D

续上表

因素数	列号						
	1	2	3	4	5	6	7
4	A	B C×D	A×B	C B×D	A×C	D B×C	A×D
5	A D×E	B C×D	A×B C×E	C B×D	A×C B×E	D A×E B×C	E A×D

注意，交互作用虽也中有相应的列，但它们与空白列一样，对确定试验方案不起任何作用。

在进行表头设计时，一般来说，表头上第一列最多只能安排一个因素或一个交互作用，不允许出现混杂(一列安排多个因素或交互作用)；对于重点要考虑的因素和交互作用，不能与任何交互作用混杂，而让次要的因素或交互作用混杂。所以，当考察的因素和交互作用比较多时，表头设计比较麻烦，为避免混杂可以选择较大的正交表，如果选择小表，则不可避免会出现混杂。

两个因素间的交互作用称为一级交互作用(正交表中只占一列)；3 个或 3 个以上因素的交互作用，称为高级交互作用(三水平因素之间的交互作用则占两列，r 水平两因素间的交互作用只占 r—1 列)。例如，三个因素 A,B,C 的高级交互作用可记作 A×B×C。在绝大多数的实际问题中，高级交互作用都可以忽略，一般只需考察少数几个一级交互作用，其余大部分一级交互作用也是可以忽略的，至于哪些交互作用应该忽略，则要依据专业知识和实践经验来判断。

(3)混合正交表表头设计

在实际问题中，由于具体情况不同，有时各因素的水平数是不相同的，这就是混合水平的多因素试验问题。混合水平的正交试验设计方法主要有两种：一是直接利用混合水平的正交表，附录Ⅰ中列出了常用的混合水平正交表；二是采用拟水平法，将混合水平问题转换为等水平的问题。此时将水平少的因素根据水平的重要性对重要水平重复作为新增加的水平，以便与其他因素水平相同，选用等水平正交表。拟水平法有时可将试验次数大大减少。例如一个 4 因素的试验，其中 3 个因素是 3 水平，1 个因素是 2 水平，可以套用混合水平正交表 $L_{18}(2^1\times3^7)$，需要做 18 次试验。假如 C 因素为 2 水平，把 2 水平的 C 因素也虚拟成 3 个水平，就变成了 4 因素 3 水平的问题，如果忽略因素间的交互作用，就可以选用等水平正交表 $L_9(3^4)$，只需要做 9 次试验。但是实际上因素 C 只能取 2 个水平，不能够不切实际地安排出第 3 个水平。这时可以根据实际，将 C 因素较好的一个水平重复一次，使 C 因素变成 3 水平的因素。

安排正交表中，可考虑以下方法增加试验效果；

①分区组。对于一批试验，如果要使用几台不同的机器，或要使用几种原料来进行，为了防止机器或原料的不同而带来误差，从而干扰试验的分析，可在开始做实验之前，用 L 表中未排因素和交互作用的一个空白列来安排机器或原料。

②因素水平表排列顺序的随机化。如在上例中，每个因素的水平序号从小到大时，因素的数值总是按由小到大或由大到小的顺序排列。按正交表做试验时，所有的 1 水平要碰在一起，而这种极端的情况有时是不希望出现的，有时也没有实际意义。因此在排列因素水平表时，最好不要简单地按因素数值由小到大或由大到小的顺序排列。从理论上讲，最好能使用一种叫做随机化的方法。所谓随机化就是采用抽签或查随机数值表的办法，来决定排列的顺序。

③试验进行的次序没必要完全按照正交表上试验号码的顺序。为减少试验中由于先后实验操作熟练的程度不匀带来的误差干扰，理论上推荐用抽签的办法来决定试验的次序。

④在确定每一个实验的实验条件时，只需考虑所确定的几个因素和分区组该如何取值，而不要(其实也无法)考虑交互作用列和误差列怎么办的问题。交互作用列和误差列的取值问题由实验本身的客观规律来确定，它们对指标影响的大小在方差分析时给出。

⑤做实验时，要力求严格控制实验条件。这个问题在因素各水平下的数值差别不大时更为重要。例如，外加剂的掺量的三个水平：$m_1=0$，$m_2=0.5$，$m_3=1$，在以 $m=m_2=0.5$ 为条件的某一个实验中，就必须严格认真地让 $m_2=0.5$。若因为粗心和不负责任，造成 $m_2=0.2$ 或造成 $m_2=1.0$，那就将使整个试验失去正交试验设计方法的特点，使极差和方差分析方法的应用丧失了必要的前提条件，因而得不到正确的试验结果。

5. 明确试验方案进行试验，对试验结果进行统计分析

根据正交表和表头设计确定每套试验的方案，然后进行试验，得到以试验指标形式表示的试验结果。对正交试验结果的分析，通常采用两种方法：一种是极差分析法(或称直观分析法)；另一种是方差分析法。通过试验结果分析可以得到因素主次顺序、最优方案等有用信息。

6. 进行验证试验，作进一步分析

最优方案是通过统计分析得出的，还需要进行试验验证，以保证最优方案与实际一致，否则还需要进行新的正交试验。

四、正交试验结果分析方法之极差分析法

正交试验结果分析方法分为极差法和方差法。极差指又称直观分析法，是各列中各水平对应的试验指标平均值的最大值与最小值之差。其计算方法见下表，它具有计算简便、直观形象、简单易懂等优点，是正交试验结果常用的分析方法。极差分析属于直观分析，其缺点是无法对因素效应作显著性检验。

表 7—4—7　$L_4(2^3)$正交试验计算

列号		1	2	3	试验指标 y_i
试验号	1	1	1	1	y_1
	2	1	2	2	y_2
	3	2	1	2	y_3
	4	2	2	1	y_4
K_{1j}		$K_{11}=y_1+y_2$	$K_{12}=y_1+y_3$	$K_{13}=y_1+y_4$	
K_{2j}		$K_{21}=y_3+y_4$	$K_{22}=y_2+y_4$	$K_{23}=y_2+y_3$	
s_j		$s_1=4/2$	$s_2=4/2$	$s_3=4/2$	
k_{1j}		K_{11}/s_1	K_{12}/s_2	K_{13}/s_3	
k_{2j}		K_{21}/s_1	K_{22}/s_2	K_{23}/s_3	
极差(R_j)		max{ }−min{ }	max{ }−min{ }	max{ }−min{ }	

表中　K_{1j}——第 j 列“1”水平所对应的试验指标的数值之和；

K_{2j}——第 j 列“2”水平所对应的试验指标的数值之和；

s_j——第 j 列同一水平出现的次数。等于试验的次数(n)除以第 j 列的水平数。

k_{1j}——第 j 列“1”水平所对应的试验指标的平均值；

k_{2j}——第 j 列“2”水平所对应的试验指标的平均值；

R_j——第 j 列的极差。等于第 j 列各水平对应的试验指标平均值中的最大值减最小值，即

$$R_j=\max\{k_{1j},k_{2j},\cdots\}-\min\{k_{1j},k_{2j},\cdots\}$$

用极差法分析正交试验结果可引出以下几个结论：

(1)在试验范围内，各列对试验指标的影响从大到小的排队。某列的极差最大，表示该列的数值在试验范围内变化时，使试验指标数值的变化最大。所以各列对试验指标的影响从大到小的排队，就是各列极差 R 的数值从大到小的排队。

(2)试验指标随各因素的变化趋势。为了能更直观地看到变化趋势，常将计算结果绘制成图。

(3)使试验指标最好的适宜的操作条件(适宜的因素水平搭配)。

(4)可对所得结论和进一步的研究方向进行讨论。

1. 单指标正交试验设计结果的极差分析法

例 1　为提高试验指标 Y 值，其主要影响因素为 A、B、C，每个因素选择三个水平，假定因素间无交互作用，确定 Y 值的主要影响因素及使 Y 值达到最高的各因素最佳组合。选用正交表 $L_9(3^4)$来安排试验。其实验结果见表 7—4—8。

表 7—4—8　试验方案及实验结果分析

试验号	A	空列	B	C	Y 值
1	1(100)	1	1(3)	1(甲)	0.50
2	1(100)	2	2(1)	2(乙)	0.75
3	1(100)	3	3(5)	3(丙)	0.54
4	2(80)	1	2(1)	3(丙)	0.91
5	2(80)	2	3(5)	1(甲)	0.88
6	2(80)	3	1(3)	2(乙)	0.85
7	3(60)	1	3(5)	2(乙)	0.68
8	3(60)	2	1(3)	3(丙)	0.60
9	3(60)	3	2(1)	1(甲)	0.64
K_1	1.79	2.09	1.95	2.02	
K_2	2.64	2.23	2.30	2.28	
K_3	1.92	2.03	2.10	2.05	
k_1	0.597	0.697	0.650	0.673	
k_2	0.880	0.743	0.767	0.760	
k_3	0.640	0.677	0.700	0.683	
极差 R	0.85	0.20	0.35	0.26	
因素主次	ABC				
优方案	$A_2B_2C_2$				

K_i：表示任一列上水平号为 i(本例中 $i=1,2$ 或 3)时所对应的试验结果之和。例如，在 C 因素所在的第 4 列上，第 1,5,9 号试验中 C 取 C_1 水平，所以 K_1 为第 1,5,9 号试验结果之和，即 $K_1=0.50+0.88+0.64=2.02$；第 3,5,7 号试验中 B 取 B_3 水平，所以 K_3 为第 3,5,7 号试验之和，即 $K_3=0.54+0.88+0.68=2.10$。

$k_i=K_i/s$，其中 s 为任一列上各水平出现的次数，所以 k_i 表示任一列上因素取水平 i 时所得试验结果的算术平均值。例如，在本例中 $s=3$，在 B 因素所在的第 3 列中，$k_1=1.95/3=0.650$，$k_2=2.30/3=0.767$，$k_3=2.10/3=0.700$。

R：称为极差，在任一列上 $R=\{K_1,K_2,K_3\}_{\max}-\{K_1,K_2,K_3\}_{\min}$，或 $R=\{k_1,k_2,k_3\}_{\max}-\{k_1,k_2,k_3\}_{\min}$。例如，在第 3 列上，最大的 K_i 为 $K_2(=2.30)$，最小的 K_i 为 $K_1(=1.95)$，所以 $R=2.30-1.95=0.35$，或 $R=0.767-0.650=0.117$。

由表试验结果可以分析出：

(1)通常各列的极差是不相等的，这说明各因素的水平改变对试验结果的影响是不相同的，极差越大，表示该列因素的数值在试验范围内的变化，会导致试验指标在数值上有更大的变化，所以极差最大的那一列，就是因素的水平对试验结果影响最大的因素，即最主要的因素。在本例中，由于$R_A > R_B > R_C$，所以各因素从主到次的顺序为：A，B，C。

(2)当极差计算显示空白列的极差比其他所有因素的极差还要大，说明因素之间可能存在不可忽略的交互作用，或者漏掉了对试验结果有重要影响的其他因素。所以，在进行结果分析时，尤其是对所做的试验没有足够的认知时，最好将空白列的极差一并计算出来，从中也可以得到一些有用信息。

(3)通过极差确定最优方案。最优方案是指在所做的试验范围内，各因素较优的水平组合。在选择确定时，各因素优水平的确定与试验指标有关，若指标越大越好，则应选取使指标大的水平，即各列K_i(或k_i)中最大的那个值对应的水平；反之，若指标越小越好，则应选取使指标小的那个水平。

在本例中，试验指标是Y值，指标越大越好，所以应挑选每个因素的K_1，K_2，K_3(或k_1，k_2，k_3)中最大的值对应的那个水平，由于：A因素列：$K_2 > K_3 > K_1$；B因素列：$K_2 > K_3 > K_1$；C因素列：$K_2 > K_3 > K_1$。

所以优方案为$A_2B_2C_2$。

在实际确定最优方案时，还应区分因素的主次，对于主要因素，一定要按有利于指标的要求选取最好的水平，而对于不重要的因素，由于其水平改变对试验结果的影响较小，则可以根据有利于降低消耗、提高效率等目的来考虑别的水平。例如，本例的C因素的重要性排在末尾，因此，假设丙种材料比乙种材料更廉价、易得，则可以将优方案中得C_2换为C_3，于是优方案就变为$A_2B_2C_3$。

(4)进行验证试验，作进一步的分析。本例中，通过极差分析得到的优方案$A_2B_2C_2$，并不包含在正交表中已做过的9个试验方案中，这正体现了正交试验设计的优越性。但它实际上是不是真正的优方案还需要作进一步的验证。首先，将优方案$A_2B_2C_2$与正交表中最好的第4号试验$A_2B_2C_3$作对比试验，若方案$A_2B_2C_2$比第4号试验结果更好，通常就可以认为$A_2B_2C_2$是真正的优方案，否则第4号试验$A_2B_2C_3$就是所需的优方案。若出现后一种情况，一般来说可能是没有考虑交互作用或者试验误差较大所引起的，需要作进一步的研究，可能还有提高试验指标的潜力。

(5)画因素与指标的趋势图。上述最优方案是在给定因素和水平的条件下得到的，若不限定给定水平，有可能得到更好的试验方案，所以当所选的因素和水平不恰当时，该最优方案也有可能达不到试验的目的，不是真正意义上的最优方案，这时就应该对所选的因素和水平进行适当的调整，以找到新的更优方案。可以将因素水平作为横坐标，以它的实验指标的平均值k_i为纵坐标，画出因素与指标的关系图—趋势图。

画趋势图时，对于数量因素，横坐标上的点不能按水平号顺序排列，而应按水平的实际大小顺序排列，并将各坐标点连成折线图，这样就能从图中很容易地看出指标随因素数值增大时的变化趋势；如果是属性因素(如本例中的C)，由于不是连续变化的数值，则不考虑横坐标顺序，也不用将坐标点连成折线。

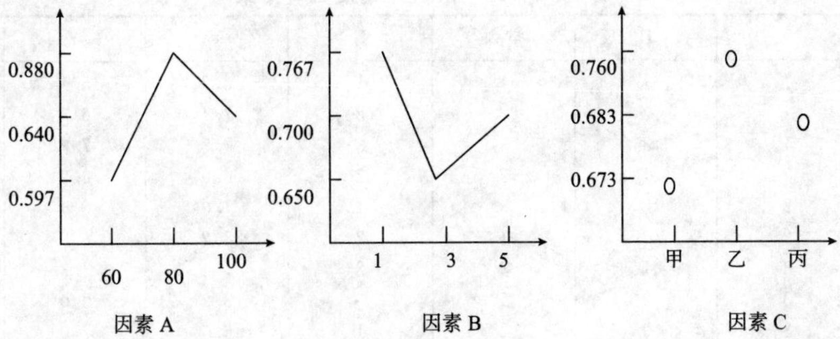

图 7—4—1　趋势图

从图 7—4—1 也可以看出，$A_2=80$，$B_2=1$，选用乙种材料（C_2）时 Y 值最高，即优方案为 $A_2B_2C_2$。从趋势图还可以看出：B 因素并不是越大越好，当少于 3 时，Y 值有随 B 的减少而提高的趋势，所以适当的降低 B 值也许会找到更优的方案。因此根据趋势图可以对一些重要因素的水平作适当调整，选取更优的水平，再安排一批新的试验。新的正交试验可以只考虑一些主要因素，次要因素则可固定在某个较好的水平上，另外还应考虑漏掉的交互作用或重要因素，所以新一轮正交试验的因素数和水平将会更合理，也会得到更优的试验方案。

2. 多指标正交试验设计及其结果的极差分析

在实际生产和科学试验中，多指标的试验设计及结果分析是很常见的方法，因为整个试验结果的评判往往多于一个指标，并且不同指标的重要程度常常是不一致的，各因素对不同指标的影响程度也不完全相同，所以多指标试验的结果分析相对复杂一些。介绍两种解决多指标正交试验的分析方法：综合平衡法和综合评分法。

(1)综合平衡法（指标单个分析综合处理法）

多指标试验结果直观分析时，对每一个试验结果单个进行直观分析，得到每个指标的影响因素的主次顺序和最佳水平组合，然后根据相关的专业知识、试验的目的和试图解决的实际问题综合分析，得出较优方案，这种方法称为综合平衡法（也称为指标单个分析综合处理法）。

例 2　某个试验方案中以 X、Y、Z 三个试验指标作为考核指标，影响这三个指标的因素有三个 A、B、C，每个因素考虑三个水平，考察各因素的影响大小与最优组合。其因数水平表及试验结果如下。

表 7—4—9　因素水平表

水平	因素		
	(A)	(B)	(C)
1	90	7	1
2	70	6	2
3	80	8	3

表 7—4—10　试验方案及试验结果

试验号	A	B	空列	C	X	Y	Z
1	1	1	1	1	6.2	5.1	2.1
2	1	2	2	2	7.4	6.3	2.5
3	1	3	3	3	7.8	7.2	2.6
4	2	1	2	3	8.0	6.9	2.4
5	2	2	3	1	7.0	6.4	2.5
6	2	3	1	2	8.2	6.9	2.5
7	3	1	3	2	7.4	7.3	2.8
8	3	2	1	3	8.2	8.0	3.1
9	3	3	2	1	6.6	7.0	2.2

与单指标试验的分析方法相同，先对各指标分别进行直观分析，得出因素的主次和优方案。

表 7—4—11　试验结果分析

指标		A	B	空列	C
X	K_1	21.4	21.6	22.6	19.8
	K_2	23.2	22.6	22.0	23.0
	K_3	22.2	22.6	22.2	24.0
	k_1	7.13	7.20	7.53	6.60
	k_2	7.73	7.53	7.33	7.67
	k_3	7.40	7.53	7.40	8.00
	极差 R	1.8	1.0	0.6	4.2
	因素主次	CAB			
	优方案	$C_3A_2B_3$ 或 $C_3A_2B_3$			
Y	K_1	18.6	19.3	20.0	18.5
	K_2	20.2	20.7	20.2	20.5
	K_3	22.3	21.1	20.9	22.1
	k_1	6.20	6.43	6.67	6.17
	k_2	6.73	6.90	6.73	6.83
	k_3	7.43	7.03	6.97	7.37
	极差 R	3.7	1.8	0.7	3.6
	因素主次	CAB			
	优方案	$A_3C_3B_3$			
Z	K_1	7.2	7.3	7.7	6.8
	K_2	7.4	8.1	7.1	7.8
	K_3	8.1	7.3	7.9	8.1
	k_1	2.40	2.43	2.57	2.27
	k_2	2.47	2.70	2.37	2.60
	k_3	2.70	2.43	2.63	2.70
	极差 R	0.9	0.8	0.8	1.3
	因素主次	CAB			
	优方案	$C_3A_3B_3$			

由表7—4—11可以看出，对于不同的指标而言，不同因素的影响程度是不一样的，所以将3个因素对3个指标影响的重要性按主次顺序统一起来是行不通的。不同指标所对应的优方案也是不同的，但是通过综合平衡法可以得到综合的优方案。具体平衡过程如下：

因素A：对于后两个指标Y、Z都是取A_3好，而且对于Y指标A因素是最主要的因素，在确定优水平时应重点考虑；对于X指标则是取A_2好，而且从极差可以看出，A为较次要的因素。所以根据多数倾向和A因素对不同指标的重要程度，先取A_3。

因素B：对于X指标，取B_2或B_3基本相同，对于Y指标取B_3好，而对于Z指标却是取B_2好；另外，对于这三个指标而言，B因素都是处于末位的次要因素，所以B取哪一个水平对3个指标的影响都比较小，这时可以本着降低消耗的原则，选取B_2，以减少成本。

因素C：对3个指标来说，都是以C_3为最佳水平，所以取C_3。

综合上述的分析，优方案为$A_3B_2C_3$。

使用综合平衡数据分析法的依据是以下四条原则：第一，当某个因素对某个指标是主要因素，但对另外的指标则可能是次要因素，在确定该因素的优水平时，就应选取作为主要因素时的优水平；第二，若某因素对各指标的影响程度相差不大，可按“少数服从多数”的原则，选取出现次数较多的优水平；第三，当因素各水平相差不大时，依据降低消耗，提高效率原则选取合适水平；第四，若各试验指标的重要程度不同，则在确定因素优水平时应首先满足相对重要的指标。在具体运用这几条原则时，要将以上几条原则综合分析考虑才可得出结论。

综合平衡法要对每一个指标单独进行分析，分析工作量较大。实际工作中，多指标的综合平衡分析有时是比较困难的，仅仅依据数学的分析往往得不到正确的结果，还必须结合专业知识和经验才能得出符合实际的优方案。

(2)综合评分法

所谓综合评分，就是对多个指标进行一一测试后，按照具体情况根据各个指标的重要程度确定评分标准，对这些指标进行综合评分，将多指标综合转化为单指标，从而得到多指标试验的结论。利用单指标试验结果的直观分析法作进一步的分析，确定较好的试验方案，包括下面几种评分方法。

排队综合评分法：先对每号试验的每个指标按一定的评分标准评出分数，若各指标的重要性是一样的，可以将同一号试验中各指标分数的总和作为该号试验的总分数。排队综合评分法是应用比较广的一种方法，它不仅用于多指标试验，也可用于某些定性的单指标试验。

公式综合评分法：对每号试验结果的各个指标统一权衡，综合评价，直接给出每一号试验结果的综合分数。

加权综合评分法：先对每号试验的每个指标按一定的评分标准评出分数，若各指标的重要性不相同，此时要先确定各指标相对重要性的权数，然后求加权和作为该号试验总分数。

对于评分方法，最关键的是如何对每个指标评出合理的分数。如果指标是定性的，则可以依靠经验和专业知识直接给出一个分数，这样非数量化的指标就转换为数量化指标，使结果分析变得更容易；对于定量指标，有时指标本身就可以作为分数；但不是所有的指标值本身都能作为分数，这时就可以使用“隶属度”来表示分数，隶属度的计算方法是：指标最大值的隶属度为1，而指标最小值的隶属度为0，所以0≤指标隶属度≤1。指标隶属度＝(本次试验的指标值－指标最小值)/(指标最大值－指标最小值)。如果各指标的重要性一样，就可以直接将各指标的隶属度相加作为综合分数，否则求出加权和作为综合分数。

可见，综合评分法是将多指标的问题，通过适当的评分方法转换成单指标的问题，使结果的分析计算变得简单方便。但是，结果分析的可靠性，主要取决于评分的合理性，如果评分标准、评分方法不适合，指标的权数不恰当，所得到的结论就不能反映全面情况，所以如何确定合理的评分标准和各指标的权数，是综合评分的关键，它的确定有赖于研究者的专业知识、经验和实际试验本身的要求，单纯从数学上无法解决。

(3)有交互作用的正交试验设计及其结果的极差分析

在许多试验中不仅要考虑各个因素对试验指标起作用，还要考虑因素间的交互作用对试验结果的影响。

① 交互作用的判别

设有两个因素 A 和 B，它们各取两个水平 A_1，A_2 和 B_1，B_2，这样 A，B 共有 4 种水平组合，在每种组合下各做一次试验。

表 7—4—12　判别交互作用试验数据表(1)

因素	A_1	A_2
B_1	10	20
B_2	30	15

表 7—4—12 中，当 $B=B_1$ 时，A 由 A_1 变到 A_2 使试验指标增加 10，当 $B=B_2$ 时，A 由 A_1 变到 A_2 使试验指标减少 15，可见因素 A 由 A_1 变到 A_2 时，试验指标变化趋相反，与 B 取哪一个水平有关；类似地，当因素 B 由 B_1 变到 B_2 时，试验指标变化趋势也相反，与 A 取哪一个水平有关，这时，可以认为 A 与 B 之间有交互作用。

表 7—4—13　判别交互作用试验数据表(2)

因素	A_1	A_2
B_1	10	20
B_2	20	30

表 7—4—13 是无交互作用的例子，可以看出，A 或 B 对试验指标的影响与另一个因素取哪一个水平无关。

② 有交互作用的正交试验设计及其结果的直观分析

例 3　假设影响试验指标 Y 值的因素有 A、B 和 C 共 3 个因素，并考虑交互作用 A×B、A×C，各因素及水平见下表。试进行正交试验，找出最优水平组合。

表 7—4—14　因素水平表

水平	A	B	C
1	300	1 800	8
2	700	2 400	10

这是一个 3 因素 2 水平的试验，但还有两个交互作用，在选正交表时应将交互作用看成因素，所以本例应按照 5 因素 2 水平的情况来选正交表，于是可以选择满足这一条件的最小正交表 $L_8(2^7)$来安排正交试验。由于交互作用被看作是影响因素，所以在正交表中应该占有相应

的列，称为交互作用列。

按正交表规定的试验方案进行试验，测定试验结果，试验方案与试验结果 $y_i(i=1,2\cdots,8)$ 见下表。

表 7—4—15　试验方案与试验结果分析

试验号	A 1	B 2	A×B 3	C 4	A×C 5	空列 6	空列 7	Y值
1	1	1	1	1	1	1	1	0.484
2	1	1	1	2	2	2	2	0.448
3	1	2	2	1	1	2	2	0.532
4	1	2	2	2	2	1	1	0.516
5	2	1	2	1	2	1	2	0.472
6	2	1	2	2	1	2	1	0.480
7	2	2	1	1	2	2	1	0.554
8	2	2	1	2	1	1	2	0.552
K_1	1.980	1.884	2.038	2.042	2.048	2.024	2.034	
K_2	2.058	2.154	2.000	1.996	1.990	2.014	2.004	
极差 R	0.078	0.270	0.038	0.046	0.058	0.010	0.030	
因素主次	B　A　A×C　C　A×B							

虽然交互作用对试验方案没有影响，但应将它们看作因素，所以在排因素主次顺序时，应包括交互作用。

如果不考虑因素间的交互作用，根据指标越大越好的原则，可以得到优方案为 $A_2B_2C_1$。但是根据上一步排出的因素主次，可知交互作用 A×C 比因素 C 对试验指标的影响更大，所以要确定 C 的水平，应该按因素 A、C 各水平搭配好坏确定。两因素的搭配见表 7—4—16。

表 7—4—16　因素 A、C 水平搭配表

因素	A_1	A_2
C_1	$(y_1+y_3)/2=(0.484+0.532)/2=0.508$	$(y_5+y_7)/2=(0.472+0.554)/2=0.513$
C_2	$(y_2+y_4)/2=(0.448+0.516)/2=0.482$	$(y_6+y_8)/2=(0.480+0.552)/2=0.516$

比较表中的四个值，0.516 最大，所以取 A_2C_2 好，从而优方案为 $A_2B_2C_2$。显然，不考虑交互作用和考虑交互作用时的优方案不完全一致，这正反映了因互间交互作用对试验结果的影响。

(4) 混合水平的正交试验结果的极差分析

混合水平的正交试验，其分析计算与前述方法基本相同，但是由于各因素的水平数不完全相同，所以在计算 k_1,k_2,k_3,k_4 时与等水平的正交设计不完全相同。例如，$L_8(4^1\times2^4)$ 正交表，假设 A 因素有 4 个水平，每个水平出现两次，所以在计算 k_1,k_2,k_3,k_4 时，应当是相应的 K_1,K_2,K_3,K_4 分别除以 2 得到的；而对于其他都只有 2 个水平，每个水平出现 4 次，所以 k_1,k_2 应当是相应的 K_1,K_2 分别除以 4 得到。还应注意，在计算极差时，应该根据 k_i(i 表示水平号)来计算，即 $R=\{k_i\}_{max}-\{k_i\}_{min}$，不能根据 K_i 计算极差。这是因为，对于 A 因素，K_1,K_2,K_3，

K_4 分别是 2 个指标值之和，而对于其他两因素，K_1，K_2 分别是 4 个指标值之和，所以只有根据平均值 k_i 求出的极差才有可比性。

在拟水平法试验的结果分析计算中应注意，对有拟水平的因素，应将所拟水平的值合并到与他相等水平的计算中。例如，假设因素 C 只有两个水平，试验时将第二个水平虚拟出水平 3，则计算时将第三个水平合并到水平 2 的计算中，即水平 2 的出现次数翻倍。各水平的平均值时分别按其和值除以各自的出现次数。同样，在计算极差时，应该根据 k_i（i 表示水平号）来计算，即 $R=\{k_i\}_{max}-\{k_i\}_{min}$，不能根据 K_i 计算极差，只有根据平均值 k_i 求出的极差才有可比性。

五、正交试验结果分析方法之方差分析方法

直观分析法具有简单直观、计算量小等优点，但直观分析法不能估计误差的大小，不能精确地估计各因素试验结果影响的重要程度，特别是对于水平数≥3 且要考虑交互作用的试验，直观分析法不便使用，如果对试验结果进行方差分析，就能弥补直观分析法的这些不足。

对于正交试验多因素的方差分析，是先计算出各因素和误差的离差平方和，然后求出自由度、方差、F 值，最后进行 F 检验。以 $L_4(2^3)$ 正交表为例，其计算过程如下。

表 7—4—17　L4(2^3)正交试验计算

列号		1	2	3	试验指标 y_i
试验号	1	1	1	1	y_1
	2	1	2	2	y_2
	3	2	1	2	y_3
	4	2	2	1	y_4
I_j		$\text{I}_1=y_1+y_2$	$\text{I}_2=y_1+y_3$	$\text{I}_3=y_1+y_4$	
II_j		$\text{II}_1=y_3+y_4$	$\text{II}_2=y_2+y_4$	$\text{II}_3=y_2+y_3$	
k_j		$k_1=2$	$k_2=2$	$k_3=2$	
I_j/k_j		I_1/k_1	I_2/k_2	I_3/k_3	
II_j/k_j		II_1/k_1	II_2/k_2	II_3/k_3	
极差(R_j)		max{ }−min{ }	max{ }−min{ }	max{ }−min{ }	

I_j——“1”水平所对应的试验指标的数值之和；

II_j——“2”水平所对应的试验指标的数值之和；

k_j——同一水平出现的次数。等于试验的次数除以第 j 列的水平数；

I_j/k_j——“1”水平所对应的试验指标的平均值；

II_j/k_j——“1”水平所对应的试验指标的平均值。

试验指标的加和值 $y=\sum_{i=1}^{n}y_i$，试验指标的平均值 $\bar{y}=\frac{1}{n}\sum_{i=1}^{n}y_i$。

1. 偏差平方和

$$S_j=k_j\left(\frac{\text{I}_j}{k_j}-\bar{y}\right)^2+k_j\left(\frac{\text{II}_j}{k_j}-\bar{y}\right)^2+k_j\left(\frac{\text{III}_j}{k_j}-\bar{y}\right)^2+\cdots$$

2. f_j——自由度。f_j＝第 j 列的水平数－1。

3. V_j——方差。$V_j=S_j/f_j$。

4. V_e——误差列的方差。$V_e = S_e / f_e$。式中，e 为正交表的误差列。

5. F_j——方差之比 $F_j = V_j / V_e$。

6. 查 F 分布数值表（F 分布数值表见附录 J）做显著性检验。

对于给定的显著性水平 a，检验因素 A 对试验结果有无显著影响。先从 F 分布表中查出临界 $F_a(df_A, df_e)$，然后比较 F 值与临界值的大小，若 $F_A > F_a(df_A, df_e)$，则因素 A 对试验结果有显著影响，若 $F_A < F_a(df_A, df_e)$，则因素 A 对试验结果无显著影响。一般来说，F 值与对应临界值之间的差距越大，说明该因素对试验结果的影响越显著，或者说该因素越重要。

7. 总的偏差平方和 $S_{总} = \sum_{i=1}^{n}(y_i - \bar{y})^2$

总的偏差平方和等于各列的偏差平方和之和，即：

$$S_{总} = \sum_{j=1}^{m} S_j$$

式中，m 为正交表的列数。

若误差列由 5 个单列组成，则误差列的偏差平方和 S_e 等于 5 个单列的偏差平方和之和，即：$S_e = S_{e1} + S_{e2} + S_{e3} + S_{e4} + S_{e5}$；也可用 $S_e = S_{总} - S''$ 来计算，其中 S'' 为安排有因素或交互作用的各列的偏差平方和之和。

与极差法相比，方差分析法可以多引出一个结论：各列对试验指标的影响是否显著，在什么水平上显著。在数理统计上，这是一个很重要的问题。显著性检验强调试验在分析每列对指标影响时所起的作用。如果某列对指标影响不显著，那么，讨论试验指标随它的变化趋势是毫无意义的。因为在某列对指标的影响不显著时，即使从表中的数据可以看出该列水平变化时，对应的试验指标的数值在以某种“规律”发生变化，但那很可能是由于实验误差所致，将它作为客观规律是不可靠的。有了各列的显著性检验之后，最后应将影响不显著的交互作用列与原来的“误差列”合并起来。组成新的“误差列”，重新检验各列的显著性。

例 4　为了提高试验指标 Y 值，考察 A、B、C、D 四个因素，每个因素取 3 个水平，并且考虑交互作用 A×B，A×C，A×D，试通过正交试验设计确定较好的试验方案。

本试验要考虑 4 个因素和 3 种交互作用，且每种交互作用占两列，这样因素和交互作用在正交表中总共占有 10 列，所以应该选择正交表 $L_{27}(3^{13})$。根据 $L_{27}(3^{13})$ 的交互作用表或表头设计表进行表头设计（见表 7—4—18，第 11、12、13 列为空列，未在表中列出），然后进行试验，得到试验结果 $y_i(i = 1, 2, \cdots, 27)$。

(1)计算偏差平方和

$$S_j = k_j\left(\frac{\mathrm{I}_j}{k_j} - \bar{y}\right)^2 + k_j\left(\frac{\mathrm{II}_j}{k_j} - \bar{y}\right)^2 + k_j\left(\frac{\mathrm{III}_j}{k_j} - \bar{y}\right)^2 + \cdots$$

$$S_1 = 9 \times (1.371 - 0.370)^2 + 9 \times (0.640 - 0.370)^2 + 9 \times (1.324 - 0.370)^2 = 0.335$$

同理，$S_2 = 0.137$，$S_3 = 0.012$，$S_4 = 0.073$，$S_5 = 0.124$，$S_6 = 0.055$，$S_7 = 0.028$，$S_8 = 0.003$，$S_9 = 0.088$，$S_{10} = 0.009$。

(2)总偏差平方和

$$S_{总} = \sum_{i=1}^{n}(y_i - \bar{y})^2 = 0.901$$

(3)误差的偏差平方和

$S_e = S_{总} - S'' = 0.901-(0.335+0.137+0.012+0.073+0.124+0.055+0.028+0.003+0.088+0.011)=0.037$

表 7—4—18　试验设计及结果

试验号	1 A	2 B	3 $(A\times B)_1$	4 $(A\times B)_2$	5 C	6 $(A\times C)_1$	7 $(A\times C)_2$	8 $(A\times D)_2$	9 D	10 $(A\times D)_1$	Y值 y_i/%
1	1	1	1	1	1	1	1	1	1	1	0.422
2	1	1	1	1	2	2	2	2	2	2	0.354
3	1	1	1	1	3	3	3	3	3	3	0.523
4	1	2	2	2	1	1	1	2	2	2	0.576
5	1	2	2	2	2	2	2	3	3	3	0.514
6	1	2	2	2	3	3	3	1	1	1	0.388
7	1	3	3	3	1	1	1	3	3	3	0.619
8	1	3	3	3	2	2	2	1	1	1	0.436
9	1	3	3	3	3	3	3	2	2	2	0.281
10	2	1	2	3	1	2	3	1	2	3	0.153
11	2	1	2	3	2	3	1	2	3	1	0.158
12	2	1	2	3	3	1	2	3	1	2	0.117
13	2	2	3	1	1	2	3	2	3	1	0.387
14	2	2	3	1	2	3	1	3	1	2	0.306
15	2	2	3	1	3	1	2	1	2	3	0.282
16	2	3	1	2	1	2	3	3	1	2	0.134
17	2	3	1	2	2	3	1	1	2	3	0.163
18	2	3	1	2	3	1	2	2	3	1	0.219
19	3	1	3	2	1	3	2	1	3	2	0.511
20	3	1	3	2	2	1	3	2	1	3	0.184
21	3	1	3	2	3	2	1	3	2	1	0.065
22	3	2	1	3	1	3	2	2	1	3	0.733
23	3	2	1	3	2	1	3	3	2	1	0.488
24	3	2	1	3	3	2	1	1	3	2	0.367
25	3	3	2	1	1	3	2	3	2	1	0.554
26	3	3	2	1	2	1	3	1	3	2	0.716
27	3	3	2	1	3	2	1	2	1	3	0.353
$Ⅰ_j$	4.113	2.487	3.403	3.897	4.089	3.623	3.029	3.438	3.073	3.117	
$Ⅱ_j$	1.919	4.041	3.529	2.754	3.319	2.763	3.720	3.245	2.916	3.362	y=
$Ⅲ_j$	3.971	3.475	3.071	3.352	2.595	3.617	3.254	3.320	4.014	3.524	10.003
$Ⅰ_j/k_j$	1.371	0.829	1.134	1.299	1.363	1.208	1.010	1.161	1.243	1.039	—
$Ⅱ_j/k_j$	0.640	1.347	1.176	0.918	1.106	0.921	1.240	1.082	0.972	1.121	y=
$Ⅲ_j/k_j$	1.324	1.158	1.024	1.117	0.865	1.206	1.085	1.107	1.338	1.175	0.370
R	0.731	0.518	0.152	0.381	0.498	0.287	0.230	0.079	0.095	0.136	

(4)计算自由度

总自由度：$f = n-1 = 27-1 = 26$

各因素自由度：$f_A = f_B = f_C = f_D = r-1 = 3-1 = 2$

交互作用自由度：$f_{A\times B}=f_{A\times C}=f_{A\times D}=3-1+3-1=4$

误差自由度：$f_e=26-(2+2+4+2+4+2+4)=6$

(5)计算方差

各因素和交互作用的均方为：$V_j=S_j/f_j$

$V_A=0.335\div 2=0.167$

同理 $V_B=0.069$，$V_C=0.062$，$V_D=0.022$，$V_{A\times B}=0.085/4=0.021$，$V_{A\times C}=0.021$，$V_{A\times D}=0.003$。

误差的均方为 $V_e=0.037/6=0.006$

通过计算得到：$V_{A\times D}<V_e$，这说明了交互作用 A×D 对试验结果的影响较小，可以将它归入误差，这样，新误差离差平方和：$S_e=S_{总}-S''=0.901-(0.335+0.137+0.085+0.124+0.083+0.088)=0.048$

新误差均方：$V_e=0.048/10=0.005$

(6)计算 F 值 $F_j=V_j/V_e$

$F_A=33.40$，$F_B=13.80$，$F_C=12.40$，$F_D=4.40$，$F_{A\times B}=4.20$，$F_{A\times C}=4.20$。

(7)F 检验

查得临界值 $F_{0.05}(2,10)=4.10$，$F_{0.01}(2,10)=7.56$，$F_{0.05}(4,10)=3.48$，$F_{0.01}(4,10)=5.99$，所以对于给定显著性水平 $a=0.05$，因素 A、B、C 对试验结果有非常显著的影响，因素 D 和交互作用 A×B、A×C 对试验结果有显著影响。最后将分析结果列于方差分析表中，见表 7—4—19。

表 7—4—19　方差分析表

差异源	S	f	V	F	显著性
A	0.335	2	0.167	33.40	* *
B	0.137	2	0.069	13.80	* *
A×B	0.085	4	0.021	4.20	*
C	0.124	2	0.062	12.40	* *
A×C	0.083	4	0.021	4.20	*
D	0.088	2	0.022	4.40	
					*
			0.005		
总和	0.901	26			

(8)优方案的确定

由于试验指标是越大越好，因此从表 7—4—19 可以看出，在不考虑交互作用的情况下，优方案应取各因素最大 K 值所对应的水平，即为 $A_1B_2C_1D_3$。从方差分析的结果可以看出，交互作用 A×D 对试验结果无显著影响，交互作用 A×B、A×C 对试验结果的影响程度也不及因素 A、B、C，所以本例在确定因素 A、B、C、D 优水平时可以不考虑交互作用，即优方案为 $A_1B_2C_1D_3$。如果交互作用对试验结果影响非常显著，则应画出对应两因素的反搭配表，然后根据表确定两因素较好的水平搭配，再确定优水平。

第五节 数据的回归分析与最小二乘法

在研究两个变量之间的关系时，可以用回归分析的方法进行分析。当确定了描述两个变量关系的回归模型后，就可以使用最小二乘法估计模型中的参数，进而建立经验方程。

一、数据回归分析的一般步骤

在现实世界中，经常存在着两个变量 X 和 Y 彼此有一些依赖关系的情况，由 X 可以部分地决定 Y 的值，但这种关系又是不确定的。人们常常借助统计学中的回归模型来寻找两个变量之间的关系，而模型的建立当然是依据测试得到的数据。

1. 通过试验或调查获得 X 和 Y 的一组对应关系 $(X_1,Y_1),(X_2,Y_2),\cdots,(X_n,Y_n)$。

2. 画出散点图，直观判断两个变量是否有关系。画散点图时，以 X 变量为横坐标，Y 变量为纵坐标，实测的数据 $(X_1,Y_1),(X_2,Y_2),\cdots,(X_n,Y_n)$ 分别是图形上的一个点，然后判断两个变量是否存在相互关系。

3. 建立数据模型，当散点图中的关系可以近似用函数模型来描述时，利用散点图、已积累的函数曲线形状的知识和试验数据，选择适当的回归模型，如一元线性模型 $y=b_0+b_1x$，二次函数模型 $y=b_0+b_1x+b_2x^2$ 等建立回归模型。

4. 对模型中的参数进行估计，最小二乘法是确定这些参数的一种常用估计方法。

5. 讨论模型的拟合效果。常用的方法有相关系数检验法、T 检验法、F 检验法。

二、最小二乘法

由上述分析可知，最小二乘法主要用于数据模型中参数的确定。最小二乘法的思想就是要使得观测点和估计点之间距离的平方和达到最小。这里的“二乘”指的是用平方来度量观测点与估计点的远近(在古汉语中“平方”称为“二乘”)，“最小”指的是参数的估计值要保证各个观测点与估计点之间距离的平方和达到最小。

设所建立的回归模型的一般形式是 $Y=f(x|\theta)+\varepsilon$，其中 Y 称为响应变量，x 称为解释变量或协变量；$f(x|\theta)+\varepsilon$ 是一个由参数 θ 决定的回归函数；ε 是一个不可观测的随机误差。为了通过试验数据来估计参数 θ 的值，最小二乘法是目前最常用、最基本的方法。

若 $(x_1,Y_1),\cdots,(x_n,Y_n)$ 为收集到的观测数据，则应该用 $\hat{Y}_i=f(\hat{x}_i|\theta)$ 来估计 Y_i，这里 $\hat{x}_i$ 是 x_i 的估计值。这样点 (x_i,Y_i) 的估计就是 $(\hat{x}_i,\hat{Y}_i)$，它们之间距离的平方就是：

$$(x_i-\hat{x}_i)^2+(Y_i-f(\hat{x}_i\mid\theta))^2,$$

进而最小二乘估计量就是

$$Q(\theta)=\sum_{i=1}^{n}(x_i-\hat{x}_i)^2+\sum_{i=1}^{n}(Y_i-f(\hat{x}_i\mid\theta))^2$$

通过使得 $Q(\theta)$ 达到最小值时来确定 θ 参数的估计值。特别当各个 x_i 和相应的估计值相等，即 $\hat{x}_i=x_i$ 时，最小二乘估计量就是：

$$Q(\theta)=\sum_{i=1}^{n}(Y_i-f(\hat{x}_i\mid\theta))^2$$

如果能够在固定解释变量 X 值的前提下观测预报变量 Y，就认为解释变量 X 的观测值和估计值相等，从而可以通过上式求最小二乘估计。

最小二乘估计的计算，一般的过程是用目标函数对各 θ 求偏导数，并令其等于 0，得到一个线性方程组，通过解方程组求得 θ 值。

由 θ 的估计值 $\hat{\theta}$ 决定的方程 $\hat{y}=f(x|\hat{\theta})$ 称为经验回归方程或经验方程。

三、一元线性回归

1. 一元线性回归模型

一般地，当随机变量 Y 与普通变量 x 之间有线性关系时，可设

$$Y=\beta_0+\beta_1 x+\varepsilon \tag{1}$$

$\varepsilon\sim N(0,\sigma^2)$，其中 β_0,β_1 为待定系数。

设 $(x_1,Y_1),(x_2,Y_2),\cdots,(x_n,Y_n)$ 是取自总体 (x,Y) 的一组样本，而 $(x_1,y_1),(x_2,y_2),\cdots,(x_n,y_n)$ 是该样本的观察值，在样本和它的观察值中的 $x_1,x_2,\cdots,x_n$ 是取定的不完全相同的数值，而样本中的 $Y_1,Y_2,\cdots,Y_n$ 在试验前为随机变量，在试验或观测后是具体的数值，一次抽样的结果可以取得 n 对数据 $(x_1,y_1),(x_2,y_2),\cdots,(x_n,y_n)$，则有：

$$y_i=\beta_0+\beta_1 x_i+\varepsilon_i,\ i=1,2,\cdots,n \tag{2}$$

其中 $\varepsilon_1,\varepsilon_2,\cdots,\varepsilon_n$ 相互独立。在线性模型中，由假设知

$$Y\sim N(\beta_0+\beta_1 x,\sigma^2),\ E(Y)=\beta_0+\beta_1 x \tag{3}$$

回归分析就是根据样本观察值寻求 β_0,β_1 的估计 $\hat{\beta}_0,\hat{\beta}_1$。

对于给定 x 值，取

$$\hat{Y}=\hat{\beta}_0+\hat{\beta}_1 x \tag{4}$$

作为 $E(Y)=\beta_0+\beta_1 x$ 的估计，方程(4)称为 Y 关于 x 的线性回归方程或经验公式，其图像称为回归直线，$\hat{\beta}_1$ 称为回归系数。

2. 最小二乘估计

对样本的一组观察值 $(x_1,y_1),(x_2,y_2),\cdots,(x_n,y_n)$，对每个 x_i，由线性回归方程(4)可以确定一回归值

$$\hat{y}_i=\hat{\beta}_0+\hat{\beta}_1 x_i$$

这个回归值 $\hat{y}_i$ 与实际观察值 y_i 之差：

$$y_i-\hat{y}_i=y_i-\hat{\beta}_0+\hat{\beta}_1 x_i$$

本式刻画了 y_i 与回归直线 $\hat{y}=\hat{\beta}_0+\hat{\beta}_1 x$ 的偏离度。一个自然的想法就是：对所有 x_i，若 y_i 与 $\hat{y}_i$ 的偏离越小，则认为直线与所有试验点拟和得越好。

令
$$Q(\beta,\beta)=\sum_{I=1}^{n}(y_i-\beta_0-\beta_1 x_i)^2$$

上式表示所有观察值 y_i 与回归直线 $\hat{y}_i$ 的偏离平方和，刻划了所有观察值与回归直线的偏离度。所谓最小二乘法就是寻求 β_0 与 β_1 的估计 $\hat{\beta}_0,\hat{\beta}_1$，使 $Q(\hat{\beta}_0,\hat{\beta}_1)=\min Q(\beta_0,\beta_1)$ 。

利用微分的方法，求 Q 关于 β_0,β_1 的偏导数，并令其为零，得：

$$\begin{cases}\dfrac{\partial Q}{\partial\beta_0}=-2\sum\limits_{i=1}^{n}(y_i-\beta_0-\beta_1 x_i)=0\\[2ex]\dfrac{\partial Q}{\partial\beta_1}=-2\sum\limits_{i=1}^{n}(y_i-\beta_0-\beta_1 x_i)x_i=0\end{cases}$$

整理得：

$$\begin{cases} n\beta_0+(\sum_{i=1}^{n}x_i)\beta_1=\sum_{i=1}^{n}y_i \\ (\sum_{i=1}^{n}x_i)\beta_0+(\sum_{i=1}^{n}x_i^2)\beta_1=\sum_{i=1}^{n}x_iy_i \end{cases}$$

称此为正规方程组，解正规方程组得：

$$\begin{cases} \hat{\beta}_0=\overline{y}-\overline{x}\hat{\beta}_1 \\ \hat{\beta}_1=\dfrac{(\sum_{i=1}^{n}x_iy_i-n\overline{x}\overline{y})}{(\sum_{i=1}^{n}x_i^2-n\overline{x}^2)} \end{cases} \tag{5}$$

其中$\overline{x}=\frac{1}{n}\sum_{i=1}^{n}x_i$，$\overline{y}=\frac{1}{n}\sum_{i=1}^{n}y_i$，若记

$$L_{xy}\overset{def}{=\!=}\sum_{i=1}^{n}(x_i-\overline{x})(y_i-\overline{y})=\sum_{i=1}^{n}x_iy_i-n\overline{x}\,\overline{y},\ L_{xx}\overset{def}{=\!=}\sum_{i=1}^{n}(x_i-\overline{x})^2=\sum_{i=1}^{n}x_i{}^2-n\overline{x}^2,$$

则

$$\begin{cases} \hat{\beta}_0=\hat{\overline{y}}-\overline{x}\hat{\beta}_1 \\ \hat{\beta}_1=\dfrac{L_{xy}}{L_{xx}} \end{cases} \tag{6}$$

(5)或(6)叫做 β_0，β_1 的最小二乘估计。而 $\hat{Y}=\hat{\beta}_0+\hat{\beta}_1x$ 为 Y 关于 x 的一元经验回归方程。

3. 回归方程的显著性检验

(1)T-检验法

$$T=\frac{\hat{\beta}_1}{\hat{\sigma}}\sqrt{L_{xx}}\sim t(n-2),$$

$$\hat{\sigma}^2=S_{剩}/(n-2),$$

$$S_{剩}=L_{yy}-\hat{\beta}_1L_{xy}$$

由给定的显著性水平 α，查表得 $t_{\frac{\alpha}{2}}(n-2)$，根据试验数据 (x_1,y_1)，(x_2,y_2)，…，(x_n,y_n) 计算 T 的值 t，当 $|t|>t_{\frac{\alpha}{2}}(n-2)$ 时，回归效应显著；当 $|t|\leqslant t_{\frac{\alpha}{2}}(n-2)$ 时，回归效果不显著。

(2)F-检验法

$$F=\frac{S_{回}}{S_{剩}(n-2)}\sim F(1,n-2)$$

$$S_{回}=\hat{\beta}_1^2L_{xx}=\hat{\beta}_1L_{xy}$$

由给定显著性水平 α，查表得 $F_\alpha(1,n-2)$，根据试验数据 (x_1,y_1)，(x_2,y_2)，…，(x_n,y_n) 计算 F 的值，若 $F>F_\alpha(1,n-2)$ 时，回归效果显著；若 $F\leqslant F_\alpha(1,n-2)$ 时，回归效果不显著。

(3)相关系数检验法

相关系数的大小可以表示两个随机变量线性关系的密切程度。对于线性回归中的变量 x 与 Y，其样本的相关系数为：

$$\rho=\frac{\sum_{i=1}^{n}(x_i-\overline{x})(Y_i-\overline{Y})}{\sqrt{\sum_{i=1}^{n}(x_i-\overline{x})^2\sum_{i=1}^{n}(Y_i-\overline{Y})^2}}=\frac{\sqrt{L_{xy}}}{\sqrt{L_{xx}}\sqrt{L_{yy}}},$$

它反映了普通变量 x 与随机变量 Y 之间的线性相关程度，故取检验统计量：

$$r=\frac{\sqrt{L_{xy}}}{\sqrt{L_{xx}}\sqrt{L_{yy}}}$$

r 越接近 1，回归效果显著。

4. 可化为一元线性回归的情形

前面讨论了一元线性回归问题，但在实际应用中，有时会遇到更复杂的回归问题，其中有些情形，可通过适当的变量替换化为一元线性回归问题来处理。

(1) $Y=\beta_0+\frac{\beta_1}{x}+\varepsilon,\varepsilon\sim N(0,\sigma^2)$　　(1)

其中 β_0,β_1,σ^2 是与 x 无关的未知参数。

令 $x'=\frac{1}{x}$，则可化为下列一元线性回归模型：

$$Y'=\beta_0+\beta_1x'+\varepsilon,\varepsilon\sim N(0,\sigma^2)$$

(2) $Y=\alpha e^{\beta x}\cdot\varepsilon,\ln\varepsilon\sim N(0,\sigma^2)$，　　(2)

其中 α,β,σ^2 是与 x 无关的未知参数。

对 $Y=\alpha e^{\beta x}\cdot\varepsilon$ 两边取对数得：

$$\ln Y=\ln\alpha+\beta x+\ln\varepsilon$$

令 $Y'=\ln Y,a=\ln\alpha,b=\beta,x'=x,\varepsilon'\sim\ln\varepsilon$，则(2)可转化为下列一元线性回归模型：

$$Y'=a+bx'+\varepsilon',\varepsilon'\sim N(0,\sigma^2)$$

(3) $Y=\alpha x^{\beta}\cdot\varepsilon,\ln\varepsilon\sim N(0,\sigma^2)$　　(3)

其中 α,β,σ^2 是与 x 无关的未知参数。

在 $Y=\alpha x^{\beta}\cdot\varepsilon$ 两边取对数得：

$$\ln Y=\ln\alpha+\beta\ln x+\ln\varepsilon$$

令 $Y'=\ln Y,a=\ln\alpha,b=\beta,x'=\ln x,\varepsilon'=\ln\varepsilon$，则(2)可转化为下列一元线性回归模型：

$$Y'=a+bx'+\varepsilon',\varepsilon'\sim N(0,\sigma^2)$$

(4) $Y=\alpha+\beta h(x)+\varepsilon,\varepsilon\sim N(0,\sigma^2)$　　(4)

其中 α,β,σ^2 是与 x 无关的未知参数；$h(x)$ 是 x 的已知函数，令 $Y'=Y,a=\alpha,b=\beta,x'=h(x)$，则(3)可转化为

$$Y'=a+bx'+\varepsilon,\varepsilon\sim N(0,\sigma^2)$$

第八章　混凝土施工技术

第一节　泵送混凝土施工技术

一、原材料选择及其控制

1. 水泥

(1)水泥的质量应符合《通用硅酸盐水泥》GB 175 及相关施工规范、验收标准的要求。

(2)水泥进场时，应有出厂合格证及出厂检验报告，核对其品种、标号、出厂日期。经分批检验合格后方可使用(同生产厂家、同批号、同品种、同强度等级、同出厂日期且连续进场的水泥，散装水泥每 500 t 为一批，袋装水泥每 200 t 为一批，当不足上述数量时，也按一批计)。

(3)水泥进库后要注意保管，防止受潮。

(4)不同标号的水泥应分别堆放，堆放时要考虑到先进先用的顺序，以免储存时间过长而失效。

(5)水泥由于受潮或其他原因变质时，应及时运出场外。

2. 粗骨料

(1)粗骨料应级配合理、粒形良好、质地均匀坚固、线膨胀系数小，技术指标符合《普通混凝土用砂、石质量及检验方法标准》JGJ 52 与相关施工规范、验收标准要求。

(2)粗骨料采用二级级配。应分级采购、分级运输、分级堆放、分级计量。

(3)粗骨料的最大公称粒径不宜超过混凝土保护层厚度的 2/3，且不得超过钢筋最小间距的 3/4。用于 C50 及以上预应力混凝土时，粗骨料最大公称粒径(圆孔筛)不应大于 25 mm。碎石最大粒径与输送管内径之比，宜小于或等于 1∶3。

(4)同产地、同品种、同规格且连续进场的粗骨料，每 400 m^3 或 600 t 为一批，复检一次。

3. 细骨料

(1)细骨料应级配合理、质地均匀坚固、吸水率低、空隙率小，细度模数在 2.3～3.0 之间，技术指标符合《普通混凝土用砂、石质量及检验方法标准》JGJ 52 与相关施工规范、验收标准要求。

(2)砂子应单独存放，不得受其他材料污染。砂中含有大于 10 mm 颗粒时应过筛后使用。

(3)同产地、同品种、同规格且连续进场的细骨料，每 400 m^3 或 600 t 为一批，复检一次。

4. 外加剂

(1)外加剂技术指标符合《混凝土外加剂》GB 8076、《混凝土外加剂应用技术规范》GB 50119 与相关施工规范、验收标准要求。

(2)外加剂进场时应有出厂合格证及出厂检验报告，并核对其品种、出厂日期。经分批检验合格后方可使用(同生产厂家、同批号、同品种、同出厂日期且连续进场的外加剂，每 50 t 为一批，不足 50 t 时，也按一批计)。

(3)外加剂入库后要注意保管，粉状外加剂应防止受潮。不同种类的外加剂应分别堆放，标识清楚，防止误用。

5. 掺和料

(1)矿物掺和料技术指标符合相应产品技术要求与相关施工、验收标准要求。

(2)掺和料进场时应有出厂合格证及出厂检验报告。经分批检验合格后方可使用(同生产厂家、同批号、同品种、同出厂日期且连续进场的掺和料，每 120 t 为一批，不足 120 t 时，也按一批计)。

6. 水

拌和用水可采用饮用水或经检验符合要求的其他来源的水。采用非饮用水时，在每年涨水季节检验一次。

二、配 合 比

1. 泵送混凝土配合比设计，除必须满足混凝土设计强度和耐久性的要求外，还应使混凝土满足泵送的要求，混凝土的可泵性可通过压力泌水试验进行控制。一般 10 s 的相对压力泌水率 S10 不宜超过 40%。

2. C30 及以下混凝土的胶凝材料总量不宜高于 400 kg/m^3，C35～C40 混凝土不宜高于 450 kg/m^3，C50 及以上混凝土不宜高于 500 kg/m^3。最小胶凝材料用量不宜小于 300 kg/m^3，胶凝材料用量过小，影响管壁润滑的形成及质量。

3. 泵送混凝土的砂率宜为 35%～45%。砂率过大，混凝土流动性差，泵送性能差，砂率过小，容易影响混凝土黏聚性、保水性，容易脱水，造成堵塞。

三、施工准备

1. 试验室下达混凝土配料通知单，并将其转换为每盘实际使用的施工配合比，公布于搅拌配料地点的标牌上。

2. 材料供应充足，特别是指定的水泥品种有足够的储备量或后续供应有保证。所有的原材料已复检，有复试检验报告，检验结果符合标准要求。

3. 搅拌机及其配套的设备应运转灵活、安全可靠。电源及配电系统符合要求。所有计量器具必须有检定的有效期标识。配料秤下面及周围的砂、石应清理干净，计量器具灵敏可靠，并按施工配合比设专人校核。

4. 混凝土运输车数量满足要求。

5. 管理人员向作业班组进行配合比、操作规程和安全技术交底。有严密的施工技术方案，特别应制定明确的混凝土养护措施方案。有施工过程的质量控制与保证措施。

6. 需浇筑混凝土的工程部位已办理隐检、预检手续、混凝土浇筑的申请单已经有关管理人员批准。

7. 搅拌站、浇捣现场和运输车辆之间有可靠的通讯联系手段。

四、混凝土搅拌

1. 在拌和站试生产和正式生产前，应对拌和设备的各种称量装置进行检定，以保证称量精度。

2. 拌和站压缩空气压力应在 0.5～0.7 MPa 的范围内并无漏气现象。电源电压波动范围不得超过额定值的－5%～＋10%。

3. 拌和楼启动运行前,应先发警告信号,经 5 s 种后再启动。配料前应先打开搅拌机下料口,清除搅拌机内残余骨料和积水。

4. 混凝土原材料应严格按照施工配合比要求进行准确称量,称量最大允许偏差应符合下列规定(按重量计):胶凝材料(水泥、掺和料)±1%;外加剂±1%;骨料±2%;拌和用水±1%。每工班抽查不少于 1 次。

5. 搅拌混凝土前,应严格测定粗细骨料的含水率,准确测定因天气变化而引起的粗细骨料含水量变化,以便及时调整施工配合比。含水量每班抽测不少于 1 次,雨天应随时抽测,并按测定结果及时调整混凝土施工配合比。

6. 搅拌时,宜先向搅拌机内投入细骨料、水泥、矿物掺和料和外加剂,搅拌均匀后,再加入所需用水量,待砂浆充分搅拌后再投入粗骨料,并继续搅拌至均匀为止。上述每一阶段的搅拌时间不少于 30 s,总搅拌时间不宜少于 2 min,也不宜超过 3 min。

7. 每次开盘前,应进行开盘鉴定。检验混凝土的坍落度及其损失、含气量等性能,并观察混凝土的和易性、流动性、泌水、板结等情况。若混凝土性能有明显变化,应查明原因采取相应措施后方可大批量生产。

8. 冬季搅拌混凝土前,应先经过热工计算,并经试拌确定水和骨料需要预热的最高温度,以保证混凝土的入模温度不低于 5 ℃。优先采用加热水的预热方法调整拌合物温度,但水的加热温度不宜高于 80 ℃。当加热水还不能满足要求或骨料中含有冰、雪等杂物时,也可先将骨料均匀地进行加热,其加热温度不应高于 60 ℃。水泥、外加剂及矿物掺和料可在使用前运入暖棚进行自然预热,但不得直接加热。

9. 炎热季节搅拌混凝土时,宜采取措施控制水泥的温度,水泥进入搅拌机的温度不宜大于 40 ℃。粗细骨料可采取在骨料堆场搭设遮阳棚、采用低温水搅拌混凝土,以降低混凝土拌合物的温度,或尽可能在傍晚和晚上搅拌混凝土,以保证混凝土的入模温度不高于气温且不宜超过 30 ℃。

五、混凝土运输

1. 应选用能确保浇筑工作连续进行、运输能力与混凝土搅拌机的搅拌能力相匹配的运输设备来运输混凝土。不得采用机动翻斗车、手推车等工具长距离运输混凝土。

2. 根据浇筑结构情况,合理调度车辆,保持不待车、不压车。

3. 混凝土运输过程中应保持其匀质性,做到不分层、不离析、不漏浆。运到灌注地点时,要满足坍落度要求。

4. 混凝土运输车使用前须湿润,装料前,必须将拌筒内积水倒净。运输过程中要清除容器内粘着的残渣,装料要适当,防止过满溢出。

5. 应尽量减少混凝土的转载次数和运输时间。从搅拌机卸出混凝土到混凝土浇筑完毕的延续时间以不影响混凝土的各项性能为限。

6. 应对运输设备采取保温隔热措施,防止局部混凝土温度升高(夏季)或受冻(冬季)。应采取适当措施防止水分进入运输容器或蒸发,严禁在运输过程中向混凝土内加水。

7. 若采用搅拌罐车运输混凝土,当罐车到达浇筑现场时,应使罐车高速旋转 20～30 s,再将混凝土拌合物喂入泵车受料斗或混凝土料斗。现场取样时，应以搅拌车卸料 1/4 后至 3/4 前的混凝土为代表。

8. 混凝土搅拌运输车卸料完毕后，应及时清洗拌筒并排尽积水。

六、混凝土泵送

1. 泵送工艺

(1)泵送混凝土前，先把储料斗内清水从管道泵出，达到湿润和清洁管道的目的，然后向料斗内加入与混凝土配比相同的水泥砂浆(或 1∶2 水泥砂浆)，润滑管道后即可开始泵送混凝土。

(2)开始泵送时，泵送速度宜慢，油压变化应在允许范围内，待泵送顺利时，才用正常速度进行泵送。

(3)严禁将不符合泵送要求的混凝土入泵。混凝土泵进料斗上应安置网筛并设专人监视下料，以防止粒径过大骨料或异料进入泵内造成堵塞。泵送期间，料斗内的混凝土量应保持不低于缸筒口上 10 mm 到料斗口下 150 mm 之间为宜。混凝土量太少，容易吸入空气而造成塞管，太多则反抽时会溢出并加大搅拌轴负荷。

(4)混凝土泵送宜连续作业，当混凝土供应不及时，需降低泵送速度，泵送暂时中断时，搅拌不应停止。当叶片被卡死时，需反转排出混凝土，再正转、反转一定时间，待正转顺利后方可继续泵送。

(5)泵送中途若停歇时间超过 20 min，管道又较长时，应每隔 5 min 开泵一次，泵送小量混凝土，管道较短时，可采用每隔 5 min 正反转 2～3 行程，使管内混凝土蠕动，防止泌水离析，长时间停泵(超过 45 min)、气温高、混凝土坍落度小时可能造成塞管，宜将混凝土从泵和输送管中清除。

(6)泵送应先远后近，在浇筑中逐渐拆管。

(7)在高温季节泵送，宜用湿草袋覆盖管道进行降温，以降低入模温度。

(8)泵送管道的水平换算距离总和应小于设备的最大泵送距离。

2. 泵送结束清理工作

(1)泵送即将结束时，应估算混凝土管道内和料斗内储存的混凝土量及浇捣现场所欠混凝土量，以便决定拌制混凝土量。

(2)泵送完毕清理管道时，采用空气压缩机推动清洗球。先放好专用清洗水，再启动空压机，渐进加压。清洗过程中，应随时敲击输送管，了解混凝土是否接近排空。当输送管内尚有 10 m 左右混凝土时，应将压缩机缓慢减压，防止出现大喷爆和伤人。

(3)泵送完毕，应立即清洗混凝土泵、布料器和管道，管道拆卸后按不同规格分类堆放。

3. 泵送过程中应特别注意如下事项

(1)在满足泵送工艺要求的前提下，泵送混凝土的坍落度应尽量小，以免混凝土在振捣过程中产生离析和泌水。当浇筑层的厚度较大时，尤应控制拌和物的坍落度，并且使用串筒浇筑；一般情况下，泵送下料口应能移动；当泵送下料口固定时，固定的间距不宜过大，一般不大于 3 m。

(2)泵送管路起始水平管段长度不应小于 15 m。除出口处可采用软管外，管路的其他部位均不得采用软管。管路应用支架、吊具等加以固定，不应与模板和钢筋接触。

(3)向下泵送混凝土时，管路与垂线的夹角不宜小于 12°，以防止混入空气引起管路阻塞。

(4)混凝土宜在搅拌后 60 min 内泵送完毕，且在 1/2 初凝时间前入泵，全部混凝土应在初凝前浇筑完毕。在交通拥堵和气候炎热等情况下，应采取特殊措施防止混凝土坍落度损失过大。

七、混凝土浇筑及振捣

1. 混凝土浇筑的一般要求：

(1)浇筑混凝土前，应针对工程特点、环境条件与施工条件事先设计浇筑方案，包括浇筑起点、浇筑进展方向和浇筑厚度等；混凝土浇筑过程中，不得无故更改事先确定的浇筑方案。应仔细检查钢筋保护层垫块的位置、数量及其紧固程度，并指定专人作恢复性检查，以提高钢筋保护层厚度尺寸的质量保证率。构件侧面和底面的垫块至少应为 4 个/m^2，绑扎垫块和钢筋的铁丝头不得伸入保护层内。

保护层垫块的尺寸应保证保护层厚度的准确性，其形状(宜为工字形或锥形)应有利于钢筋的定位，不得使用砂浆垫块。当采用细石混凝土垫块时，其抗腐蚀能力和抗压强度应高于构件本体混凝土，且水灰比不大于 0.4。当采用塑料垫块时，塑料的耐碱性和抗老化性能良好、抗压强度不低于 50 MPa。

(2)混凝土自出料口下落的自由倾落高度不得超过 2 m，如超过 2 m 时必须采取措施。应采用串筒、导管、溜槽或在模板侧面开门子洞(生口)。

(3)浇筑混凝土时应分段分层进行，每层浇筑高度应根据结构特点、钢筋疏密决定。一般分层高度为插入式振动器作用部分长度的 1.25 倍，摊铺厚度不宜大于 600 mm(当采用泵送混凝土时)或 400 mm(当采用非泵送混凝土时)。浇筑竖向结构的混凝土前，应处理好接茬部位。平板振动器的分层厚度为 200 mm。

(4)混凝土入模前，应采用专用设备测定混凝土的温度、坍落度、含气量、水灰比及泌水率等工作性能；只有拌合物性能符合设计或配合比要求的混凝土方可入模浇筑。

当设计无要求时，混凝土的入模温度宜控制在 5 ℃～30 ℃。新浇混凝土与邻接的已硬化混凝土或岩土介质间的温差不得大于 15 ℃。

(5)开动振动棒，握住振捣棒上端的软轴胶管快速插入混凝土内部，振捣时，振动棒上下略为抽动，振捣时间为 20～30 s，但以混凝土面不再出现明显气泡、不再显著下沉、表面泛浆和表面形成水平面为准。使用插入式振动器应做到快插慢拔，插点要均匀排列，逐点移动，按顺序进行，不得遗漏，做到均匀振实。移动间距不大于振动棒作用半径的 1.5 倍(一般为 300～400 mm)，振捣器与侧模应保持 5～10 cm 的距离，并避免碰撞钢筋、模板、预埋件等。振捣上一层时应插入下层混凝土面 50～100 mm，以消除两层间的接缝。平板振动器的移动间距应能保证振动器的平板覆盖已振实部分边缘。

按事先规定的工艺路线和方式振捣混凝土，应在混凝土浇筑过程中及时将入模的混凝土均匀振捣密实，不得随意加密振点或漏振，避免过振。采用插入式振捣器振捣混凝土时，宜采用垂直点振方式振捣。若需变换振捣棒在混凝土拌合物中的水平位置，应首先竖向缓慢将振捣棒拔出，然后再将振捣棒移至新的位置，不得将振捣棒放在拌和物内平拖，也不得用插入式振捣棒平拖驱赶下料口处堆积的混凝土拌和物。

(6)浇筑混凝土应连续进行。如必须间歇，其间歇时间应尽量缩短，并应在前层混凝土初凝之前，将次层混凝土浇筑完毕。间歇的最长时间应按所用水泥品种及混凝土初凝条件确定。

(7)浇筑混凝土时应派专人经常观察模板、钢筋、预留孔洞、预埋件、插筋等有无位移变形或堵塞情况，发现问题应立即修正并应在已浇筑的混凝土初凝前修整完毕。浇筑完毕后，检查相邻部位钢筋表面是否被混凝土污染，并及时擦洗干净。

(8)在炎热季节浇筑混凝土时，应避免模板和新浇混凝土直接受阳光照射，保证混凝土入模前模板和钢筋的温度以及附近的局部气温均不超过 40 ℃，因此浇筑应尽可能安排在傍晚而避开炎热的白天浇筑。

在低温条件下(当昼夜平均气温低于 5 ℃或最低气温低于－3 ℃)浇筑混凝土时，应采取适当的保温防冻措施，防止混凝土提前受冻。

在相对湿度较小、风速较大的环境下浇筑混凝土时，应采取适当挡风等措施，防止混凝土失水过快，此时应避免浇筑有较大暴露面积的构件。

浇筑大体积混凝土结构(或构件最小断面尺寸在 800 mm 以上的结构)前，应根据结构截面尺寸大小预先采取必要的降温防裂措施，如搭设遮阳棚、预设循环冷却水系统等。

2. 隧道衬砌混凝土浇筑

衬砌混凝土接缝处必须进行凿毛处理；混凝土自模板窗口灌入，应由下向上，对称、均匀分层，层厚度最大不超过 60 cm；先墙后拱浇筑，倾落自由高度不超过 2.0 m，若超过 2.0 m，应采用串筒等设施辅助浇筑；混凝土浇筑应连续进行，其间歇时间应小于前层混凝土的初凝时间，当允许间歇时间已超过时，应按照浇筑中断处理，同时留置施工缝，并做好记录；在混凝土浇筑过程中，应设专人观察模板、支架、钢筋、预埋件和预留孔洞的情况，当发现有变形、移位时，应及时采取措施进行处理；浇筑混凝土时，应做好浇筑记录。

3. 预应力混凝土预制梁的浇筑

(1)预应力混凝土预制梁应采用快速、稳定、连续、可靠的浇筑方式一次浇筑成型。每片梁的浇筑时间不宜超过 6 h。

(2)预应力混凝土梁宜采用侧振并辅以插入式振捣器振捣的方式振捣。

(3)在混凝土的振捣过程中，应加强检查模板支撑的稳定性和接缝的密合情况，以防漏浆。混凝土浇筑完成后，应仔细将混凝土暴露面压实抹平，抹面时严禁洒水。

(4)在预应力混凝土梁浇筑过程中，应随机取样制作混凝土强度和弹模试件，试件制作数量应符合相关规定。其中箱梁混凝土试件应从底板、腹板及顶板分别取样。

4. 墙身混凝土浇筑：

(1)墙身混凝土浇筑前，或新浇混凝土与下层混凝土结合处，应在底面上均匀浇筑 50 mm 厚与混凝土配比相同的水泥砂浆。砂浆应用铁铲入模，不应用料斗直接倒入模内。

(2)墙混凝土应分层浇筑振捣，每层浇筑厚度控制在 500 mm 左右。混凝土下料点应分散布置，循环推进，连续进行。

(3)浇筑墙体洞口时，要使洞口两侧混凝土高度大体一致。混凝土振捣要均匀密实，特别是墙厚度较小，加密筋与连接交错钢筋较密的部位，应采用 ϕ25 振动棒，其他墙梁部位采用 ϕ50 振动棒。

(4)对于有预留洞、预埋件和钢筋太密的部位，应预先制订技术措施，确保顺利浇筑和振捣。在浇筑混凝土时，应经常观察，当发现混凝土有不密实等现象，应立即采取措施予以纠正。

(5)当振动完毕需变换振捣棒在混凝土拌和物中的水平位置时，应边振动边竖向缓慢提出振动棒，不得将振捣棒放在拌和物内平拖。

(6)试验人员按规定要求在浇筑现场做试件，并详细填写施工记录。

八、养　　护

1. 混凝土振捣完成后，应及时对混凝土暴露面进行紧密覆盖(可采用篷布、塑料布等进行覆盖)。尽量减少暴露时间，防止表面水分蒸发。暴露面保护层混凝土初凝前，应卷起覆盖物，用抹子搓压表面至少二遍，使之平整后再次覆盖，此时应注意覆盖物不要直接接触混凝土表面，直至混凝土终凝为止。

2. 混凝土带模养护期间，应采取带模包裹、浇水、喷淋洒水或通蒸汽等措施进行保湿养护。

3. 混凝土去除表面覆盖物或拆模后，应对混凝土采用储水、浇水或覆盖洒水等措施进行潮湿养护。也可在混凝土表面处于潮湿状态时，迅速采用麻布、草帘等材料将暴露处混凝土覆盖或包裹，再用塑料布或帆布等将麻布、草帘等保湿材料包覆(裹)完好。包覆(裹)期间，包覆(裹)物应完好无损。彼此搭接完整，内表面应具有凝结水珠。有条件地段应尽量延长混凝土的包保覆(裹)养护时间。

4. 混凝土终凝后的持续保湿养护时间宜满足表 8—1—1 的要求。大体积混凝土的养护不应少于 28 d。

表 8—1—1　不同混凝土湿养护的最低期限

混凝土类型	水胶比	大气潮湿(<RH≥50%)，无风，无阳光直射		大气干燥(RH<50%)，有风，或阳光直射	
		日平均气温 T(℃)	湿养护期限 (d)	日平均气温 T(℃)	湿养护期限 (d)
胶凝材料中掺有矿物掺和料	≥0.45	5≤T<10	21	5≤T<10	28
		10≤T<20	14	10≤T<20	21
		20≤T	10	20≤T	14
	≤0.45	5≤T<10	14	5≤T<10	21
		10≤T<20	10	10≤T<20	14
		20≤T	7	20≤T	10
胶凝材料中未掺矿物掺和料	≥0.45	5≤T<10	14	5≤T<10	21
		10≤T<20	10	10≤T<20	14
		20≤T	7	20≤T	10
	≤0.45	5≤T<10	10	5≤T<10	14
		10≤T<20	7	10≤T<20	10
		20≤T	7	20≤T	7

5. 在任意养护时间，淋注于混凝土表面的养护水温度低于混凝土表面温度时，二者间温差不得大于 15 ℃。

6. 混凝土养护期间应注意采取保温措施，防止混凝土表面温度受环境因素影响(如暴晒、气温骤降等)而发生剧烈变化，养护期间混凝土的芯部与表面、表层与环境之间的温差不宜超过 20 ℃(截面较为复杂时,不宜超过 15 ℃)。大体积混凝土施工前应制定严格的养护方案,控制混凝土内外温差满足设计要求。

7. 混凝土在冬季和炎热季节拆模后,若天气产生骤然变化时,应采取适当的保温(寒季)隔热(夏季)措施,防止混凝土产生过大的温差应力。

8. 混凝土拆模后可能与流动水接触时,应在混凝土与流动水接触前采取有效的保温、保湿措施养护 14 d 以上,且保证混凝土获得 75%以上的设计强度。养护结束后及时回填。

9. 混凝土养护期间,应对有代表性的结构进行温度控制,定时测定混凝土芯部温度、表面温度以及环境温度、相对湿度、风速等参数,并根据混凝土温度和环境参数的变化及时调整养护制度,严格控制混凝土的内外温差满足要求。

10. 当昼夜平局气温低于 5 ℃或最低气温低于 −3 ℃时,应按冬季施工处理。

11. 混凝土养护期间,施工单位应各自对混凝土的养护过程作详细记录,并建立严格的岗位责任制。

九、拆　　模

1. 混凝土拆模时的强度应符合设计要求。当设计未提出要求时,应符合下列规定:

(1)侧模应在混凝土强度达到 2.5 MPa 以上,且其表面及棱角不因拆模而受损时,方可拆除。

(2)底模应在混凝土强度符合表 8—1—2 的规定后,方可拆除。

表 8—1—2　拆除底模时所需混凝土强度

结构类型	结构跨度(m)	达到混凝土设计强度的百分率(%)
板、拱	≤2	50
	2～8	75
	>8	100
梁	≤8	75
	>8	100
悬臂梁(板)	≤2	75
	>2	100

(3)芯模或预留孔洞的内模应在混凝土强度能保证构件表面不发生塌陷和裂缝时,方可拆除。

2. 混凝土的拆模时间除考虑拆模时的强度外,还应考虑到拆模时的混凝土温度(由水泥水化热引起)不能过高,以免混凝土接触空气时降温过快而开裂,更不能在此时浇洒凉水养护。混凝土内部开始降温以前不应拆模。

一般情况下,结构或构件芯部混凝土与表层混凝土之间的温差、表层混凝土与环境之间的温差大于 20 ℃时(截面较为复杂时,温差大于 15 ℃)时不宜拆模。大风或气温急剧变化时不宜拆模。在寒冷季节,若环境温度低于 0 ℃时不宜拆模。在炎热和大风干燥季节,应采取逐段拆模、边拆边养护的拆模工艺。

3. 拆模宜按立模顺序逆向进行,不得损伤混凝土,并减少模板破损。当模板与混凝土脱离后，方可拆卸、吊运模板。

4. 拆模后的混凝土结构应在混凝土达到100%的设计强度后，方可承受全部设计荷载。

十、施工过程检验

1. 应按标准要求对混凝土用水泥、骨料、外加剂、矿物掺和料、拌合水等主要原材料的品质进行日常检验，检验结果应满足相关标准要求。

2. 应按表8—1—3对混凝土拌合物性能进行日常检验，检验结果应满足设计、施工以及经批准的施工配合比要求。

表8—1—3　混凝土拌合物性能抽检要求

检验项目	频　次
增实因数(干硬性混凝土)	①搅拌站首盘混凝土； ②在浇筑地点每50 m^3 混凝土取样检验一次。 ③每班或每一单元结构物至少2次。
坍落度	
水灰比	
入模温度	
含气量	
泌水率	泌水率至少一次；
匀质性	搅拌站首次使用或使用周期达一年时

3. 应按表8—1—4对混凝土的力学性能进行日常检验，检验结果应满足设计和施工要求。

表8—1—4　混凝土力学性能抽检要求

检验项目		检验频次
钢筋混凝土及素混凝土结构	同条件养护试件脱模抗压强度	每班、每一结构部位至少各一组； 每100 m^3 至少各一组
	同条件养护试件抗压强度	
	28 d或56 d标准养护试件抗压强度	
预应力梁	同条件养护试件脱模抗压强度	每件预制梁至少各一组
	同条件养护试件初张拉时抗压强度	
	同条件养护混凝土终拉/放张时抗压强度	
	同条件养护试件抗压强度	每件预制梁至少2组
	标准养护试件28 d或56 d抗压强度	每件预制梁至少4组
	同条件养护试件初张拉时弹性模量	每件预制梁至少各一组
	同条件养护试件终拉/放张时弹性模量	
	标准养护试件28 d或56 d弹性模量	
其他预应力构件(轨枕、轨道板、管桩、电杆、接触网支柱等)	同条件养护试件脱模抗压强度	每班至少一组； 每100 m^3 混凝土至少各一组
	同条件养护试件脱模弹性模量	
	28 d或56 d同条件养护转标准养护试件抗压强度	
	28 d或56 d同条件养护转标准养护试件弹性模量	
	28 d或56 d标准养护试件弹性模量	

4. 应按表 8—1—5 对混凝土的耐久性进行抽检，检验结果应满足标准或设计的要求。

表 8—1—5　混凝土施工试件耐久性能抽检要求

检验项目	频　次
电通量	同标段、同施工工艺、同配合比混凝土至少进行一次抽检。 每 20 000 m^3 混凝土取样检验一次。
抗冻性(当需要时)	

5. 对用于施工过程控制或质量检验的混凝土强度和耐久性抽检试件，应从同一盘混凝土或同一车运送的混凝土中取出。

6. 应采用下述方法按表 8—1—6 对实体混凝土质量进行检验。

表 8—1—6　实体混凝土质量抽检要求

检验项目	检验频次
表面裂缝宽度	每一构件不少于 20 个点。 混凝土用量小于 1.0 m^3 的构件随机抽取 5%进行检测，单个构件不少于 5 个点。
混凝土保护层厚度	
电通量	同标段、同施工工艺、同配合比混凝土至少进行一次抽检。 每 20 000 m^3 混凝土抽检一次。
气泡间距系数(当需要时)	

(1)用肉眼或放大镜观察实体结构表面是否存在非外力裂缝。当混凝土表面出现非外力裂缝时，普通混凝土结构表面的裂缝最大宽度不得大于 0.20 mm，预应力混凝土结构不得出现结构性裂缝。

(2)采用无损检测方法进行混凝土保护层厚度的检测(当对混凝土保护层厚度检测结果有怀疑时，可采用局部破损的方法进行复核，复核结束后对破损部位进行及时修复)，检验结果应满足设计要求。

(3)在现浇混凝土实体结构上随机钻芯抽取混凝土芯样。测定实体混凝土的电通量。测定结果应满足设计或规范的规定。

(4)当设计对混凝土提出抗冻性要求时，应在现浇混凝土实体结构上随机钻芯抽取混凝土芯样。依据 DL/T 5051－2001 测定实体混凝土的气泡间距系数。测定结果应满足设计的规定。

第二节　寒冷条件下混凝土施工技术

在混凝土中，水泥与液态水起化学反应，生成水化物，并牢固地与砂石、钢筋结合，形成坚固的钢筋混凝土结构。当温度低于常温时，产生新水化物的化学反应速度减慢，混凝土的强度增长缓慢；当温度低于 4 ℃时，水的体积就会膨胀，如果为进行水化所需的水结冰了，这种结冰的水就不能与水泥发生水化反应，则混凝土内水化反应所产生的水化物就大大减少，会对混凝土的强度、耐久性、水密性等造成永久损害。必须采用寒冷条件下混凝土的施工技术，采取相应的措施，才能保证混凝土性能。

一、寒冷条件下混凝土施工的确认

当室外气温低于冰点或日平均气温连续五天稳定低于 5 ℃时，进入冬季混凝土施工。

冬期施工期间，当用硅酸盐水泥或普通硅酸盐水泥配制混凝土、且其抗压强度达到设计强度的30%前，混凝土均不得受冻。当混凝土抗压强度未达到5 MPa前，也不得受冻。浸水冻融条件下的混凝土开始受冻时，其强度不得小于设计强度的75%。

二、原材料准备

1. 进入冬季施工前根据工程任务量情况做好原材料的采购计划，储备充足的原材料，防止生产过程中因天气情况影响材料进场，发生材料断档而影响连续生产。

2. 严把进料关，各种原材料进场后，验收其质量证明书，并按标准要求进行严格的复检，禁止不合格的材料进入生产过程。

3. 砂石料应提前备料，依次堆放，使其含水率降低并保持均匀一致。生产时，先移入暖棚保暖，防止冻结。使用干燥未冻的砂石料，以保证混凝土质量。

4. 拌合水，一般饮用的自来水及洁净的天然水都可作为混凝土拌合用水，但污水、工业废水、pH值小的酸性水、硫酸盐含量(按SO_4^{2-})超过水重1%的水，不得用于混凝土中。为了减少冻害，应将配合比中的用水量降低至最低限度，方法是：控制坍落度，加入减水剂，优先选用高效减水剂。

三、混凝土的配制

1. 冬季施工混凝土的配合比设计方法及步骤与常温下普通混凝土的设计相同，需要注意的是对水灰比的控制，因为混凝土的冻结主要是其中水分的冻结所致。混凝土孔结构的直径与空隙间隔对抵抗冻害起着明显的作用，而水灰比又直接影响混凝土的孔结构，故寒冷条件下浇筑混凝土的水灰比应不大于0.6。

2. 水泥应选用活性高、水化热大的水泥品种，宜优先选用硅酸盐水泥或普通硅酸盐水泥。采用蒸汽湿热养护的混凝土宜优先考虑矿渣水泥。对于电流加热养护的混凝土，由于高活性水泥配制的混凝土对于热脱水较为敏感，因此不适应急速干热高温养护环境，一般电热法养护的混凝土宜采用32.5级的水泥配制。

冬季施工的混凝土一般采用强度不低于32.5级的水泥，且用量最低不少于300 kg/m³为宜。

3. 防冻剂：混凝土中掺入防冻剂能降低混凝土中水的冰点，改变冰的晶格，在一定温度范围内使混凝土在负温下仍能继续水化，提高混凝土早期强度，减少混凝土冻害。但选择防冻剂时，应选择质量好、品质有保证的防冻剂，防冻剂中有氯盐时，浇筑的混凝土适用结构部位应严格遵照《钢筋混凝土工程施工及验收规范》规定范围慎重使用，此外，还应注意防冻剂的毒害性。

引气剂：如果混凝土内含有适当的空气，抗冻性就会有很大改善，这主要是因为分布均匀的微孔能减小游离水的冻结压力，在冬季浇筑混凝土使用引气剂并控制混凝土含气量达到3%～5%，会提高混凝土的抗冻性能。

四、施工准备

1. 结合当地冬季每旬的平均温度和施工统计资料，计算出准确的混凝土搅拌温度、出机温度、混凝土入模的温度、混凝土浇筑完的温度等数据，并判断出混凝土强度值，以确保在冬季施工中达到质量要求。

2. 提前备足加热用的火炉、锅炉、电热器、保温帐篷、帆布、塑料薄膜等保温材料与设备。拌和站供暖与保温设施在冬季施工前提前施作，在进入冬季施工之前安装调试完成。拌和楼内可采用锅炉暖气加热或放置火炉加热。采用火炉加热时，应注意通风换气，防止煤气中毒。不管采用何种方式，拌和楼内温度必须保证在 10 ℃以上。

3. 水泥不得直接加热，在使用前运入暖棚内预热。水的加热温度一般不超过 80 ℃，拌合用水可由供热锅炉引出的蒸汽加热或用火炉加热，水温应满足混凝土出机温度要求，如拌合用水加热后仍达不到热工计算要求，则采取骨料加热的方法，一般加热不超过 60 ℃；可在料场底部设置供暖管道进行加热。砂石料场上覆盖棚布防止散热，装载机上料时将棚布掀开即可。

4. 桥梁工程冬季施工措施

桥梁工程混凝土及注浆冬季施工采用蓄热法施工。混凝土施工时出机温度不低于 10 ℃，入模温度不低于 5 ℃。混凝土浇筑完后，在梁体顶板表面设置三层保温层，第一层采用塑料薄膜与塑料布覆盖，第二层用土工布或棉毡覆盖保温，第三层采用帆布覆盖。箱梁外模挂设帆布进行保温。梁体两端用帆布整体封闭，在梁体内部用火炉进行蓄热。在混凝土强度达到设计强度的 85%、预应力注浆强度达到 25 MPa 之前，不得拆除保温设施。

5. 隧道工程冬季施工措施

隧道洞外水池、污水处理池、排水沟设保温层。对处于最低环境温度在 0 ℃以下的所有进排水管道，采用外包一层岩棉、一层沥青油毡的措施来防止冻结。低温时管内保持水的流动。洞口段 200 m 的风水管路外包一层岩棉、一层沥青油毡。高压风管在最低处设置排水阀，防止冷凝水冻结堵塞风管。

喷射混凝土作业区的环境温度和进入喷射机的材料温度，不应低于 5 ℃。已喷射混凝土的强度未达到 5 MPa 前，不得受冻。

6. 钢筋的冷拉和冷弯

钢筋冷拉温度不宜低于 −20 ℃，预应力钢筋张拉温度不宜低于 −15 ℃。当温度低于 −20 ℃时，严禁对低合金Ⅱ、Ⅲ级钢筋进行冷弯操作，以避免在钢筋弯点处发生强化，造成钢筋脆断。

7. 钢筋焊接

冬季在负温条件下焊接钢筋，应尽量安排在室内进行。如必须在室外焊接，其环境温度不宜低于 −20 ℃，风力超过 3 级时设挡风措施。焊后未冷却的接头严禁碰到冰雪。

负温闪光对焊。负温闪光对焊宜采用预热闪光焊或闪光—预热—闪光焊工艺。钢筋端面比较平整时，宜采用预热闪光焊；端面不平整时，宜采用闪光—预热—闪光焊。

负温电弧焊。钢筋负温电弧焊时，必须防止产生过热、烧伤、咬肉和裂纹等缺陷，在构造上应防止接头处产生偏心受力状态。

负温自动电渣压力焊。负温自动电渣压力焊的焊接步骤与常温时相同，但应适当增加焊接电流，加大通电时间。接头药盒拆除的时间宜延长 2 min 左右，接头的渣壳宜延长 5 min 方可打渣。

冬季钢筋焊接前，必须根据施工条件进行试焊，经试验合格后，方可正式施焊。

五、混凝土的拌和、运输

1. 砂石料应提前备料，依次堆放，采取适当的保温措施，并防止雨雪污染及骨料内夹有冰碴和雪团。水及骨料应按热工计算确定满足混凝土浇筑需要的加热温度。如骨料有冻层时应去除外面一层冻层，使用里面干燥未冻的砂石料，以保证混凝土质量。

2. 水的比热大，是砂石骨料的5倍左右，所以冬季施工拌制混凝土应优先采用加热水的方法。其加热温度不宜高于80 ℃；当骨料不加热时，水可加热至80 ℃以上，但应先投入骨料和已加热的水，拌匀后再投入水泥。当加热水尚不能满足要求时，可将骨料均匀加热，其加热温度不应高于60 ℃。

3. 对拌和设备进行防寒处理，应设置在温度不低于10 ℃暖棚内。拌制混凝土前及停止拌制后用热水清洗搅拌机。混凝土出机温度不应低于5 ℃，冬季混凝土搅拌应制定合理的投料顺序，使混凝土获得良好的和易性和均匀性，有利于强度发展。其投料顺序一般为：先投入骨料和粉状外加剂，干拌均匀再投入加热的水，等搅拌一定时间后，水温降至40 ℃左右时投入水泥，拌合均匀。混凝土搅拌时间宜较常温施工延长50%。当拌制的混凝土出现坍落度减小或发生速凝现象时，应重新调整拌合料的加热温度。

4. 搅拌混凝土前，应先经过热工计算，并经试拌确定水和骨料需要预热的最高温度，保证混凝土的入模温度不低于5 ℃。

5. 混凝土的运输时间和运输距离应保证混凝土不离析，不丧失工作性，尽量减少混凝土在运输过程中的热量损失，缩短运输路线，减少装卸和转运次数；使用大容积的运输工具，并经常清理，保持干净；运输的容器四周必须加保温套和保温盖，尽量缩短装卸操作时间。

六、混凝土浇筑

1. 混凝土浇筑前，应清除模板及钢筋上的冰雪和污垢。当环境温度低于－10 ℃时，应将直径大于或等于25 mm的钢筋和金属预埋件加热。

2. 新、旧混凝土施工缝处理，当旧混凝土面和外露钢筋(预埋件)暴露在冷空气中时，应对距离新、旧混凝土施工缝1.5 m范围内的旧混凝土和长度在1.0 m范围内的外露钢筋(预埋件)采取防寒保温措施。

3. 当混凝土不需加热养护，且在规定的养护期内不致冻结时，对于非冻胀性地基或旧混凝土面，可直接浇筑混凝土。当混凝土需加热养护时，混凝土和地基接触面的温度不得低于2 ℃。

4. 混凝土应采用机械振捣并分层连续浇筑，分层厚度不小于20 cm。

5. 采用加热养护的整体结构，当混凝土的养护温度高于40 ℃时，应预先安排混凝土的浇筑顺序和施工缝的位置。

七、冬期混凝土养护与拆模

1. 混凝土开始养护时的温度应按施工方案通过热工计算确定，但不得低于5 ℃，细薄截面结构不宜低于10 ℃。

2. 当室外最低温度高于－15 ℃时，地下工程或表面系数(冷却面积和体积的比值)不大于15 m^{-1}的工程，应优先采用蓄热法养护。并符合下列规定：

(1)采用的保温措施应使混凝土的温度下降到0 ℃以前达到抗冻临界强度。

(2)混凝土浇筑成型后，应立即防寒保温。保温材料应按施工方案设置，并保持干燥。应对结构的边棱隅角加强覆盖保温，迎风面应采取防风措施。

(3)位于基坑中的混凝土，当地下水位较高时，可待顶面混凝土终凝后，采用放水淹没的方法养护；但当基坑地下水位超出混凝土顶面的高度小于冰层厚度时，不得放水养护。

3. 当用蓄热法养护不能达到要求时，可采用外部热源加热法养护，养护制度应通过试验确定，并应符合下列规定：

(1)整体浇筑表面系数等于或大于 6 m^{-1}的结构，升温速度不得大于 15 ℃/h；浇筑表面系数小于 6 m^{-1}的结构，升温速度不得大于 10 ℃/h。

(2)用蒸汽加热法养护的混凝土，当采用快硬硅酸盐水泥、硅酸盐水泥和普通硅酸盐水泥时，养护温度不得高于 60 ℃。

(3)采用电热法养护的混凝土，当结构的表面系数小于 15 m^{-1}时，养护温度不宜高于 40 ℃；当结构的表面系数大于 15 m^{-1}时，养护温度不宜高于 35 ℃。

(4)恒温养护结束后，表面系数等于或大于 6 m^{-1}的结构，降温速度不得大于 15 ℃/h；表面系数小于 6 m^{-1}的结构，降温速度不得大于 5 ℃/h。

4. 采用电热法养护混凝土时，应符合下列规定：

(1)所有混凝土外露面覆盖后，方可通电加热。

(2)必须采用交流电源，电极的布置应保证混凝土的温度均匀。当达到设计强度的 50％时，应停止通电加热。

(3)工作电压宜采用 50～110 V。当每立方米混凝土内钢筋用量不大于 50 kg 时，工作电压也可采用 120～220 V，严禁采用工作电压大于 380 V 的电源。

(4)养护过程中应观察混凝土表面的温度。当表面开始干燥时，应暂停通电，并以温水湿润混凝土表面。

(5)掺用减水剂的混凝土，应经试验确认电热法养护对其强度无影响后，方可采用。

5. 在负温条件下不得浇水养护。当混凝土中掺有粉煤灰和外加剂，混凝土终凝后，应立即进行覆盖保温养护，按国家标准要求，混凝土的养护时间不得少于 14 d，若早期养护不到位，其后期强度将受很大影响。

6. 模板和保温层，宜在混凝土冷却到 5 ℃后方可拆除。当混凝土与外界温差大于 15 ℃，拆模后的混凝土表面，应临时覆盖，采用先包裹塑料薄膜再在表面包裹电热毯、保温被或搭建保温棚后升火蕴热，使其缓慢冷却。

八、混凝土质量检查

1. 检测水、外加剂及骨料加入搅拌机时的温度，以及混凝土拌制、浇筑时环境温度，每一工作班至少检测 2 次。

2. 混凝土养护温度的检测次数

①当采用蓄热法养护时，在养护期间至少每 6 h 一次。

②掺用防冻剂的混凝土，在强度未达到 3.5 MPa 以前，每 2 h 检测一次，达到以后每 6 h 检测一次。

③当采用蒸汽或电热法时，在升、降温期间每 1 h 检测一次，在恒温期间每 2 h 检测一次。

④室外气温及工地环境温度应每昼夜定时、定点测量 3 次。

3. 混凝土养护温度的检测方法

①在结构的隅角、突出、迎风和细薄部位，应均匀留置测温孔，孔深可根据养护方法及结构

尺寸确定。测温孔应编号并绘图。

②当采用蓄热法养护时，测温孔应设在易于散热的部位；当采用外部热源加热养护时，应在离热源不同的位置分别设置；大体积结构应在表面及内部分别设置。

③检测混凝土温度时，测温计不应受外界气温的影响，并应在测温孔内至少留置 3 min。

④根据工地条件，可采用热电耦、热敏电阻等预埋式温度检测方法。

4. 冬季施工的混凝土除应按规范要求制作标准试件外，还应根据养护、拆模和承受荷载的需要增加与结构同条件养护的施工试件。

九、冬季施工保证措施

1. 冬季施工的质量保证措施

低、负温条件下混凝土施工，严格执行混凝土冬季施工的有关规定，加强过程控制，对保证混凝土质量有着至关重要、不容忽视的作用。低、负温条件下混凝土施工应重点注意以下事项：

外加剂技术指标必须符合相应的质量标准，并有产品合格证。同时做复试试验报告，确认合格后方准使用。

骨料中不得含有冰雪和冻块。骨料中夹杂的冰雪团块会消耗大量热能，降低混凝土的初始温度，甚至浇筑时留在混凝土中，影响混凝土质量。

水的加热温度不宜超过 80 ℃，骨料的加热温度不宜超过 60 ℃，水泥和外加剂不得加热，可提前运入暖棚中预热。当水的加热温度超过 60 ℃时，应改变投料顺序，即先投入骨料和热水，拌匀后再投入水泥和外加剂。

骨料的加热不宜用直火加热的方式，宜采用蒸汽加热的方式。

浇筑隧道洞口混凝土时，应在洞口设制保温棚布等措施，保证混凝土浇筑正常施工。进入隧道后，洞内气温一般约为 14 ℃～16 ℃。不需要做保温养生措施。在混凝土浇筑期间，应随时根据测温记录，进行热工计算，及时调整施工方案。低温施工混凝土试件的留置，应比暖季增加 2～3 组同条件养护试件。

浇筑桥梁桩基混凝土时，保证混凝土入孔温度不低于 5 ℃，有条件时在孔口设制保温措施。

浇筑涵洞混凝土时，在基坑处搭设暖棚，保证混凝土入模温度不低于 5 ℃，并生火保温养护。

2. 机械设备、设施保温措施

所有施工机械在入冬前要进行保养，按要求更换所需的冬季机油并使用防冻液。在每日工作前对所用机械进行预热，并做详细的检查，无问题后方可正式作业。施工机械、车辆采用低标号柴油，每日施工完毕后注意排空水箱余水，防止冻结，对有特别要求的机械开进车库保温。在冰雪天气作业的车辆安装防滑链。储备机械设备冬季使用的防冻液、防滑链等器材。

3. 管道保温措施

隧道洞外水池、污水处理池、排水沟设保温暖棚。

对处于最低环境温度在 0 ℃以下的所有给进排水管道，采用外包一层岩棉、一层沥青油毡防止冻结。低温时管内保持水的流动。洞口段 200 m 的风水管路采用外包一层岩棉、一层沥青油毡。洞外所有暗管均埋在地表冻结层以下。

4. 冬季施工物资储备措施

入冬前，按冬季施工组织设计提出的冬季施工物资计划准备物资，提前采购。同时完成常压锅炉、管道等供热设施的检修调试及暖棚的整修。物资、材料的储备量要满足至少 15 d 现场施工的需要。

5. 安全与防火

(1)施工临时棚、搅拌棚等易滑处必须加设防滑条，并完善道路沿线护拦。

(2)严格管理水的排放，并将结冰处及时清除。

(3)霜雪后必须将道路上霜雪冰清扫干净。

(4)用木跳板搭设防滑通道，消除积雪余冰造成的安全隐患。成立清扫积雪余冰班组。

(5)现场施工区应严加管理。电源开关、控制箱等应加锁，并设专人负责管理。教育工人遵守冬期施工的规定。

(6)要严防一氧化碳中毒和防止锅炉爆炸等事故发生。

6. 施工人员过冬取暖措施

为施工人员配备齐各类防冻、取暖的劳保用品并对施工人员所居住的房屋进行统一供暖。

第三节　炎热条件下混凝土施工技术

混凝土施工质量是影响工程质量的重要因素，炎热条件下由于温度高、水泥水化的速率加快以及新拌混凝土中的水分蒸发加快，给混凝土的拌合、浇筑与养护带来一系列问题，影响混凝土质量，例如引起假凝或早凝以及混凝土开裂。因此必须采取合适的施工方法加强施工控制。

美国《炎热气候下混凝土施工》(ACI 305R)标准中，对炎热气候下混凝土施工定义为：高温(即气温高于 24 ℃)，低相对湿度，干燥，强烈日照以及大风等综合条件作用下，加速了混凝土的水分损失，使得混凝土干燥和凝结过快，导致混凝土出现强度降低、收缩、开裂、压光困难等问题，对混凝土的性能产生了不利的影响状况下的施工。日本规范规定：夏季混凝土的搅拌温度为 30 ℃以下。浇筑时的混凝土温度应低于 35 ℃；德国规范规定，在炎热气候下，新拌混凝土温度在卸车时不得超过 30 ℃；澳大利亚《混凝土生产与供应》(AS 1397)规范中认为，气温高于 30 ℃、低相对湿度、风速大，施工现场混凝土下料温度达到极限 35 ℃时，都可定义为炎热气候下混凝土施工。我国铁路施工规范规定，炎热条件是指昼夜平均气温高于30 ℃的施工环境。

一、施工准备

1. 成立炎热条件下混凝土施工领导小组，负责组织混凝土施工的生产、技术、质量、安全管理和物资的供应，并明确责任，确保各项工作及时有效进行。编制施工组织设计或施工技术方案。

2. 混凝土浇筑体温度应力和收缩应力的计算，确定施工阶段混凝土浇筑体的升温峰值，里表温差及降温速率的控制指标，制定温控的技术措施。

一般认为，当混凝土温度在 50 ℃之下时，微观结构变化可以忽略不计，当混凝土温度在 70 ℃以上时，其微观结构的变化认为是不利的，因此，炎热条件下混凝土施工应控制混凝土内部温度小于 70 ℃。

当混凝土表面温度与环境温度温差超过 15 ℃,混凝土就可能产生裂缝。应采取下面一种或几种方法降低混凝土温差。

(1)对水泥、砂、石的储存仓、料堆等进行遮阳防晒处理,降低原材料进入搅拌机的温度。水泥进入搅拌机的温度不宜大于 40 ℃。采用冷却装置冷却拌合水,并对水管及水箱加遮阳和隔热设施,也可在拌合水中加碎冰作为拌合水的一部分。一般,水泥温度每±8 ℃约使混凝土的温度变化±1 ℃,并且水泥温度高时,混凝土在凝结初期容易变硬,骨料温度每±2 ℃使混凝土的温度变化±1 ℃,水温每±4 ℃使混凝土的温度变化±1 ℃。使用温度低的原材料有利于降低混凝土的制成温度,有利于混凝土的施工与后期性能的发展。

(2)对允许设置施工缝的混凝土分次浇筑,减少混凝土总发热量,增加热量散发,降低混凝土最高温度。

(3)在混凝土中埋设散热管,降低混凝土中心温度。散热管可采用直径 48 mm 的钢管,相邻两根降温管联通,形成循环通路,在散热管中可通入循环空气或水降低混凝土内部温度、减少温差。散热管埋设数量与位置应通过计算设计。待混凝土中心温度与环境温度温差小于 15 ℃后,在散热管中注满同标号砂浆。

3. 应尽可能安排在气温较低的夜间或凌晨浇筑混凝土,避开炎热的白天。若在白天气温高的时候浇筑,混凝土模板、浇筑部位应采取遮阳、防晒处理。保证混凝土入模前模板和钢筋的温度以及附近的局部与入模混凝土的温差不超过 15 ℃。与混凝土接触的各种工具、设备和材料等,如浇筑溜槽、输送机、泵管、混凝土浇筑导管、钢筋和手推车等,不要直接受到阳光曝晒,必要时应洒水冷却。

4. 安排妥当拌和、浇筑、防护、养护、温度检测和混凝土试验的所有细节,保证混凝土施工连续、顺利。

二、原材料选择与配合比设计

1. 水泥,选择水化热较低、质量稳定、细度适中的水泥做混凝土的胶凝材料。合理情况下减少水泥用量,每立方米混凝土的水泥用量每增减 10 kg,其水化热引起混凝土的温度相应升降 1 ℃~1.2 ℃。

2. 骨料,在混凝土浇筑条件允许的情况下增大骨料粒径。在满足施工性能要求的情况下,尽量减小混凝土砂率以降低混凝土收缩。黏土的收缩远远大于水泥石的收缩,骨料中含有少量的某些黏土会引起混凝土的高收缩而导致开裂,因此,炎热条件下施工更应严格控制骨料的含泥量。

3. 外加剂,炎热条件下施工混凝土,混凝土中水分易蒸发,造成坍落度损失,若增加用水量,在水灰比不变的情况下,必须增加水泥用量。可在混凝土中添加缓凝减水剂,不仅可以增加混凝土坍落度以增加施工性,减少水泥用量降低水化热,还可以延缓水泥水化热释放时间、降低水化热峰值。

4. 掺和料,为减少水泥用量,降低混凝土水化热,改善和易性,提高混凝土的综合性能,可在混凝土中掺加适量粉煤灰、矿粉等混凝土掺和料。

5. 混凝土配合比在配制时应充分考虑夏季施工等各环节不利因素,坍落度应考虑比正常使用高 1~3 cm(混凝土运输损失约 1 cm,夏季温度、水分蒸发损失 1~2 cm)。

三、混凝土搅拌与运输

1. 混凝土搅拌站料斗、储水水罐、皮带输送带、搅拌楼都要尽可能地进行遮阳处理。

2. 每次开盘前，应进行开盘鉴定。检验混凝土的坍落度及其损失、含气量等性能，并观察混凝土的和易性、流动性、泌水、板结等情况。若混凝土性能有明显变化，应查明原因，采取相应措施后方可大批量生产。

3. 搅拌时，宜先向搅拌机内投入细骨料、水泥、矿物掺和料和外加剂，并加入所需用水量，防止搅拌机叶片与材料干拌使温度升高，待砂浆充分搅拌后再投入粗骨料，并继续搅拌至均匀为止。搅拌时间不宜少于 2 min，也不宜超过 3 min。在保证混凝土均匀性的同时，尽可能缩短搅拌的时间。加强混凝土的出机、入模坍落度测定，根据实际情况及时调整混凝土的施工配合比，保证混凝土的工作性能与施工质量。

4. 混凝土运输过程中应保持其匀质性，做到不分层、不离析、不漏浆。运到灌注地点时，要满足坍落度要求。杜绝现场加水。

5. 混凝土运输车应加有防晒或散热措施，例如自动对罐体洒水靠水分蒸发散热的方法，保证混凝土在运输过程中温度不会大幅度地提高。混凝土运输车使用前须湿润，装料前，必须将拌筒内积水倒净。运输过程中要清除容器内粘着的残渣，装料要适当，防止过满溢出。

6. 应尽量减少混凝土的转载次数和运输时间。从搅拌机卸出混凝土到混凝土浇筑完毕的延续时间以不影响混凝土的各项性能为限。

7. 采用搅拌罐车运输混凝土，当罐车到达浇筑现场时，应使罐车高速旋转 20～30 s，再将混凝土拌合物喂入泵车受料斗或混凝土料斗。现场取样时，应以搅拌车卸料 1/4 后至 3/4 前的混凝土为代表。

四、混凝土泵送与浇筑

1. 混凝土浇筑前必须采取一定的措施对模板进行降温，保证混凝土入模前模板温度不大于 35 ℃，一般可采用新抽井水(温度小于 28 ℃)对模板实行喷洒降温。但在混凝土浇筑时不能存有附着水。同时混凝土浇筑场地应用简易遮阳措施进行遮阴，目的是降低模板、钢筋的温度。

2. 干燥的基底就像海绵，会将新浇筑混凝土里的水分吸走。为防止水分过早流失，在浇筑混凝土之前，应将基底充分湿润。

3. 混凝土的入模温度宜控制在 30 ℃以内。新浇混凝土与邻接的己硬化混凝土或岩土介质间的温差不得大于 15 ℃，并做好记录。

4. 混凝土泵送宜连续作业，当混凝土供应不及时，需降低泵送速度，泵送暂时中断时，搅拌不应停止。当叶片被卡死时，需反转排出混凝土，再正转、反转一定时间，待正转顺利后方可继续泵送。

5. 泵送中途若停歇时间超过 20 min、管道又较长时，应每隔 5 min 开泵一次，泵送小量混凝土，管道较短时，可采用每隔 5 min 正反转 2～3 行程，使管内混凝土蠕动，防止泌水离析，长时间停泵(超过 45 min)、气温高、混凝土坍落度小时可能造成堵管，宜将混凝土从泵和输送管中清除。

6. 在炎热条件下泵送混凝土，宜用湿草袋覆盖管道进行降温，以降低入模温度。

7. 减小混凝土浇筑的分层厚度，在条件允许时减缓混凝土浇筑速度，以不出现冷缝为原则，利用浇筑层面散热。

8. 混凝土自出料口下落的自由倾落高度不得超过 2 m，如超过 2 m 时必须采取措施，如采用串筒、导管、溜槽。混凝土要分散布料，保证混凝土均匀性。

9. 混凝土实行二次振捣、二次抹面，第一次振捣时间为 15～30 s，但以混凝土面不再出现气泡、不再显著下沉、表面泛浆和表面形成水平面为准。间隔 20～30 min 进行第二次复振，但避免过振；混凝土在初凝前，用砂板再进行一次搓压，防止混凝土早期的收缩裂缝。

10. 根据具体气候条件，发现混凝土有塑性收缩开裂的可能性时，应采取措施（如喷洒水或养护剂、覆盖塑料薄膜等），以控制混凝土表面的水分蒸发。混凝土表面水分蒸发速度如超过 0.5 kg/(m²·h)时就可能出现塑性收缩裂缝；当超过 1.0 kg/(m²·h)就需要采取适当措施。

水分蒸发速率值可用下列公式计算得出：

$$E=5\times(2.5\times(T_c+18)-2.5\times r\times(T_a+18))\times(V+4)\times10^{-6}$$

式中　E——水的蒸发速率(kg/m²·h)；

r——相对湿度(%)；

T_a——气温(℃)；

T_c——混凝土(水表面)温度(℃)；

V——风速(km/h)。

五、混凝土养护与拆模

1. 在修整作业完成后或混凝土初凝后立即进行养护。混凝土的养护，主要目的在于保持适宜的温、湿度条件，以达到两个方面的效果：一方面使混凝土免受不利温、湿度变化的侵袭，防止有害的温度收缩和干缩；另一方面使水泥水化作用顺利进行，以期达到设计的强度和抗裂能力。

2. 混凝土浇筑完毕后，表面应立即覆盖清洁的塑料膜，待初凝后撤去塑料膜，用浸水的粗麻布或土工布进行覆盖，并经常洒水，保持湿润状态最少 7 d，以大于 14 d 为宜。当条件许可时，也可采用在混凝土表面喷雾降温等养护措施，或在模板底部采用预先冷却的技术等。保湿养护期间应采用遮阳和挡风措施，以防止温度和风的影响。

3. 混凝土拆模后的洒水养护宜用自动喷水系统和喷雾器。潮湿养护期间洒水养护应不间断，保证混凝土表面始终处于湿润状态，以表面饱水为宜，不得形成干湿循环。

4. 规定合理的拆模时间，杜绝现场私自拆模。要确认内外温度差低于 15 ℃时，方能拆除。同时应分层逐步拆除，应尽量避免因为降温速度过快而引起混凝土开裂。环境温差大时进行表面保温，以免混凝土表面发生急剧的温度梯度；刚拆模混凝土温度高时，不得淋洒凉水，防止产生热震裂缝。淋注于混凝土表面的养护水温度低于混凝土表面温度时，二者间温差不得大于 15 ℃，并做好记录。

5. 混凝土终凝后的持续保湿养护时间见表 8—1—1。

6. 混凝土养护期间，应对有代表性的结构进行温度控制，定时测定混凝土芯部温度、表面温度以及环境温度，并根据混凝土温度和环境参数的变化情况及时调整养护制度，严格控制混凝土的内外温差至满足要求。

7. 承台或扩大基础、挖井基础在浇筑完后要用塑料布及土工布覆盖，并洒水养护。

8. 墩身混凝土在拆模后立即用塑料薄膜包裹，涵养水分，包裹必须严密不留缝隙，接缝处用胶带固定结实。

9. 支承垫石及支座砂浆在浇筑后首先用塑料薄膜覆盖表面，再覆盖湿毡布，最后用塑料布将整个垫石或支座包裹，捆扎结实。

10. 预制梁应采取覆盖与洒水养护并用的养护方法，桥面及底板顶面混凝土在初凝前即用塑料薄膜与土工布覆盖，并安排专人洒水保证混凝土潮湿，梁两端在浇筑完混凝土后即用塑料布封闭保持梁体温度与湿度，内模拆除后应安排专人进行洒水养护。

11. 现场建立专用养护水箱，不得用井水(凉水)直接做为养护用水。

六、混凝土质量控制检验

1. 必须重视温度管理，加强施工中的温度观测，施工中若能控制实际温度差小于容许值，就可避免产生温度裂缝。温度管理的基础是及时准确地进行各种温度观测。目前，测量混凝土内部温度的方法较多，常用的是电阻式、热电偶式和棒式温度计。混凝土浇筑与养护时，环境温度每日检查不少于四次，并做好检查记录，当温度超过夏季热期规定时，混凝土拌合时应采取有效降温、防晒措施，以保证混凝土的浇筑质量，否则应停止施工。

2. 混凝土夏季施工除应留标准养护的试件外，还应制做相应数量的试件，并将其置于与结构物相同的养护环境条件下进行养护，用于检查混凝土强度以便指导施工。

3. 在混凝土浇筑前，应通过试验确定在最高气温条件下混凝土分层浇筑的覆盖时间，施工时应严格控制，不得超过覆盖时间要求。

4. 在混凝土的浇筑过程中，应严格控制缓凝剂的掺量，并检查混凝土的凝结时间，以防因缓凝剂掺量不准造成危害。

第四节　大体积混凝土的施工技术

随着建筑原材料的发展，以及施工技术水平的不断提高，混凝土建筑物结构尺寸越来越多地向高、大方向发展，大体积混凝土不仅在水利水电工程中较多地应用，而且在工民建、交通、市政等工程中，也被广泛采用。

一、大体积给混凝土带来的问题及原因

在混凝土结构施工中，大体积混凝土由于浇筑体积较大，且水泥水化热产生较大的温度应力等诸多的原因，极易出现开裂，降低混凝土耐久性，从而影响混凝土的使用寿命，严重者会造成结构物破坏。在水利水电工程中，由于水坝等工程混凝土工程量巨大，因此对裂缝要求严格，国内外对水利工程大体积混凝土施工进行过较深入细致的研究。

以往，大体积混凝土在交通市政工程施工中应用较少，近年来随着施工设计技术水平的不断提高，许多交通市政工程混凝土结构应用向大型化发展，工程量巨大，例如南昆铁路、内昆铁路在复杂地质条件下的大型桥梁基础较多，因此多采用大体积混凝土基础，单个基础混凝土一次浇注量达到 3 000 m^3 以上。

混凝土结构实体最小几何尺寸不小于 1 m，体积大于 1 000 m^3，或预计会因混凝土中水泥

水化热引起的温度和收缩而导致有害裂缝产生的混凝土工程，都称之为大体积混凝土。大体积混凝土施工中，由于水泥水化热引起混凝土浇筑体内部温度剧烈变化，在此条件下，混凝土浇筑体早期塑性收缩和混凝土硬化过程中的收缩增大，使混凝土浇筑体内部的温度—收缩应力剧烈变化，从而导致混凝土浇筑体或构件产生裂缝的可能性大大增加。造成大体积混凝土裂缝的主要因素有以下几个方面：

1. 水泥水化热的影响

水泥加水拌和后，发生化学放热反应，水泥在水化过程中要产生大量的水化热，使混凝土温度升高。大体积混凝土结构断面较厚，热量聚集在结构内部不易散发，使结构内部温度升高。由于混凝土的导热性能较差，在温度开始上升阶段，混凝土强度及弹性模量都很低，松弛能力较大，对水化热引起的急剧升温膨胀约束不大，只有一小部分热膨胀转化为压应力，相应的温度应力也较小。而随后在混凝土冷却过程中，随着混凝土龄期的增长，强度的增大，混凝土弹性模量的增高，松弛作用减小，对混凝土内部温度降低收缩的约束也就越来越大，以致产生很大的拉应力。当产生的拉应力超过材料抗拉强度(极限拉应力值)时，即开始产生温度裂纹。

2. 混凝土收缩变形的影响

混凝土的收缩是混凝土的一种特性，它会引起混凝土的开裂。收缩变形主要是由于干燥失水而引起的。

当环境湿度小于混凝土自身的湿度时，混凝土中的水分就会蒸发掉，因其混凝土孔隙收缩，从而造成混凝土收缩。这个过程从混凝土浇筑成型后开始产生，在硬化初期最大，以后逐渐趋于稳定。此外，水泥水化产物较未水化颗粒的体积小，也是混凝土产生收缩的原因。

3. 混凝土结构性质的影响

混凝土结构的均匀性和密实性对混凝土裂缝的产生有很大影响。混凝土是一种非匀质的材料，通过拌和各种成分分布趋于均匀。但从混凝土浇筑到混凝土失去流动性的过程中，由于混凝土各种组成成分的密度不同，混凝土的均匀性将受到破坏。混凝土结构的不均匀性将导致混凝土中薄弱环节的出现，在外力或内力的作用下，薄弱环节很容易产生裂逢。

4. 外界环境引起混凝土开裂

外界环境对大体积混凝土的影响主要有环境温度、湿度两方面。

一般来讲，温度变化的影响是混凝土开裂的主要原因，尤其是大体积混凝土产生开裂的主要原因。当外界环境温度变化大，与混凝土内部温度产生较大差别时，表层混凝土发生较大的膨胀或收缩，而内部混凝土的膨胀或收缩较小时，内外温度差将导致混凝土开裂。尤其是在混凝土浇筑后一段时间内，因混凝土内外温度差较大(一般内外温差大于 25 ℃时)，更容易产生裂缝。

湿度变化对混凝土裂缝的影响，主要是当外界环境湿度小于混凝土湿度时，极易使混凝土因干缩而产生表面裂缝。产生的原因是混凝土中的水向环境中散失，从而在混凝土中产生毛细管张力，当这种力的作用超过了混凝土的抗拉强度时，混凝土就将产生裂缝。因湿度变化而产生的裂缝一般发生在混凝土表面，对混凝土的承载力影响较小，但对混凝土的使用性能有较大的影响。

5. 混凝土结构受力状态的影响

任何混凝土构件都受到自身与其接触的构件约束，其中包括混凝土其他部分和混凝土中的钢筋的约束。在不考虑外力的情况下，混凝土的开裂主要由于混凝土的收缩和膨胀引起。自由收缩的混凝土是不会产生裂缝的，而受到约束的收缩会产生裂缝；剧烈的、不均匀的膨胀也将使混凝土开裂。混凝土底板由于受到的约束较小，一般不会因约束影响产生开裂，而底板上的现浇连续式混凝土剪力墙由于受到混凝土底板的强约束而经常出现裂缝。

大体积混凝土施工中主要预防因温度和收缩引起混凝土体积变形而产生有害裂缝。采取的技术措施应着重于降低混凝土内部的最高温度、延缓降温速率、减小内外温差、减小混凝土收缩、提高混凝土极限拉伸力及改善约束条件等方面。目前，主要采取以保温保湿养护为主体，抗放兼施为主导的大体积混凝土温控措施防控有害裂缝的出现。这就要求在大体积混凝土工程设计、设计构造要求、混凝土强度等级选择、混凝土后期强度利用、混凝土材料选择、配比的设计、制备、运输、施工、混凝土的保温保湿养护以及在混凝土浇筑硬化过程中浇筑体内温度及温度应力的监测和应急预案的制定等技术环节，采取一系列的技术措施。

二、工程设计

对于大体积混凝土，工程设计应重点关注以下几个方面：

1. 大体积混凝土的设计强度等级尽可能利用混凝土 60 d 或 90 d 的后期强度作为混凝土强度评定、工程交工验收及混凝土设计的依据；

2. 大体积混凝土的结构配筋除应满足结构强度和构造要求外，还应结合大体积混凝土的施工方法配置承受因水泥水化热引起的温度应力及控制温度裂缝开展的构造钢筋；

3. 当大体积混凝土置于岩石类地基上时，宜在混凝土垫层上设置滑动层，如刷沥青、铺卷材等，以消除嵌固作用，释放约束力；

4. 设计中应尽可能考虑减少大体积混凝土外部约束的技术措施；

5. 设计单位应根据工程的重要程度提出温度场和应变的相关测试要求。

三、工程施工的前期准备

1. 大体积混凝土施工应编制施工组织设计或施工技术方案。大体积混凝土专项施工组织设计应包括下列主要内容：

(1)大体积混凝土浇筑体温度应力和收缩应力的计算，确定施工阶段大体积混凝土浇筑体的升温峰值、里表温差及降温速率的控制指标，制定温控的技术措施；

(2)施工阶段主要抗裂构造措施和温控指标的确定；

(3)原材料优选、供应计划和配合比设计；

(4)混凝土主要施工设备和现场总平面布置；

(5)温控监测设备和测试布置图；

(6)混凝土浇筑程序和施工进度计划；

(7)混凝土保温和保湿养护方法，其中保温覆盖层的厚度可根据温控指标的要求参照附录 H 的方法计算。或者采用在混凝土内部预埋冷却水管，通入循环冷却水带走热量；

(8)主要应急保障措施；

(9)特殊部位和特殊气侯条件下的施工措施。

2. 大体积混凝土温控指标宜不大于下列数值：

(1)混凝土浇筑体在入模温度基础上的绝热温升值最大值为 50 ℃；一般规定，混凝土内部温度不宜超过65 ℃,因为当混凝土温度超过70 ℃时将使水化初期生成的钙矾石分解,存在延迟钙矾石生成的可能性。延迟钙矾石生成在水化初期表现为补偿收缩混凝土的膨胀能损失,不能达到补偿温度收缩的目的,后期表现为混凝土的延迟膨胀,这两者都可能对混凝土结构产生危害;

(2)混凝土浇筑块体的里表温差(不含混凝土收缩的当量温度)为25 ℃;

(3)混凝土浇筑体的降温速率为2.0 ℃/d;

(4)混凝土浇筑体表面与大气温差不宜大于20 ℃。

3. 大体积混凝土施工前,必须做好各项施工前准备工作,并与当地气象台、站联系,掌握近期气象情况(如高温、寒潮等)。必要时,应增添相应的技术措施,在冬期施工时,尚应遵守混凝土冬期施工的有关规定。

四、原 材 料

1. 配制大体积混凝土所用水泥的选择及其质量应符合下列规定:

(1)大体积混凝土内部的最高温度,实际上是由浇筑温度、水泥水化热引起的绝热温升和混凝土的散热速率三部分所决定。在这三部分中,由水泥水化热引起的绝热温升是主要因素,因此大体积混凝土应选用中、低热硅酸盐水泥或低热矿渣硅酸盐水泥,可以从根本上降低混凝土内最高温度。规范规定大体积混凝土施工所用水泥其3 d的水化热不宜大于240 kJ/kg,7 d的水化热不宜大于270 kJ/kg。

(2)当混凝土有抗渗指标要求时,所用水泥的铝酸三钙(C_3A)含量不应大于8%。

(3)所用水泥在搅拌站的入罐温度不应大于60 ℃。

(4)水泥进场时应对其品种、级别、包装或散装仓号、出厂日期等进行检查,并应对其强度、安定性、凝结时间、水化热及其他必要的性能指标进行复检,其质量应符合现行国家标准《通用硅酸盐水泥》GB 175的规定。

2. 骨料的选择,除应符合现行国家标准的质量要求外,应符合下列规定:

(1)细骨料采用中砂,其细度模数应大于2.3,含泥量不大于3%,当含泥量超标时,应在搅拌前进行水洗,检测合格后方可使用;

(2)粗骨料宜选用粒径偏大、级配良好的非碱活性连续级配碎石,含泥量不大于1%;非泵送施工时粗骨料的粒径可适当增大。采用弹性模量低的骨料,可降低混凝土的弹性模量,从而提高混凝土的极限拉伸值,对防止裂缝是有利的,如石灰岩等。且石灰岩的热膨胀系数最低,有利于减小温度应力。

3. 作为改善性能和降低混凝土硬化过程水泥水化热的矿物掺和料(如粉煤灰和高炉粒化矿渣粉),其质量应符合现行的国家标准《用于水泥混凝土中的粉煤灰》GB 1596、《用于水泥混凝土中的粒化高炉矿渣粉》GB/T 18046的规定。

4. 所用外加剂的质量及应用技术应符合现行国家标准《混凝土外加剂》GB 8076、《混凝土外加剂应用技术规范》GB 50119和有关环境保护的规定。外加剂的选择尚应符合下列要求:

(1)外加剂的品种、掺量应根据工程具体情况通过水泥适应性和实际效果实验确定;

(2)必须考虑外加剂对硬化混凝土收缩等性能的影响;总体来说,减水剂在降低混凝土水灰比,延缓水化热高峰的到来,提高混凝土强度的同时,也会增加混凝土的收缩,因此选用减水剂应选择相对收缩率低的外加剂;

(3)慎用含有膨胀性能的外加剂,这主要是由于掺有膨胀剂的混凝土会产生延迟钙矾石生成(Delayed Ettringgite Formation,简称DEF)现象。水泥水化早期由C_3A和SO_3反应生成的初始钙矾石(AFt)在高温(一般>70 ℃)条件下不稳定,转变为单硫盐、SO_4^{2-}、Ca^{2+}、Al^{3+},被C-S-H凝胶吸附。在初龄期表现为膨胀能的损失,温度收缩不能被补偿,掺加膨胀剂的设计目的不能达到,在混凝土制品的使用过程中,这些离子或单硫盐会重新生成钙矾石。这种在已硬化的水泥石中延迟生成的钙矾石具有体积膨胀性,产生的膨胀应力如果超出水泥石的应力极限,将使其开裂;

(4)对耐久性要求较高和寒冷地区的大体积混凝土宜采用引气剂或引气减水剂。

5. 拌合用水的质量应符合现行的国家行业标准《混凝土用水标准》JGJ 63,不得使用海水和污水。

五、配 合 比

1. 大体积混凝土配合比的选择在符合工程设计所规定的结构构件的强度等级、耐久性、抗渗性、体积稳定性等要求外尚应符合大体积混凝土施工工艺特性的要求,并应符合合理使用材料、减少水泥用量、降低混凝土硬化过程中绝热温升值的原则。

2. 大体积混凝土配合比设计除应符合现行国家行业标准JGJ 55外,尚应符合下列规定:

(1)混凝土60 d或90 d后期强度确定时,可以作为混凝土强度等级的设计依据;

(2)所配制的混凝土拌合物,到浇筑工作面的坍落度不应低于160 mm;对强度等级在C25～C40的混凝土其水泥用量宜控制在230～450 kg/m^3;

(3)拌合水用量不宜大于175 kg/m^3;

(4)矿物掺和料的掺量,应根据工程的具体情况和耐久性要求确定;粉煤灰掺量不宜超过水泥用量的40%;矿渣粉的掺量不宜超过水泥用量的50%;两种掺和料的总量不宜大于混凝土中水泥重量的50%;

(5)水胶比不宜大于0.55;

(6)砂率宜为38%～42%;

(7)拌合物泌水量宜小于10 L/m^3。

六、混凝土的制备

1. 大体积混凝土的制备,除应符合设计混凝土强度等级的要求外,还应根据混凝土运输距离、运输设备、供应能力、材料批次、环境温度等调整混凝土的设备参数,以保证混凝土硬化后符合设计要求。

2. 在混凝土制备前,除进行常规配合比试验外,必要时应进行如水化热、收缩、泌水量、可泵性等对大体积混凝土控制裂缝所需的技术参数的试验。

3. 拌制的大体积混凝土应满足施工工艺对坍落度损失、入模坍落度、入模温度等的技术要求。

4. 当炎热季节浇筑大体积混凝土时,混凝土搅拌场、站应对骨料采取遮阳,降温措施。可采用喷冷水雾或冷气预冷;用低温水或冰水搅拌混凝土;运输过程中也应避免日晒。各种原材料对新拌混凝土温度影响最大的是石子温度,砂和水次之,水泥最小。所以为降低新拌混凝土的温度最有效的办法是降低石子上料时的温度。

5. 当冬季施工期间浇筑大体积混凝土时，混凝土搅拌场、站应对骨料及拌合用水采取加热保温措施。

6. 对于多搅拌站提供混凝土的工程，应符合原材料、配合比、材料计量等级相同，制备工艺和质量检验水平基本相同的原则。

七、混凝土的运输

1. 混凝土拌合物的运输应优先采用混凝土搅拌运输车，运输车应具有防风、防晒、防雨和防寒设施，运输过程中搅拌罐保持 3～6 r/min 的慢速转动，以保证运输过程中混凝土的质量均匀性和不离析。

2. 搅拌运输车在装料前应将罐内的积水排尽。

3. 运输所需搅拌运输车的数量应满足混凝土浇筑的工艺要求。当混凝土泵连续作业时，每台混凝土泵所需配备的混凝土搅拌运输车台数，可按下式计算：

$$N=\frac{Q_1}{V}\left(\frac{L}{S}+T_t\right)$$

式中 N——混凝土搅拌运输车台数(台)；

Q_1——每台混凝土泵的实际平均输出量(m^3/h)；

V——每台混凝土搅拌运输车的容量(m^3)；

S——混凝土搅拌运输车平均行车速度(km/h)；

L——混凝土搅拌运输车往返距离(km)；

T_t——每台混凝土搅拌运输车总计停歇时间(h)。

4. 搅拌运输车单程运送时间。采用预拌混凝土时，应符合《预拌混凝土》GB/T 14902 的规定，当气温小于 25 ℃时持续时间应不大于 120 min；当气温大于 25 ℃时，运输持续时间应小于 90 min。

5. 运输过程中严禁向拌合物中加水。当搅拌运输过程中需补充外加剂时，掺入后搅拌运输车应进行快速搅拌，掺量和搅拌时间应事先通过实验确定；当运输过程中出现离析或因坍落度损失不满足要求时，搅拌运输车应进行快速搅拌，搅拌时间应不小于 180 s；坍落度损失或离析严重，通过快速搅拌已无法恢复混凝土拌合物的工艺性能时，不得浇筑入模，应改做它用。

八、混凝土浇筑

1. 浇筑前的施工技术准备

(1)大体积混凝土的施工技术准备工作应遵循以下原则：

施工组织严密高效，施工人员职责明确，施工设备性能可靠，各种保障和应急措施周全。

(2)大体积混凝土施工前应认真进行图纸会审，提出施工阶段的综合抗裂措施，制订关键部位的施工作业指导书。

(3)大体积混凝土施工应在混凝土的模板和支架、钢筋工程、预埋管件等工作完成并验收合格的基础上进行。大体积混凝土工程的模板宜采用保温性能优良的模板，支架宜采用钢制支撑系统，其质量应满足现行国家有关规范的规定。还应结合大体积混凝土的养护方法进行保温构造设计。

(4)施工现场设施应按施工总平面布置图的要求按时完成，场区内道路坚实平坦，必要时，应与市政、交管等部门协调，制订场外交通临时疏导方案。

(5)施工现场的供水、供电应满足混凝土连续施工的需要，当有断电可能时，应有双路供电或自备电源等措施。

(6)大体积混凝土的供应量应满足混凝土连续施工的需要，其混凝土的供应能力宜不低于单位时间所需量的1.2倍。混凝土泵的实际平均输出量，可根据混凝土泵的最大输出量、配管情况和作业效率，按下式计算：

$$Q_1 = Q_{\max} \cdot \alpha \cdot \eta$$

式中 Q_1——每台混凝土泵的实际平均输出量(m^3/h)；

$Q_{\max}$——每台混凝土泵的最大输出量(m^3/h)；

α——配管条件系数。可取0.8～0.9；

η——作业效率。根据混凝土搅拌运输车向混凝土泵供料的间断时间、拆装混凝土输出管和布料停歇等情况，可取0.5～0.7。

(7)大体积混凝土施工用设备，在浇筑混凝土前应进行全面的检修和试运转，其性能和数量应满足大体积混凝土连续浇筑的需要。

(8)混凝土的测温监控设备应按相关规范的有关规定配置和布设，标定调试正常，保温用材料齐备，并派专人负责测温作业管理。

(9)大体积混凝土施工前，应对工人进行专业培训，逐级进行技术交底，并建立严格的岗位责任制和交接班制度。

(10)对于深基坑等环境温度与周边大气温度相差较大的施工环境，应安设通风散热设施，使施工环境内温度降低，保证模内通风，加速模内热量散发。不仅可控制最高温升，而且改善工人劳动条件，使混凝土能顺利浇筑。

(11)为不使混凝土输送管道温度过高，管道外壁四周可用麻袋包裹，并在其上反复淋水、降温。

2. 大体积混凝土的浇筑工艺可采用分层连续浇筑或推移式连续浇筑(见图8—4—1，图中的数字为浇筑先后次序)，不得随意留施工缝，并符合下列规定：

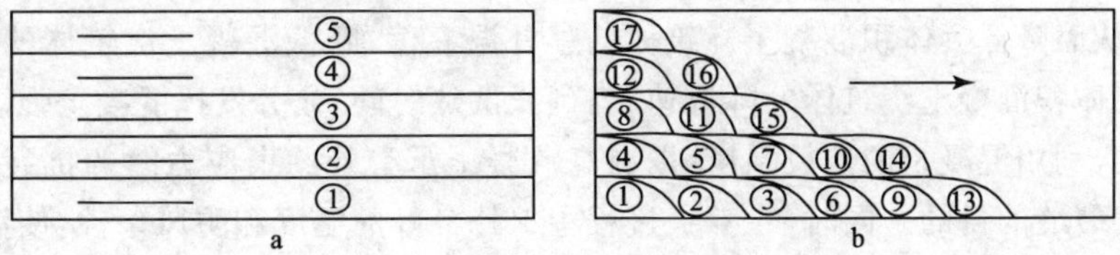

图8—4—1 混凝土浇筑工艺

a——分层连续浇注；b——推移式连续浇筑

(1)混凝土的摊铺厚度应根据所用振捣器的作用深度及混凝土的和易性确定。当采用泵送混凝土时，混凝土的摊铺厚度不宜大于600 mm；当采用非泵送混凝土时，混凝土的摊铺厚度不宜大于400 mm；

(2)分层连续浇筑或推移式连续浇筑，其层间的间隔时间应尽量缩短，必须在前层混凝土初凝之前，将次层混凝土浇筑完毕。层间最长的时间间隔应不大于混凝土的初凝时间。混凝土的初凝时间应通过现场试验确定。当层间间隔时间超过混凝土的初凝时间时，层面应按施工缝处理；

(3)混凝土浇筑宜从低处开始，沿长边方向自一端向另一端进行。当混凝土供应量有保证时，亦可多点同时浇筑；

(4)混凝土宜采用二次振捣工艺，保证振捣的时间和位置，防止漏振、过振和欠振。

3. 超厚大体积混凝土施工允许设置水平施工缝，水平施工缝的设置除应符合设计要求外，还应根据混凝土浇筑过程中温度裂缝控制的要求、混凝土的浇筑能力以方便结构钢筋的绑扎、预埋管件安装等因素确定。大体积混凝土施工采取分层间歇浇筑方式时，水平施工缝的处理应符合下列规定：

(1)清除浇筑层表面的浮浆、软弱混凝土层及松动的石子，并均匀地露出粗骨料；

(2)在上层混凝土浇筑前，应用压力水冲洗混凝土表面的污物，充分润湿，但不得有积水；

(3)对非泵送及低流动度混凝土，在浇筑上层混凝土时，应采取接浆措施。

4. 在大体积混凝土浇筑过程中，应采取措施防止受力钢筋、定位筋、预埋件等构件的移位和变形，并及时清除混凝土表面的泌水。

5. 大体积混凝土浇筑面应及时进行二次抹压处理。混凝土找平后应用机械或木抹子抹压一遍；混凝土初凝前再进行一次抹压，可临时用塑料薄膜覆盖。必要时在混凝土终凝前1～2 h再进行多次抹压，随压随用塑料薄膜覆盖严实并按规定进行养护。

6. 超长大体积混凝土施工，应按设计要求留置变形缝，当设计无规定时，宜采用后浇带或跳仓方法分块施工，其中后浇带的设置和施工应符合现行国家有关规范的规定；采用跳仓方法分块施工时，跳仓的最大分块尺寸不宜大于40 m，跳仓间隔施工的时间不宜小于7 d。后浇带或跳仓方法留置的竖向施工缝宜用收口网进行支挡，也可用钢板网、铁丝网或小木板拼接支模；后浇带的垂直支架系统宜与其他部位分开，形成独立的支架系统。

7. 超深大体积混凝土转换梁类的施工，当设计无规定时，宜按叠合构件分二次施工，以减少高大支架系统的搭拆和超重施工荷载对下层结构的潜在危害。

九、混凝土养护

1. 大体积混凝土宜采取保温、保湿养护方法，保温养护的主要目的是通过减少混凝土表面的热扩散，从而降低大体积混凝土浇筑体的里外温差值，降低混凝土浇筑体的自约束应力，其次是降低大体积混凝土浇筑体的降温速率，延长散热时间，充分发挥混凝土强度的潜力和材料的松弛特性，利用混凝土的抗拉强度，以提高混凝土承受外约束应力时的抗裂能力，达到防止或控制温度裂缝的目的。同时，在养护过程中保持良好的温度和防风条件，使混凝土在适宜的温度和湿度环境下养护。每次混凝土浇筑完毕后，除应按普通混凝土进行常规养护外，还应及时按温控技术措施的要求进行保温养护，并应符合下列规定：

(1)有专人负责保温养护工作，按规定操作并做好测试记录；

(2)保温养护措施是大体积混凝土抵抗温度裂缝等破坏的最后、最重要的环节，一般可用塑料布、土工布、海绵、棉毡、草袋、帆布、养护剂等覆盖或蓄水养护。覆盖效果应使混凝土浇筑体的里表温差及降温速率满足温控指标的要求，其计算方法可参照附录H混凝土热工计算一节计算；

(3)保湿养护的持续时间，不得少于14 d。保温覆盖层的拆除应分层逐步进行，当混凝土的表面温度与环境温差小于20 ℃时，可全部拆除；

(4)保湿养护过程中,应经常检查塑料薄膜或养护膜的完整情况,保持混凝土表面的湿润。

2. 塑料薄膜、麻袋、阻燃保温被等可作为保温材料覆盖混凝土和模板,必要时可搭设挡风保温棚或遮阳降温棚。覆盖层的增减应根据温控指标的要求和实测情况确定。

3. 在大体积混凝土保温养护过程中,应对混凝土浇筑体的里表温差和降温速率进行检测,当实测结果不满足温控指标的要求时,应调整保温养护措施。

4. 对于大体积混凝土转换层类的结构,应加强保温养护,侧模、底模的保温构造应在支模设计时综合考虑。

5. 大体积混凝土拆模后,标高位于±0.000 以下的结构应及时回填土;±0.000 以上的结构应及时加以覆盖和装饰,不宜长期暴露在自然环境中。

6. 大体积混凝土的拆模时间。应满足现行国家标准对混凝土的强度要求;当混凝土结构未形成设计要求的受力体系时,不得拆除支架系统;当模板作为保温养护措施的一部分时,其拆模时间应根据温控要求确定。拆模后,应采取预防寒流袭击、突然降温和剧烈干燥等措施。

十、特殊气侯条件下的施工

1. 大体积混凝土施工遇酷热、低温、大风或者雨雪天气时,必须采用有效的技术措施,保证混凝土浇筑质量。

2. 炎热天气浇筑混凝土,宜采用风冷、加冰等措施降低混凝土原材料温度,同时,在现场采取遮盖、洒水等降温措施,最大限度地降低混凝土入模温度,炎热天气下的混凝土入模温度宜控制在 30 ℃以下。混凝土浇筑后应及时用塑料薄膜与保温材料进行覆盖保湿保温养护,避免模板和混凝土受阳光直射;条件许可时应避开高温时段浇筑混凝土。

3. 低温天气浇筑混凝土,宜采用热水拌合、加热骨料等措施提高混凝土原材料温度,最大限度地提高混凝土入模温度,低温天气下的混凝土入模温度不宜低于 5 ℃以下。混凝土浇筑后应及时用塑料薄膜及保温材料进行保湿保温养护。

4. 大风天气浇筑混凝土,在作业面应采取挡风措施,降低混凝土表面风速,并增加混凝土表面的抹压次数,及时覆盖塑料薄膜和保温材料,保持混凝土表面湿润,防止风干。

5. 雨雪天不宜浇筑混凝土,当必须施工时,宜搭设雨篷或者分段搭设雨篷,加快浇筑速度,尽快完成混凝土施工,并将浇筑区所积雨水及时排走,对已浇混凝土立即进行覆盖,严禁雨水直接冲刷新浇筑的混凝土。突遇大雨或大雪天气时,应采用不透水材料遮盖作业面并采用钢丝网在结构合理部位支挡形成施工缝,尽快停止混凝土浇筑。

十一、温控施工的现场监测与试验

1. 大体积混凝土浇筑体里表温差、降温速率、环境温度及温度应变的测试,在混凝土浇筑后 7 d 内,每昼夜可不少于 24 次;以后可按每昼夜 6～8 次进行测试。入模温度的测量,每台班不少于 2 次。

2. 大体积混凝土浇筑体内监测点的布置,以真实地反映出混凝土浇筑体内最高温升、最大应变、里表温差、降温速率及环境温度为原则,一般可按下列方式布置:

(1)监测点的布置范围以所选混凝土浇筑体平面图对称轴线的半条轴线为测试区,在测试区内监测点按平面分层布置;

(2)在测试区内,监测点的位置与数量可根据温凝土浇筑体内温度场和应力场的分布情况及温控的要求确定，经理论计算基本可以确定温度场和应力场规律的可以将测点沿最不利位置布置；

(3)在基础平面对称轴线上，监测点位不少于 4 处，传感器布置应充分考虑结构的几何尺寸；

(4)沿混凝土浇筑体厚度方向，每一点位的测点数量，宜不少于 5 点；

(5)保温养护效果及环境温度监测点数量应根据具体需要确定；

(6)混凝土浇筑体的外表温度，应以混凝土外表以内 50 mm 处的温度为准；

(7)混凝土浇筑体底面的温度，应以混凝土浇筑体底面上 50 mm 处的温度为准。

3. 测温元件的选择应符合以下列规定：

(1)测温元件的测温误差应不大于 0.3 ℃(25 ℃环境下)；

(2)测试范围：−30 ℃～150 ℃；

(3)绝缘电阻大于 500 MΩ。

4. 应变测试元件的选择应符合以下列规定：

(1)测试误差应不大于 1.0 $\mu\varepsilon$；

(2)测试范围：−1 000～1 000 $\mu\varepsilon$；

(3)绝缘电阻大于 500 MΩ。

5. 温度和应变测试元件的安装及保护符合下列规定：

(1)测试元件安装前，必须在水下 1 m 处经过浸泡 24 h 不损坏；

(2)测试元件接头安装位置应准确，固定牢固，并与结构钢筋及固定架金属体绝热；

(3)测试元件的引出线宜集中布置，并加以保护；

(4)测试元件周围应进行保护，混凝土浇筑过程中，下料时不得直接冲击测试测温元件及其引出线；振捣时，振捣器不得触及测温元件及引出线。

6. 测试过程中宜及时描绘出各点的温度变化曲线和断面的温度分布曲线。

7. 大体积混凝土进行应变测试时，应设置一定数量的零应力测点。

第九章　混凝土的无损检测

无论是工业、民用建筑，还是公路、铁路、水利及水电工程都广泛使用混凝土材料，因此混凝土的质量关系到整个工程的质量。传统的混凝土强度检验方法是在浇筑地点随机抽取试样，对试样进行抗压强度试验，由试验结果来评定混凝土的强度。由于试样的制作条件、养护环境及受力状态与原位混凝土均存在着明显的差异，试验结果难以全面、准确地反映原位混凝土的质量状况，而无损检测是获得原位混凝土真实质量的有效方法。早在20世纪30年代，人们就开始研究混凝土无损检测技术。1948年，瑞士科学家施密特(E. Schmidt)研制成回弹仪；1949年莱斯利(Leslie)等人用超声脉冲成功检测混凝土；60年代费格瓦洛(I. Facaoaru)提出用声速、回弹综合法估算混凝土强度；80年代中期，美国的Mary Sansalone等用机械波反射法进行混凝土无损检测；90年代以来，随着科学技术的快速发展，涌现出一批新的测试方法，如微波吸收、雷达扫描、红外线谱、脉冲回波等方法。

我国从50年代开始引进瑞士、英国、波兰等国的超声波仪器和回弹仪，并结合工程应用开展了一定的研究工作；60年代初我国研制成功多种型号的超声波仪器，随后广泛进行了混凝土无损检测技术的研究和应用；80年代混凝土无损检测技术在我国得到快速发展，并取得了一定的研究成果，除了超声、回弹等无损检测方法外，还进行了钻芯法、后装拔出法的研究；90年代以来，雷达技术、红外成像技术、冲击回波技术等进入实用阶段，同时超声波检测仪器也由模拟式发展为数字式，可将测试数据传入计算机进行各种数据处理，以进一步提高检测的可靠性。

第一节　无损检测技术概述

混凝土无损检测的方法主要有回弹法、超声法、超声回弹综合法、雷达法、冲击回波法、红外成像法、钻芯法、拔出法及超声波CT法等，其中钻芯法和拔出法属局部破损或半破损检测方法。

一、回 弹 法

回弹法是以在混凝土结构或构件上测得的回弹值和碳化深度来评定混凝土结构或构件强度的一种方法，它不会对结构或构件的力学性质和承载能力产生不利影响，在工程上已得到广泛应用。

回弹法使用的仪器为回弹仪，它是一种直射锤击式仪器，是用一弹击锤来冲击与混凝土表面接触的弹击杆，然后弹击锤向后弹回，并在回弹仪的刻度标尺上指示出回弹数值。回弹值的大小取决于与冲击能量有关的回弹能量，而回弹能量则反映了混凝土表层硬度与混凝土抗压强度之间的函数关系，即可以在混凝土的抗压强度与回弹值之间建立起一种函数关系，以回弹值来表示混凝土的抗压强度。回弹法只能测得混凝土表层的质量状况，内部情况却无法得知，这便限制了回弹法的应用范围，但由于回弹法操作简便，价格低廉，在工程上还是得到了广泛应用。

二、超声波法

超声波法检测混凝土常用的频率为20～250 kHz，它既可用于混凝土的强度检测，也可用于混凝土的缺陷检测。

超声波在混凝土中的传播速度与混凝土的弹性性质密切相关，而混凝土的弹性性质又可以反映自身强度大小，从而可以在混凝土超声波传播速度与其强度之间建立起一种相关关系，这种关系通常为非线性关系，可用经验公式或专用测强曲线来表示。由于混凝土本身是一种复合材料，超声波在其内部传播的速度受许多因素影响，如钢筋的配置方向、不同骨料及粒径的大小、各组分的比例变化、龄期、养护条件及混凝土的强度等级等，这些影响因素在建立测强关系时均应进行修正，显然这种修正是一项很复杂而又烦琐的工作。

超声波法检测混凝土缺陷是根据超声波在混凝土中传播的速度、振幅、相位及主频的变化来判断混凝土内部的缺陷情况。混凝土内部常见的缺陷有：蜂窝状或松散状的不密实区、空洞、杂物或受意外损伤而形成的酥松区等。当超声波遇到以上缺陷时，其速度、振幅等常会发生一定程度的异常变化，分析这种异常变化可推知混凝土内部的缺陷状况。超声波法检测混凝土内部缺陷时常需要进行一定的数据处理及统计计算，且需要测试人员具有一定的检测经验。

三、超声回弹综合法

回弹法只能测混凝土表层的强度，内部情况却无法得知，当混凝土的强度较低时，其塑性变形较大，此时回弹值与混凝土表层强度之间的变化关系不太明显；超声波在混凝土中的传播速度可以反映混凝土内部的强度变化，但对强度较高的混凝土，波速随强度的变化不太明显。如将以上两种方法结合，互相取长补短，通过试验建立超声波波速—回弹值—混凝土强度之间的相关关系，用双参数来评定混凝土的强度，即为超声回弹综合法。实践表明该法是一种较为成熟、可靠的混凝土强度检测方法。

四、雷 达 法

钢筋混凝土雷达多采用1 GHz及以上的电磁波，可探测结构及构件混凝土中钢筋的位置、保护层的厚度以及孔洞、酥松层、裂缝等缺陷。它首先向混凝土发射电磁波，当遇到电磁性质不同的缺陷或钢筋时，将产生反射电磁波，接收此反射电磁波可得到一波形图，据此波形图可得知混凝土内部缺陷的状况及钢筋的位置等。雷达法主要是根据混凝土内部介质之间电磁性质的差异来工作的，差异越大，反射波信号越强。雷达法检测混凝土时，其探测深度较浅，一般为20 cm以内，探地雷达使用较低频率电磁波，探测深度可稍大些。此外，该法受钢筋低阻屏蔽作用影响较大，且仪器本身价格昂贵，故实际工程上应用的并不多。

五、冲击回波法

冲击回波法是用一钢珠冲击混凝土结构的表面，从而在混凝土内产生一应力波，当该应力波在混凝土内遇到波阻抗差异界面即混凝土内部缺陷或混凝土底面时，将产生反射波，接收这种反射波并进行快速傅里叶变换(FFT)可得到其频谱图，频谱图上突出的峰值就是应力波在混凝土内部缺陷或混凝土底面反射形成的，根据其峰值频率可计算出混凝土缺陷的位置或混凝土的厚度。由于该法采用单面测试，特别适合于只有一个测试面如路面、护坡、底板、跑道等混凝土的检测。

六、红外成像法

自然界中任何高于绝对零度（−273 ℃）的物体都是红外线的辐射源，它们向外界不断地辐射出红外线。红外线是介于可见光与微波之间的电磁波，其波长为 0.76～1 000 μm，频率为 $4\times10^{14}\sim3\times10^{11}$ Hz。混凝土红外线无损检测是通过测量混凝土的热量及热流来判断其质量的一种方法。当混凝土内部存在某种缺陷时，将改变混凝土的热传导，使混凝土表面的温度场分布产生异常，用红外成像仪测出表示这种异常的热像图，由热像图中异常的特征可判断出混凝土缺陷的类型及位置特征等。这种方法属非接触无损检测方法，可对检测物进行上下、左右的连续扫测，且白天、黑夜均可进行，可检测的温度为−50～2 000 ℃，分辨率可达 0.1～0.02 ℃，是一种检测精度较高、使用较方便的无损检测方法，并具有快速、直观、适合大面积扫测的特点，可用于检测混凝土遭受冻害或火灾等的损伤程度以及建筑物墙体的剥离、渗漏等。

七、拔 出 法

拔出法是将安装在混凝土体内的锚固件拔出，测定其极限抗拔力，然后根据预先建立的混凝土极限拔出力与其抗压强度之间的相关关系来测定混凝土强度的一种半破损（局部破损）检测方法。大量实验表明：极限拔出力与混凝土抗压强度之间确实存在着某种近似线性的对应关系，这就为该方法的应用提供了坚实的基础。拔出法可分为预埋拔出法及后装拔出法两种，预埋拔出法是指预先将锚固件埋入混凝土内的拔出法，后装拔出法是指在已硬化的混凝土上钻孔，然后在其上安装锚固件的拔出法。前者主要适用于成批、连续生产的混凝土结构、构件的强度检测，后者可用于新、旧混凝土各种构件的强度检测。拔出法一般不宜直接用于遭受冻害、化学腐蚀、火灾等损伤的混凝土检测。

八、钻 芯 法

钻芯法是利用专用钻机和人造金刚石空心薄壁钻头，在结构混凝土上钻取芯样以检测混凝土强度和缺陷的一种检测方法。它可用于检测混凝土的强度，结构混凝土受冻、火灾损伤的深度，混凝土接缝及分层处的质量状况，混凝土裂缝的深度、离析、孔洞等缺陷。该方法直观、准确、可靠，是其他无损检测方法不可取代的一种有效方法。钻芯法费用较高，费时较长，且对混凝土造成局部损伤，因而大量的钻芯取样往往受到限制，可采用与其他无损检测方法如超声法结合使用，以减少钻芯数量，另一方面钻芯法的检测结果又可验证其他无损检测方法如超声法的检测结果，以提高其检测的可靠性。

九、超声波 CT 法

超声波具有穿透能力强，检测设备简单，操作方便等优点，特别适合于对混凝土的检测，尤其适合对大体积混凝土如大坝、桥墩、承台及混凝土灌注桩的检测。常规的超声波对测法及斜测法可检测混凝土内部的缺陷，但这需要操作人员具有一定的工作经验，且检测精度也不够高，仅能得到某些测线上而非全断面的混凝土质量信息。将计算机层析成像（Computerized

Tomography,简称 CT)技术用于混凝土超声波检测,即为混凝土超声波层析成像检测方法。该方法首先将待检测混凝土断面剖分为诸多矩形单元,见图 9—1—1,然后从不同方向对每一单元进行多次超声波射线扫描,即由来自不同方向的多条射线穿过一个单元,用所测超声波走时数据进行计算成像,其成像结果可精确、直观表示出整个测试断面上混凝土的缺陷及质量信息,使检测精度大为提高。混凝土超声波 CT 检测测线布置见图 9—1—2。

图 9—1—1　混凝土超声波层析成像网格剖分示意图

图 9—1—2　具有四个测试面的测线布置示意图

由于混凝土是一种非均匀各向异性的复合材料,超声波在其中传播会发生复杂的散射、反射和透射等现象,这使得超声波能量衰减很快,其传播距离受到限制。混凝土超声波 CT 中所用波长一般为几厘米以上,与混凝土内部缺陷的几何尺度相差不大,因此应考虑超声波的衍射,按最短走时路径的 Fermat 原理进行射线追踪,据此来建立层析成像方程组,以提高成像分辨率。

第二节　回　弹　法

一、使用条件

1. 回弹法适用于工程结构中普通混凝土抗压强度(以下简称混凝土强度)的检测。当对结构的混凝土强度有检测要求时可按本方法进行检测,检测结果可作为处理混凝土质量问题的一个依据。

2. 回弹法不适用于表层与内部质量有明显差异或内部存在缺陷的混凝土结构或构件的检测。

3. 使用回弹仪进行工程检测的人员应参加主管部门认可的专业培训,并应持有相应的资格证书。

4. 采用回弹法检测时,环境温度应为－4 ℃～40 ℃。

二、检测前准备

1. 工程资料收集

混凝土强度检测前应收集下列资料:

(1)工程名称及设计、施工、监理(或监督)和建设单位名称；

(2)结构或构件名称、外形尺寸、数量及混凝土强度等级；

(3)水泥品种、强度等级、安定性、厂名，砂、石种类，粒径，外加剂或掺和料品种、掺量，混凝土配合比等；

(4)施工时材料计量情况、模板、浇筑、养护情况及成型日期等；

(5)必要的设计图纸和施工记录；

(6)检测原因。

2. 制定检测方案

根据收集到的所检测混凝土的施工情况及检测原因等制定具体的检测方案。方案应包括所检测构件是单个构件检测还是批量检测，具体抽样方案如何，还应对构件需进行的清理与加固，以及检测数据如何处理，结果如何判定等做出具体规定。

单个构件检测适用于单个结构或构件的检测。批量检测适用于在相同的生产工艺条件下，混凝土强度等级相同、原材料、配合比、成型工艺、养护条件基本一致且龄期相近的同类结构或构件。按批进行检测的构件，抽检数量不得少于同批构件总数的 30%且构件数量不得少于 10 件，抽检构件时，应严格遵守“随机”的原则，使所选构件具有代表性。并宜由建设单位、监理单位、施工单位会同检测单位共同商定抽样的范围、数量和方法。

3. 检测仪器准备

检测用的混凝土回弹仪必须符合下列规定：

(1)回弹仪必须具有制造厂的产品合格证及检定单位的检定合格证，并应在回弹仪的明显位置上具有下列标志：名称、型号、制造厂名(或商标)、出厂编号、出厂日期和中国计量器具制造许可证标志 CMC 及许可证证号等。

(2)在洛氏硬度 HRC 为 60±2 的钢砧上，回弹仪的率定值应为 80±2。回弹仪率定试验宜在干燥、室温为 5 ℃～35 ℃的条件下进行。率定时，钢砧应稳固地平放在刚度大的物体上。测定回弹值时，取连续向下弹击三次的稳定回弹平均值，弹击杆应分四次旋转，每次旋转宜为 90°，弹击杆每旋转一次的率定平均值应为 80±2。

(3)回弹仪应由法定部门并按照国家现行标准《混凝土回弹仪》JJG 817 进行检定，并在检定有效期内使用。回弹仪具有下列情况之一时应送检定单位检定：

①新回弹仪启用前；

②超过检定有效期限(有效期为半年)的；

③累计弹击次数超过 6 000 次的；

④经常规保养后钢砧率定值不合格的；

⑤遭受严重撞击或其他损害的。

(4)回弹仪具有下列情况之一时应进行常规保养：

①弹击超过 2 000 次的；

②对检测值有怀疑时；

③在钢砧上的率定值不合格的。

保养应按下列步骤进行：

a. 使弹击锤脱钩后取出机芯，然后卸下弹击杆，取出里面的缓冲压簧，并取出弹击锤，弹击拉簧和拉簧座。

b. 机芯各零部件应进行清洗，重点清洗中心导杆，弹击锤和弹击杆的内孔和冲击面，清洗后应在中心导杆上薄薄涂抹钟表油，其他零部件均不得抹油。

c. 应清理机壳内壁，卸下刻度尺，并应检查指针，其摩擦力应为 0.5～0.8 N。

d. 不得旋转尾盖上已定位紧固的调零螺丝。

e. 不得自制或更换零部件。

f. 保养后应进行率定试验，在洛氏硬度 HRC 为 60±2 的钢砧上回弹仪的率定值应为 80±2。

g. 回弹仪使用完毕后应使弹击杆伸出机壳，清除弹击杆、杆前端球面以及刻度尺表面和外壳上的污垢、尘土。回弹仪不用时，应将弹击杆压入仪器内，经弹击后方可按下按钮锁住机芯，将回弹仪装入仪器箱，平放在干燥阴凉处。

4. 检测构件准备

①每一结构或构件测区数不应少于 10 个，对某一方向尺寸小于 4.5 m 且另一方向尺寸小于 0.3 m 的构件，其测区数量可适当减少，但不应少于 5 个。相邻两测区的间距应控制在 2 m以内，测区离构件端部或施工缝边缘的距离不宜大于 0.5 m，且不宜小于 0.2 m。测区应选在使回弹仪处于水平方向检测混凝土浇筑侧面，当不能满足这一要求时，可使回弹仪处于非水平方向检测混凝土浇筑侧面、表面或底面。

②测区宜选在构件的两个对称可测面上，也可选在一个可测面上、且应均匀分布，在构件的重要部位及薄弱部位必须布置测区，并应避开预埋件。测区的面积不宜大于 0.04 m^2。

③检测前用砂轮清除疏松层和杂物，清除粉末或碎屑，保证检测面清洁、平整。

④对弹击时产生颤动的薄壁、小型构件进行固定。

⑤对结构或构件的测区进行编号，在记录纸上描述测区布置示意图和外观质量情况。

三、检测步骤

1. 回弹值测量

①检测时，回弹仪的轴线应始终垂直于结构或构件的混凝土检测面，缓慢施压，准确读数，快速复位。

②测点宜在测区范围内均匀分布，相邻两测点的净距不宜小于 20 mm，测点距外露钢筋、预埋件的距离不宜小于 30 mm，测点不应在气孔或外露石子上。同一测点只应弹击一次，每一测区应记取 16 个回弹值，每一测点的回弹值读数估读至 1。

2. 碳化深度值测量

①回弹值测量完毕后，应在有代表性的位置上测量碳化深度值。测点数不应少于构件测区数的 30%，取其平均值为该构件每测区的碳化深度值。当碳化深度值极差大于 2.0 mm 时，应在每一测区测量碳化深度值。

②碳化深度值测量，可采用适当的工具在测区表面形成直径约 15 mm 的孔洞，其深度应大于混凝土的碳化深度，孔洞中的粉末和碎屑应除净，并不得用水擦洗。同时，应采用浓度为 1%的酚酞酒精溶液滴在孔洞内壁的边缘处，当已碳化与未碳化界线清楚时，再用深度测量工具测量已碳化与未碳化混凝土交界面到混凝土表面的垂直距离，测量不应少于 3 次，取其平均值，每次读数精确至 0.5 mm。

四、数据处理

1. 回弹值计算

①计算测区平均回弹值。从该测区的 16 个回弹值中剔除 3 个最大值和 3 个最小值，余下的 10 个回弹值应按下式计算：

$$R_m = \frac{\sum_{i=1}^{10} R_i}{10}$$

式中　R_m——测区平均回弹值，精确至 0.1；

R_i——第 i 个测点的回弹值。

②非水平方向检测混凝土浇筑侧面时 应按下式修正：

$$R_m = R_{ma} + R_{aa}$$

式中　R_{ma}——非水平状态检测时测区的平均回弹值，精确至 0.1；

R_{aa}——非水平状态检测时回弹值修正值，按表 9—2—1 采用。

表 9—2—1　非水平状态检测时的回弹值修正值

R_m	检测角度							
	向上				向下			
	90	60	45	30	−30	−45	−60	−90
20	−6.0	−5.0	−4.0	−3.0	+2.5	+3.0	+3.5	+4.0
21	−5.9	−4.9	−4.0	−3.0	+2.5	+3.0	+3.5	+4.0
22	−5.8	−4.8	−3.9	−2.9	+2.4	+2.9	+3.4	+3.9
23	−5.7	−4.7	−3.9	−2.9	+2.4	+2.9	+3.4	+3.9
24	−5.6	−4.6	−3.8	−2.8	+2.3	+2.8	+3.3	+3.8
25	−5.5	−4.5	−3.8	−2.8	+2.3	+2.8	+3.3	+3.8
26	−5.4	−4.4	−3.7	−2.7	+2.2	+2.7	+3.2	+3.7
27	−5.3	−4.3	−3.7	−2.7	+2.2	+2.7	+3.2	+3.7
28	−5.2	−4.2	−3.6	−2.6	+2.1	+2.6	+3.1	+3.6
29	−5.1	−4.1	−3.6	−2.6	+2.1	+2.6	+3.1	+3.6
30	−5.0	−4.0	−3.5	−2.5	+2.0	+2.5	+3.0	+3.5
31	−4.9	−4.0	−3.5	−2.5	+2.0	+2.5	+3.0	+3.5
32	−4.8	−3.9	−3.4	−2.4	+1.9	+2.4	+2.9	+3.4
33	−4.7	−3.9	−3.4	−2.4	+1.9	+2.4	+2.9	+3.4
34	−4.6	−3.8	−3.3	−2.3	+1.8	+2.3	+2.8	+3.3
35	−4.5	−3.8	−3.3	−2.3	+1.8	+2.3	+2.8	+3.3
36	−4.4	−3.7	−3.2	−2.2	+1.7	+2.2	+2.7	+3.2
37	−4.3	−3.7	−3.2	−2.2	+1.7	+2.2	+2.7	+3.2
38	−4.2	−3.6	−3.1	−2.1	+1.6	+2.1	+2.6	+3.1
39	−4.1	−3.6	−3.1	−2.1	+1.6	+2.1	+2.6	+3.1

续上表

R_m	检测角度							
	向上				向下			
	90	60	45	30	−30	−45	−60	−90
40	−4.0	−3.5	−3.0	−2.0	+1.5	+2.0	+2.5	+3.0
41	−4.0	−3.5	−3.0	−2.0	+1.5	+2.0	+2.5	+3.0
42	−3.9	−3.4	−2.9	−1.9	+1.4	+1.9	+2.4	+2.9
43	−3.9	−3.4	−2.9	−1.9	+1.4	+1.9	+2.4	+2.9
44	−3.8	−3.3	−2.8	−1.8	+1.3	+1.8	+2.3	+2.8
45	−3.8	−3.3	−2.8	−1.8	+1.3	+1.8	+2.3	+2.8
46	−3.7	−3.2	−2.7	−1.7	+1.2	+1.7	+2.2	+2.7
47	−3.7	−3.2	−2.7	−1.7	+1.2	+1.7	+2.2	+2.7
48	−3.6	−3.1	−2.6	−1.6	+1.1	+1.6	+2.1	+2.6
49	−3.6	−3.1	−2.6	−1.6	+1.1	+1.6	+2.1	+2.6
50	−3.5	−3.0	−2.5	−1.5	+1.0	+1.5	+2.0	+2.5

注：R_{ma}小于 20 或大于 50 时，均分别按 20 或 50 查表，表中未列入的相应于 R_{ma}的修正值 R_{aa}可用内插法求得，精确至 0.1。

③水平方向检测混凝土浇筑顶面或底面时，应按下列公式修正：

$$R_m = R_m^t + R_a^t$$

$$R_m = R_m^b + R_a^b$$

式中　R_m^t、R_m^b——水平方向检测混凝土浇筑表面、底面时，测区的平均回弹值。精确至 0.1。

R_a^t、R_a^b——混凝土浇筑表面、底面回弹值的修正值，按表 9—2—2 采用。

表 9—2—2　不同浇筑面的回弹值修正值

R_m^t 或 R_m^b	表面修正值(R_a^t)	底面修正值 (R_a^b)	R_m^t 或 R_m^b	表面修正值(R_a^t)	底面修正值 (R_a^b)
20	+2.5	−3.0	36	+0.9	−1.4
21	+2.4	−2.9	37	+0.8	−1.3
22	+2.3	−2.8	38	+0.7	−1.2
23	+2.2	−2.7	39	+0.6	−1.1
24	+2.1	−2.6	40	+0.5	−1.0
25	+2.0	−2.5	41	+0.4	−0.9
26	+1.9	−2.4	42	+0.3	−0.8
27	+1.8	−2.3	43	+0.2	−0.7
28	+1.7	−2.2	44	+0.1	−0.6
29	+1.6	−2.1	45	0	−0.5
30	+1.5	−2.0	46	0	−0.4
31	+1.4	−1.9	47	0	−0.3
32	+1.3	−1.8	48	0	−0.2

续上表

R_m^t 或 R_m^b	表面修正值(R_a^t)	底面修正值 (R_a^b)	R_m^t 或 R_m^b	表面修正值(R_a^t)	底面修正值 (R_a^b)
33	+1.2	−1.7	49	0	−0.1
34	+1.1	1.6	50	0	0
35	+1.0	−1.5			

注：R_m^t 或 R_m^b 小于 20 或大于 50 时，均分别按 20 或 50 查表。表中有关混凝土浇筑表面的修正系数，是指一般原浆抹面的修正值；表中有关混凝土浇筑底面的修正系数，是指构件底面与侧面采用同一类模板在正常浇筑情况下的修正值。表中未列入的相应于 R_m^t 或 R_m^b 的 R_a^t 或 R_a^b 值，可用内插法求得，精确至 0.1。

④当检测时回弹仪为非水平方向且测试面为非混凝土的浇筑侧面时，应先对回弹值进行角度修正，再对修正后的值进行浇筑面修正。

2. 混凝土强度换算值的计算

(1)混凝土强度换算值可采用以下三类测强曲线计算：

①统一测强曲线：由全国有代表性的材料、成型养护工艺配制的混凝土试件，通过试验所建立的曲线。

②地区测强曲线：由本地区常用的材料、成型养护工艺配制的混凝土试件，通过试验所建立的曲线。

③专用测强曲线：由与结构或构件混凝土相同的材料、成型养护工艺配制的混凝土试件，通过试验所建立的曲线。

检测单位应按专用测强曲线、地区测强曲线、统一测强曲线的次序选用测强曲线。

(2)使用统一测强曲线的条件：

①普通混凝土采用的材料，拌和用水符合现行国家有关标准。

②不掺外加剂或仅掺非引气型外加剂。

③采用普通成型工艺。

④采用符合现行国家标准《混凝土结构工程施工及验收规范》GB 50204 规定的钢模、木模及其他材料制作的模板。

⑤自然养护或蒸气养护出池后经自然养护 7 d 以上且混凝土表层为干燥状态。

⑥龄期为 14～1 000 d。

⑦抗压强度为 10～60 MPa。

⑧当有下列情况之一时，测区混凝土强度值不得按全国统一曲线换算。但可制定专用测强曲线或通过试验进行修正。

a. 粗集料最大粒径大于 60 mm；

b. 特种成型工艺制作的混凝土；

c. 检测部位曲率半径小于 250 mm；

d. 潮湿或浸水混凝土。

(3)依据全国统一曲线计算混凝土强度换算值：

①结构或构件第 i 个测区混凝土强度换算值，按计算所得的平均回弹值(R_m)及所测得的平均碳化深度值(d_m)由全国统一曲线制得的表中查出。对泵送混凝土当碳化深度不大于 2 mm时，按表 9—2—3 进行强度换算值修正。

表 9—2—3　泵送混凝土测区混凝土强度换算值的修正值

碳化深度值（mm）	抗压强度值(MPa)				
0.0;0.5;1.0	f^c_{cu}(MPa)	≤40.0	45.0	50.0	55.0～60.0
	K (MPa)	+4.5	+3.0	+1.5	0.0
1.5;2.0	f^c_{cu}(MPa)	≤30.0	35.0	40.0～60.0	
	K (MPa)	+3.0	+1.5	0.0	

注:表中未列入的 f^c_{cu}值可用内插法求得其修正值,精确至 0.1 MPa。

当检测条件与测强曲线的适用条件有较大差异时,可采用同条件试件或钻取混凝土芯样进行修正,试件或钻取芯样数量不应少于 6 个,钻取芯样时每个部位应钻取一个芯样。计算时,测区混凝土强度换算值应乘以修正系数。修正系数应按下列公式计算:

$$\eta = \frac{1}{n}\sum_{i=1}^{n} f_{cu,i}/f^c_{cu,i}$$

$$\eta = \frac{1}{n}\sum_{i=1}^{n} f_{cor,i}/f^c_{cu,i}$$

式中　η——修正系数,精确到 0.01;

$f_{cu,i}$——第 i 个混凝土立方体试件(边长为 150 mm)的抗压强度值,精确到 0.1 MPa;

$f_{cor,i}$——第 i 个混凝土芯样试件的抗压强度值,精确到 0.1 MPa;

$f^c_{cu,i}$——对应于第 i 个试件或芯样部位回弹值和碳化深度值的混凝土强度换算值;

n——试件数。

②结构或构件的测区混凝土强度平均值根据各测区的混凝土强度换算值计算。当测区数为 10 个及以上时,应计算强度标准差。平均值及标准差应按下列公式计算:

$$m_{f^c_{cu}} = \frac{\sum_{i=1}^{n} f^c_{cu,i}}{n}$$

$$S_{f^c_{cu}} = \sqrt{\frac{\sum_{i=1}^{n}(f^c_{cu,i})^2 - n(m_{f^c_{cu}})^2}{n-1}}$$

式中　$m_{f^c_{cu}}$——结构或构件测区混凝土强度换算值的平均值(MPa),精确至 0.1 MPa;

n——对于单个检测的构件,取一个构件的测区数;对批量检测的构件,取被抽检构件测区数之和;

$S_{f^c_{cu}}$——结构或构件测区混凝土强度换算值的标准差(MPa),精确至 0.01 MPa。

③结构或构件的混凝土强度推定值($f_{cu,e}$)按下列公式确定:

a. 当该结构或构件测区数少于 10 个时:

$$f_{cu,e} = f^c_{cu,min}$$

式中　$f^c_{cu,min}$——构件中最小的测区混凝土强度换算值。

b. 当该结构或构件的测区强度值中出现小于 10.0 MPa 时:

$$f_{cu,e} < 10.0\ \text{MPa}$$

c. 当该结构或构件测区数不少于 10 个或按批量检测时,应按下列公式计算:

$$f_{cu,e} = m_{f^c_{cu}} - 1.645\ S_{f^c_{cu}}$$

对按批量检测的构件，当该批构件混凝土强度标准差出现下列情况之一时则该批构件应全部按单个构件检测：

当该批构件混凝土强度平均值小于 25 MPa 时：$S_{f_{cu}^{c}} > 4.5$

当该批构件混凝土强度平均值不小于 25 MPa 时：$S_{f_{cu}^{c}} > 5.5$

五、检测报告

回弹法评定混凝土强度检测报告

委托单位________　工程名称________　报告编号________

建设单位________　强度等级________　委托编号________

设计单位________　检测原因________　检测编号________

施工单位________　施工日期________　报告日期________

结构（构件）名称及编号	强度计算结果(MPa)						强度推定值
	n	$m_{f_{cu}}$	$s_{f_{cu}}$	$f_{cu,e1}$	$f_{cu,e2}$	$f_{cu,min}$	$f_{cu,e}$(MPa)

检测、评定依据：	试验意见：

检测人员：　　复核：　　技术负责人：　　单位(章)

第三节　超声回弹综合法

一、简　　述

超声回弹综合法是根据实测声速值和回弹值综合分析混凝土强度的方法。本方法采用带波形显示器的低频超声波检测仪，并配置频率为 50～100 kHz 的换能器，测量混凝土中的超声波声速值，以及采用弹击锤冲击能量为 2.207 J 的混凝土回弹仪，测量回弹值，经测强曲线换算混凝土强度值。

二、使用条件

1. 在正常情况下，混凝土强度的验收和评定应按现行有关国家标准执行。当对结构中的混凝土有强度检测要求时，可按本方法进行检测，并推算结构混凝土的强度，并把结果作为混凝土结构处理的一个依据。

2. 本方法适用于以下情况下施工浇筑的混凝土强度检测：

(1)混凝土用水泥、砂、石骨料应符合现行标准的要求；

(2)可掺或不掺矿物掺和料、外加剂、粉煤灰、泵送剂；

(3)人工或一般机械搅拌的混凝土或泵送混凝土；

(4)自然养护；

(5)龄期 7～2 000 d；

(6)混凝土强度 10～70 MPa。

3. 本方法不适用于检测因冻害、化学侵蚀、火灾、高温等已造成表面疏松、剥落的混凝土。

4. 按本方法进行工程检测的人员，应参加专业培训并持有相应的资格证书。

5. 回弹仪使用时，环境温度应为－4 ℃～40 ℃。

三、检测前准备

1. 工程资料收集

检测前应收集下列资料：

(1)工程名称及设计、施工、监理(或监督)和建设单位、委托单位名称；

(2)结构或构件名称、外形尺寸、数量及混凝土强度等级；

(3)水泥品种、强度等级、安定性、厂名，砂、石种类，粒径，外加剂或掺和料品种、掺量，混凝土配合比等；

(4)施工时材料计量情况、模板、浇筑、养护情况及成型日期等；

(5)必要的设计图纸和施工记录；

(6)检测原因的说明。

2. 制定检测方案

根据收集到的所检测混凝土的施工情况及检测原因等制定具体的检测方案。方案应包括所检测构件是单个构件检测还是批量检测，具体抽样方案如何，还应对构件需进行的清理与加固，以及检测数据如何处理，结果如何判定等做出具体规定。

当按单个构件检测时，应在构件上均匀布置测区，每个构件上测区数量不应少于 10 个；对某一方向尺寸不大于 4.5 m 且另一方向尺寸不大于 0.3 m 的构件，其测区数量可适当减少，但不应少于 5 个。对混凝土设计强度等级相同、混凝土原材料、配合比、成型工艺、养护条件和龄期基本相同、构件种类相同、施工阶段所处状态基本相同的混凝土可按批构件进行检测。当同批构件按批抽样检测时，构件抽样数不应少于同批构件的 30%，且不应少于 10 件。

抽检构件时，应严格遵守"随机"的原则，使所选构件具有代表性。并宜由建设单位、监理单位、施工单位会同检测单位共同商定抽样的范围、数量和方法。对一般施工质量的检测和结构性能的检测，可按照现行国家标准《建筑结构检测技术标准》GB/T 50344 的规定抽样。

3. 混凝土回弹仪准备

检测用的混凝土回弹仪必须符合下列规定，见本章第二节第二部分第三条检测仪器的准备。

4. 混凝土超声波检测仪器准备

用于混凝土的超声波检测仪分为模拟式和数字式两类，模拟式是指接收的信号为连续模拟量，可由时域波形信号测读声学参数；数字式是指接收的信号转化为离散数字量，具有采集、储存数字信号、测读声学参数和对数字信号处理的智能化功能。

采用的超声波检测仪应符合现行行业标准《混凝土超声波检测仪》JG/T 5004 的要求，通过技术鉴定，必须具有产品合格证和检定证。在计量检定有效期内使用。

检测前应检查超声波监测仪，使仪器符合以下状态：

(1)具有波形清晰、显示稳定的示波装置；

(2)声时最小分度值为 0.1 μs；

(3)具有最小分度值为 1 dB 的信号幅度调整系统；

(4)接收放大器频响范围 10～500 kHz，总增益不小于 80 dB，接收灵敏度(信噪比 3∶1 时)不大于 50 μV；

(5)电源电压波动范围在标称值±10%情况下能正常工作；

(6)连续正常工作时间不少于 4 h；

(7)模拟式超声波检测仪还应满足下列要求：

①具有手动游标和自动整形两种声时测读功能；

②数字显示稳定，声时调节在 20～30 μs 范围内，连续静置 1 h 数字变化不超过±0.2 μs。

(8)数字式超声波检测仪还应满足下列要求：

①具有采集、储存数字信号并进行数据处理的功能；

②具有手动游标测读和自动测读两种方式。当自动测读时，在同一测试条件下，在 1 h 内每 5 min 测读一次声时值的差异不超过±0.2 μs；

③自动测读时，在显示器的接收波形上，有光标指示声时的测读位置。

(9)换能器技术要求：

①换能器的工作频率宜在 50～100 kHz 范围内。

②换能器的实测主频与标称频率相差不应超过±10%。

③检测时，应根据测试需要在仪器上配置合适的换能器和高频电缆线，并测定声时初读数 t_0。检测过程中如更换换能器或高频电缆线，应重新测定 t_0。

(10)超声波检测仪的声时计量检验，应按"时—距"法测量空气中声速实测值 v_0，与按下列公式计算的空气中声速计算值 v_k 相比较，二者的相对误差不应超过±0.5%。

$$v_k = 331.4\sqrt{1+0.00367T_k}$$

式中 331.4——0 ℃时空气中的声速值(m/s)；

v_k——温度为 T_k 时空气中的声速计算值(m/s)；

T_k——测试时空气的温度(℃)。

5. 检测构件准备

构件的测区布置宜满足下列规定：

(1)在条件允许时，测区宜优先布置在构件混凝土浇筑方向的侧面；

(2)测区可在构件的两个对应面、相邻面或同一面上布置；

(3)测区宜均匀布置，相邻两测区的间距不宜大于 2 m；

(4)测区应避开钢筋密集区和预埋件；

(5)测区尺寸宜为 200 mm×200 mm；采用平测时宜为 400 mm×400 mm；

(6)测试面应清洁、平整、干燥，不应有接缝、施工缝、饰面层、浮浆和油垢，并应避开蜂窝、麻面部位。必要时，可用砂轮片清除杂物和磨平不平整处，并擦净残留粉尘；

(7)结构或构件上的测区应编号，并记录测区位置和外观质量情况；

(8)对结构或构件的每一测区，应先进行回弹测试，后进行超声测试。

四、检测步骤

1. 回弹

(1)回弹测试时，应始终保持回弹仪的轴线垂直于混凝土测试面。首先选择混凝土浇筑方向的侧面进行水平方向测试。如不具备浇筑方向侧面水平测试的条件，可采用非水平状态测试，或测试混凝土浇筑的顶面或底面。

(2)测量回弹值应在构件测区内超声波的发射和接收面各弹击 8 点；超声波单面平测时，可在超声波的发射和接收测点之间弹击 16 点。每一测点的回弹值，测读精确度至 1。

(3)测点在测区范围内宜均匀布置，但不得布置在气孔或外露石子上。相邻两测点的间距不宜小于 30 mm；测点距构件边缘或外露钢筋、铁件的距离不应小于 50 mm，同一测点只允许弹击一次。

2. 超声波测试

(1)超声测点应布置在回弹测试的同一测区内，每一测区布置 3 个测点。超声测试宜优先采用对测或角测，当被测构件不具备对测或角测条件时，可采用单面平测。

(2)超声测试时，换能器辐射面应通过耦合剂与混凝土测试面良好耦合。

(3)声时测量应精确至 0.1 μs，超声测距测量应精确至 1.0 mm，且测量误差不应超过±1%。声速计算应精确至 0.01 km/s。

(4)布置超声角测点时，换能器中心与构件边缘的距离 l_1、l_2 不宜小于 200 mm。

(5)布置超声平测点时，宜使发射和接收换能器的连线与附近钢筋轴线成 40°～50°角，超声测距 l 宜采用 350～450 mm。

五、数据处理

1. 回弹数据处理

(1)测区回弹代表值应从该测区的 16 个回弹值中剔除 3 个较大值和 3 个较小值，根据其

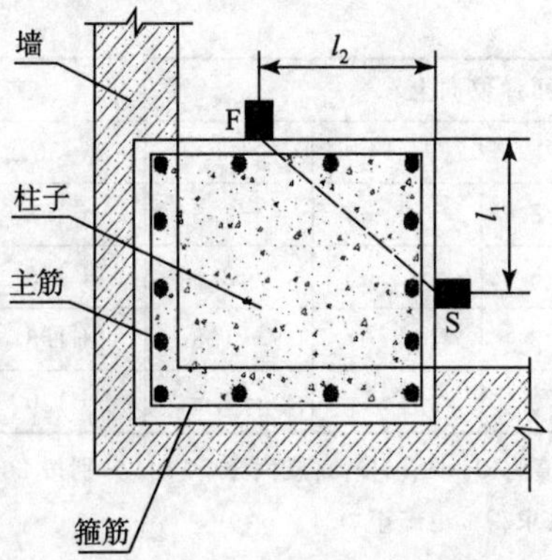

图 9—3—1　角测示意图

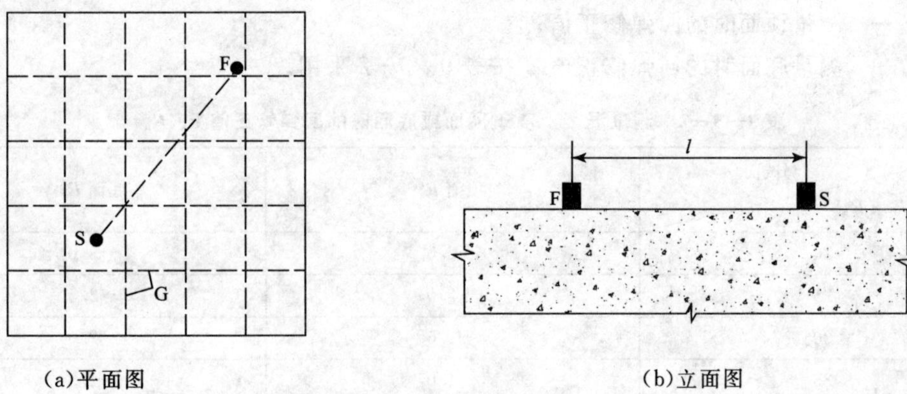

图 9—3—2　平测示意图

F—发射换能器;S—接收换能器;G—钢筋轴线

余 10 个有效回弹值按下列公式计算:

$$R=\frac{1}{10}\sum_{i=1}^{10}R_i$$

式中　R——测区回弹代表值，取有效测试数据的平均值,精确至 0.1;

R_i——第 i 个测点的有效回弹值。

(2)非水平状态下测得的回弹值，应按下列公式修正:

$$R_a=R+R_{a\alpha}$$

式中　R_a——修正后的测区回弹代表值;

$R_{a\alpha}$——测试角度为 α 时的测区回弹修正值，按表 9—3—1 采用。

表 9—3—1　非水平状态下测试时的回弹修正值 $R_{a\alpha}$

R ＼ 测试角度	回弹仪向上				回弹仪向下			
	+90	+60	+45	+30	−30	−45	−60	−90
20	−6.0	−5.0	−4.0	−3.0	+2.5	+3.0	+3.5	+4.0
25	−5.5	−4.5	−3.8	−2.8	+2.3	+2.8	+3.3	+3.8
30	−5.0	−4.0	−3.5	−2.5	+2.0	+2.5	+3.0	+3.5

续上表

测试角度 / R	回弹仪向上				回弹仪向下			
	+90	+60	+45	+30	−30	−45	−60	−90
35	−4.5	−3.8	−3.3	−2.3	+1.8	+2.3	+2.8	+3.3
40	−4.0	−3.5	−3.0	−2.0	+1.5	+2.0	+2.5	+3.0
45	−3.8	−3.3	−2.8	−1.8	+1.3	+1.8	+2.3	+2.8
50	−3.5	−3.0	−2.5	−1.5	+1.0	+1.5	+2.0	+2.5

注:①当测试角度等于 0 时，修正值为 0；R 小于 20 或大于 50 时,分别按 20 或 50 查表；

②表中未列数值,可采用内插法求得，精确至 0.1。

(3)在混凝土浇筑顶面或底面测得的回弹值，应按下列公式修正：

$$R_a = R + (R_a^t + R_a^b)$$

式中 R_a^t——测量顶面时的回弹修正值；

R_a^b——测量底面时的回弹修正值，按表 9—3—2 采用。

表 9—3—2 测试混凝土浇筑顶面或底面时的回弹修正值 R_a^t、R_a^b

测试面 / R 或 R_a	顶面 R_a^t	底面 R_a^b
20	+2.5	−3.0
25	+2.0	−2.5
30	+1.5	−2.0
35	+1.0	−1.5
40	+0.5	−1.0
45	0	−0.5
50	0	0

注:①在侧面测试时，修正值为 0；R 小于 20 或大于 50 时，分别按 20 或 50 查表；

②当先进行角度修正时，采用修正后的回弹代表值 R_a；

③表中未列数值，可采用内插法求得，精确至 0.1。

(4)测试时回弹仪处于非水平状态，同时测试面又非混凝土浇筑方向的侧面，则应对测得的回弹值先进行角度修正，然后对角度修正后的值再进行顶面或底面修正。

2. 超声测试数据处理

(1)当在混凝土浇筑方向的侧面对测或角测时，测区混凝土中声速代表值应根据该测区中 3 个测点的混凝土中声速值，按下列公式计算：

$$v = \frac{1}{3}\sum_{i=1}^{3}\frac{l_i}{t_i - t_0}$$

式中 v——测区混凝土中声速代表值(km/s)；

l_i——第 i 个测点的超声测距(mm)。角测时测距按按下列公式计算：

$$l_i = \sqrt{l_{1i}^2 + l_{2i}^2}$$

l_{1i}、l_{2i}——角测第 i 个测点换能器与构件边缘的距离(mm)；

t_i——第 i 个测点的声时读数(μs)；

t_0——声时初读数(μs)。

(2)当在混凝土浇筑的顶面或底面测试时，测区声速代表值应按下列公式修正：

$$v_a = \beta \cdot v$$

式中　v_a——修正后的测区混凝土中声速代表值(km/s)；

β——超声测试面的声速修正系数，在混凝土浇筑顶面和底面间对测或斜测时，$\beta = 1.034$。

在混凝土浇灌顶面或底面平测时，测区混凝土中声速代表值按下面平测值计算和修正。

(3)当采用平测时，应用同一构件的对测声速 v_d 与平测声速 v_p 之比求得修正系数 λ($\lambda = v_d/v_p$)，对平测声速进行修正。当被测结构或构件不具备对测与平测的对比条件时，宜选取有代表性的部位，以测距 l=200 mm、250 mm、300 mm、350 mm、400 mm、450 mm、500 mm，逐点测读相应声时值 t，用回归分析方法求出直线方程 $l = a + bt$。以回归系数 b 代替对测声速 v_d，再按上式对各平测声速进行修正。

平测时，修正后的混凝土中声速代表值应按下列公式计算：

$$v_a = \frac{\lambda}{3} \sum_{i=1}^{3} \frac{l_i}{t_i - t_0}$$

式中　v_a——修正后的平测时混凝土中声速代表值 (km/s)；

l_i——平测第 i 个测点的超声测距(mm)；

t_i——平测第 i 个测点的声时读数(μs)；

λ——平测声速修正系数。

当采用超声波在混凝土顶面或底面平测时，平测声速可采用直线方程 $l = a + bt$，根据混凝土浇筑的顶面或底面平测数据求得，修正后的混凝土中声速代表值应按下列公式计算：

$$v = \frac{\lambda\beta}{3} \sum_{i=1}^{3} \frac{l_i}{t_i - t_0}$$

式中，β 为超声测试面的声速修正系数。顶面平测：$\beta = 1.05$；底面平测：$\beta = 0.95$。

3. 结构混凝土强度推定

(1)结构或构件中第 i 个测区的混凝土抗压强度换算值，可按修正后的测区回弹代表值 R_{ai} 和声速代表值 v_{ai}，优先采用专用测强曲线或地区测强曲线(建立方法见本节第七部分)换算而得。当无专用和地区测强曲线时，按第八部分验证方法通过验证后，可按全国统一测区混凝土抗压强度换算表换算，也可按下列全国统一测区混凝土抗压强度换算公式计算：

①当粗骨料为卵石时：

$$f_{cu,i}^{c} = 0.0056 v_{ai}^{1.439} R_{ai}^{1.769}$$

②当粗骨料为碎石时：

$$f_{cu,i}^{c} = 0.0162 v_{ai}^{1.656} R_{ai}^{1.410}$$

式中　$f_{cu,i}^{c}$——第 i 个测区混凝土抗压强度换算值(MPa)，精确至 0.1 MPa。

(2)当结构或构件中的测区数不少于 10 个时，各测区混凝土抗压强度换算值的平均值和标准差应按下列公式计算：

$$m_{f_{cu}^{c}} = \frac{1}{n} \sum_{i=1}^{n} f_{cu,i}^{c}$$

$$s_{f_{cu}^{c}}=\sqrt{\frac{\sum_{i=1}^{n}(f_{cu,i}^{c})^{2}-n(m_{f_{cu}^{c}})^{2}}{n-1}}$$

式中 $f_{cu,i}^{c}$——结构或构件第 i 个测区的混凝土抗压强度换算值(MPa)；

$m_{f_{cu}^{c}}$——结构或构件测区混凝土抗压强度换算值的平均值(MPa)，精确至 0.1 MPa；

$S_{f_{cu}^{c}}$——结构或构件测区混凝土抗压强度换算值的标准差(MPa)，精确至 0.01 MPa；

n——测区数。对单个检测的构件，取一个构件的测区数；对批量检测的构件，取被抽检构件测区数之总和。

(3)当结构或构件所采用的材料及其龄期与制定测强曲线所采用的材料及其龄期有较大差异时，应采用同条件立方体试件或从结构或构件测区中钻取的混凝土芯样试件的抗压强度进行修正。试件数量不应少于 4 个。此时，计算测区混凝土抗压强度换算值应乘以下列修正系数 η。

①采用同条件立方体试件修正时：

$$\eta=\frac{1}{n}\sum_{i=1}^{n}f_{cu,i}^{o}/f_{cu,i}^{c}$$

②采用混凝土芯样试件修正时：

$$\eta=\frac{1}{n}\sum_{i=1}^{n}f_{cor,i}^{o}/f_{cu,i}^{c}$$

式中 η——修正系数，精确至小数点后两位；

$f_{cu,i}^{c}$——对应于第 i 个立方体试件或芯样试件的混凝土抗压强度换算值(MPa)，精确至 0.1 MPa；

$f_{cu,i}^{o}$——第 i 个混凝土立方体(边长 150 mm)试件的抗压强度实测值(MPa)，精确至 0.1 MPa；

$f_{cor,i}^{o}$——第 i 个混凝土芯样(ϕ100×100 mm)试件的抗压强度实测值(MPa)，精确至 0.1 MPa；

n——试件数。

(4)结构或构件混凝土抗压强度推定值 $f_{cu,e}$，应按下列规定确定：

①当结构或构件的测区抗压强度换算值中出现小于 10.0 MPa 的值时，该构件的混凝土抗压强度推定值 $f_{cu,e}$ 取小于 10 MPa。

②当结构或构件中测区数少于 10 个时：

$$f_{cu,e}=f_{cu,min}^{c}$$

式中，$f_{cu,min}^{c}$ 为结构或构件最小的测区混凝土抗压强度换算值(MPa)，精确至 0.1 MPa。

③当结构或构件中测区数不少于 10 个或按批量检测时：

$$f_{cu,e}=m_{f_{cu}^{c}}-1.645S_{f_{cu}^{c}}$$

对按批量检测的构件，当一批构件的测区混凝土抗压强度标准差出现下列情况之一时，该批构件应全部重新按单个构件进行检测：

a. 一批构件的混凝土抗压强度平均值 $m_{f_{cu}^{c}}<25.0$ MPa，标准差 $S_{f_{cu}^{c}}>4.50$ MPa；

b. 一批构件的混凝土抗压强度平均值 $m_{f_{cu}^{c}}=25.0\sim50.0$ MPa，标准差 $S_{f_{cu}^{c}}>5.50$ MPa；

c. 一批构件的混凝土抗压强度平均值 $m_{f_{cu}^{c}}>50.0$ MPa，标准差 $S_{f_{cu}^{c}}>6.50$ MPa。

六、检测报告

超声回弹法评定混凝土强度检测报告

委托单位________________ 报告编号________________

工程名称________________ 委托编号________________

施工单位________________ 检测龄期________________

检测日期________________ 报告日期________________

<table>
<tr><td colspan="3">构件名称</td><td colspan="3"></td><td>记录编号</td><td></td></tr>
<tr><td rowspan="12">测区编号</td><td colspan="5">混凝土抗压强度换算值(MPa)</td><td rowspan="2">现龄期混凝土强度推定值 $f_{cu,e}$(MPa)</td><td rowspan="2">强度推定公式</td></tr>
<tr><td>测区换算强度 $f_{ccu,i}$</td><td>平均值 mf^c_{cu}</td><td>标准差 $S_{f^c_{cu}}$</td><td>最小值 $f^c_{cu,min}$</td><td>平均最小值 $mf^c_{cu,min}$</td></tr>
<tr><td></td><td rowspan="10"></td><td rowspan="10"></td><td rowspan="10"></td><td rowspan="10"></td><td rowspan="11"></td><td rowspan="11">按单个检测：
$f_{cu,e}=f^c_{cu,min}$
按批检测：
$f_{cu,e}=mf_{cu}{}^c-1.645S_{f^c_{cu}}$
按批检测标准差 $s_{fcu}{}^c$ 过大时：
$f_{cu,e}=mf^c_{cu,min}{}^c$</td></tr>
<tr><td></td></tr>
<tr><td></td></tr>
<tr><td></td></tr>
<tr><td></td></tr>
<tr><td></td></tr>
<tr><td></td></tr>
<tr><td></td></tr>
<tr><td></td></tr>
<tr><td></td></tr>
<tr><td colspan="2">按批检测计算结果</td><td></td><td></td><td></td><td></td></tr>
<tr><td rowspan="7">说明</td><td rowspan="3">回弹仪</td><td>型号</td><td></td><td rowspan="3">测试资质</td><td colspan="2">回弹仪检定证号</td><td></td></tr>
<tr><td>编号</td><td></td><td colspan="2">测试人员上岗证号</td><td></td></tr>
<tr><td>率定值</td><td></td><td colspan="2">测强曲线类别</td><td></td></tr>
<tr><td rowspan="4">超声仪</td><td>型号</td><td></td><td rowspan="2">换能器</td><td colspan="2">型号</td><td></td></tr>
<tr><td>仪器零读数 $t(\mu s)$</td><td></td><td colspan="2">频率</td><td></td></tr>
<tr><td rowspan="2">测试方法</td><td rowspan="2">对测、平测、水中</td><td rowspan="2">其他</td><td colspan="2">混凝土设计强度等级</td><td></td></tr>
<tr><td colspan="2">检测时环境温度(℃)</td><td></td></tr>
<tr><td colspan="4">检测评定依据：</td><td colspan="4">试验结论：</td></tr>
</table>

测试 计算 复核 批准 单位(章)

七、专用或地区混凝土强度曲线的建立

1. 采用中型回弹仪，并应符合本节第三中第 3 条的各项要求。采用低频超声波检测仪，并应符合本节三第 4 条的各项要求。

2. 混凝土用水泥应符合现行国家标准《通用硅酸盐水泥》GB 175 的要求，混凝土用砂、石应符合现行行业标准《普通混凝土用砂石质量标准及检验方法》JGJ 52 的要求。

3. 选用本地区常用水泥、粗骨料、细骨料，按常用配合比制作混凝土强度等级为 C10～C60、边长为 150 mm 的立方体试件。

4. 试件准备应按下列步骤进行：

(1)试模应采用符合相关标准要求的钢模；

(2)每一混凝土强度等级的试件数宜为 21 块，采用同一盘混凝土均匀装模振动成型；

(3)试件拆模后如采用自然养护，宜先放置在水池或湿砂堆中养护 7 d，然后按“品”字形堆放在不受日晒雨淋处，作为各龄期测试备用件；如采用蒸气养护，则试块的养护制度应与构件预设的养护制度相同；

(4)试件的测试龄期宜分为 7 d、14 d、28 d、60 d、90 d、180 d 和 365 d；

(5)对同一强度等级的混凝土，在每个测试龄期测 3 个试件(一组)。

5. 试件的测试应按下列步骤进行：

(1)整理试件。将被测试件四个浇筑侧面擦拭干净，以同一强度等级混凝土的 3 个试件作为一组，依次编号；

(2)在试件测试面上标示超声测点。取试块浇筑方向的侧面为测试面，在两个相对测试面上分别画出相对应的 3 个测点，见图 9—3—3；

(3)测量试件的超声测距。采用钢卷尺或钢板尺，在两个超声测试面的两侧边缘处逐点测量两测试面的垂直距离，取两边缘对应垂直距离的平均值作为测点的超声测距值 l_1、l_2、l_3；

(4)测量试件的声时值。在试件两个测试面的对应测点位置涂抹耦合剂，将一对发射和接收换能器耦合在对应测点上，并始终保持两个换能器的轴线在同一直线上。逐点测读声时读数 t_1、t_2、t_3，精确至 0.1 μs；

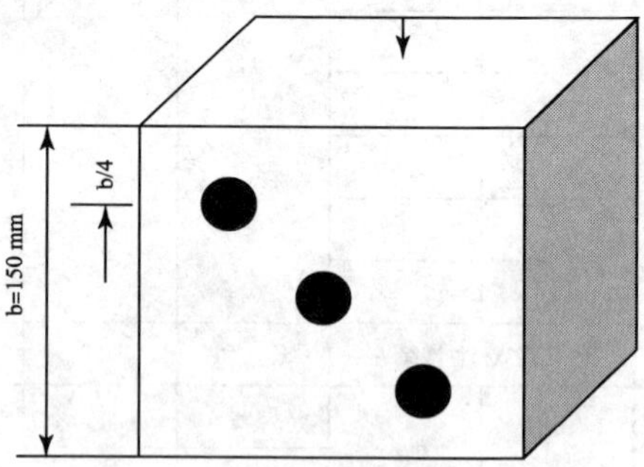

图 9—3—3 超声测量测点布置示意图

(5)计算声速值。分别计算 3 个测点的声速值 v_i。取 3 个测点声速的平均值作为该试件的混凝土中声速代表值 v，即：

$$v=\frac{1}{3}\sum_{i=1}^{3}\frac{l_i}{t_i-t_0}$$

式中 v——试件混凝土中声速值(km/s)，精确至 0.01 km/s；

l_i——第 i 个测点超声测距(mm)，精确至 1 mm；

t_i——第 i 个测点混凝土中声时读数(μs)，精确至 0.1 μs；

t_0——声时初读数(μs)。

(6)测量回弹值。应先将试件超声测试面的耦合剂擦拭干净，再置于压力机上下承压板之间，使另外一对侧面朝向便于回弹测试的方向，然后加压至 30～50 kN 并保持此压力。分别在试件两个相对侧面上水平测试 8 点回弹值，精确至 1。剔除 3 个最大值和 3 个最小值，取余下 10 个有效回弹值的平均值作为该试件的回弹代表值 R，计算精确至 0.1。

(7)抗压强度试验。回弹值测试完毕后，卸荷将回弹测试面放置在压力机承压板正中，按现行国家标准《普通混凝土力学性能试验方法》GB/T 50081 的规定速度连续均匀加荷至破坏。计算抗压强度实测值 f_{cu}^{o}，精确至 0.1 MPa。

6. 测强曲线应按下述步骤进行计算：

(1)数据整理汇总。将各试块测试所得的声速值 v、回弹值 R 和试块抗压强度实测值 f_{cu}^{o} 汇总；

(2)回归分析。宜采用下列形式的回归方程式计算：

$$f_{cu}^{c}=av^{b}R^{c}$$

式中　a——常数项；

b、c——回归系数；

f_{cuc}——混凝土试件抗压强度换算值(MPa)。

(3)误差计算。测强曲线的相对误差 e_r 应按下列公式计算：

$$e_r=\sqrt{\frac{\sum_{i=1}^{n}\left(\frac{f_{cu,i}^{o}}{f_{cu,i}^{c}}-1\right)^2}{n}}\times 100\%$$

式中　e_r——相对误差；

$f_{cu,i}^{o}$——第 i 个立方体试件的抗压强度实测值(MPa)；

$f_{cu,i}^{c}$——第 i 个立方体试件的抗压强度换算值(MPa)。

7. 当专用测强曲线的相对误差 $e_r\leqslant 12\%$，地区测强曲线的相对误差 $e_r\leqslant 14\%$时，则经有关部门批准后，可作为专用或地区测强曲线。

8. 可根据回归方程，按系列回弹代表值和声速代表值计算出混凝土抗压强度换算值，列出“测区混凝土抗压强度换算表($f_{cu}^{c}-v_a-R_a$)”，供速查用。

9. 测区混凝土抗压强度换算表只限于在建立测强曲线的立方体试件强度范围内使用，不得外延。

八、混凝土强度曲线的验证方法

1. 当缺少专用或地区测强曲线时，可采用相关规程规定的全国统一测强曲线，但使用前应进行验证。

2. 测强曲线可按下列方法进行验证：

(1)选用本地区常用的混凝土原材料，按最佳配合比配制强度等级为 C15、C20、C30、C40、C50、C60 的混凝土，制作边长为 150 mm 的立方体试件各 3 组(共 18 组)，7d 潮湿养护后再用自然养护；

(2)采用符合要求的回弹仪和超声波检测仪；

(3)按龄期为 28 d、60 d 和 90 d 进行综合法测试及试件抗压试验；

(4)根据每个试件测得的回弹值 R_a、声速值 v_a，由全国统一测强换算表查出该试件的抗压强度换算值 $f_{cu,i}^{o}$；

(5)将试件抗压试验所得的抗压强度实测值 $f_{cu,i}$ 和按全国统一测强换算表查得的相应抗压强度换算值 $f_{cu,i}^{c}$，代入式 $e_r=\sqrt{\frac{\sum_{i=1}^{n}\left(\frac{f_{cu,i}^{o}}{f_{cu,i}^{c}}-1\right)^2}{n}}\times 100\%$ 进行计算，如所得相对误差 $e_r\leqslant$

15%,则可使用规程规定的全国统一测强曲线;如所得相对误差 e_r>15%,则应另行建立专用或地区测强曲线。

第四节 超声波测缺陷

一、简　介

缺陷检测是指对混凝土内部空洞和不密实区的位置、范围、裂缝深度、表面损伤层厚度、不同时间浇筑的混凝土结合面质量、灌注桩和钢管混凝土中的缺陷进行检测。

由于混凝土是非均质的弹黏塑性材料,对超声脉冲波的吸收散射衰减较大,其中高频成分更易衰减,因此超声波检测混凝土缺陷时一般采用较低的发射频率。当混凝土的组成材料、工艺条件、内部质量及测试距离一定时,超声波在其内部的传播速度、首波幅度和接收信号主频等声学参数一般无明显差异,如果某部分混凝土存在空洞、不密实或裂缝等缺陷破坏了混凝土的整体性,则超声传播时与无缺陷混凝土相比声时值偏大、波幅和频率值降低。超声波检测混凝土缺陷正是根据这一基本原理对同条件下的混凝土进行声速、波幅和主频测量值的相对比较从而判定混凝土的缺陷情况。

二、检测前准备

1. 工程资料收集

混凝土强度检测前应收集下列资料:

(1)工程名称及设计、施工、监理(或监督)和建设单位名称;

(2)结构或构件名称、外形尺寸、数量及混凝土强度等级;

(3)水泥品种、强度等级、安定性、厂名,砂、石种类,粒径,外加剂或掺和料品种、掺量,混凝土配合比等;

(4)施工时材料计量情况、模板、浇筑、养护情况及成型日期等;

(5)必要的设计图纸和施工记录;

(6)检测原因。

2. 超声波检测设备

用于混凝土的超声波检测仪有模拟式和数字式两类。模拟式接收的信号为连续模拟量,可由时域波形信号测读声学参数;数字式接收的信号转化为离散的数字量,具有采集、储存数字信号、测读声学参数和对数字信号处理的智能化功能。

超声波检测仪应满足下列要求:

(1)具有波形清晰、显示稳定的示波装置;

(2)声时最小分度为 0.1 μs;

(3)具有最小分度为 1dB 的衰减系统;

(4)接收放大器频响范围 10～500 kHz,总增益不小于 80 dB,接收灵敏度(在信噪比为3∶1时)不大于 50 μV;

(5)电源电压波动范围在标称值±10%的情况下能正常工作;

(6)连续正常工作时间不少于 4 h;

(7)对于模拟式超声波检测仪还应满足：

①具有手动游标和自动整形两种声时读数功能；

②数字显示稳定。声时调节在 20～30 μs 范围，连续 1 h 数字变化不大于±0.2μs。

(8)对于数字式超声波检测仪还应满足：

①具有手动游标测读和自动测读方式。当自动测读时，在同一测试条件下，1 h 内每隔 5 min 测读一次声时的差异应不大于±2 个采样点；

②波形显示幅度分辨率应不低于 1/256，并具有可显示、存储和输出打印数字化波形的功能，波形最大存储长度不宜小于 4kbytes；

③自动测读下，在显示的波形上应有光标指示声时、波幅的测读位置；

④具有幅度谱分析功能(FFT 功能)。

换能器的技术要求：

换能器具有厚度振动式和径向振动式两种类型。混凝土的缺陷超声检测中，根据需要可采用平面测试(单面测试和通过两个平面对穿测试)或孔中测试(单孔和双孔测试)，平面测试所用的换能器是厚度振动式，孔中测试所用的是径向振动式(圆管式换能器径向指向性一致)。

厚度振动式换能器的频率宜采用 20～250 kHz。径向振动式换能器的频率宜采用 20～60 kHz，直径不宜大于 32 mm。当接收信号较弱时，宜选用带前置放大器的接收换能器。

换能器的实测主频与标称频率相差应不大于 10%。对于水中的换能器，其水密性应在 1 MPa水压下不渗漏。

超声波检测仪的检定：

(1)超声波检测仪应在法定计量检定有效期限内使用。

(2)超声波检测仪声时计量检定应按“时—距”法测量空气声速的实测值，其方法如下：

①测试步骤

取常用的厚度振动式换能器一对，接于超声仪器上，将两个换能器的辐射面相互对准，以间距为 50、100、150、200 mm……依次放置在空气中，在保持首波幅度一致的条件下，读取各间距所对应的声时值 t_1、t_2、t_3……t_n。同时测量空气的温度 T_k(读至 0.5 ℃)。

测量时应注意以下事项：

a. 两换能器间距的测量误差应不大于±0.5%。

b. 换能器应悬空相对放置。若置于地板或桌面时，应在换能器下面垫以海绵或泡沫塑料并保持两个换能器的轴线重合及辐射面相互平行。

c. 测点数应不少于 10 个。

②空气声速测量值计算：以测距 l 为纵坐标，以声时读数 t 为横坐标，绘制“时—距”坐标图，或用回归分析方法求出 l 与 t 之间的回归直线方程：$l=a+bt$(其中 a、b 为待求的回归系数)。

坐标图中直线 AB 的斜率“$\Delta l/\Delta t$”或回归直线方程的回归系数“b”即为空气声速的实测值 v^s(精确至 0.1 m/s)。

③空气声速的标准值按下式计算：

$$v^c=331.4(1+0.00367T_k)^{1/2}$$

式中　v^c——空气声速的标准值(m/s)；

T_k——空气的温度(℃)。

④空气声速实测值 v^s 与空气声速标准值 v^c 之间的相对误差 e_r 按下式计算：

$$e_r = (v^c - v^s)/v^c \times 100\%$$

相对误差应不大于±0.5%，否则仪器计时系统不正常。

(3)超声波检测仪波幅计量检验，可将屏幕显示的首波幅度调至一定高度，然后把仪器衰减系统的衰减量增加或减少 6 dB，此时屏幕波幅高度应降低一半或升高一倍。

3. 检测构件准备

(1)依据检测要求和测试操作条件，确定缺陷测试的部位。

(2)测位混凝土表面应清洁、平整，必要时可用砂轮磨平或用高强度的快凝砂浆抹平。抹平砂浆必须与混凝土黏结良好。

(3)换能器应通过耦合剂与混凝土测试面保持紧密结合，耦合层不得夹杂泥砂或空气。

(4)尽量避免超声传播路径与附近钢筋轴线平行，如无法避免，应使两个换能器连线与该钢筋的最短距离不小于超声测距的 1/6。

三、声学参数测量

1. 采用模拟式超声检测仪测量应按下列方法操作：

(1)检测之前应根据测距大小将仪器的发射电压调在某一档，并以扫描基线不产生明显噪音干扰为前提，将仪器"增益"调至较大位置保持不动；

(2)声时测量，将发射换能器(简称 T 换能器)和接收换能器(简称 R 换能器)分别耦合在测位中的对应测点上。当首波幅度过低时可用"衰减器"调节至便于测读，再调节游标脉冲或扫描延时，使首波前沿基线弯曲的起始点对准游标脉冲前沿，读取声时值 t_i(读至 0.1 μs)；

(3)波幅测量，在保持换能器良好耦合状态下采用下列两种方法之一进行测读：

①刻度法：将衰减器固定在某一衰减位置，在仪器荧光屏上读取首波幅度的格数。

②衰减值法：采用衰减器将首波调至一定高度，读取衰减器上的 dB 值。

(4)主频测量，先将游标脉冲调至首波前半个周期的波谷(或波峰)，读取声时值 t_1(μs)，再将游标脉冲调至相邻的波谷(或波峰)，读取声时值 t_2(μs)，按下式计算出该点第一个周期波的主频 f_i(精确至 0.1 kHz)：

$$f_i = 1\ 000/(t_2 - t_1)$$

(5)在进行声学参数测量的同时，应注意观察接收信号的波形或包络线的形状，必要时进行描绘或拍照。

2. 采用数字式超声检测仪测量应按下列方法操作

(1)检测之前根据测距大小和混凝土外观质量情况，将仪器的发射电压、采样频率等参数设置在某一档并保持不变。换能器与混凝土测试表面应始终保持良好的耦合状态；

(2)声学参数自动测读，停止采样后即自动读取声时、波幅、主频值。当声时自动测读光标所对应的位置与首波前沿基线弯曲的起始点有差异或者波幅自动测读光标所对应的位置与首波峰顶(或谷底)有差异时，应重新采样或改为手动游标读数；

(3)声学参数手动测量：先将仪器设置为手动判读状态，停止采样后调节手动声时游标至首波前沿基线弯曲的起始位置，同时调节幅度游标使其与首波峰顶(或谷底)相切，读取声时和波幅值；再将声时光标分别调至首波及其相邻波的波谷(或波峰)，读取声时差值 Δt(μs)，取 $1\ 000/\Delta t$ 即为首波的主频(kHz)；

(4)波形记录，对于有分析价值的波形，应予以存储。

3. 混凝土声时值按下式计算

$$t_{ci}=t_i-t_0 \text{ 或 } t_{ci}=t_i-t_\infty$$

式中　t_{ci}——第 i 点混凝土声时值(μs)；

t_i——第 i 点测读声时值(μs)；

t_0、t_∞——声时初读数(μs)，当采用厚度振动式换能器时，t_0 参照仪器使用说明书的方法测得，当采用径向振动式换能器时，t_∞ 按以下"时—距"法测得。

将两个径向振动式换能器保持其轴线相互平行，置于清水中保持同一水平高度，两个换能器内边缘间距先后调节在 l_1（如 200 mm），l_2（如 100 mm），分别读取相应声时值 t_1、t_2。由仪器、换能器及其高频电缆所产生的声时初读数 t_0 按下式计算：

$$t_0=(l_1\times t_2-l_2\times t_1)/(l_1-l_2)$$

用径向振动式换能器在钻孔中进行对测时，声时初读数按下式计算：

$$t_\infty=t_0+(d_1-d)/v_w$$

用径向振动式换能器在预埋声测管中检测时，声时初读数按下式计算

$$t_\infty=t_0+(d_2-d_1)/v_g+(d_1-d)/v_w$$

式中　t_∞——钻孔或声测管中测试的声时初读数(μs)；

t_0——仪器设备的声时初读数(μs)；

d——径向振动式换能器直径(mm)；

d_1——钻的声测孔直径或预埋声测管的内径(mm)；

d_2——声测管的外径(mm)；

v_w——水的声速(km/s)，按表 9—4—1 取值；

表 9—4—1　水温与水声速关系

水温度(℃)	5	10	15	20	25	30
水声速(km/s)	1.45	1.46	1.47	1.48	1.49	1.50

v_g——预埋声测管所用材料的声速(km/s)，用钢管时 $v_g=5.80$，用 PVC 管时 $v_g=2.35$。

当采用一只厚度振动式换能器和一只径向振动式换能器进行检测时，声时初读数可取该二对换能器初读数之和的一半。

4. 超声传播距离(简称测距)测量

(1)当采用厚度振动式换能器对测时，用钢卷尺测量 T、R 换能器辐射面之间的距离；

(2)当采用厚度振动式换能器平测时，用钢卷尺测量 T、R 换能器内边缘之间的距离；

(3)当采用径向振动式换能器在钻孔或预埋管中检测时，用钢卷尺测量放置 T、R 换能器的钻孔或预埋管内边缘之间的距离；

(4)测距的测量误差应不大于±1%。

四、裂缝深度检测

裂缝检测时，被测裂缝中不得有积水或泥浆等。

1. 单面平测法

(1)当结构的裂缝部位只有一个可测表面,估计裂缝深度不大于 500 mm 时,可采用单面平测法。平测时应在裂缝的被测部位,以不同的测距,按跨缝和不跨缝布置测点(布置测点时应避开钢筋的影响)进行检测,检测步骤为:

①不跨缝的声时测量:将 T 和 R 换能器置于裂缝附近同一侧,以两个换能器内边缘间距(l')等于 100、150、200、250 mm……分别读取声时值(t_i),绘制"时—距"坐标图或用回归分析的方法求出声时与测距之间的回归直线方程:$l_i=a+bt_i$

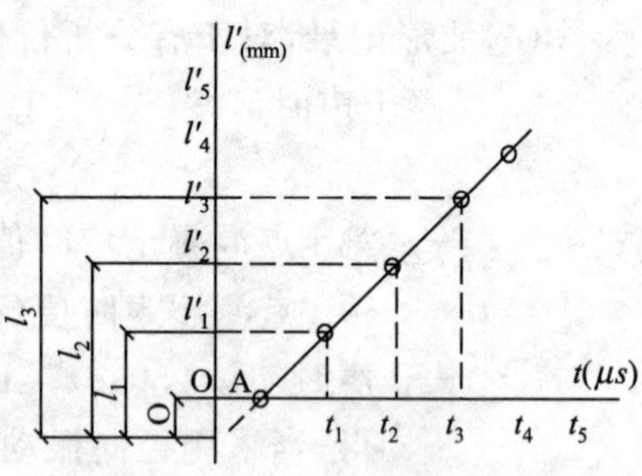

图 9—4—1 平测"时—距"图

式中 l_i——第 i 点的超声波实际传播距离(mm);

l'——第 i 点的 R、T 换能器内边缘间距(mm);

a——"时—距"图中 l' 轴的截距或回归直线方程的常数项(mm)。

不跨缝平测的混凝土声速值为:

$$v=(l'_n-l'_1)/(t_n-t_1)$$

式中 l'_n、l'_1——第 n 点和第 1 点的测距(mm);

t_n、t_1——第 n 点和第 1 点读取的声时值(μs);

b——回归系数。

②跨缝时的声时测量:将 T、R 换能器分别置于以裂缝为对称的两侧,l' 取 100、150、200 mm……分别读取声时值 t_i^0,同时观察首波相位的变化。

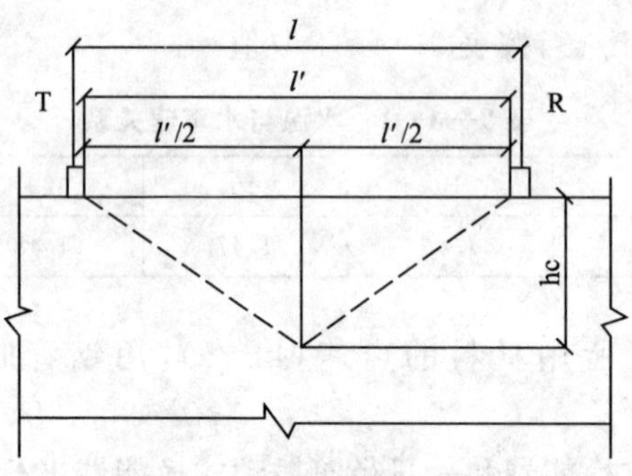

图 9—4—2 绕过裂缝示意图

(2)平测法检测,裂缝深度按下式计算:

$$h_{ci}=l_i/2((t_i^0 v/l_i)^2-1)^{1/2}$$

$$m_{hc}=1/n\sum h_{ci}$$

式中 l_i——不跨缝平测时第 i 点的超声波实际传播距离(mm);

h_{ci}——第 i 点计算的裂缝深度值(mm);

t_i^0——第 i 点跨缝平测的声时值(μs);

m_{hc}——各测点计算裂缝深度的平均值(mm);

n——测点数。

(3)裂缝深度的确定方法:

①跨缝测量中，当在某测距发现首波反相时，可用该测距及两个相邻测距的测量值按上式计算 h_{ci} 值，取此三点 h_{ci} 的平均值作为该裂缝的深度值(h_c)；

②跨缝测量中如难于发现首波反相，则以不同测距按上式计算 h_{ci} 值及其平均值(m_{hc})。将各测距 l_i' 与 m_{hc} 相比较，凡测距 l_i' 小于 m_{hc} 或大于 $3m_{hc}$，则剔除该组数据，然后取余下 h_{ci} 的平均值作为该裂缝的深度值(h_c)。

2. 双面平测法

(1)当结构的裂缝部位具有两个相互平行的测试表面时，可采用双面穿透斜测法检测。测点布置见图 9—4—3，将 T、R 换能器分别置于两测试表面对应测点 1、2、3……的位置，读取相应声时值 t_i、波幅值 A_i 及主频率 f_i。

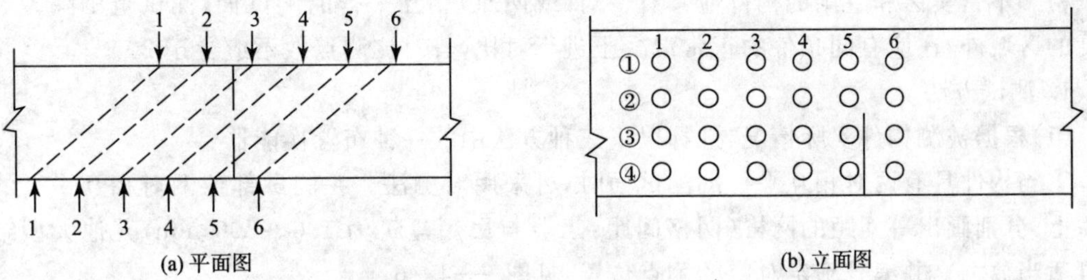

图 9—4—3　斜测法测点布置示意图

(2)裂缝深度判定：当 T、R 换能器的连线通过裂缝，根据波幅、声时和主频率的突变，可以判定裂缝深度以及是否所处断面内贯通。

3. 钻孔对测法

(1)钻孔对测法适用于大体积混凝土，预计深度在 500 mm 以上的裂缝检测。

(2)被检测混凝土应允许在裂缝两侧钻测试孔。所钻测试孔应满足下列要求：

①孔径比所用换能器直径大 5～10 mm；

②孔深应比裂缝预计深度深 700 mm 及以上，经测试如浅于裂缝深度，则应加深钻孔；

③对应的两个测试孔(A、B)，必须始终位于裂缝两侧，其轴线保持平行；

④两个对应测试孔的间距宜为 2 000 mm，同一检测对象各对测孔间距应保持相同；

⑤孔中粉末碎屑应清理干净；

⑥在裂缝的一侧多钻一个孔距相同但较浅的孔(C)，通过 B、C 两孔测试无裂缝混凝土的声学参数，见图 9—4—4。

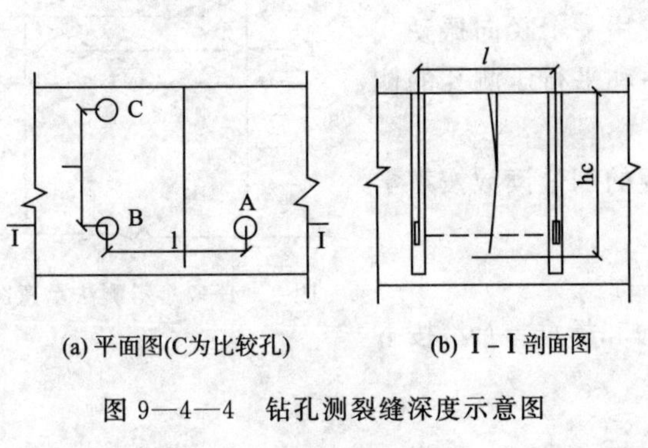

图 9—4—4　钻孔测裂缝深度示意图

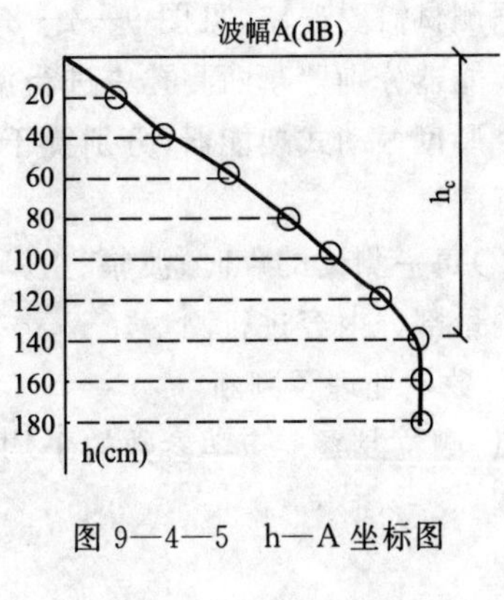

图 9—4—5　h—A 坐标图

(3)裂缝深度检测选用频率为 20～60 kHz 的径向振动式换能器。

(4)测试前先向测试孔中注满清水，然后将 T、R 换能器分别置于裂缝两侧的对应孔中，以相同高程等间距（100～400 mm）从上到下同步移动，逐点读取声时、波幅和换能器所处的深度。

(5)以换能器所处深度（h）与对应的波幅值（A）绘制 h—A 坐标图。随换能器位置的下移，波幅逐渐增大，当换能器下移至某一位置后，波幅达到最大并基本稳定，该位置所对应的深度即是裂缝深度值 h_c。

五、不密实区和空洞检测

检测不密实区和空洞的构件应具有一对（或两对）相互平行的测试面，测试范围除大于有怀疑的区域外，还应有同条件的正常混凝土进行对比，且对比测点数不应少于 20。

1. 测试方法

(1)根据被测构件实际情况，选择以下三种方法中的一种布置换能器：

①当构件具有两对相互平行的测试面时，可采用对测法。在测试部位两对相互平行的测试面上，分别画出等间距的网格（网格间距：工业与民用建筑为 100～300 mm，其他大型结构物可适当放宽），并编号确定对应的测点位置，见图 9—4—6；

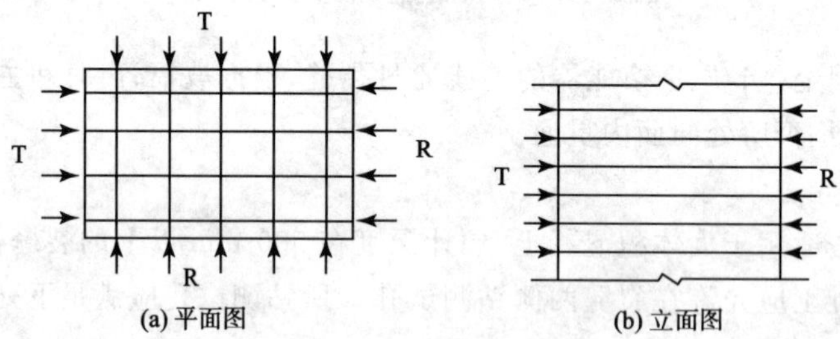

图 9—4—6　对测法示意图

②当构件只有一对相互平行的测试面时，可采用对测和斜测相结合的方法。在测位两个相互平行的测试面上分别画出网格线，可在对测的基础上进行交叉斜测，见图 9—4—7；

③当测距较大时，可采用钻孔或预埋管测法。在测位预埋声测管或钻出竖向测试孔，预埋管内径或钻孔直径应比换能器直径大 5～10 mm，预埋管或钻孔间距一般为 2～3 m，其深度可根据测试需要确定，见图 9—4—8。检测时可用两个径向振动式换能器分别置于两测孔中进行测试，或用一个径向振动式与一个厚度振动式换能器，分别置于测孔中和平行于测孔的侧面进行测试。

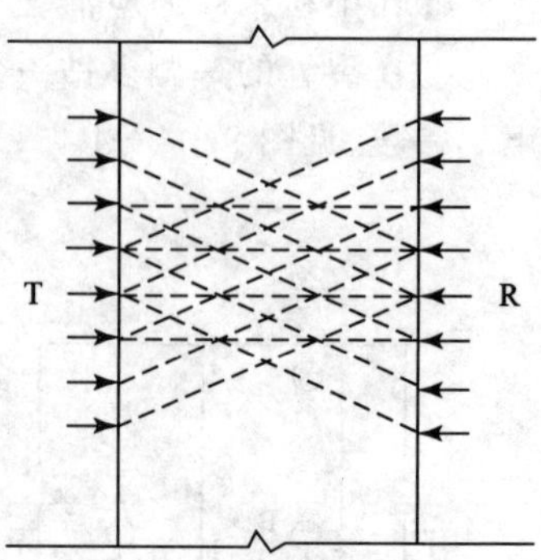

图 9—4—7　斜测法示意图

(2)每一测读的声时、波幅、主频和测距的测量读数按声学参数测量部分内容进行测量。

2. 数据处理及判断

(1)测位混凝土声学参数的平均值（m_x）和标准差（s_x）按下式计算：

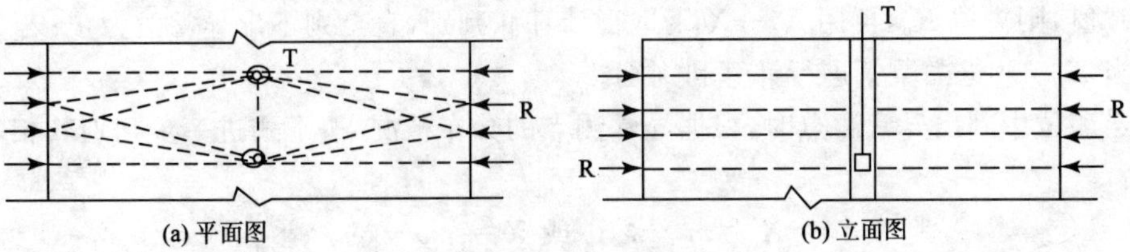

图 9—4—8　钻孔法示意图

$$m_x = \sum X_i / n$$

$$s_x = [(\sum X_i^2 - n\, m_x^2)/(n-1)]^{1/2}$$

式中　X_i——第 i 点的声学参数测量值；

n——参数统计的测点数。

(2)异常数据按下列方法判别：

①将测位各测点的波幅、声速或主频值由大至小按顺序分别排列，即 $X_1 \geqslant X_2 \geqslant \cdots \geqslant X_n \geqslant X_{n+1}$……，将排在后面明显小的数据视为可疑，再将这些可疑数据中最大一个(假定 X_n)连同其前面的数据按上式计算出 m_x 和 s_x 值，并按下式计算异常情况的判断值(X_0)：

$$X_0 = m_x - \lambda_1 s_x$$

式中 λ_1 按表 9—4—2 取值。

表 9—4—2　统计数的个数 n 与对应的 λ_1、λ_2、λ_3 值

n	20	22	24	26	28	30	32	34	36	38
λ_1	1.65	1.69	1.73	1.77	1.80	1.83	1.86	1.89	1.92	1.94
λ_2	1.25	1.27	1.29	1.31	1.33	1.34	1.36	1.37	1.38	1.39
λ_3	1.05	1.07	1.09	1.11	1.12	1.14	1.16	1.17	1.18	1.19
n	40	42	44	46	48	50	52	54	56	58
λ_1	1.96	1.98	2.00	2.02	2.04	2.05	2.07	2.09	2.10	2.12
λ_2	1.41	1.42	1.43	1.44	1.45	1.46	1.47	1.48	1.49	1.49
λ_3	1.20	1.22	1.23	1.25	1.26	1.27	1.28	1.29	1.30	1.31
n	60	62	64	66	68	70	72	74	76	78
λ_1	2.13	2.14	2.15	2.17	2.18	2.19	2.20	2.21	2.22	2.23
λ_2	1.50	1.51	1.52	1.53	1.53	1.54	1.55	1.56	1.56	1.57
λ_3	1.31	1.32	1.33	1.34	1.35	1.36	1.36	1.37	1.38	1.39
n	80	82	84	86	88	90	92	94	96	98
λ_1	2.24	2.25	2.26	2.27	2.28	2.29	2.30	2.30	2.31	2.31
λ_2	1.58	1.58	1.59	1.60	1.61	1.61	1.62	1.62	1.63	1.63
λ_3	1.39	1.40	1.41	1.42	1.42	1.43	1.44	1.45	1.45	1.45
n	100	105	110	115	120	125	130	140	150	160
λ_1	2.32	2.35	2.36	2.38	2.40	2.41	2.43	2.45	2.48	2.50
λ_2	1.64	1.65	1.66	1.67	1.68	1.69	1.71	1.73	1.75	1.77
λ_3	1.46	1.47	1.48	1.49	1.51	1.53	1.54	1.56	1.58	1.59

将判断值(X_0)与可疑数据的最大值(X_n)相比较，若 $X_n \leqslant X_0$，X_n 及排列于其后的各数据

均为异常值，则去掉 X_n，再用 X_1—X_{n-1}进行计算和判别，直至判不出异常值为止；若 $X_n > X_0$，应再将当 X_{n+1}放进去重新进行计算和判别；

②当测位中判出异常测点时，根据异常测点的分布情况，按下式进一步判别其相邻测点是否异常：

$$X_0 = m_x - \lambda_2 s_x \text{ 或 } X_0 = m_x - \lambda_3 s_x$$

式中 λ_2、λ_3 按表 9—4—2 取值。当测点布置为网格状时取 λ_2；当单排布置测点时(如在声测孔中检测)取 λ_3。

(3)当测位中某些测点的声学参数被判为异常值时，可结合异常测点的分布及波形状况确定混凝土内部存在不密实区和空洞的位置及范围。当判定缺陷为空洞，按下面的方法估算空洞的当量尺寸。

见图 9—4—9，设检测距离为 l，空洞中心(在另一对测试面上声时最长的测点位置)距一个测试面的垂直距离为 l_h，声波在空洞附近无缺陷混凝土中传播的时间平均值为 m_{ta}，绕空洞传播的时间(空洞处的最大声时)为 t_h，空洞半径为 r，设 $X=(t_h - m_{ta})/m_{ta}\times 100\%$；$Y=l_h/l$；$Z=r/l$。根据 X、Y 值，由表 9—4—3 查得半径 r 与测距 l 的比值 Z，再计算空洞的大致半径 r。

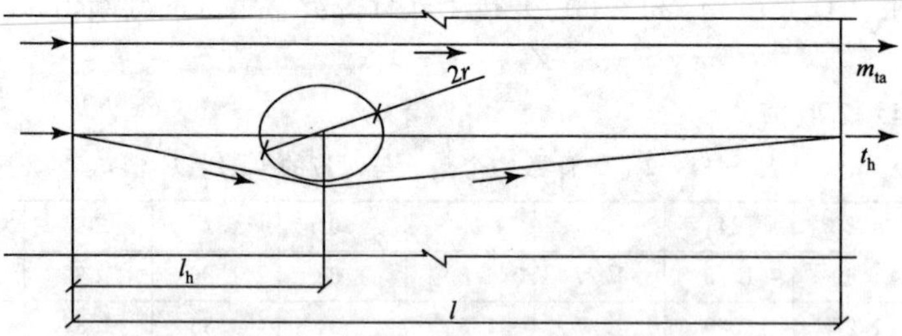

图 9—4—9　空洞尺寸估算原理图

表 9—4—3　X、Y 值与对应的 Z 值

Y \ X \ Z	0.05	0.08	0.10	0.12	0.14	0.16	0.18	0.20	0.22	0.24	0.26	0.28	0.30
0.10(0.90)	1.42	3.77	6.26										
0.15(0.85)	1.00	2.56	4.06	5.97	8.39								
0.20(0.80)	0.78	2.02	3.18	4.62	6.36	8.44	10.9	13.9					
0.25(0.75)	0.67	1.72	2.69	3.90	5.34	7.03	8.98	11.2	13.8	16.8			
0.30(0.70)	0.60	1.53	2.40	3.46	4.73	6.21	7.91	9.38	12.0	14.4	17.1	20.1	23.6
0.35(0.65)	0.55	1.41	2.21	3.19	4.35	5.70	7.25	9.00	10.9	13.1	15.5	18.1	21.0
0.40(0.60)	0.52	1.34	2.09	3.02	4.12	5.39	6.84	8.48	10.3	12.3	14.5	16.9	19.6
0.45(0.55)	0.50	1.30	2.03	2.92	3.99	5.22	6.62	8.20	9.95	11.9	14.0	16.3	18.8
0.50	0.50	1.28	2.00	2.89	3.94	5.16	6.55	8.11	9.84	11.8	13.3	16.1	18.6

当被测部位只有一对可供测试的表面时，只能按空洞位于测距中心考虑，空洞的尺寸按下式计算：

$$r = 1/2[(t_h/m_{ta})^2 - l]^{1/2}$$

式中　r——空洞半径(mm)；

l——T、R 换能器之间的距离(mm)；

t_h——缺陷处的最大声时值(μs)；

m_{ta}——无缺陷区的平均声时值(μs)。

六、混凝土结合面质量检测

1. 检测混凝土结合面时，测试前查明结合面的位置与走向，明确被测部位及范围；构件的被测部位应具有使声波垂直或斜穿结合面的测试条件。

2. 混凝土结合面质量检测可采用对测法和斜测法，测点的布置应注意以下几点：

(1)使测试范围覆盖全部结合面有怀疑的部位；

(2)各对 T—R_1(声波传播不经过结合面)和 T—R_2(声波传播经过结合面)换能器连线的倾斜角测距应相等；

(3)测点的间距视构件尺寸和结合面外观质量情况而定，一般为 100～300 mm。

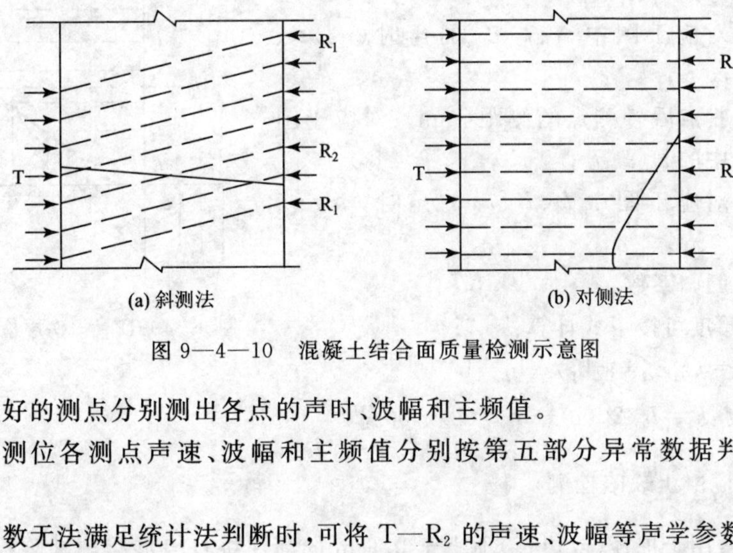

图 9—4—10　混凝土结合面质量检测示意图

3. 按布置好的测点分别测出各点的声时、波幅和主频值。

4. 将同一测位各测点声速、波幅和主频值分别按第五部分异常数据判断进行统计和判断。

5. 当测点数无法满足统计法判断时，可将 T—R_2 的声速、波幅等声学参数与 T—R_1 进行比较，若 T—R_2 的声学参数比 T—R_1 显著低时，则该点可判为异常值点。当通过结合面的某些测点的数据被判为异常，并查明无其他因素影响时，可判定混凝土结合面在该部位结合不良。

七、表面损伤层检测

1. 本方法适用于因冻害、高温或化学腐蚀等引起的混凝土表面损伤层厚度的检测。检测时测点的布置应符合以下要求：

(1)根据构件的损伤情况和外观质量选取有代表性的部位布置测位；

(2)构件被测表面应平整并处于自然干燥状态，且无接缝和饰面层。

2. 表面损伤层检测宜选用频率较低的厚度振动式换能器。

3. 测试时 T 换能器应耦合良好，并保持不动，然后将 R 换能器依次耦合在间距为 30 mm 的测点 1、2、3……位置上，读取相应的声时值 t_1、t_2、t_3……，并测量每次 T、R 换能器内边缘之

间的距离 l_1、l_2、l_3……。每一测位的测点数不少于 6 个，当损伤层较厚时，应适当增加测点数。当构件的损伤层厚度不均匀时，适当增加测位数量。

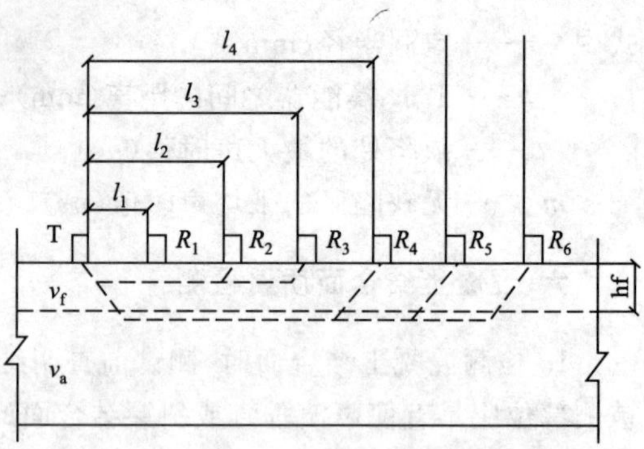

图 9—4—11　检测损伤层厚度示意图

4. 用各测点的声时值 t_i 和相应测距值 l_i 绘制“时—距”坐标图，由图可得到声速改变所形成的转折点，该点前、后分别表示损伤和未损伤混凝土的 l 与 t 相关直线。用回归分析法分别求出损伤、未损伤混凝土 l 和 t 的回归直线方程：

损伤混凝土：$l_f = a_1 + b_1 t_f$

未损伤混凝土：$l_a = a_2 + b_2 t_a$

式中　l_f——拐点前各测点的测距(mm)；对应于图中的 l_1、l_2、l_3；

t_f——对应于图中 l_1、l_2、l_3 的声时(μs) t_1、t_2、t_3；

l_a——拐点后各测点的测距(mm)；对应于图中的 l_4、l_5、l_6；

t_a——对应于图中 l_4、l_5、l_6 的声时(μs) t_4、t_5、t_6；

a_1、b_1、a_2、b_2——回归系数。

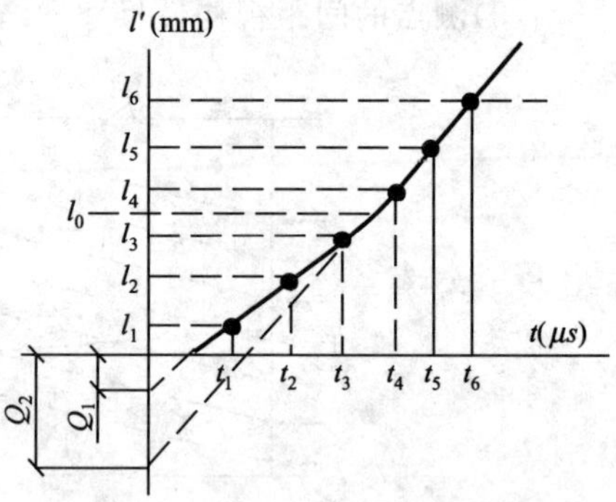

图 9—4—12　损伤层检测“时—距”图

5. 损伤层厚度可按下式计算：

$$l_0 = (a_1 b_2 - a_2 b_1)/(b_2 - b_1)$$

损伤层厚度：$h_f = l_0/2[(b_2 - b_1)/(b_2 + b_1)]^{1/2}$

八、灌注桩混凝土缺陷检测

1. 本方法适用于桩径(或边长)不小于 0.6 m 的灌注桩桩身混凝土缺陷检测。灌注桩施工时应根据桩径的大小预先埋设声测管。桩径为 0.6～1.0 m 时宜埋设两根管；桩径为 1.0～2.5 m 时宜埋设三根管，按等边三角形布置；桩径为 2.5 m 以上时宜埋设四根管，按正方形布置，声测管之间应保持平行。如图 9—4—13 所示。

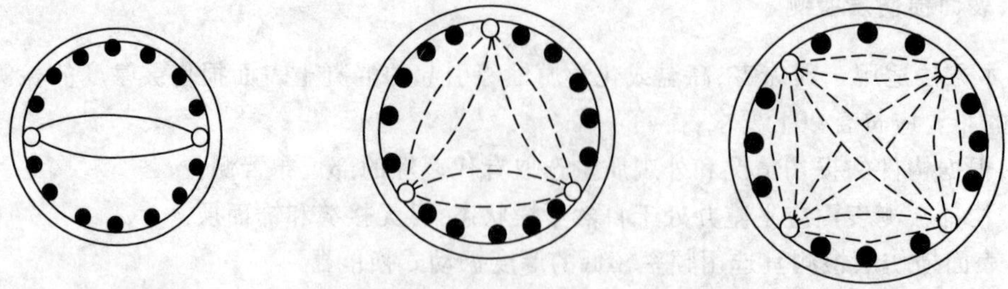

(a) 双管　(b) 三管　(c) 四管

图 9—4—13　声测管埋设示意图

2. 声测管一般采用钢管，对于桩身长度小于 15 m 的短桩，可用硬质 PVC 塑料管代替。管的内径宜为 35～50 mm，各段声测管宜用外加套管连接并保持通直，管的下端应封闭，上端加塞子。

3. 声测管应牢靠固定在钢筋笼内侧。对于钢管，每 2 m 间距设一个固定点，直接焊在架立筋上；对于 PVC 管，每 1 m 间距设一个固定点，应牢固绑扎在架立筋上。对于无钢筋笼的部位，声测管可用钢筋支架固定。声测管的埋设深度应与灌注桩的底部齐平，管的上端应高于桩顶表面 300～500 mm，同一根桩的声测管外露高度宜相同。

4. 检测前应做好以下准备

(1)了解有关技术资料及施工情况。

(2)向管内注满清水。

(3)采用一段直径略大于换能器的圆钢作疏通吊锤，逐根检查声测管的畅通情况及实际深度。

(4)用钢卷尺测量同根桩顶各声测管之间的净距离。

5. 现场检测步骤

(1)根据桩径大小选择合适频率的换能器和仪器参数，一经选定，在同批桩的检测过程中不得随意改变；

(2)将 T、R 换能器分别置于两个声测管的顶部或底部，以同一高度或相差一定高度等距离同步移动，逐点测读声学参数并记录换能器所处深度，检测过程中应经常校核换能器所处高度。

(3)测点间距宜为 200～500 mm，在普测的基础上，对数据可疑的部位进行复测或加密检测。采用对测、斜测、交叉斜测及扇形扫描等方法，确定缺陷的位置和范围，见图 9—4—14。

当同一桩中埋有三根或三根以上声测管时，应以每两管为一个测试剖面，分别对所有剖面进行检测。

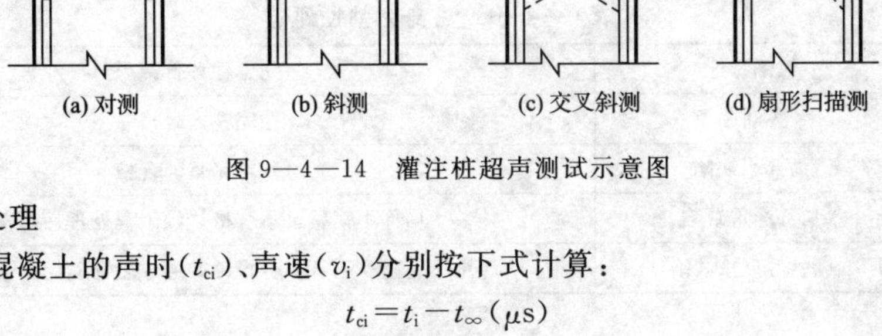

图 9—4—14　灌注桩超声测试示意图

6. 数据处理

(1)桩身混凝土的声时(t_{ci})、声速(v_i)分别按下式计算：

$$t_{ci}=t_i-t_\infty(\mu s)$$

$$v_i=l_i/t_{ci}(km/s)$$

式中　t_∞——声时初读数(μs)，见声学参数测量部分；

t_i——测点 i 的测读声时值(μs)；

l_i——测点 i 处二根声测管内边缘之间的距离(mm)。

(2)主频(f_i):数字式超声仪直接读取;模拟式超声仪应根据首波周期按下式计算。

$$f_i = 1\,000/T_{bi}(\text{kHz})$$

式中　T_{bi}——测点 i 的首波周期(μs)。

7. 桩身混凝土缺陷可疑点判断方法:

(1)概率法:将同一桩同一剖面的声速、波幅、主频按混凝土不密实区或空洞检测中数据判定的方法进行计算和异常值判定。当某一测点的一个或多个声学参数被判为异常值时,即为存在缺陷的可疑点;

(2)斜率法:用声时(t_c)—深度(h)曲线相邻测点的斜率 K 和相邻两点声时差值 Δt 的乘积 Z,绘制 Z—h 曲线,根据 Z—h 曲线的突变位置,并结合波幅值的变化情况可判定存在缺陷的可疑点或可疑区域的边界。

$$K = (t_i - t_{i-1})/(d_i - d_{i-1})$$

$$Z = K\Delta t = (t_i - t_{i-1})^2/(d_i - d_{i-1})$$

式中　$(t_i - t_{i-1})$、$(d_i - d_{i-1})$——分别代表相邻两侧点的声时差和深度差。

8. 结合判断方法绘制相应声学参数—深度曲线。

9. 根据可疑点的分布及其数值大小综合分析,判断缺陷的位置和范围。

10. 当需要用声速评价一个桩的混凝土质量均匀性时,可按下式计算测点混凝土声速值(v_i)和声速平均值(m_v)、标准差(S_v)及离差系数(C_v)。根据声速的离差系数可评价灌注桩混凝土均质性的优劣。

$$v_i = l_i/t_{ci}$$

$$m_v = (\sum v_i)/n$$

$$S_v = \left[(\sum v_i^2 - n m_v^2)/(n-1)\right]^{1/2}$$

$$C_v = S_v/m_v$$

式中　v_i——第 i 点混凝土声速值(km/s);

l_i——第 i 点测距值(mm);

t_{ci}——第 i 点混凝土声时值(μs);

n——测点数。

11. 缺陷的性质应根据各声学参数的变化情况及缺陷的位置和范围进行综合判断。可按下表评价被测桩完整性的类别

表 9—4—4　桩身完整性评价

类别	缺陷特征	完整性评价结果
Ⅰ	无缺陷	完整。合格
Ⅱ	局部小缺陷	基本完整。合格
Ⅲ	局部严重缺陷	局部不完整。不合格。经工程处理后可使用
Ⅳ	断桩等严重缺陷	严重不完整。不合格。报废或通过验证确定是否加固使用

九、钢管混凝土缺陷检测

1. 钢管混凝土检测采用径向对测的方法,在钢管与混凝土胶结良好的部位布置测点。布

置测点时，先测量钢管实际周长，在将圆周等分，在钢管测试部位画出若干根母线和等间距的环向线，线间距宜为150～300 mm。

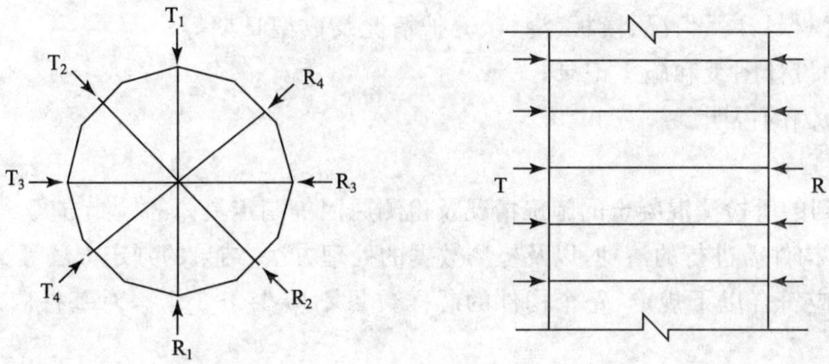

(a) 平面图　　(b) 立面图

图 9—4—15　钢管混凝土检测示意图

2. 检测时先做径向对测，在钢管混凝土每一环线上保持T、R换能器连线通过圆心，沿环向测试，逐点读取声时、波幅和主频。

3. 对于直径较大的钢管混凝土，也可采用预埋声测管的方法检测，此时按灌注桩检测的方法进行。

4. 同一测距的声时、波幅和频率的统计计算及异常值的判定按混凝土不密实区或空洞检测中异常值的判定方法进行。

5. 当同一测位的测试数据离散性较大或数据较少时，可将怀疑部位的声速、波幅、主频与相同直径钢管混凝土的质量正常部位的声学参数相比较，综合分析判断所测部位的内部质量。

第五节　钻　芯　法

一、简　　述

钻芯法检测是在结构物上钻取一定直径的混凝土芯样制作成抗压试件，通过检测试件强度来检测混凝土结构强度的方法，优点是直观、检测数据准确度高，缺点是对结构物有一定的破损。

二、使用条件

钻芯法适用于除预应力混凝土结构外的结构混凝土强度检测。

三、检测前准备

1. 工程资料收集

检测前应收集下列资料：

(1)工程名称及设计、施工、监理（或监督）和建设单位、委托单位名称；

(2)结构或构件名称、外形尺寸、数量及混凝土强度等级；

(3)水泥品种、强度等级、安定性、厂名，砂、石种类，粒径，外加剂或掺和料品种、掺量，混凝土配合比等；

(4)施工时材料计量情况、模板、浇筑、养护情况及成型日期等；

(5)必要的设计图纸和施工记录；

(6)检测原因的说明。

2. 制定检测方案

根据收集到的所检测混凝土的施工情况及检测原因等制定具体的检测方案。方案应包括具体抽样方案，对构件需进行的清理，以及检测数据的处理方法，结果的判定方法等。

抽检数量应符合以下规定：每个构件的芯样数量不应少于 3 个。对基桩取芯时还应符合下列规定：

(1)桩径小于 1.2 m 时钻 1 孔，桩径为 1.2～2.0 m 时钻 2 孔，桩径大于 2.0 m 时钻 3 孔；

(2)桩长小于或等于 30 m 时，每孔取 3 组(每组 3 个)；桩长大于 30 m 时，每孔取 4 组。

抽检构件时，应严格遵守"随机"的原则，使所选构件具有代表性。并宜由建设单位、监理单位、施工单位会同检测单位共同商定抽样的范围、数量和方法。

3. 检测设备准备

检测前应对取芯机、锯石机、磨平机及其他机械进行维修保养，检查配套工具是否齐全，一般应做到：

(1)钻芯机应具有足够的刚度，操作灵活、移动方便和便于固定，并应有水冷却系统。钻取基桩芯样应采用液压操纵的钻芯机。钻芯机应配备单动双管钻具以及相应的孔口管、扩孔器、卡簧和扶正稳定器。钻杆应顺直，直径宜为 50 mm。钻芯机设备参数应符合下列规定：

①额定最高钻速不低于 790 r/min；

②转速调节范围不少于 4 挡；

③额定配用压力不低于 1.5 MPa。

(2)钻头宜采用金刚石或人造金刚石薄壁钻头。钻头胎体不得有肉眼可见的裂缝、缺边、少角、倾斜及喇叭口变形。钻头胎体对钢体的同心度偏差不得大于 0.3mm，钻头的径向跳动不得大于 1.5 mm。

(3)锯切机应具有冷却系统和夹紧芯样的装置，配套使用的人造金刚石圆锯片应有足够的刚度。

(4)芯样补平装置(或磨平机)应保证芯样的端面平整和端面与芯样轴线垂直。

(5)探测钢筋位置的磁感仪，应适于现场操作，最大探测深度不应小于 60 mm，探测位置的允许偏差宜为±5 mm。

(6)取芯及加工完成后，应及时对钻芯机和芯样加工设备进行维修保养。

4. 被测构件现场准备

(1)构件现场进行必要的清理，准备临时用水、电，搭设必要工作台座。

(2)芯样试件钻取部位应考虑下列因素：

①受力较小的部位；

②混凝土质量有代表性的部位；

③钻孔中心距结构或构件边缘不宜小于 150 mm；

④便于钻芯机安放与操作的部位；

⑤避开主筋、预埋件和管线的位置，并尽量避开其他钢筋。

(3)芯样试件直径应为 100 mm 或 150 mm，且不宜小于骨料最大粒径的 3 倍。高度与直径之比应为 1～2。芯样试件内不应含有钢筋。当不能满足时，每个试件内最多只允许含 2 根直径小于 10 mm 的钢筋，且钢筋应与芯样轴线垂直。

(4)钻取芯样后的结构或构件应及时对孔洞进行修补。修补材料可选用树脂类或微膨胀水泥类细石混凝土。当采用微膨胀水泥类细石混凝土修补时，应比原设计混凝土强度提高一个等级。

四、检测步骤

1. 芯样的钻取

(1)钻芯机必须安放平稳，根据钻芯机的构造和施工现场的具体情况固定牢靠。

(2)钻芯机应在安装钻头前通电检查主轴旋转方向，并将主轴线调整到与被钻取芯样的混凝土表面相垂直。

(3)钻芯机接通水源、电源后，将变速钮调到所需转速。正向转动操作手柄，使钻头缓慢接触混凝土表面，待钻头刃部入槽稳定后方可加压。进钻到预定深度后，反向转动操作手柄，将钻头提升到接近混凝土表面，然后停电、停水。钻芯时用于冷却钻头和排除混凝土碎屑的冷却水流量宜为 3～5 L/min，出口水温不宜大于 30 ℃。

(4)卸取芯样时，应采取措施，保证芯样完整。取出的芯样应稍微晾干后标上清晰的标记，并做好记录。芯样在运送前应仔细包装，以防损坏。

2. 芯样加工

(1)采用锯切机加工芯样试件时，应将芯样固定，并使锯切平面垂直于芯样轴线。锯切过程中，应冷却人造金刚石圆锯片和芯样。

(2)锯切后的芯样，当不能满足平整度及垂直度要求时，可采用在磨平机上磨平或用水泥砂浆(水泥净浆)或硫磺胶泥(硫磺)等材料在专用补平装置上补平。水泥砂浆（水泥净浆）补平厚度不宜大于 5 mm，硫磺胶泥(硫磺)补平厚度不宜大于 1.5 mm。补平层与芯样必须结合牢固。

水泥砂浆补平的方法一般适用于潮湿状态下抗压试验的芯样试件补平，其步骤如下：

①补平前先将芯样端面污物清除干净，然后将端面用水湿润。

②在平整度为每长 100 mm 不超过 0.05 mm 的钢板上涂一薄层矿物油或其他脱模剂。然后，倒上适量水泥砂浆摊成薄层，稍许用力将芯样压入水泥砂浆中，并应保持芯样与钢板垂直。2 h 后，再补另一端面。仔细清除侧面多余水泥砂浆，在室内静放一昼夜后，送入养护室内养护。待补平材料强度不低于芯样强度时，方可进行抗压试验。

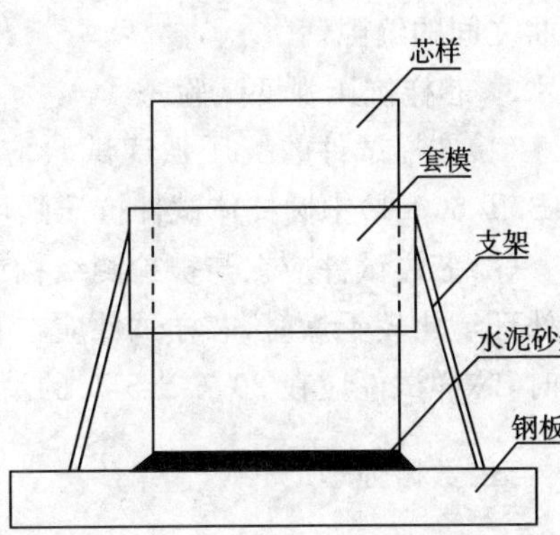

图 9—5—1　水泥砂浆(或水泥净浆)补平示意图

硫磺胶泥(或硫磺)补平的方法一般适用于自然干

燥状态下抗压试验的芯样试件补平。其步骤如下：

①补平前先将芯样端面污物清除干净，然后将芯样垂直地夹持在补平器的夹具中，并提升到一定高度。

②在补平器底盘上涂薄层矿物油或其他脱模剂，以防硫磺胶泥与底盘黏结。

③将硫磺胶泥置放于容器中加热熔化。待硫磺胶泥溶液由黄色变成棕色时（约 150 ℃），倒人补平器底盘中。转动手轮使芯样下移至端面与底盘接触。待硫磺胶泥凝固后，反向转动手轮，将芯样提起，打开夹具取出芯样。然后，按上述步骤补平该芯样的另一端面。

补平器底盘内表面的机械加工平整度，要求每长 100 mm 不超过 0.05 mm。

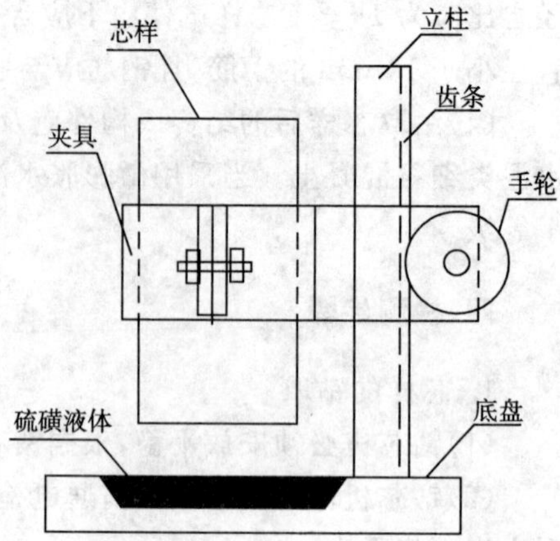

图 9—5—2　硫磺胶泥（或硫磺）补平示意图

加工后的芯样尺寸偏差及外观质量应符合下列规定：

(1)加工后的芯样，高度大于 0.95 d(d 为芯样试件平均直径)并小于 2.05 d；

(2)沿芯样高度任一直径与平均直径相差小于 2 mm；

(3)芯样端面平整度的允许偏差在 100 mm 长度内为± 0.1 mm；

(4)芯样端面与轴线垂直度的允许偏差为± 2°；

(5)芯样无裂缝或其他较大缺陷。

芯样几何尺寸按下列方法进行测量：

(1)平均直径：用游标卡尺测量芯样中部，在相互垂直的 2 个位置上，取测量的算术平均值，精确至 0.5 mm；

(2)芯样高度：用钢卷尺或钢板尺进行测量，精确至 1 mm；

(3)垂直度：用万能角度尺测量两个端面与母线的夹角，精确至 0.1°；

(4)平整度：用钢板尺紧靠在芯样端面上，一面转动钢板尺，一面用塞尺测量钢板尺与芯样端面之间的缝隙。

3. 芯样抗压强度试验

(1)芯样试件的抗压强度试验应按现行国家标准《普通混凝土力学性能试验方法标准》(GB/T 50081)中圆柱体试件抗压强度试验的规定进行。

(2)芯样试件应在与被检测结构或构件混凝土湿度基本一致的条件下进行试验。当结构所处环境比较干燥时，芯样试件应在室内自然干燥 3 d 后进行试验。当结构所处环境比较潮湿时，芯样试件应在 20 ℃±5 ℃的清水中浸泡 40～49 h，从水中取出后立即进行试验。

五、数据处理

1. 芯样试件的混凝土强度换算值系指将钻芯法测得的芯样强度，换算成相应测试龄期的、边长为 150 mm 立方体试块的抗压强度。

2. 芯样试件的混凝土强度换算值，应按下式计算：

$$f_{cu}^{c}=4\beta F/\pi d^{2}$$

式中　f_{cu}^{c}——芯样试件混凝土强度换算值(MPa)，精确至 0.1；

F——芯样试件抗压试验测得的最大压力 (N)；

d——芯样试件的平均直径(mm)；

β——不同高径比的芯样试件混凝土强度换算系数，按下表选用。

芯样试件混凝土强度换算系数

高径比(H/d)	1.0	1.1	1.2	1.3	1.4	1.5	1.6	1.7	1.8	1.9	2.0
换算系数(β)	1.00	1.04	1.07	1.10	1.13	1.15	1.17	1.19	1.20	1.22	1.24

3. 高度和直径均为 100 mm 或 150 mm 芯样试件的抗压强度测试值，可直接作为混凝土的强度换算值。

4. 单个构件或单个构件局部区域的混凝土强度推定值可取芯样试件混凝土强度换算值中的最小值，即

$$f_{cu,e}=f_{cu,min}^{c}$$

式中　$f_{cu,e}$——混凝土强度推定值(MPa)；

$f_{cu,min}^{c}$——混凝土强度换算值中的最小值(MPa)。

六、检测报告

钻芯法评定混凝土强度检测报告

委托单位________________　报告编号________________

钻芯单位________________　委托编号________________

构件名称________________　记录编号________________

取芯部位________________　委托日期________________

取芯日期________________　报告日期________________

<table>
<tr><td rowspan="2">工程概况</td><td>混凝土设计强度等级</td><td></td><td colspan="2">粗骨料品种规格</td><td></td></tr>
<tr><td>施工单位</td><td></td><td colspan="2">施工日期</td><td></td></tr>
<tr><td rowspan="4">芯样钻取
加工情况</td><td>端面加工方法</td><td></td><td colspan="2">端面补平材料</td><td></td></tr>
<tr><td>含水状态</td><td></td><td rowspan="3">含有钢筋情况</td><td>数量</td><td></td></tr>
<tr><td>外观描述</td><td></td><td>直径</td><td></td></tr>
<tr><td>抗压试验龄期(d)</td><td></td><td>位置</td><td></td></tr>
</table>

<table>
<tr><td colspan="8">芯样试件抗压强度试验结果</td></tr>
<tr><td rowspan="2">芯样试件编号</td><td colspan="2">芯样尺寸(mm)</td><td rowspan="2">承压面积
(mm²)</td><td rowspan="2">破坏荷载
(kN)</td><td rowspan="2">抗压强度
(MPa)</td><td rowspan="2">换算系数
β</td><td rowspan="2">芯样换算强度
(MPa)</td></tr>
<tr><td>平均直径</td><td>高度</td></tr>
<tr><td></td><td></td><td></td><td></td><td></td><td></td><td></td><td></td></tr>
<tr><td></td><td></td><td></td><td></td><td></td><td></td><td></td><td></td></tr>
<tr><td></td><td></td><td></td><td></td><td></td><td></td><td></td><td></td></tr>
<tr><td></td><td></td><td></td><td></td><td></td><td></td><td></td><td></td></tr>
<tr><td></td><td></td><td></td><td></td><td></td><td></td><td></td><td></td></tr>
<tr><td></td><td></td><td></td><td></td><td></td><td></td><td></td><td></td></tr>
</table>

续上表

结构混凝土强度推算值(MPa)	
附图或照片：	芯样外观质量描述：
检测评定依据：	试验结论：

试验　　复核　　批准　　单位(章)

第六节　后装拔出法

一、简　　述

后装拔出法是用特定的试验装置，通过建立混凝土表面拔出力值与混凝土强度的关系推定混凝土强度。

二、使用条件

1. 后装拔出法适用于表面与内部质量无明显差异的工程结构混凝土抗压强度的检测。

2. 采用后装拔出法检测前，应通过专门试验建立后装拔出法测强曲线，其允许相对标准差不应大于12%。

三、检测前准备

1. 工程资料收集

检测前应收集下列资料：

(1)工程名称及设计、施工、监理(或监督)和建设单位、委托单位名称；

(2)结构或构件名称、外形尺寸、数量及混凝土强度等级；

(3)水泥品种、强度等级、安定性、厂名，砂、石种类，粒径，外加剂或掺和料品种、掺量，混凝土配合比等；

(4)施工时材料计量情况、模板、浇筑、养护情况及成型日期等；

(5)必要的设计图纸和施工记录；

(6)检测原因的说明。

2. 制定检测方案

根据收集到的被检测混凝土的施工情况及检测原因等制定具体的检测方案。方案应包括具体抽样方案，对构件需进行的清理方法，以及检测数据如何处理，结果如何判定等。

后装拔出法检测混凝土抗压强度的抽样可按下列规定分批：

(1)当混凝土检验批的试块抗压强度不能满足要求时，应在试块代表的结构相应部位抽样检测；

(2)对工程结构混凝土抗压强度有怀疑时，可按单个结构或同批结构分批抽样检测；

(3)对既有工程结构需要检测混凝土抗压强度时，可按同批结构分批抽样检测；

(4)符合下列条件的结构可作为同批结构：

①混凝土强度等级相同；

②混凝土原材料、配合比、施工工艺、养护条件及龄期基本相同；

③结构种类相同；

④结构所处环境相同。

(5)对被抽样的结构相应部位或单个结构进行后装拔出法检测时，应在同一母体混凝土范围内至少设置 5 个测点；当同批结构按批抽样检测时，抽检数量应不少于同批结构总数的 50%，且不少于 2 个，每个结构不应少于 5 个测点。

3. 检测设备准备

(1)后装拔出试验装置由钻孔机、磨槽机、锚固件及拔出仪等组成。检测混凝土强度前，对钻孔机、磨槽机、拔出仪的工作状态均应检查。

(2)后装拔出装置包括胀簧扩拔器和可调承力环。胀簧扩拔器由胀簧、胀杆和拉杆组成。后装拔出装置可分为圆环式和三点式两种。其具体技术指标和使用范围应符合下列规定：

①圆环式后装拔出装置应符合下列规定，见图 9—6—1：

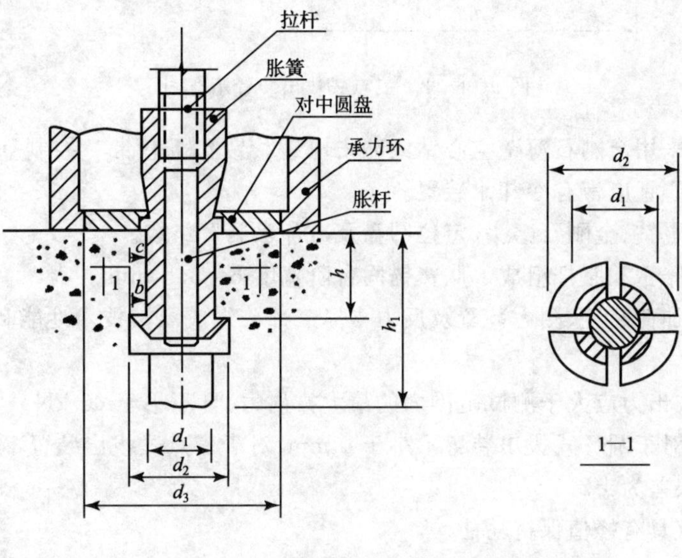

图 9—6—1　圆环式拔出装置示意图

a. 钻孔直径 d_1＝18 mm；

b. 胀簧张开后着力面外缘直径 d_2＝25 mm；

c. 承力环内径 d_3＝55 mm；

d. 胀簧着力面埋深 h＝25 mm；

e. 承力环和胀簧扩拔器应处于同一轴线；

f. 宜用于粗骨料最大粒径不大于 40 mm 的混凝土。

②三点式后装拔出装置应符合下列规定，见图 9—6—2：

a. 钻孔直径 $d_1=22$ mm；

b. 胀簧张开后着力面外缘直径 $d_2=25$ mm；

c. 承力环外径 $d_3=120$ mm；

d. 胀簧着力面埋深 $h=35$ mm ；

e. 承力环和胀簧扩拔器应处于同一轴线；

f. 宜用于粗骨料最大粒径不大于 60 mm 的混凝土。

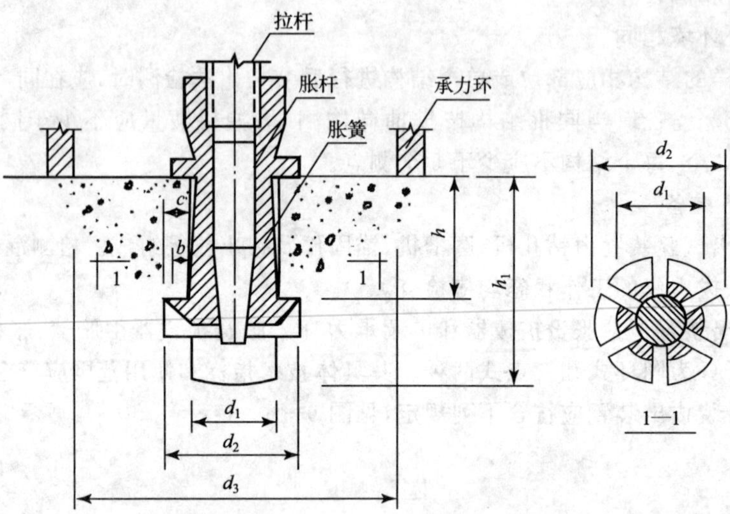

图 9—6—2 三点式拔出装置示意图

(3)钻孔机可采用金刚石薄壁空心钻或冲击电锤。钻孔机宜带有控制垂直度及深度的装置，金刚石薄壁空心钻应带有冷却水装置。

(4)磨槽机由电钻、金刚石磨头、定位圆盘及冷却水装置组成。

(5)锚固件由胀簧和胀杆组成。胀簧锚固台阶宽度 b=3.5 mm。

(6)拔出仪由加荷装置、测力装置及反力支撑三部分组成。其技术性能和标定周期应符合下列规定：

①额定最大拔出力应大于测试范围内的最大拔出力，且不小于 60 kN。

②工作行程：对于圆环式拔出装置不小于 4 mm；对于三点式拔出装置不小于 6 mm。

③允许示值误差为±2%。

④测力装置宜具有峰值保持功能。

⑤拔出仪应每年至少标定一次。遇下列情况时，应重新标定：更换液压油后；更换测力装置后；经维修后；拔出仪出现异常时。

4. 被测构件现场准备

(1)测点相互之间距离不应小于 200 mm；测点距结构混凝土边缘距离不应小于 100 mm；测点位置处的结构混凝土厚度不应小于 80 mm。

(2)测点宜布置在结构混凝土的浇筑侧面，如不能满足这一要求时，可布置在结构混凝土的浇筑顶面或底面。

(3)测点应避开接缝、蜂窝、麻面部位和结构混凝土表层的钢筋、预埋件等。

(4)测点表面应平整、清洁、干燥，对表面的浮浆应予清除，必要时进行磨平处理。

(5)结构的测点应标明编号，并应描绘测点布置的示意图。

四、检测步骤

1. 钻孔与磨槽

(1)在钻孔过程中，钻头应始终与混凝土表面保持垂直，垂直度允许偏差应为3°。

(2)在混凝土钻孔内的孔壁磨环形槽时，磨槽机的定位圆盘应始终紧靠混凝土表面回转，磨出的环形槽形状应规整。

(3)成孔尺寸应满足下列要求：

①钻孔直径应较 d_1 值大 0.1 mm，且不宜大于 1.0 mm；

②钻孔深度 h_1 应较锚固深度 h 深 20～30 mm；

③锚固深度 h 应符合相应设备的规定，允许误差为±0.8 mm；

④环形槽深度。应为 3.6～4.5 mm。

2. 安装扩拔器应注意的事项

①将胀簧插入成型孔内，通过胀杆使胀簧锚固台阶完全嵌入环形槽内，务必保证锚固可靠；

②将拉杆一端旋入胀簧，另一端与拔出仪连接对中，务必使拔出仪与混凝土表面垂直。

3. 拉拔

(1)施加拔出力应连续均匀，将拉拔速度控制在 0.5～1.0 kN/s。

(2)施加拔出力至混凝土开裂破坏、测力显示器读数不再增加为止，记录极限拔出力值，精确至 0.1 kN。

(3)对结构进行后装拔出法检测混凝土抗压强度时，应采取有效措施防止拔出仪及机具脱落摔坏或伤人。

(4)当发生下列情况之一时，应作详细记录，并将该值舍去，在其附近补测一个测点：

①不见环形突痕，也没有其他破损现象；

②承力环内仅有小部分破损，而大部分没有破损，也无突痕；

③承力环外的混凝土有裂缝。

五、数据处理

1. 建立后装拔出法测强曲线

(1)建立后装拔出法测强曲线所用的混凝土，其强度等级不宜少于6个，每个强度等级混凝土成型立方体试件应不少于6组，每组由一个至少可布置3个测点的后装拔出试件和相应的3块立方体试件组成。

(2)每组后装拔出试件和立方体试件，应采用同盘混凝土拌合物、在同一振动台上同时振捣成型、并同条件自然养护。

(3)后装拔出试验应按下列规定进行：

①后装拔出试验的测点应布置在后装拔出试件的成型侧面。

②在每个后装拔出试件上，应进行不少于3个测点的后装拔出试验，取平均值作为该试件的后装拔出力计算值 F(kN)，精确至 0.1。

③3 块立方体试件的抗压强度代表值，应按现行标准确定。

(4)后装拔出法测强曲线的计算应按下列步骤进行：

①将每组后装拔出试件的拔出力计算值及立方体试块的抗压强度代表值进行汇总，然后按最小二乘法原理进行回归分析。

②可采用的回归方程式如下：

$$f_{cu}^{c}=A\cdot F+B$$

式中　f_{cu}^{c}——混凝土抗压强度换算值(MPa)，精确至 0.1；

F——后装拔出力平均值(kN)，精确至 0.1；

A,B——后装拔出法测强曲线回归系数。

(5)回归曲线的相对标准差 e_r 可按下式计算：

$$e_r=\sqrt{\frac{\sum_{i=1}^{n}(f_{cu,i}/f_{cu,i}^{c}-1)^2}{n-1}}\times 100\%$$

式中　e_r——回归曲线相对标准差；

$f_{cu,i}$——第 i 组立方体试件抗压强度代表值(MPa)，精确至 0.1 ；

$f_{cu,i}^{c}$——第 i 个后装拔出试件的抗压强度换算值(MPa)，精确至 0.1；

n——建立后装拔出法测强曲线所用的试件总组数。

(6)经上述计算，回归曲线相对标准差 $e_r \leqslant 12\%$时，方允许后装拔出法测强曲线的使用，仅限于在建立该后装拔出法测强曲线时所试验的混凝土强度范围内，不得外推。

2. 后装拔出力计算值，应将 5 次后装拔出试验的拔出力中最大值和最小值舍去后取平均值。

3. 混凝土抗压强度换算

(1)当具有建立的后装拔出法测强曲线时，拔出试验结果应按公式 $f_{cu}^{c}=A\cdot F+B$ 进行混凝土抗压强度换算：

(2)当不具有建立的后装拔出法测强曲线时，拔出试验结果可按下列公式进行混凝土抗压强度换算：

$$f_{cu}^{c}=1.59F-5.8$$

式中　F——后装拔出力平均值(kN)，精确至 0.1。

(3)结构混凝土抗压强度推定值取值应符合下列规定：

①单个结构混凝土抗压强度推定值 $f_{cu,e}$，按混凝土抗压强度换算值确定，即：

$$f_{cu,e}=f_{cu}^{c}$$

②同批结构抽样检测的混凝土抗压强度推定值 $f_{cu,e}$，应按下列公式计算：

$$f_{cu,e}=m_{f_{cu}^{c}}-1.645S_{f_{cu}^{c}}$$

$$m_{f_{cu}^{c}}=\frac{1}{n}\sum_{i=1}^{n}f_{cu,i}^{c}$$

$$S_{f_{cu}^{c}}=\sqrt{\frac{\sum_{i=1}^{n}(f_{cu,i}^{c})^2-n(m_{f_{cu}^{c}})^2}{n-1}}$$

式中　$m_{f_{cu}^{c}}$——同批结构抽样检测的混凝土抗压强度换算值的平均值(MPa)，精确至 0.1；

$f^c_{cu,i}$——第 i 个结构混凝土抗压强度换算值(MPa)，精确至 0.1；

$S_{f^c_{cu}}$——同批结构抽样检测的混凝土抗压强度换算值的标准差 (MPa)，精确至 0.01；

n——同批结构抽样检测的混凝土抗压强度换算值的总个数。

(4)对于按批抽样检测的结构，当全部抽样检测的混凝土抗压强度换算值的标准差出现下列情况时，则该批结构应全部按单个结构检测：

当混凝土抗压强度换算值的平均值小于等于 25MPa，且 $S_{f^c_{cu}}>4.5$ MPa 时。

当混凝土抗压强度换算值的平均值大于 25MPa，且 $S_{f^c_{cu}}>5.5$ MPa 时。

六、检测报告

后装拔出法评定混凝土强度检测报告

委托单位＿＿＿＿＿＿＿＿　　报告编号＿＿＿＿＿＿＿＿

工程名称＿＿＿＿＿＿＿＿　　委托编号＿＿＿＿＿＿＿＿

委托日期＿＿＿＿＿＿＿＿　　报告日期＿＿＿＿＿＿＿＿

(1) 工程概况								
混凝土设计强度等级				粗骨料品种			粗骨料规格	
施工单位				施工日期			龄期(d)	
(2) 后装拔出法检测结果								
拔出装置种类								
记录编号	结构部位	测点编号	极限拔出力 F(kN)		抗压强度换算值	现龄期混凝土强度推定(MPa)		
			单点值	平均值	f^c_{cu}(MPa)	平均值 $m_{f^c_{cu}}$	标准差 $S_{f^c_{cu}}$	强度推定值 $f_{cu,e}$
检测评定依据：					试验结论：			

测试　　　　计算　　　　复核　　　　批准　　　　单位(章)

第十章　混凝土质量事故与处理

第一节　断　　桩

一、案　　例

事故描述：某铁路工程桥梁桩基工程 55 m 灌注桩混凝土施工，环境温度为 33℃。第一车混凝土到达现场后检测混凝土坍落度为 220 mm，扩展度 540 mm，含气量为 3.8%，混凝土温度为 29 ℃。前三车混凝土浇筑一切正常，第四车混凝土因便道堵车，致使浇筑间隔 30 min，坍落度、扩展度与含气量也正常，第四车混凝土浇筑接近一半，在提管时发现导管提不动，混凝土堵管致使灌注桩断桩。

事故调查：正如现场检测结果一样，拌合站出场检测结果表明坍落度、扩展度、含气量一切正常，坍落度损失也在控制范围之内，但混凝土间隔半小时就发生堵管。再进行调查发现，该批混凝土用外加剂为新进场首次使用，经检测也合格，试验室复核配合比时发现混凝土抓底板结严重。

原因分析：通过以上的调查可以看出，该质量事故发生的原因是未能检测出混凝土性能不良，因混凝土板结发生堵管断桩。

处理方法：中断混凝土施工，立即尽可能多地拔出钢筋笼，待混凝土终凝后用冲击钻机重新成孔后施工。

二、断桩的原因

断桩是指钻孔灌注桩在灌注混凝土的过程中，泥浆或砂砾进入水泥混凝土把灌注的混凝土隔开并形成上下两段，造成混凝土变质或截面积受损，从而使桩不能满足受力要求。在灌注桩的施工中，发生断桩的原因常常有以下三个方面。

1. 施工机械、器具存在问题

(1)剪球不合适导致卡管。在灌注水下混凝土时，经常会产生剪球时卡管的情况，原因是塞球不合适，塞球直径与导管直径差别太小，剪球前由于砂浆或细石料渗入导管与球壁之间造成堵塞。如果是这种情况，在不浪费混凝土方量的前提下，应急处理办法有两个：一是用一定长度(一般比漏斗长 2 m 左右)，直径为 20～25 mm 的钢筋捅塞球，使混凝土下落。二是利用机械振动使混凝土下落，这种方法要求操作技术娴熟，以保证混凝土下落时导管回落到正常埋管的位置。

(2)导管清理不干净。管壁内混凝土残渣聚集造成混凝土堵管，此种情况一般发生在混凝土开始浇筑或开始后不久，处理方法是：提出钢筋笼，用钻机重新挖至标高，重新清孔后再进行混凝土施工。

2. 混凝土不合格

(1)混凝土坍落度过小或拌和不均匀，加上混凝土中粗骨料下沉，可能导致漏斗口处粗骨料相互挤压密实而堵塞漏斗口，导致混凝土难以下落。第一斗混凝土坍落度一般以控制在水下混凝土坍落度规范要求的高限为宜，为确保剪球顺利，可适当控制石料用量，等剪球完成后再按正常配合比进行拌和。如果采取措施后混凝土仍不下落，时间又长，只能放弃这斗混凝土，适当清孔或用空压机对孔底进行扰动后重新灌注混凝土。

(2)混凝土离析、抓底板结。灌注桩混凝土最忌离析板结，该种混凝土若浇灌一直连续进行还不至于堵管产生断桩，一旦中途停歇，必然造成混凝土堵管，严重时造成断桩。因此灌注桩用混凝土必须在坍落度试验完后，用 5～10 min 时间观察是否有板结、离析泌水现象，一旦发现，严禁用于灌注桩施工，尤其是在材料更换批次时必须做好混凝土性能的检测。

(3)坍落度损失太快，混凝土凝结时间短，当灌注中间隔时间较长时就会造成导管中混凝土不流动，拔管时发生断桩，该种情况尤其容易发生在炎热条件下灌注桩的施工。因此，灌注桩用混凝土一般掺入合适的缓凝剂与保坍剂，适当延长混凝土的凝结时间和减少坍落度损失。

3. 施工组织存在问题

(1)施工组织不当，因机械故障、混凝土供应等原因使混凝土在导管内停留时间过长，或者灌注时间过长，部分混凝土已经初凝使下落阻力增大而堵在导管内。这种事故宜以预防为主，灌注前应全面检修设备、加强施工各环节的协调，尽可能使灌注连续、快速。

(2)导管埋深不合适。导管埋深过大或过少都有可能使灌注桩断桩。埋深太大时，混凝土在管中停留时间太长，导管内外摩擦力增大，加大拔管难度，甚至无法提起导管或将导管拔断，造成断桩。埋深太浅时，极易拔漏导管，使桩中间因泥浆面造成断桩。水下混凝土灌注应严格控制埋管深度，不得大于 6 m，且不小于 1 m。盲目提拔，将导管提拔过量，使导管底口拔出混凝土面，或使导管口处于泥浆层，形成断桩。

(3)导管下沉深度不够，由于检测和计算错误，导管长度不足，使底口与孔底距离过大，首批灌注的混凝土不能埋住导管底部，从而形成断桩。或者导管下口距孔底过远，混凝土被冲洗液稀释，使水灰比增大，造成混凝土不凝固。混凝土桩体与基岩之间被不凝固的混凝土软体充填。

(4)混凝土灌注过程中发生坍孔，无法清理，或使用吸泥机清理不彻底，使灌注中断造成断桩。

三、断桩的处理方法

1. 断桩后如果能够提出钢筋笼，可迅速将其提出孔外，然后用冲击钻重新钻孔，清孔后下钢筋笼，再重新灌注混凝土。

2. 如果因严重堵管造成断桩，且已灌混凝土还未初凝时，在提出并清理导管后可使用测锤测量出已灌混凝土顶面位置，并准确计算漏斗和导管容积，将导管下沉到已灌混凝土顶面以上大约 10 cm 处，加球胆。继续灌注时观察漏斗内混凝土顶面的位置，当漏斗内混凝土下落填满导管的瞬间(此时漏斗内混凝土顶面位置可以根据漏斗和导管容积事先计算确定)将导管压入已灌混凝土顶面以下，即完成湿接桩。

3. 若断桩位置距地表 10 m 以上，且混凝土已终凝，可使用直径略小于钢筋笼内径的冲击钻在原桩位进行冲击钻孔至钢筋笼底口以下 1 m 处，然后往孔内投放适量炸药，待钢筋笼松动后整体吊出或逐根吊出。然后再进行二次扩孔至设计直径，清孔后重新灌注混凝土。

4. 若断桩位置距地表 5 m 以内，且地质条件良好时，可开挖至断桩位置，将泥浆或掺杂泥浆的混凝土清除，露出良好的混凝土并凿毛，将钢筋上的泥浆清除干净后，支模浇筑混凝土。拆模后及时回填并夯实。

5. 若断桩位置处于地表 5 m 以下、10 m 以内时，或虽距地表 5 m 以内但地质条件不良时，可将直径比桩直径略大的混凝土管或钢管一节节接起来，直至沉到断桩位置以下 0.5 m 处，清除泥浆及掺杂泥浆的混凝土，露出良好的混凝土面并对其凿毛，清除钢筋上泥浆，然后以混凝土管或钢管为模板浇筑混凝土。

6. 若因坍孔、导管无法拔出等造成断桩而无法处理时，可由设计单位结合质量事故报告提出补桩方案，在原桩两侧进行补桩。

第二节 不能泵送

一、案　　例

事故描述：某工程施工承台基础混凝土，采用拖式地泵输送混凝土，施工中只要混凝土罐车衔接稍有问题，间隔 10 min 就会出现泵管堵塞问题。为排除堵管故障，后面的混凝土罐车就会在工地等待时间过长，混凝土坍落度损失大，又造成混凝土难以泵送，如此往复产生“恶性循环”。

事故调查：该施工地点距离拌合站不到 2 km，混凝土到达施工现场均在 30 min 以内，初始坍落度、和易性均合格，但混凝土 1 h 坍落度损失有 50～70 mm。地泵安装在施工便道边，距基坑较近，出泵口只接有 1 m 直管就连接向下弯头，浇筑点水平管长度 15 m 外接软管一节。

原因分析：

1. 管道铺设不合理，出泵口水平管太短，当泵送停歇时，管中混凝土往下流，造成管路中上段充气，再次泵送时造成堵管。

2. 混凝土一小时坍落度损失较大，施工操作时间太短。

处理方法：

1. 水平管至少应在 5 m 左右。水平管安装应向上倾斜与水平夹角约 5°～10°。

2. 调整混凝土外加剂保坍性能，延长混凝土可施工时间。

二、不能泵送的原因与处理

混凝土泵送施工是连续式混凝土运输浇筑的方式，它以混凝土泵为动力，将混凝土从搅拌运输车或贮料斗中卸入泵的料斗后，利用泵的压力将混凝土沿管道直接输送到浇筑地点，可以同时完成水平和垂直运输。泵送混凝土输送量大，速度快，效率高，节省人力，能连续作业。但泵送混凝土要求混凝土在运输过程中保持均匀性，避免产生离析、泌水、砂浆流失、流动性减小等现象，因此要求正确操作泵才能保证浇筑连续进行。造成泵送混凝土施工不正常的原因有以下几个方面。

1. 人员操作不当

(1)操作人员精力不集中或泵送速度选择不当。泵送时，速度的选择很关键，操作人员不能一味地图快，有时欲速则不达。首次泵送时，由于管道阻力较大，此时应低速泵送，泵送正常后，可适当提高速度。时刻注意泵送压力表的读数，一旦发现压力表读数突然增大，应立即反泵 2～3 个行程，再正泵，堵管即可排除。坍落度偏小时，切忌在料斗中加水搅拌，应低速泵送。

(2)料斗余料要适量。泵送时，操作人员须随时观察料斗中的余料，余料不得低于搅拌轴，如果余料太少，极易吸入空气，导致堵管。料斗中的料也不能堆得太多，应低于防护栏，以便于及时清理粗骨料中的超大骨料。

(3)停机时操作不当。停机期间，应每隔 5～10 min(具体时间视当日气温、混凝土坍落度、混凝土初凝时间而定)开泵一次，以防堵管。

(4)管道未清洗干净。上次泵送完毕，管道未清洗干净，会造成下一次泵送时堵管。所以每次泵送完毕一定要按照操作规程将输送管道清洗干净。

(5)润管不恰当。泵送前先用一定量水润湿管道内壁，再泵送适量砂浆润滑，必须注意的是泵送砂浆前一定要将管道内的水全部放掉或用一海绵球将砂浆与水分开，否则在泵送砂浆时会使砂浆离析而堵管。

2. 泵送机械故障或管道连接问题

(1)混凝土活塞磨损严重。操作人员应经常观察水箱中的水是否浑浊，有无砂浆，一旦发现水已浑浊或水中有砂浆，表明混凝土活塞已经磨损，此时应及时更换活塞，否则将因漏浆和压力损失而导致堵管，同时还会加剧活塞和输送缸的磨损。若每次更换活塞后，水箱中的水很快就变浑浊，而活塞是好的，则表明输送缸已磨损，此时需更换输送缸。

(2)管道接法错误很容易导致堵管。管道布置应尽可能短，弯、锥管尽可能少，弯管角度尽可能大，以减小输送阻力。泵出口锥管处不能直接接弯管，至少应接入 5 m 以上直管后，再接弯管。水平管路长度应不少于垂直管路长度的 15%，水平转垂直时的 90 度弯管，弯曲半径应大于 500 mm。当垂直高度较高时，应在靠近泵机水平管路处加装截止阀，停机时间超过5 min 时，应关闭截止阀，防止混凝土倒流，导致堵管。垂直向下的管路，出口处应装设防离析装置，预防堵管。泵送中途接管时，每次只能加接一根，且应用水润滑一下管道内壁，并排尽空气，否则极易造成堵管。输送管道接头密封不严，管卡松动或密封圈损坏而漏浆，此时应紧固管卡或更换密封圈。

3. 混凝土泵送性能不良

用于泵送的混凝土必须符合泵送混凝土的要求，具有良好的可泵性。混凝土使用的原材料、配合比及新拌混凝土性能不合适时均可能造成泵送施工中断。

(1)胶凝材料用量过少或过多

胶凝材料与水构成的浆液在泵送混凝土中，不仅起胶结作用，还是混凝土与管壁之间的润滑层，胶凝材料用量小，混凝土的和易性差，尤其是保水性及黏聚性差，混凝土容易泌水离析，造成泵送阻力大，容易产生阻塞，胶凝材料用量一般不宜少于 300 kg/m^3，胶凝材料用量过大，混凝土太黏，流动性差，也会造成泵送阻力的增加。

(2)骨料的形状、级配和最大粒径

对粗骨料，卵石的可泵性好于碎石。卵石的最大粒径应小于 1/3 输送管径，碎石的最大粒径应小于 1/4 输送管径，否则也易引起堵管。级配不良或中间存在断档时，混凝土和易性会下降，加大堵管的机会。对于细骨料，以中砂的泵送性能最好。通过 0.315 mm 筛孔的细砂在混凝土中起一种类似滚珠的作用，能减少混凝土与输送管壁的摩擦，增大黏聚力和保水性，当这部分细砂含量少时，也有可能堵管，应使通过 0.315 mm 筛孔的砂不少于总砂量的 15%。

(3)砂率。砂率太小，混凝土在泵送过程中压力增加，浆液极易脱离石子，使混凝土在管道中的柱塞流动破坏，形成堵管。砂率一般在 40%左右对泵送性能及混凝土性能较为合适。

(4)外加剂的选用不合理

用于泵送混凝土的外加剂不仅仅要达到减水的目的,更为重要的是改善混凝土的泵送性能。一般的泵送剂中多配有缓凝剂、引气剂、保塑剂等组分用于延长混凝土施工时间、减小泵压和坍落度损失。而且外加剂与胶凝材料的适应性对泵送混凝土的影响至关重要,外加剂与水泥等不相适应时混凝土各种性能均会大幅度地劣化。

(5)混凝土坍落度过大或过小。混凝土坍落度的大小直接反映了混凝土流动性的好坏,混凝土的输送阻力随着坍落度的增加而减小。泵送混凝土的坍落度一般在 12～20 cm 范围内,塌落度过小,会增大输送压力,加剧设备磨损,并导致堵管。塌落度过大,高压下混凝土易离析而造成堵管。

(6)用于泵送的混凝土最怕离析和泌水板结,这种情况下泵送很难进行,一般要求泵送混凝土的压力泌水率小于 40。

4. 外界环境不利因素

环境温度高,管道在强烈阳光下照射,风力较大等条件都会使混凝土容易脱水,从而导致堵管,因此在管道上应加盖湿草袋或其他降温用品。

第三节　混凝土不凝固

一、案　　例

事故描述:某工地夏季混凝土施工中由于工地停电近 4 h,到达现场的混凝土等待时间太长,混凝土坍落度损失太大,施工人员为增加坍落度而不增大水灰比,采用添加泵送剂的办法调节坍落度,混凝土施工后混凝土表面出现泌水,24 h 仍未凝固。

事故调查:混凝土不凝固是由于混凝土外加剂掺量超出配合比用量,外加剂中缓凝剂过量所致。

原因分析:夏季混凝土施工用的泵送剂是一种带有缓凝组分的复合型外加剂,如果一味采用掺泵送剂来调整混凝土坍落度,必然将缓凝组分带入混凝土中,致使缓凝成分超量,混凝土凝结时间大大加长。同时外加剂过量会造成混凝土板结与泌水。经试验室取样快侧,该混凝土后期强度未受影响。

处理方法:

1. 延缓拆模并禁止上人踩踏,加强养护。混凝土凝结时间虽然延缓,但不会影响后期强度。

2. 出现坍落度损失过大时,虽然可以添加外加剂增大坍落度,但掺量也要适量,防止出现其他不利情况,当少量外加剂难以调整出适合泵送的混凝土应改作其他用途,不得浇筑于工程实体。

二、混凝土不凝固的原因与处理

混凝土出现长时间不凝固的事故虽然发生次数较少,但一般产生的后果较为严重,轻则影响几天的工程进度,重则造成混凝土强度不足,工程只能返工重做。一般发生混凝土不凝固有以下几个方面的原因:

1. 外加剂超量。这是最常出现的原因,它的发生有人为改善混凝土坍落度损失故意加入，也有拌合站计量系统出问题造成外加剂计量错误的情况。外加剂造成的不凝固其根本原因是外加剂中的缓凝剂超量所致，由于外加剂中缓凝剂成分及作用各不相同，有的缓凝剂只是大大延长混凝土凝结时间，对后期强度影响不大，只要等待几天，混凝土强度仍能加强，但大多数缓凝剂超量后会造成混凝土后期强度大幅度下降。针对外加剂超量造成的不凝固，一定要仔细分析，通过类比试验证明混凝土结构实体是否受影响，采取合理的处理措施，保证混凝土工程质量。

2. 水泥质量问题。一般由于水泥质量低劣、强度严重不足造成的混凝土不凝固在大型工程中较少发生，多发生在偏远地区购买小厂水泥或买到假水泥的情况下发生。由水泥质量问题引起的不凝固，多数发生在水泥改变生产参数或水泥不同批次时，虽然对水泥本身物理力学指标没有影响，但对水泥与外加剂的适应性影响巨大。在换材料批次时未进行试拌，检验适应性的情况下容易发生。这就要求混凝土生产单位不仅要加强原材料的检验，更要高度重视材料之间的相容性。混凝土开盘大批量生产时增加试拌检验混凝土的性能是预防的最直接和有效的手段。

3. 各种失误造成混凝土中未加入水泥，这种情况虽很少发生，但一旦发生，产生的后果极为严重。搅拌站进料时水泥和粉煤灰打错罐、操作人员用错料仓或拌合站计量系统紊乱都有可能造成这种情况发生。这就要求在拌合站的管理中增加这方面的控制，拌合站收料人员，控制台操作人员及设备维护人员加强责任心、严格检查。

第四节　裂　　缝

一、案　　例

事故描述：某铁路大桥工程墩台为圆端型实体墩，桥墩截面尺寸为 880 cm×220 cm，墩身高度 10～30 m。桥墩表面设置 $\phi16$ 钢筋网，桥墩台混凝土强度等级为 C30，工程设计使用年限 100 年。混凝土工程施工中模板使用大型组合钢模版，混凝土搅拌站自动计量集中拌合，混凝土罐车运输，泵送入模，每次施工高度 10 m。开始施工后在混凝土浇筑 3 d 后拆模，发现在桥墩直线段上距曲线段 50 cm 左右对称出现 4 条竖向裂缝，裂缝宽度在 0.1～0.2 mm 左右，深度 10 cm 左右。

事故调查：经对墩身混凝土强度回弹检验，混凝土 3 d 强度基本达到设计强度等级 C30。检测原材料均合格，调查施工过程及新拌混凝土性能均正常。对混凝土及环境温度检测结果如下：混凝土内部温度 64 ℃，表面温度 40 ℃，环境气温白天为 24～34 ℃，晚上气温在 10～20 ℃之间。

原因分析：经综合分析，该混凝土表面裂缝主要是混凝土水化热引起温升大，再加上昼夜环境温差大，引起混凝土中心温度到环境气温温度梯度大，混凝土收缩与膨胀引起应力差造成的温度裂缝。

处理方法：该裂缝宽度虽然在规范允许范围之内，但必然影响墩身外观质量及耐久性。对裂缝主要采用分段注入密封胶进行处理。在以后的施工中主要采取四方面措施：一是调整配合比，增加掺和料掺量，降低水泥用量以降低混凝土水化热；二是在混凝土中变截面处安设降温管，浇筑混凝土后采用循环冷水或冷空气降低混凝土内部温度；三是在模板外增设彩条布围护，减少环境温差对混凝土的影响；四是增加分段施工次数，每次只浇筑 4 m。通过采取以上措施后，其他墩身混凝土未出现裂缝。

二、裂缝的种类与成因

混凝土裂缝一般可分为应力裂缝和非应力裂缝。应力裂缝是混凝土受荷载作用引起的裂缝，非应力裂缝是由于混凝土的收缩受约束时，当温度、混凝土收缩等因素所产生的拉应力大于混凝土极限抗拉强度时产生的裂缝。目前大部分裂缝是非应力裂缝。

1. 干缩裂缝

干缩裂缝多出现在混凝土养护结束后的一段时间或是混凝土浇筑完毕后的一周左右。产生的原因最主要是混凝土内部空隙水蒸发变化时引起的毛细管引力。水泥水化生产的大量水化硅酸钙胶体，硅酸钙胶体具有大量微细孔隙，在干燥条件下，胶体中自由水逐渐蒸发产生毛细管引力，胶体孔隙受到压缩，胶体的体积随着水分的蒸发减少而不断收缩，从而引起混凝土体积收缩。干缩裂缝多为表面性的平行线状或网状线细裂缝，宽度多在 0.05～0.2 mm 之间，由于干缩仅发生在表层很浅的地方，显然干缩对混凝土薄壁结构如板、墙等构件影响程度相对较大，干缩裂缝主要和水灰比、水泥的成分、水泥的用量、骨料的性质和用量、外加剂的用量有关。

2. 塑性收缩裂缝

塑性收缩是指混凝土在凝结之前，表面因失水较快而产生的收缩。塑性收缩裂缝一般在气温高或大风天气出现，裂缝呈不规则的鸡爪形。其产生的主要原因为：混凝土在终凝前几乎没有强度，或者混凝土刚刚终凝强度很小时，受高温或较大风力的原因使混凝土表面失水过快，造成毛细管中产生较大的负压而使混凝土体积急剧收缩，而这时混凝土的强度又无法抵抗其本身收缩，因些产生龟裂。影响因素主要有水灰比、混凝土的凝结时间、环境温度、风速、相对温度等。

3. 沉陷裂缝

沉陷裂缝的产生是结构地基土质不匀、松软，或回填土不实、浸水而造成不均匀沉降所致；或者因为模板刚度不足，模板支撑间距过大或支撑底部松动等所致。此类裂缝多属深进或贯穿性裂缝，一般沿与地面垂直或呈 30°～45°角方向发展，较大的贯穿性沉陷裂缝，往往上下或左右有一定的错位，裂缝宽度往往与沉降值成正比关系，而与温度变化关系不大。地基变形稳定之后，沉陷裂缝也基本趋于稳定。

4. 温度裂缝

温度裂缝多发生在大体积混凝土表面或温差变化较大地区的混凝土结构中。混凝土浇筑后，在硬化过程中，水泥水化产生大量的水化热，由于混凝土的体积较大，大量的水化热聚积在混凝土内部不易散发，导致内部温度急剧上升，而表面混凝土散热较快，这样就形成内外的较大温差，然而较大的温差造成热胀冷缩使混凝土表面应力产生一定的拉应力，当拉应力超过混凝土的抗拉强度极限时，混凝土表面就会产生裂缝。温度裂缝的走向通常无规律。大面积结构温度裂缝往往是纵横交错，梁板类温度裂缝多平行于短边，贯穿的温度裂缝，一般与短边平行或接近平行，裂缝宽度一般在 0.5 mm 以下，表面温度裂缝多在施工期间出现，贯穿的温度裂缝在浇筑经 2～3 个月或更长时间发生，缝宽是冬季宽夏季变窄，沿截面深度宽，裂缝呈上宽下窄多数，个别也有下宽上窄，遇顶部和底部配筋较多的结构，也有中间宽两端的梭形裂缝。

此种裂缝的出现会引起钢筋的锈蚀，混凝土的碳化，降低混凝土的抗冻融、抗疲劳及抗渗能力。

5. 化学反应引起的裂缝

碱一骨料反应和钢筋锈蚀引起的裂缝是钢筋混凝土结构中最常见的由于化学反应引起的裂缝，混凝土拌和后会产生一些碱性离子，这些离子与某些活性骨料产生化学反应并吸收周围环境中的水而体积增大，造成混凝土酥松、膨胀开裂。若施工当中混凝土保护层厚度不合格，保护层就会受二氧化碳侵蚀碳化至钢筋表面，使钢筋周围混凝土碱度降低，或由于氯化物介入，钢筋周围氯离子含量较高，均可引起钢筋表面氧化膜破坏，钢筋中铁离子与侵入到混凝土中的氧气和水分发生锈蚀反应，其锈蚀物氢氧化铁体积比原来增长约 2～4 倍，从而对混凝土产生膨胀产力，导致保护层混凝土开裂、剥离，沿钢筋纵向产生裂缝，并有锈迹渗到混凝土表面，因而结构承载力下降，导致结构破坏。这种裂缝一般出现在使用期间。

三、裂缝的防控

根据上述分析，混凝土是固、液、气多相组成的复合材料，非应力裂缝的产生与否与混凝土材料的收缩变形、受到的约束程度、实时弹性模量或抗拉强度以及混凝土的徐变有密切关系。只要能从上述几个方面控制混凝土中的拉应力至小于混凝土抗拉强度，就可对混凝土的开裂进行有效的控制。这就要求工程建设方、设计方、施工方、混凝土生产方及监理方等工程参与方共同努力，从各个环节保证混凝土中拉应力小于混凝土实时抗拉强度，也就是说，预防裂缝不单单是混凝土供应方或施工方某一方的事情与责任，需要各方的参与和控制。大体来说，控制混凝土开裂可以从以下几个方面综合进行：

1. 对工程建设者，应改变以混凝土强度作为质量验收的唯一标准的方法，应更多关注混凝土的耐久性如何。同时改变追求高早强的观念，控制减少早期混凝土强度增长率，可能时尽量延缓混凝土强度验收期限(如大体积基础可考虑按 60 d 龄期验收)。

2. 从设计的角度看，设计中应尽量避免结构断面突变带来的应力集中。不仅从受力角度考虑配筋，而且要加强混凝土抗裂的构造配筋，保持合理的配筋率、混凝土体积/面积比、及钢筋保护层厚度。上海市《控制住宅工程钢筋混凝土现浇楼板裂缝的技术导则》中规定，住宅的建筑平面宜规则，当平面有凹口时，凹口周边楼板的配筋宜适当加强；房屋层面阳角处和跨度大于等于 3.9 m 的楼板，应设置双层双向钢筋，阳角处钢筋间距不宜大于 100 mm，跨度大于等于 3.9 m 的楼板间距不宜大于 150 mm，钢筋直径不宜小于 ϕ8。

3. 对混凝土生产者，尽量选用开裂敏感性小的材料及热膨胀系数小的骨料，如低 C_3A、C_3S、低碱、比表面积小的水泥。尽量避免采用早强高的水泥。选用级配优良的砂、石原材料，含泥量应符合规范要求。合理利用优质掺和料，如比表面积 400 m^2/kg 的矿粉，尽量避免使用硅灰。粉煤灰的抗裂作用在低水灰比(小于 0.40)下加强保湿养护才能发挥出来等。配合比设计人员应深入施工现场，依据施工现场的浇捣工艺、操作水平、构件截面等情况，合理选择好混凝土的设计坍落度，在配合比的选用时尽量减少胶凝材料用量，使用优质引气剂。同时，经实践证明有利与抗裂的新材料如减缩剂、膨胀剂、纤维混凝土等均可合理采用。针对现场的砂、石原材料质量情况及时调整施工配合比。

4. 在施工方面，应重视施工组织管理，采取正确的浇筑顺序与振捣方式，振捣棒要快插慢拔，根据不同的混凝土坍落度正确掌握振捣时间，避免过振或漏振，应提倡采用二次振捣、二次抹面技术，以排除泌水、混凝土内部的水分和气泡。浇筑完毕后要重视温度控制措施和养护措施，不仅使混凝土保持足够的湿度满足水泥水化，而且要尽可能缩小混凝土内外温差，保持恰当的升、降温速度。养护要在浇筑后立刻进行，养护期要根据混凝土材料组成和环境温度、湿度及风速来确定，拆模时间应从有利于混凝土温度和湿度保持的角度确定。

四、裂缝的处理

1. 表面修补法

表面修补法是一种简单、常见的修补方法，它主要适用于稳定和对结构承载能力没有影响的表面裂缝以及深进裂缝的处理。通常的处理措施是在裂缝的表面涂抹水泥浆、环氧胶泥或在混凝土表面涂刷油漆、沥青等防腐材料。在防护的同时为了防止混凝土受各种作用的影响继续开裂，通常可以采用在裂缝的表面粘贴玻璃纤维布等措施。

2. 灌浆、嵌缝封堵法

灌浆法主要适用于对结构整体性有影响或有防渗要求的混凝土裂缝的修补，它是利用压力设备将胶结材料压入混凝土的裂缝中，胶结材料硬化后与混凝土形成一个整体，从而起到封堵加固的目的。环氧树脂是最常见的裂缝灌注材料，它具有较高的机械强度，并能抵抗混凝土所遇到的大多数化学侵蚀，树脂可以灌入到 0.05 mm 的裂缝。除某些特殊的环氧树脂之外，当裂缝是活动的、有渗漏的、不能干透的或者裂缝数量极多时，通常不易采用树脂灌注法。常用的胶结材料有水泥浆、环氧树脂、甲基丙烯酸酯、聚氨酯和有机硅等化学材料。

灌浆法有重力渗入法、真空渗入法两种施工方式。重力法是靠灌浆料浆液自身重量渗入到裂缝中封闭裂缝的方法，适用于裂缝较宽时使用；真空渗入法是先将裂缝表面密封，抽去真空，使裂缝中和孔隙中的空气全部排除。再在大气压力下将灌浆料注入裂缝表面中。

嵌缝法是裂缝封堵中最常用的一种方法，它通常是沿裂缝凿槽，在槽中嵌填塑性或刚性止水材料，以达到封闭裂缝的目的。常用的塑性材料有聚氯乙烯胶泥、塑料油膏、丁基像胶等；常用的刚性止水材料为聚合物水泥砂浆。

3. 结构加固法

当裂缝影响到混凝土结构的性能时，就要考虑采取加固法对混凝土结构进行处理。结构加固法中常用的主要有以下几种方法：加大混凝土结构的截面面积、在构件的角部外包型钢、采用预应力法加固、粘贴钢板加固、增设支点加固以及喷射混凝土补强加固。

4. 混凝土置换法

混凝土置换法是处理严重损坏混凝土的一种有效方法，此方法是先将损坏的混凝土剔除，然后再置换新的混凝土或其他材料。常用的置换材料有：普通混凝土或水泥砂浆、聚合物或改性聚合物混凝土或砂浆。

5. 电化学防护法

电化学防腐是施加电场到介质中的电化学作用，用以改变混凝土或钢筋混凝土所处的环境状态，钝化钢筋，以达到防腐目的的电化学方法。阴极防护法、氯盐提取法、碱性复原法是化学防护中常用而有效的三种方法。

6. 仿生自愈合法

仿生自愈合法是一种新的裂缝处理方法，它模仿生物组织对受创伤部位自动分泌一种物质，而使创伤部位得到愈合的机能，在混凝土的传统组分中加入某些特殊组分：如含黏结剂的液芯纤维或胶囊，在混凝土内部形成智能型仿生自愈合神经网络系统，当混凝土出现裂缝时分泌出部分液芯纤维可使裂缝重新愈合。

第五节　蜂窝麻面、空洞漏筋

一、案　　例

事故描述：某单位预制梁场，在刚投入生产时，预制梁外观质量差，混凝土腹板部分部位存在蜂窝麻面现象，甚至有大小约 3 cm 的空洞存在。

事故调查：混凝土表面出现蜂窝麻面、空洞漏筋的现象是混凝土工程经常发生的质量问题，被称为是混凝土的质量通病，因其表现直观，问题的确认并不困难。

原因分析：经对该预制梁施工的调查，主要存在以下几个原因：

(1)混凝土为 C50 耐久性混凝土，胶凝材料为 490 kg/m^3，含气量达 3.8%，尽管坍落度 210 mm，但混凝土黏稠，流动慢；

(2)预制梁钢筋稠密，间距小，箱梁腹板较高，厚度较薄，在底板与腹板连接部位钢筋密，又布置有预应力筋使得腹板混凝土浇筑时不易振实；

(3)混凝土由顶板经腹板向底板侧流振捣施工，施工人员操作不熟练，振捣范围分工不明确，未能严格做到对相临部位交互振捣，从而发生漏振情况；

(4)模板清理后存在二次污染，脱模剂涂刷不均匀。

处理方法：对于混凝土外表的麻面，由于模板涂有油脂作脱模剂，修补前，应先往有麻面的混凝土表面涂刷稀草酸溶液，用毛刷擦拭，去除油脂，然后用清水冲洗干净，让其表面湿透。将同品种水泥砂浆用刮刀大力压入麻点内，即压即刮平，随后按混凝土养护方法进行养护，待砂浆终凝硬化具有一定的强度之后(24 h)，再用细砂纸打磨，用水冲去表面粉尘，可使混凝土外表光滑平整，颜色较为一致。对于混凝土外表出现的蜂窝，孔洞较小时可按麻面处理，较大时，应先凿除蜂窝状、松散的薄弱部分，用钢丝刷或高压水清除粉尘，将湿棉絮用水浸泡后塞进蜂窝内，使其表面充分湿润，用比设计标号高一等级的细石膨胀混凝土，拍进蜂窝内，如果混凝土不成型，可间隔一段时间分次压进，待压进的混凝土稍凝结后，再按麻面处理的方法来修饰外表。

蜂窝麻面、空洞漏筋的发生既有混凝土配合比、混凝土性能方面的原因，也有模板及隔离剂的原因，更主要的是施工方面的原因，它们的防治并不困难，但经常遭到施工人员的忽略。

二、蜂窝麻面

混凝土的蜂窝麻面表现为混凝土表面粗糙、气泡较多、有小凹坑和麻点，局部少浆、石子间形成空隙类似蜂窝状的小空洞。

1. 蜂窝麻面产生的主要原因

(1)混凝土配合比设计不当。混凝土中胶凝材料用量、砂率、碎石粒径、基本用水量以及外加剂性能均可能造成混凝土和易性不良、黏稠度增加、含气量不合适等，增加蜂窝麻面的机会。

(2) 模板材质相差大、清洁程度不良、拼缝不严密、不合理使用脱模剂也会造成混凝土的蜂窝麻面。

(3)混凝土分层厚度偏大；下料不当或下料过高，未设串通使石子集中，造成石子砂浆离析；钢筋较密，振捣不实漏振或振捣时间不够。

2. 防治与处理

(1)认真设计混凝土配合比，保证混凝土性能优良，必要时加入消泡剂控制混凝土含气量及气泡性状；生产中严格控制混凝土配合比，计量准确，混凝土拌合均匀，和易性良好；模板表面清理干净，不得粘有干硬水泥砂浆等杂物，选用优质脱模剂并涂刷均匀，模板缝应堵塞严密，浇灌中，应随时检查模板支撑情况防止漏浆；混凝土下料高度超过 2 m 应设串筒或溜槽，浇灌应分层下料，混凝土浇筑分层厚度控制在 300 mm 左右，分层振捣，防止漏振，复振是消除混凝土结构面层蜂窝麻面最有效的方法之一。混凝土浇筑振捣后间隔 20～30 min 再复振一次。

(2)对麻面的处理应在麻面部位浇水充分湿润后，用原混凝土配合比去石子砂浆，将麻面抹平压光。对于小蜂窝可洗刷干净后用 1∶2 或 1∶2.5 水泥砂浆抹平压实；较大蜂窝应凿去蜂窝处薄弱松散颗粒，刷洗净后，支模用高一级细石混凝土仔细填塞捣实，较深蜂窝，如清除困难，可埋压浆管、排气管，表面抹砂浆或灌筑混凝土封闭后，进行水泥压浆处理。

三、孔洞漏筋

混凝土孔洞漏筋是指混凝土结构内部有尺寸较大的空隙，局部没有混凝土或蜂窝特别大，混凝土内部主筋、副筋或箍筋裸露在结构构件表面的现象。

1. 孔洞漏筋产生的原因

(1)在钢筋较密的部位或预留孔洞和埋件处，混凝土流动不畅，未振捣就继续浇筑上层混凝土；

(2)混凝土离析，砂浆分离，石子成堆，严重跑浆；

(3)混凝土一次下料过多，过厚，下料过高，振捣器振动不到，形成松散孔洞；

(4)混凝土内掉入木块、泥块等杂物，钢筋保护层垫块位移或垫块太少或漏放，致使钢筋紧贴模板外露。

2. 防治与处理

(1)保证钢筋位置和保护层厚度正确，并加强检验，钢筋密集时，应选用适当粒径的石子，保证混凝土配合比准确和良好的和易性；在钢筋密集处及复杂部位，认真分层振捣密实；预留孔洞，应两侧同时下料，侧面加开浇灌门，严防漏振；砂石中混有黏土块、模板工具等杂物掉入混凝土内，应清除干净；

(2)孔洞漏筋的处理应将孔洞周围的松散混凝土和软弱浆膜凿除，用压力水冲洗，湿润后用高强度等级细石混凝土仔细浇灌、捣实。

附　录

A　法定计量单位

国际单位制(SI)提出于1948年第九届国际计量大会，形成于1954年第十届国际计量大会，并在1960年第十一届国际计量大会正式确定。我国于1984年2月27日发布的《关于在我国统一实行法定计量单位的命令》规定，我国的计量单位一律采用《中华人民共和国法定计量单位》，我国法定计量单位以国际单位制为基础，一切属于国际单位制的单位都是我国的法定计量单位，此外我国的法定计量单位还包括国家选定的非国际单位。我国的法定计量单位包括：

(1)国际单位制的基本单位，见表A—1；

(2)国际单位制的辅助单位，见表A—2；

(3)国际单位制中具有专门名称的导出单位，见表A—3；

(4)国家选定的非国际单位制单位，见表A—4；

(5)由以上单位构成的组合形成的单位；

(6)由词头和以上单位所构成的十进倍数和分数单位，词头见表A—5。

表A—1　国际单位制的基本单位

量的名称	单位名称	单位符号
长度	米	m
质量	千克(公斤)	kg
时间	秒	s
电流	安[培]	A
热力学温度	开[尔文]	K
物质的量	摩[尔]	mol
发光强度	坎[德拉]	cd

注：(1)圆括号中的名称，是它前面的名称的同义词，下同。

(2)方括号中的字，在不易引起混淆、误解的情况下，可以省略。去掉方括号中的字即为其简称。无方括号的单位名称，简称与全称同，下同。

表A—2　国际单位制的辅助单位

量的名称	单位名称	单位符号
[平面]角	弧度	rad
立体角	球面度	sr

表 A—3 国际单位制中具有专门名称的导出单位

量的名称	SI 导出单位			
	名称	符号	其他表示式	
			用 SI 单位示例	用 SI 基本单位
频率	赫[兹]	Hz	—	s^{-1}
力;重力	牛[顿]	N		$kg \cdot m \cdot s^{-2}$
压力,压强;应力	帕[斯卡]	Pa	N/m^2	$m^{-1} \cdot kg \cdot s^{-2}$
能量;功;热	焦[耳]	J	$N \cdot m$	$m^2 \cdot kg \cdot s^{-2}$
功率;辐射通量	瓦[特]	W	J/s	$m^2 \cdot kg \cdot s^{-3}$
电荷量	库[仑]	C	—	$s \cdot A$
电位;电压;电动势	伏[特]	V	W/A	$m^2 \cdot kg \cdot s^{-3} \cdot A^{-1}$
电容	法[拉]	F	C/V	$m^{-2} \cdot kg^{-1} \cdot s^4 \cdot A^2$
电阻	欧[姆]	Ω	V/A	$m^2 \cdot kg \cdot s^{-3} \cdot A^{-2}$
电导	西[门子]	S	A/V	$m^{-2} \cdot kg^{-1} \cdot s^3 \cdot A^2$
磁通量	韦[伯]	Wb	$V \cdot s$	$m^2 \cdot kg \cdot s^{-2} \cdot A^{-1}$
磁通量密度,磁感应强度	特[斯拉]	T	Wb/m^2	$kg \cdot s^{-2} \cdot A^{-1}$
电感	亨[利]	H	Wb/A	$m^2 \cdot kg \cdot s^{-2} \cdot A^{-2}$
摄氏温度	摄氏度	℃	—	
光通量	流[明]	lm	—	$cd \cdot sr$
光照度	勒[克司]	lx	lm/㎡	$m^{-2} \cdot cd \cdot sr$
放射性活度	贝克[勒尔]	Bq		s^{-1}
吸收剂量	戈[瑞]	Gy	J/kg	$m^2 \cdot s^{-2}$
剂量当量	希[沃特]	Sv	J/kg	

表 A—4 国家选定的非国际单位制单位

量的名称	单位名称	单位符号	换算关系和说明
时间	分 (小)时 天(日)	min h d	1 min=60 s 1 h=60 min=3 600 s 1 d=24 h=86 400 s
平面角	(角)秒 (角)分 度	″ ′ °	1″=(π/648 000)rad (π 为圆周率) 1′=60″=(π/10 800)rad 1°=60′=(π/180)rad
旋转速度	转每分	r/min	1 r/min=$(1/60)s^{-1}$
长度	海里	n mile	1 n mile=1 852 m(只用于航行)
速度	节	kn	1 kn=1 n mile/h | =(1 852/3 600)m/s (只用于航行)
质量	吨 原子质量单位	t u	1 t=10^3 kg 1 u≈1.660 565 5×10^{-27} kg
体积	升	L,(1)	1 L=10^{-3} m^3
能	电子伏	eV	1 eV≈1.602 189 2×10^{-10} J
级差	分贝	dB	
线密度	特[克斯]	tex	1 tex=1 g/km

表 A—5 SI 词 头

因数	词头名称		符号	因数	词头名称		符号
	原文(法)	中文			原文(法)	中文	
10^{18}	exa	艾[可萨]	E	10^{-1}	deci	分	d
10^{15}	peta	拍[它]	P	10^{-2}	centi	厘	c
10^{12}	tera	太[拉]	T	10^{-3}	milli	毫	m
10^{9}	giga	吉[加]	G	10^{-6}	miero	微	μ
10^{6}	mega	兆	M	10^{-9}	nano	纳[诺]	n
10^{3}	kilo	千	k	10^{-12}	pico	皮[可]	p
10^{2}	hecto	百	h	10^{-15}	femto	飞[母托]	f
10^{1}	deca	十	da	10^{-18}	atto	阿[托]	a

B 非法定与法定计量单位换算表

量的名称	非法定计量单位		法定计量单位		单位换算关系
	名称	符号	名称	符号	
长度	埃	Å	米	m	1 Å＝0.1 nm＝10^{-10} m
	码	yd	米	m	1 yd＝0.914 4 m
	[市]里		米	m	1 里＝500 m
	丈		米	m	1 丈＝(10/3)m
	尺		米	m	1 尺＝(1/3)m
	英尺	ft	米	m	1 ft＝0.304 8 m
	英寸	in	米	m	1 in＝0.025 4 m
	英里	mile	米	m	1 mile＝1 609.344 m
面积	公顷	hm^2	平方米	m^2	1hm^2＝10 000 m^2
	公亩	a	平方米	m^2	1 a＝100 m^2
	平方英寸	in^2	平方米	m^2	1 in^2＝6.451 6×10^{-4} m^2
	平方英里	$mile^2$	平方米	m^2	1 $mile^2$＝2.589 99×10^6 m^2
	英亩	acre	平方米	m^2	1 acre＝4 046.856 m^2
	亩		平方米	m^2	1 亩＝10 000/15 m^2＝666.6 m^2
体积	立方英寸	in^3	立方米	m^3	1 in^3＝1.638 71×10^{-5} m^3
	英加仑	UKgal	立方米	m^3	1 UKgal＝4.546 09 dm^3
	美加仑	USgal	立方米	m^3	1 USgal＝3.785 41 dm^3
	美桶(用于石油)		立方米	m^3	1 美桶＝158.987 3 dm^3
速度	英里每[小]时	mile/h	米每秒	m/s	1 mile/h＝0.447 04 m/s
质量	磅	lb	千克	Kg	1 lb＝0.453 592 37 kg
	盎司	oz	克	g	1 oz＝28.349 5 g
	[米制]克拉		千克	Kg	1 米制克拉＝2×10^{-4} kg

续上表

量的名称	非法定计量单位		法定计量单位		单位换算关系
	名　称	符　号	名　称	符　号	
力、重力	千克力	kgf	牛顿	N	1 kgf=9.806 65 N
	吨力	tf	千牛顿	kN	1 tf=9.806 65 kN
	达因	dyn	牛[顿]	N	1 dyn=10^{-5} N
力矩、弯矩、扭矩	千克力米	kgf·m	牛顿米	N·m	1 kgf·m=9.806 65 N·m
	吨力米	tf·m	千牛顿米	kN·m	1 tf·m=9.806 65 kN·m
应力、材料强度、压强	千克力每平方毫米	kgf/mm^2	牛顿每平方毫米	N/mm^2	1 kgf/mm^2 = 9.806 65 N/mm^2 (MPa)
	千克力每平方厘米	kgf/cm^2	牛顿每平方毫米	N/mm^2	1 kgf/cm^2 = 0.098 066 5 /mm^2 (MPa)
	巴	bar	帕[斯卡]	Pa	1 bar=10^5 Pa
	毫米水柱	mmH_2O	帕[斯卡]	Pa	1 mmH_2O=9.806 65 Pa
	毫米汞柱	mmHg	帕[斯卡]	Pa	1 mmHg=133.322 Pa
	托	Torr	帕[斯卡]	Pa	1 Torr=133.322 Pa
	工程大气压	at	帕[斯卡]	Pa	1 at=98 066.5 Pa=98.066 5 kPa
	标准大气压	atm	帕[斯卡]	Pa	1 atm=101 325 Pa=101.325 kPa
[动力]粘度	泊	P,Po	帕[斯卡]秒	Pa·s	1 P=10^{-1} Pa·s
弹性模量、变形模量	千克力每平方厘米	kgf/cm^2	牛顿每平方毫米	N/mm^2	1 kgf/cm^2 = 0.098 066 5 N/mm^2(MPa)
能[量]、功、热	尔格	erg	焦[耳]	J	1 erg=10^{-7} J
	千克力米	kgf·m	焦[耳]	J	1 kgf·m=9.806 65 J
	千瓦时	kW·h	焦[耳]	J	1 kW·h=3.6 MJ
	卡	cal	焦[耳]	J	1 cal=4.186 8 J
	吨标准煤,吨当量煤	tec	焦[耳]	J	1 tec=29.307 6 GJ
功率	千克力米每秒	kgf·m/s	瓦[特]	W	1 kgf·m/s=9.806 65 W
	马力,[米制]马力		瓦[特]	W	1 马力=735.499 W
	卡每秒	cal/s	瓦[特]	W	1 cal/s=4.186 8 W
	千卡每[小]时	kcal/h	瓦[特]	W	1 kcal/h=1.163 W
温度	摄氏度	℃	开[尔文]	K	1 ℃=1 K
	华氏度	℉	开[尔文]	K	1 ℉=5/9 K
	兰氏度	°R	开[尔文]	K	1 °R=5/9 K
热导率(导热系数)	卡每厘米秒开[尔文]	cal/(cm·s·K)	瓦特每米开[尔文]	W/(m·K)	1 cal/(cm·s·K)=418.68 W/(m·K)
传热系数	卡每平方厘米秒开[尔文]	cal/(cm^2·s·K)	瓦[特]每平方米开[尔文]	W/(m^2·K)	1 cal/(cm^2·s·K)=41 868 W/(m^2·K)

续上表

量的名称	非法定计量单位		法定计量单位		单位换算关系
	名称	符号	名称	符号	
热容、熵	克劳	Cl	焦[耳]每千克开[尔文]	J/K	1 Cl=4.186 8 J/K
质量热容、比热容,比熵	千卡每千克开[尔文]	kcal/(kg·K)	焦[耳]每千克开[尔文]	J/(kg·K)	1 kcal/(kg·K)=4 186.8 J/(kg·K)

C 检测数据的读取、记录和处理

C1. 原始数据读取规则

1. 测量前,应估计试样的被测量值。

2. 选择试验机或其他测量器具及其相应的量程(指示度盘)。

3. 检测中,严格按照所选量程确定的分度(最小刻度)值读数。

4. 带有数字式指示装置类型的仪器、设备,待末位数字稳定(或变动稳定)后读数。数字式指示装置的"可读能力":当示值的变动不大于1个增量时,则应为数字示值的一个增量;当示值的变动大于1个增量时,则应为数字式示值变动范围的1/2。

5. 指针式仪器、设备或有刻度(带有、不带有游标)的仪表、设备和其他带有这种类型模拟指示装置的检测器具,读数时从分度(最小刻度)值向后估读一位。为保证最大读数误差小于等于1%,依据JJG 139—1999标准,采用,二分之一分度估读法。方法为:先确认量程,然后将分度(最小刻度)值一分为四,示值小于四分之一分度,读前一刻度值;示值大于等于四分之一分度而小于四分之三分度,读二分之一分度值;示值大于等于四分之三分度,读后一分度值。

C2. 原始数据记录规则

1. 仪器设备的最小示值(间隔)为1,则末位按二分之一估读法读取并记录至0.5的整数倍。

2. 仪器设备的最小示值(间隔)为2,则末位按二分之一估读法读取并记录至1的整数倍。

3. 仪器设备的最小示值(间隔)为4,则末位按二分之一估读法读取并记录至2的整数倍。

4. 仪器设备的最小示值(间隔)为5.0,则末位按二分之一估读法读取并记录至2.5的整数倍。

5. 个别最小分度值为2.5的设备,"可读能力"确定为1/5(JJG 139—1999),末位估读采用五分之一最小分度值估读法。方法为:将最小分度值一分为五,然后估读并记录至0.5的整数倍,倍数为0~5的自然数。

6. 游标卡尺类测试器具应按其精度读取并记录,例:精度为0.02的游标卡尺其读数和记录的尾数只可能为0.02的整数倍。

7. 原始数据记录时不准任意舍弃测试数据的可读尾数,否则造成两次或多次修约错误。

C3. 原始数据处理

试验标准(规范)中对数据处理有明确规定的,应严格按标准(规范)要求执行。试验标准(规范)中仅规定计算结果有效位取值时,多余位应修约。

1. 数值修约间隔

修约间隔确定修约值的最小数值单位。修约间隔的数值一经确定,修约值即应为该数值的整数倍。例如,指定修约间隔为 0.1,修约值即应在 0.1 的整数倍中选取;指定修约间隔为 100,修约值即应在 100 的整数倍中选取,相当于将数值修约到“百”数位。数值修约时,首先要确定修约数位:

(1)指定修约间隔为 10^{-n}(n 为正整数),或指明将数值修约到 n 位小数;

(2)指定修约间隔为 1,或指明将数值修约到个数位;

(3)指定修约间隔为 10^{n},或指明将数值修约到 10^{n} 数位(n 为正整数)。

2. 进舍规则

采用四舍六入五奇偶规则。

(1)拟舍弃数字的最左一位数字小于 5 时,则舍去,保留的各位数字不变。

(2)拟舍弃数字的最左一位数字大于 5,则进一,即保留的末位数字加 1。

(3)拟舍弃数字的最左一位数字是 5,且其后跟有非 0 数字时进一,即保留数字的末位数字加 1。

(4)拟舍弃数字的最左一位数字为 5,且其后无数字或皆为 0 时,若所保留的末位数字为奇数(1,3,5,7,9)则进一,即保留的末位数字加 1;若所保留的末位数字为偶数(0,2,4,6,8),则舍弃。

(5)负数修约时,先将它的绝对值按上述(1)~(4)规定进行修约,然后在所得值前面加上负号。

3. 不允许连续修约

(1)拟修约数字应在确定修约间隔或指定修约数位后一次修约获得结果,不得多次按上条规则连续修约。

(2)在具体实施中,有时测试部门与计算部门先将获得数值按指定的修约数多一位或几位报出,而后由其他部门判定。为避免产生连续修约的错误,应按下述步骤进行。

a. 报出数值最右的非 0 数字为 5 时,应在数值右上角加“+”或加“—”或不加符号,分别表明已进行过舍、进或未舍未进。

例如:16.50^{+} 表示实际值大于 16.50,经修约舍弃为 16.50;16.50^{-} 表示实际值小于 16.50,经修约进一为 16.50;

b. 如对报出值需进行修约,当拟舍弃数字的最左一位为 5 而其后无数字或皆为 0 时,数值右上角有“+”者进 1,数值后面有“—”者舍去,其他仍按进舍规则进行。如:

实测值	报出值	修约值
15.454 6	15.5^{-}	15
16.520 3	16.5^{+}	17
17.500 0	17.5	18

4. 0.5 单位修约与 0.2 单位修约

在对数值进行修约时，若有必要，也可以采用0.5单位修约或0.2单位修约。

(1)0.5单位修约(半个单位修约)

指按指定修约间隔对拟修约的数值0.5单位进行的修约，即修约到指定数位的0.5单位，修约方法为：将拟修约数值乘以2，按指定修约间隔依2条之规则修约，所得数值再除以2。例如：将50.25修约到个位数的0.5单位，先将50.25乘以2得100.50，将100.50修约到个位得100，再将100除以2得50.0，50.0即为50.25的0.5单位个位修约值。

(2)0.2单位修约

指按指定修约间隔对拟修约的数值0.2单位进行的修约，修约方法为：将拟修约数值乘以5，按指定修约间隔依2条之规则修约，所得数值再除以5。例如将563修约到十位数的0.2单位，先将562乘以5得2 815，将2 815修约到十位数得2 820，再将2 820除以5得564，则564即为563的0.2单位十位修约值。

C4. 测定值或计算值与标准规定的极限数值作比较的方法

1. 测定值或计算值与标准规定的极限数值作比较的方法有全数值比较法与修约值比较法两种，全数值比较法是将测试所得的测试值或计算值不经修约处理(或虽经修约处理，但应标明它是经舍、进或未进未舍而得)，用该数值与规定的极限数值作比较，只要超出极限数值规定的范围(不论超出程度大小)，都判断为不符合要求。修约值比较法是将测定值或其计算值进行修约，修约位数应与规定的极限数值数位一致，将修约后的数值与规定的极限数值进行比较，只要超出极限数值规定的范围(不论超出程度大小)，都判定为不符合要求。

2. 在标准规范中若对极限数值(包括带有极限偏差值的数值)无特殊规定时，均应使用全数值比较法。如规定采用修约值比较法，应在标准中加以说明。

D 常用材料的密度和容重

序号	材料名称	密度(g/cm^3)	容重(kg/m^3)	备注
1	钢材	7.86	7 850	
2	普通水泥	3.1	1 250～1 450	
3	火山灰水泥	2.85～3.0	850～1 150	
4	矿渣水泥	2.85～3.0	1 100～1 300	
5	石灰	3.1	800～1 000	
6	素混凝土	2.4	2 400	
7	泡沫混凝土	0.3～0.9	300～800	
8	钢筋混凝土	2.5	2 500	
9	花岗岩	2.5～2.7	2 500～2 700	
10	石灰岩	2.4～2.7	2 400～2 700	
11	大理石	2.6～2.7	2 600～2 700	
12	粉煤灰	1.9～2.4	550～700	指松散容重
13	炉渣	2.5	700～900	颗粒容重1 250～1 500

续上表

序号	材料名称	密度(g/cm³)	容重(kg/m³)	备注
14	高炉矿渣	2.27～2.73	1 224～1 606	指松散容重
15	高炉水卒态渣	2.5	1 450	
16	熟石膏	2.6～2.75	800～1 000	指松散容重
17	干砂	2.66	1 400～1 500	
18	湿砂	2.56	1 550～1 650	
19	石油沥青	0.98～1.0	950～1 000	
20	煤沥青	1.2	1100～1200	
21	磁铁矿	4.5～5.2		
22	铁矿	4.5		
23	褐铁矿	2.7～4.0		
24	赤铁矿	4.0～5.3		
25	重晶石	4.0～4.7		
26	玄武岩	2.5～3.1		
27	斧石	3.3		
28	硼铁矿	3.1～3.6		
29	生石灰块		1 100	
30	生石灰粉		1 200	
31	硝石灰		500～700	
32	石膏		1 650	
33	浮石		400	
34	页岩陶粒		450～750	
35	粉煤灰陶粒		650～800	
36	膨胀珍珠岩		40～130	
37	膨胀蛭石		80～120	
38	碎石	2.65	1 450	
39	卵石	2.65	1 400	

E　常用材料的比热容

序号	材料名称	比热容(J/kg・K)	备注
1	水泥	840	
2	砂	795.5	
3	玄武岩	854	
4	冰(0)	4 187	
5	水	4 182	

续上表

序　号	材料名称	比热容(J/kg·K)	备　注
6	花岗岩	653.2	
7	粉煤灰	840	
8	木材	1 256.1	
9	混凝土	837.4	
10	殷钢	502.4	
11	橡胶	1 647.8	
12	聚苯乙烯	1 340	
13	锰钢	407.4	
14	机油	1 885	
15	聚乙烯	2 512.2	
16	煤炭	1 317	
17	胶合板	2 512	
18	瓷(器)	1 063.5	
19	有机玻璃	1 424～1 549	
20	硬质橡胶	1 427.8	
21	煤油	2 001.4	
22	磷青铜	3.8	
23	纸	1 507.3	
24	聚氯乙烯塑料	1 004.9	
25	汽油	2 060	
26	空气	1 007	
27	石蜡	1 578.5	
28	橡皮	2 135.4	
29	二硫化碳	1 006	
30	云母	879.3	
31	乙醇	2 422	
32	石英玻璃	891.8	
33	钠玻璃	803.9	
34	窗用玻璃	669.9	
35	温度计用玻璃	832.4	
36	燧石玻璃	490	
37	布层塑料	1 465	

F 常用材料的导热系数

材料名称	导热系数[W/(m·K)]	备注	材料名称	导热系数[W/(m·K)]	备注
普通混凝土	1.51		铝	237	
普通红砖	0.81		铁	80	
加气混凝土	0.22		落叶松木	0.13	0 ℃时
页岩陶粒混凝土	0.63		普通松木	0.08—0.11	45 ℃时
GRC 板	0.26		海砂	0.03	20 ℃时
石膏砌块	0.2		杨木	0.1	100 ℃时
炉渣	0.84	50 ℃时	胶合板	0.125	0 ℃时
石棉	0.16—0.37	0 ℃时	矿渣棉	0.05—0.14	0 ℃时
冰	2.22		新下的雪	0.1	
沥青	0.699		填实了的雪	0.21	
玄武岩	2.177		花岗石	2.68—3.35	
水	0.54		空气	0.024	
聚苯板	0.04		木工板	0.1—0.2	

导热系数是指在稳定传热条件下，1 m 厚的材料，两侧表面的温差为 1 度(K,℃)，在 1 h 内，通过 1 m^2 面积传递的热量，单位为瓦/(米·度)(W/(m·K)，此处的 K 可用℃代替)。

导热系数与材料的组成结构、密度、含水率、温度等因素有关。非晶体结构、密度较低的材料，导热系数较小。材料的含水率、温度较低时，导热系数较小。

通常把导热系数较低的材料称为保温材料，生活中导热系数在 0.05W/(m·K)以下的即称为高效保温材料。

G 筛子规格对照表

目/英寸	孔径(mm)	孔/cm^2	目/英寸	孔径(mm)	孔/cm^2
4	5	2.56	60	0.301	576
5	4	4	65	0.28	676
6	3.22	5.76	70	0.261	784
8	2.5	10.24	75	0.25	900
10	2	16	80	0.2	1 024
12		23.04	85	0.18	
14	1.43	31.36	90	0.17	1 296
16	1.24	40.96	100	0.15	1 600
18	1	51.84	110	0.14	1 936
20	0.95	64	120	0.125	2 304

续上表

目/英寸	孔径(mm)	孔/cm^2	目/英寸	孔径(mm)	孔/cm^2
22		77.44	130	0.12	2 704
24	0.7	92.16	140		3 136
26	0.71	108.16	150	0.1	3 600
28	0.63	125.44	160	0.088	
30	0.6	144	180	0.077	5 184
32	0.55	163.84	190		5 776
34	0.525	185	200	0.076	6 400
36	0.5	207	230	0.065	8 464
38	0.425	231	240		9 216
40	0.4	256	250	0.06	10 000
42	0.375	282	275	0.052	12 100
44		310	280		12 544
46	0.345	339	300	0.045	14 400
48		369	320	0.044	16 384
50	0.325	400	350	0.042	19 600
55		484	400	0.034	25 600

H　混凝土的热工计算

H1. 混凝土搅拌、运输、浇筑温度计算

1. 混凝土拌合温度宜按下列公式计算：

$$T_0=[0.92(m_{ce}T_{ce}+m_{sa}T_{sa}+m_gT_g)+4.2T_w(m_w-w_{sa}m_{sa}-w_gm_g)+c_1(w_{sa}m_{sa}T_{sa}+w_gm_gT_g)-c_2(w_{sa}m_{sa}+w_g\mathrm{m_g})]/[4.2m_w+0.9(m_{ce}+m_{sa}+m_g)]$$

式中　T_0——混凝土拌合物温度(℃)；

m_w——用水量(kg)；

m_{ce}——水泥用量(kg)；

m_{sa}——砂石用量(kg)；

m_g——石子用量(kg)；

T_w——水的温度(℃)；

T_{ce}——水泥的温度(℃)；

T_{sa}——砂子的温度(℃)；

T_g——石子的温度 (℃)；

w_{sa}——砂子的含水率(%)；

w_g——石子的含水率(%)；

c_1——水的比热容(kJ/kg·K)；

c_2——冰的溶解热(kJ/kg)。

当骨料温度大于0℃时,$c_1=4.2$,$c_2=0$;当骨料温度小于或等于0 ℃时,$c_1=2.1$,$c_2=335$。

2. 混凝土拌合物出机温度宜按下列公式计算:

$$T_1 = T_0 - 0.16(T_0 - T_i)$$

式中 T_1——混凝土拌合物出机温度(℃);

T_i——搅拌机棚内温度(℃)。

3. 混凝土拌合物经运输到浇筑时温度宜按下列公式计算:

$$T_2 = T_1 - (\alpha t_1 + 0.032\mathrm{n})(T_1 - T_a)$$

式中 T_2——混凝土拌合物运输到浇筑时温度(℃);

t_1——混凝土拌合物自运输到浇筑时的时间(h);

n——混凝土拌合物动转次数;

T_a——混凝土拌合物运输时环境温度(℃);

α——温度损失系数(h^{-1});当用混凝土搅拌车输送时,$\alpha=0.25$;当用开敞式大型自卸汽车时,$\alpha=0.20$;当用开敞式小型自卸汽车时,$\alpha=0.30$;当用封闭式自卸汽车时,$\alpha=0.1$;当用手推车时,$\alpha=0.50$。

4. 考虑模板和钢筋的吸热影响,混凝土浇筑成型完成时的温度宜按下式计算:

$$T_3 = (C_c m_c T_2 + C_f m_f T_f + C_s m_s T_s)/(C_c m_c + C_f m_f + C_s m_s)$$

式中 T_3——考虑模板和钢筋吸热影响,混凝土成型完成时的温度(℃);

C_c——混凝土的比热容(kJ/kg·K);

C_f——模板的比热容(kJ/kg·K);

C_s——钢筋的比热容(kJ/kg·K);

m_c——每 m^3 混凝土的重量(kg);

m_f——每 m^3 混凝土相接触的模板重量(kg);

m_s——每 m^3 混凝土相接触的钢筋重量(kg);

T_f——模板的温度,未预热时可采用当时的环境温度(℃);

T_s——钢筋的温度,未预热时可采用当时的环境温度(℃)。

H2. 混凝土养护过程中的温度计算

1. 水泥的水化热

$$Q_\tau = \frac{1}{\mathrm{n}+\tau} Q_0 \tau$$

式中 Q_τ——在龄期 τ 天时的累积水化热(kJ/kg);

Q_0——水泥水化热总量(kJ/kg);

τ——龄期(d);

n——常数,随水泥品种、比表面积等因素不同而异。为便于计算可将上式改写为:

$$\frac{\tau}{Q_\tau} = \frac{\mathrm{n}}{Q_0} + \frac{\tau}{Q_0}$$

根据水泥水化热"直接法"试验测试结果,以龄期 τ 为横坐标,τ/Q_τ 为纵坐标画图,可得到一条直线,此直线的斜率为 $1/Q_0$,即可求出水泥水化热总量 Q_0。其值亦可根据下式进行计算

或参考表 H－3 选用

$$Q_0 = \frac{4}{7/Q_7 - 3/Q_3}$$

2. 胶凝材料水化热总量

通常 Q 值是在水泥、掺和料、外加剂用量确定后根据实际配合比通过试验得出。当无试验数据时，可考虑根据下述公式进行计算：

$$Q = kQ_0$$

式中　Q——胶凝材料水化热总量(kJ/kg)；

k——不同掺量掺和料水化热调整系数，其值取法参见表 H—1。

表 H—1　不同掺量掺和料水化热调整系数

掺　量*	0	10%	20%	30%	40%
粉煤灰(k_1)	1	0.96	0.95	0.93	0.82
矿渣粉(k_2)	1	1	0.93	0.92	0.84

* 注：表中掺量为掺和料占总胶凝材料用量的百分比。

当现场采用粉煤灰与矿粉双掺时，k 值按照下式计算：

$$k = k_1 + k_2 - 1$$

式中　k_1——粉煤灰掺量对应系数；

k_2——矿粉掺量对应系数。

3. 混凝土的绝热温升

因水泥水化热引起混凝土的绝热温升值可按下式计算：

$$T(\mathrm{t}) = \frac{WQ}{C\rho}(1 - e^{-mt})$$

式中　$T(\mathrm{t})$——混凝土龄期为 t 时的绝热温升(℃)；

W——每 m^3 混凝土的胶凝材料用量(kg/m^3)；

C——混凝土的比热容，一般为 0.92～1.0〔kJ/(kg·℃)〕；

ρ——混凝土的重力密度，2 400～2 500(kg/m^3)；

m——与水泥品种、浇筑温度等有关的系数，0.3～0.5(d^{-1})；可按表 H—2 选用。

表 H—2　m 取值

浇筑温度(℃)	5	10	15	20	25	30
m	0.295	0.318	0.340	0.362	0.384	0.406

t——混凝土龄期(d)。

4. 混凝土养护开始到任一时刻 t 的温度：

$$T = \eta \times e^{-\theta \times V_{ce} \times t} - \phi \times e^{-V_{ce} \times t} + T_{m,a}$$

混凝土养护开始到任一时刻 t 的平均温度：

$$T_m = 1/(V_{ce}t) \times [\phi \times e^{-V_{ce} \times t} - (\eta/\theta) \times e^{-\theta \times V_{ce} \times t} + \eta/\theta - \phi] + T_{m,a}$$

其中 θ、ϕ、η 为综合参数，按下式计算：

$$\theta = (\omega \times K \times M)/(V_{ce} \times C_c \times \rho_c)$$

$$\phi=(V_{ce}\times Q_{ce}\times m_{ce})/(V_{ce}\times C_c\times\rho_c-\omega\times K\times M)$$

$$\eta=T_3-T_{m,a}+\phi$$

式中　T——混凝土养护开始到任一时刻 t 的温度(℃)；

T_m——混凝土养护开始到任一时刻 t 的平均温度(℃)；

t——混凝土养护开始到任一时刻的时间(h)；

$T_{m,a}$——混凝土养护开始到任一时刻 t 的平均气温(℃)；

ρ_c——混凝土的质量密度(kg/m^3)；

m_{ce}——每立方米混凝土水泥用量(kg/m^3)；

C_c——混凝土的比热容(kJ/kg・K)；

Q_{ce}——水泥水化累积最终放热量(kJ/kg)；

V_{ce}——水泥水化速度系数(h^{-1})；

ω——透风系数；

M——结构表面系数(m^{-1})；

K——结构围护层的总传热系数(kJ/m^2・h・K)；

e——自然对数底，可取 e=2.72。

注：(1)结构表面系数 M 值按下式计算：

$M=A$(混凝土结构表面积)$/V$(混凝土结构的体积)

(2)结构围护层总传热系数按下式计算：

$$K=3.6/(0.04+\sum_{i=1}^{n}d_i/K_i)$$

式中　d_i——第 i 层围护层厚度(m)；

K_i——第 i 层围护层的导热系数(W/m・K)。

(3)平均气温 $T_{m,a}$ 取法，采用养护开始至 t 时气象预报的平均气温，或按每时或每日平均气温计算。

(4)水泥水化累积最终放热量 Q_{ce}，水泥水化速度系数 V_{ce} 及透风系数 ω 取值按表 H—3、H—4 取用。

表 H—3　水泥水化累积最终放热量 Q_{ce} 和水泥水化速度系数 V_{ce}

水泥品种及标号	Q_{ce}(kJ/kg)	V_{ce}(h^{-1})
42.5 号硅酸盐水泥	400	0.013
42.5 号普通硅酸盐水泥	360	
32.5 号普通硅酸盐水泥	330	
32.5 号矿渣、火山灰、粉煤灰硅酸盐水泥	240	

表 H—4　透风系数 ω

围护层种类	透风系数 ω		
	小　风	中　风	大　风
围护层由易透风材料组成	2.0	2.5	3.0
易透风保温材料外包不易透风材料	1.5	1.8	2.0

注：小风风速 $V_w<3$ m/s，中风风速 $3\leqslant V_w\leqslant5$ m/s，大风风速 $V_w>5$ m/s

5. 混凝土表面温度：

混凝土表面最高温度采用的计算公式为：

$$T_{bmax}=T_q+4\times(H-h')\times h'\times\triangle T/H^2$$

$$H=h+2\times h'$$

$$h'=K\times\lambda/\beta$$

式中　T_{bmax}——混凝土表面最高温度(℃)；

T_q——大气的平均温度(℃)；

H——混凝土的计算厚度；

h'——混凝土的虚厚度；

h——混凝土的实际厚度；

ΔT——混凝土中心温度与外界气温之差的最大值；

λ——混凝土的导热系数,此处可取 2.33 W/m· K；

K——计算折减系数,根据试验资料可取 0.666；

β——混凝土模板的传热系数(W/m^2·K)。

6. 浇注体温度场计算

浇筑体内部温度场计算可采用有限单元法或一维差分法。

(1)有限单元法

有限单元法可使用成熟的商用有限元计算程序或自编的经过验证的有限元程序。

(2)一维差分法

采用一维差分法,可将混凝土沿厚度分许多有限段 Δx,时间分许多有限段 Δt。相邻三点的编号为 $n-1$、n、$n+1$,在第 k 时间里,三点的温度 $T_{n-1,k}$、$T_{n,k}$ 及 $T_{n+1,k}$,经过 Δt 时间后,中间点的温度 $T_{n,k+1}$,可按差分式求得：

$$T_{n,k+1}=\frac{T_{n-1,k}+T_{n+1,k}}{2}\cdot 2a\frac{\Delta t}{\Delta x^2}-T_{n,k}(2a\frac{\Delta t}{\Delta x^2}-1)+\Delta T_{n,k}$$

式中,a 为混凝土导温系数,取 0.003 5 m^2/h。

浇筑第一层时取相应位置温度为初始温度,混凝土入模温度为混凝土初始温度,当达到混凝土上表面时,可假定上表面边界温度为大气温度。

混凝土内部热源在 t_1 和 t_2 时刻之间散热所产生的温差：

$$\Delta T=T_{max}(e^{-mt_1}-e^{-mt_2})$$

在混凝土与相应位置接触面上的散热温升可取 $\Delta T/2$。

7. 温差计算

(1)混凝土浇筑体的里表温差可按下式计算：

$$\Delta T_1(t)=T_m(t)-T_b(t)$$

式中　$\Delta T_1(t)$—— 龄期为 t 时,混凝土浇筑体的里表温差(℃)；

$T_m(t)$——龄期为 t 时,混凝土浇筑体内的最高温度,可通过温度场计算或实测求得(℃)；

$T_b(t)$——龄期为 t 时,混凝土浇筑体内的表层温度,可通过温度场计算或实测求得(℃)。

(2)混凝土浇筑体的综合降温差可按下式计算：

$$\Delta T_2(t)=\frac{1}{6}[4T_m(t)+T_{bm}(t)+T_{dm}(t)]+T_y(t)-T_w(t)$$

式中 $\Delta T_2(t)$——龄期为 t 时，混凝土浇筑体在降温过程中的综合降温(℃)；

$T_m(t)$——在混凝土龄期为 t 内，混凝土浇筑体内的最高温度，可通过温度场计算或实测求得(℃)；

$T_{bm}(t)$、$T_{dm}(t)$——混凝土浇筑体达到最高温度 T_{max} 时，其块体上、下表层的温度(℃)；

$T_y(t)$——龄期为 t 时，混凝土收缩当量温度(℃)；

$T_w(t)$——混凝土浇筑体预计的稳定温度或最终稳定温度(可取计算龄期 t 时的日平均温度或当地年平均温度)(℃)。

H3. 混凝土收缩变形值的当量温度

1. 混凝土收缩的相对变形值可按下式计算：

$$\varepsilon_y(t)=\varepsilon_y^0(1-e^{-0.01t})\cdot M_1\cdot M_2\cdot M_3\cdots M_{11}$$

式中 $\varepsilon_y(t)$——龄期为 t 时混凝土收缩引起的相对变形值；

ε_y^0——在标准试验状态下混凝土最终收缩的相对变形值，取 3.24×10^{-4}；

M_1、M_2、$\cdots M_{11}$——考虑各种非标准条件的修正系数，可按下表选用。

表 H—5 混凝土收缩变形不同条件影响修正系数

水泥品种	M_1	水泥细度(m^2/kg)	M_2	水胶比	M_3	胶浆量(%)	M_4	养护时间(天)	M_5	环境相对湿度(%)	M_6
矿渣水泥	1.25	300	1.0	0.3	0.85	20	1.0	1	1.11	25	1.25
低热水泥	1.10	400	1.13	0.4	1.0	25	1.2	2	1.11	30	1.18
普通水泥	1.0	500	1.35	0.5	1.21	30	1.45	3	1.09	40	1.1
火山灰水泥	1.0	600	1.68	0.6	1.42	35	1.75	4	1.07	50	1.0
抗硫酸盐水泥	0.78	—	—	—	—	40	2.1	5	1.04	60	0.88
—	—	—	—	—	—	45	2.55	7	1	70	0.77
—	—	—	—	—	—	50	3.03	10	0.96	80	0.7
—	—	—	—	—	—	—	—	14～180	0.93	90	0.54

$\bar{r}$	M_7	$\frac{E_sF_s}{E_cF_c}$	M_8	减水剂	M_9	粉煤灰掺量(%)	M_{10}	矿粉掺量(%)	M_{11}
0	0.54	0.00	1.00	无	1	0	1	0	1
0.1	0.76	0.05	0.85	有	1.3	20	0.86	20	1.01
0.2	1	0.10	0.76	—	—	30	0.89	30	1.02
0.3	1.03	0.15	0.68	—	—	40	0.90	40	1.05
0.4	1.2	0.20	0.61	—	—	—	—	—	—
0.5	1.31	0.25	0.55	—	—	—	—	—	—
0.6	1.4	—	—	—	—	—	—	—	—
0.7	1.43	—	—	—	—	—	—	—	—

注：$\bar{r}$——水力半径的倒数，为构件截面周长(L)与截面积(F)之比，$\bar{r}=100L/F\ (m^{-1})$；

E_sF_s/E_cF_c——配筋率，E_s、E_c——钢筋、混凝土的弹性模量(N/mm^2)，F_s、F_c——钢筋、混凝土的截面积(mm^2)；

粉煤灰(矿渣粉)掺量——指粉煤灰(矿渣粉)掺和料重量占胶凝材料总重的百分数。

2. 混凝土收缩相对变形值的当量温度可按下式计算

$$T_y(t)=\varepsilon_y(t)/\alpha$$

式中　$T_y(t)$——龄期为 t 时，混凝土的收缩当量温度；

α——混凝土的线膨胀系数，取 1.0×10^{-5}。

H4. 温度应力计算

1. 自约束拉应力的计算可按下式计算

$$\sigma_z(t)=\frac{\alpha}{2}\cdot\sum_{i=1}^{n}\Delta T_{1i}(t)\cdot E_i(t)\cdot H_i(t,\tau)$$

式中　$\sigma_z(t)$——龄期为 t 时，因混凝土浇筑体里表温差产生自约束拉应力的累计值(MPa)；

$\Delta T_{1i}(t)$——龄期为 t 时，在第 i 计算区段混凝土浇筑体里表温差的增量(℃)。可按下式计算

$$\Delta T_{1i}(t)=\Delta T_1(t)—\Delta T_1(i—j)$$

j——为第 i 计算区段步长(d)；

$E_i(t)$——第 i 计算区段，龄期为 t 时，混凝土的弹性模量(N/mm²)；混凝土的弹性模量可按下式计算。

$$E(t)=\beta E_0(1—e^{-\varphi t})$$

式中　$E(t)$——混凝土龄期为 t 时，混凝土的弹性模量(N/mm²)；

E_0——混凝土的弹性模量，一般近似取标准条件下养护 28 d 的弹性模量，可按表 H—6 取用；

表 H—6　混凝土在标准养护条件下龄期为 28 d 时的弹性模量

混凝土强度等级	混凝土弹性模量(N/mm²)
C25	2.80×10^4
C30	3.0×10^4
C35	3.15×10^4
C40	3.25×10^4

β——掺和料修正系数，该系数取值应以现场试验数据为准，在施工准备阶段和现场无试验数据时，可参考下述方法进行计算：

$$\beta=\beta_1\cdot\beta_2$$

β_1——粉煤灰掺量对应系数，取值参见表 H—7；

β_2——矿粉掺量对应系数，取值参见表 H—7；

ϕ——系数，应根据所用混凝土试验确定，当无试验数据时，可近似地取 $\phi=0.09$。

表 H—7　不同掺量掺和料弹性模量调整系数

掺　量	0	20%	30%	40%
粉煤灰(β_1)	1	0.99	0.98	0.96
矿渣粉(β_2)	1	1.02	1.03	1.04

α——混凝土的线膨胀系数；

$H(\tau,t)$——在龄期为 τ 时产生的约束应力，延续至 t 时(d)的松弛系数，可按表 H—8 取值。

表 H—8 混凝土的松弛系数表

τ=2 d		τ=5 d		τ=10 d		τ=20 d	
t	H(τ,t)	t	H(τ,t)	t	H(τ,t)	t	H(τ,t)
2	1	5	1	10	1	20	1
2.25	0.426	5.25	0.510	10.25	0.551	20.25	0.592
2.5	0.342	5.5	0.443	10.5	0.499	20.5	0.549
2.75	0.304	5.75	0.410	10.75	0.476	20.75	0.534
3	0.278	6	0.383	11	0.457	21	0.521
4	0.225	7	0.296	12	0.392	22	0.473
5	0.199	8	0.262	14	0.306	25	0.367
10	0.187	10	0.228	18	0.251	30	0.301
20	0.186	20	0.215	20	0.238	40	0.253
30	0.186	30	0.208	30	0.214	50	0.252
∞	0.186	∞	0.200	∞	0.210	∞	0.251

在施工准备阶段，最大自约束应力可按下式计算：

$$\tau_{zmax} = \frac{\alpha}{2} \cdot E(t) \cdot \Delta T_{1max} \cdot H(\tau,t)$$

式中 τ_{zmax}——最大自约束应力(MPa)；

ΔT_{1max}——混凝土浇筑后可能出现的最大里表温差(℃)；

$E(t)$——与最大里表温差 ΔT_{1max} 相对应龄期 t 时，混凝土的弹性模量(N/mm^2)；

$H(\tau,t)$——在龄期为 τ 时产生的约束应力，延续至 t 时(天)的松弛系数，可按表 H—8 取值。

2. 外约束拉应力可按下式计算：

$$\sigma_x(t) = \frac{\alpha}{1-\mu}\sum_{i=1}^{n}\Delta T_{2i}(t) \cdot E_i(t) \cdot H_i(t_1) \times R_i(t)$$

式中 $\sigma_x(t)$——龄期为 t 时，因综合降温差，在外约束条件下产生的拉应力(MPa)；

$\Delta T_{2i}(t)$——龄期为 t 时，在第 i 计算区段内，混凝土浇筑体综合降温差的增量(℃)，可按下式计算：

$$\Delta T_{2i}(t) = \Delta T_2(t) - \Delta T_2(t-k)$$

μ——混凝土的泊松比，取 0.15；

$R_i(t)$——龄期为 t 时，在第 i 计算区段，外约束的约束系数，可按下式计算：

$$R_i(t) = 1 - \frac{1}{\cosh\left(\beta_i \cdot \frac{L}{2}\right)}$$

式中

$$\beta_i = \sqrt{\frac{C_x}{HE(t)}}$$

L——混凝土浇筑体的长度(mm)；

H——混凝土浇筑体的厚度，该厚度为块体实际厚度与保温层换算混凝土虚拟厚度之和(mm)；

C_x——外约束介质的水平变形刚度(N/mm³)，一般可按表 H—9 取值：

表 H—9　不同外约束介质下 C_x 取值

外约束介质	软黏土	砂质黏土	硬黏土	风化岩、低标号素混凝土	C10 级以上配筋混凝土
$C_x(10^{-2}N/mm^3)$	1～3	3～6	6～10	60～100	100～150

3. 控制温度裂缝的条件

混凝土抗拉强度可按下式计算

$$f_{tk}(t)=f_{tk}(1-e^{-\gamma t})$$

式中　$f_{tk}(t)$——混凝土龄期为 t 时的抗拉强度标准值(N/mm²)；

f_{tk}——混凝土抗拉强度标准值(N/mm²)；

γ——系数，应根据所用混凝土试验确定，当无试验数据时，可近似地取 $\gamma=0.3$；

$$\sigma_z\leqslant\lambda f_{tk}(t)/K$$

$$\sigma_x\leqslant\lambda f_{tk}(t)/K$$

式中　K——防裂安全系数，取 $K=1.15$；

λ——掺和料对混凝土抗拉强度影响系数，$\lambda=\lambda_1\cdot\lambda_2$，取值参见表 H—10。

表 H—10　不同掺量掺和料抗拉强度调整系数

掺　量	0	20%	30%	40%
粉煤灰(λ_1)	1	1.03	0.97	0.92
矿渣粉(λ_2)	1	1.13	1.09	1.10

表 H—11　混凝土抗拉强度标准值

符　号	混凝土强度等级			
	C25	C30	C35	C40
$f_{tk}(N/mm^2)$	1.78	2.01	2.20	2.39

H5. 大体积混凝土浇筑体表面保温层的计算方法

1. 混凝土浇筑体表面保温层厚度的计算

$$\delta=\frac{0.5h\lambda_i(T_b-T_q)}{\lambda_0(T_{max}-T_b)}\cdot K_b$$

式中　δ——混凝土表面的保温层厚度(m)；

λ_0——混凝土的导热系数〔kJ/m·h·℃〕；

λ_i——第 i 层保温材料的导热系数〔kJ/m·h·℃〕；

T_b——混凝土浇筑体表面温度(℃)；

T_q——混凝土达到最高温度(浇筑后 3～5 d)的大气平均温度(℃)；

T_{max}——混凝土浇筑体内的最高温度(℃)；

h——混凝土结构的实际厚度(m)；

计算时可取：$T_b - T_q = 15$ ℃～20 ℃；

$T_{max} - T_b = 20$ ℃～25 ℃。

K_b——传热系数修正值，取 1.3～2.3，见表 H—12。

表 H—12　传热系数修正值 K_b

保温层种类	K_1	K_2
由易透风材料组成，但在混凝土面层上再铺一层不透风材料	2.0	2.3
在易透风保温材料上铺一层不易透风材料	1.6	1.9
在易透风保温材料上下各铺一层不易透风材料	1.3	1.5
由不易透风的材料组成(如：油布、帆布、棉麻毡、胶合板)	1.3	1.5

注：1. K_1值为风速≤4 m/s 情况；

2. K_2值为风速＞4 m/s 情况。

2. 保温层相当于混凝土虚拟厚度的计算

(1) 多种保温材料组成的保温层总热阻(考虑最外层与空气间的热阻)可按下式计算：

$$R_s = \sum_{i=1}^{n} \frac{\delta_i}{\lambda_i} + \frac{1}{\beta_\mu}$$

式中　R_s——保温层总热阻(m² · h · ℃/kJ)；

δ_i——第 i 层保温材料厚度(m)；

λ_i——第 i 层保温材料的导热系数〔kJ/ m · h · ℃〕；

β_μ——固体在空气中的放热系数〔kJ/m² · h · ℃〕，可按表取值。

表 H—13　固体在空气中的放热系数

风速 (m/s)	β_μ		风速 (m/s)	β_μ	
	光滑表面	粗糙表面		光滑表面	粗糙表面
0	18.442 2	21.035 0	5.0	90.036 0	96.601 9
0.5	28.646 0	31.322 4	6.0	103.125 7	110.862 2
1.0	35.713 4	38.598 9	7.0	115.922 3	124.746 1
2.0	49.346 4	52.942 9	8.0	128.426 1	138.295 4
3.0	63.021 2	67.495 9	9.0	140.595 5	151.552 1
4.0	76.612 4	82.132 5	10.0	152.513 9	164.934 1

(2) 混凝土表面向保温介质放热的总放热系数(不考虑保温层的热容量)，可按下式计算：

$$\beta_s = \frac{1}{R_S}$$

式中　β_s——总放热系数〔kJ/ m² · h · ℃〕；

(3) 保温层相当于混凝土的虚拟厚度，可按下式计算：

$$h' = \frac{\lambda_0}{\beta_s}$$

式中　h'——混凝土的虚拟厚度(m)；

β_s——总放热系数〔kJ/ m · h · ℃〕；

λ_0——混凝土的导热系数〔kJ/ m · h · ℃〕。

按保温层相当于混凝土的虚拟厚度进行大体积混凝土浇筑体温度场及温度应力计算，验证保温层厚度是否满足温控指标的要求。

I　常用正交表

I1　2水平正交表

1. $L_4(2^3)$

试验号	列　号			试验号	列　号		
	1	2	3		1	2	3
1	1	1	1	3	2	1	2
2	1	2	2	4	2	2	1

2. $L_8(2^7)$

试验号	列　号							试验号	列　号						
	1	2	3	4	5	6	7		1	2	3	4	5	6	7
1	1	1	1	1	1	1	1	5	2	1	2	1	2	1	2
2	1	1	1	2	2	2	2	6	2	1	2	2	1	2	1
3	1	2	2	1	1	2	2	7	2	2	1	1	2	2	1
4	1	2	2	2	2	1	1	8	2	2	1	2	1	1	2

$L_8(2^7)$二列间的交互作用

列　号 (　)	列　号							列　号 (　)	列　号						
	1	2	3	4	5	6	7		1	2	3	4	5	6	7
(1)	(1)	3	2	5	4	7	6	(5)					(5)	3	2
(2)		(2)	1	6	7	4	5	(6)						(6)	1
(3)			(3)	7	6	5	4	(7)							(7)
(4)				(4)	1	2	3								

$L_8(2^7)$表头设计

因素数	列　号						
	1	2	3	4	5	6	7
3	A	B	A×B	C	A×C	B×C	
4	A	B	A×B C×D	C	A×C B×D	B×C A×D	D
4	A	B B×D	A×B	C	A×C	D B×C	A×D
5	A D×E	B C×D	A×B C×E	C B×D	A×C B×E	D A×E B×C	E A×D

3. $L_{12}(2^{11})$

序号	1	2	3	4	5	6	7	8	9	10	11
1	1	1	1	1	1	1	1	1	1	1	1
2	1	1	1	1	1	2	2	2	2	2	2
3	1	1	2	2	2	1	1	1	2	2	2
4	1	2	1	2	2	1	2	2	1	1	2
5	1	2	2	1	2	2	1	2	1	2	1
6	1	2	2	2	1	2	2	1	2	1	1
7	2	1	2	2	1	1	2	2	1	2	1
8	2	1	2	1	2	2	2	1	1	1	2
9	2	1	1	2	2	2	1	2	2	1	1
10	2	2	2	1	1	1	1	2	2	1	2
11	2	2	1	2	1	2	1	1	1	2	2
12	2	2	1	1	2	1	2	1	2	2	1

4. $L_{16}(2^{15})$

试验号	列号														
	1	2	3	4	5	6	7	8	9	10	11	12	13	14	15
1	1	1	1	1	1	1	1	1	1	1	1	1	1	1	1
2	1	1	1	1	1	1	1	2	2	2	2	2	2	2	2
3	1	1	1	2	2	2	2	1	1	1	1	2	2	2	2
4	1	1	1	2	2	2	2	2	2	2	2	1	1	1	1
5	1	2	2	1	1	2	2	1	2	2	2	1	1	2	2
6	1	2	2	1	1	2	2	2	1	1	1	2	2	1	1
7	1	2	2	2	2	1	1	1	2	2	2	2	2	1	1
8	1	2	2	2	2	1	1	2	1	1	1	1	1	2	2
9	2	1	2	1	2	1	2	1	2	1	2	1	2	1	2
10	2	1	2	1	2	1	2	2	1	2	1	2	1	2	1
11	2	1	2	2	1	2	1	1	2	1	2	2	1	2	1
12	2	1	2	2	1	2	1	2	1	2	1	1	2	1	2
13	2	2	1	1	2	2	1	1	2	2	1	1	2	2	1
14	2	2	1	1	2	2	1	2	1	1	2	2	1	1	2
15	2	2	1	2	1	1	2	1	2	2	1	2	1	1	2
16	2	2	1	2	1	1	2	2	1	1	2	1	2	2	1

L$_{16}$(2^{15})二列间的交互作用

列号	列号														
( )	1	2	3	4	5	6	7	8	9	10	11	12	13	14	15
(1)	(1)	3	2	5	4	7	6	9	8	11	10	13	12	15	14
(2)		(2)	1	6	7	4	5	10	11	8	9	14	15	12	13
(3)			(3)	7	6	5	4	11	10	9	8	15	14	13	12
(4)				(4)	1	2	3	12	13	14	15	8	9	10	11
(5)					(5)	3	2	13	12	15	14	9	8	11	10
(6)						(6)	1	14	15	12	13	10	11	8	9
(7)							(7)	15	14	13	12	11	10	9	8
(8)								(8)	1	2	3	4	5	6	7
(9)									(9)	3	2	5	4	7	6
(10)										(10)	1	6	7	4	5
(11)											(11)	7	6	5	4
(12)												(12)	1	2	3
(13)													(13)	3	2
(14)														(14)	1
(15)															(15)

L$_{16}$(2^{15})表头设计

因素数	列号														
	1	2	3	4	5	6	7	8	9	10	11	12	13	14	15
4	A	B	A×B	C	A×C	B×C		D	A×D	B×D		C×D			
5	A	B	A×B	C	A×C	B×C	D×E	D	A×D	B×D	C×E	C×D	B×E	A×E	E
6	A	B	A×B	C	A×C	B×C		D	A×D	B×D		C×D			C×E
			A×E		D×F	E×F			B×E	A×E		A×F	F		B×F
									C×F						
7	A	B	A×B	C	A×C	B×C		D	A×D	B×D	E	C×D	F	G	C×E
			D×E		D×F	E×F			B×E	A×E		A×F			B×F
			F×G		E×G	D×G			C×F	C×G		B×G			A×G
8	A	B	A×B	C	A×C	B×C	H	D	A×D	B×D	E	C×D	F	G	C×E
			D×E		D×F	E×F			B×E	A×E		A×F			B×F
			F×G		E×G	D×G			C×F	C×G		B×G			A×G
			C×H		B×H	A×H			G×H	F×H		E×H			D×H

I2　3 水平正交表

1. $L_9(3^4)$

试验号	列号				试验号	列号			
	1	2	3	4		1	2	3	4
1	1	1	1	1	6	2	3	1	2
2	1	2	2	2	7	3	1	3	2
3	1	3	3	3	8	3	2	1	3
4	2	1	2	3	9	3	3	2	1
5	2	2	3	1					

注：任意两列间的交互作用为另外两列。

2. $L_{27}(3^{13})$

试验号	列号												
	1	2	3	4	5	6	7	8	9	10	11	12	13
1	1	1	1	1	1	1	1	1	1	1	1	1	1
2	1	1	1	1	2	2	2	2	2	2	2	2	2
3	1	1	1	1	3	3	3	3	3	3	3	3	3
4	1	2	2	2	1	1	1	2	2	2	3	3	3
5	1	2	2	2	2	2	2	3	3	3	1	1	1
6	1	2	2	2	3	3	3	1	1	1	2	2	2
7	1	3	3	3	1	1	1	3	3	3	2	2	2
8	1	3	3	3	2	2	2	1	1	1	3	3	3
9	1	3	3	3	3	3	3	2	2	2	1	1	1
10	2	1	2	3	1	2	3	1	2	3	1	2	3
11	2	1	2	3	2	3	1	2	3	1	2	3	1
12	2	1	2	3	3	1	2	3	1	2	3	1	2
13	2	2	3	1	1	2	3	2	3	1	3	1	2
14	2	2	3	1	2	3	1	3	1	2	1	2	3
15	2	2	3	1	3	1	2	1	2	3	2	3	1
16	2	3	1	2	1	2	3	3	1	2	2	3	1
17	2	3	1	2	2	3	1	1	2	3	3	1	2
18	2	3	1	2	3	1	2	2	3	1	1	2	3
19	3	1	3	2	1	3	2	1	3	2	1	3	2
20	3	1	3	2	2	1	3	2	1	3	2	1	3
21	3	1	3	2	3	2	1	3	2	1	3	2	1
22	3	2	1	3	1	3	2	2	1	3	3	2	1
23	3	2	1	3	2	1	3	3	2	1	1	3	2
24	3	2	1	3	3	2	1	1	3	2	2	1	3
25	3	3	2	1	1	3	2	2	2	1	2	1	3
26	3	3	2	1	2	1	3	3	3	2	3	2	1
27	3	3	2	1	3	2	1	1	1	3	1	3	2

$L_{27}(3^{13})$表头设计

因素数	列号												
	1	2	3	4	5	6	7	8	9	10	11	12	13
3	A	B	$(A\times B)_1$	$(A\times B)_2$	C	$(A\times C)_1$	$(A\times C)_2$	$(B\times C)_1$			$(B\times C)_2$		
4	A	B	$(A\times B)_1$ $C\times D$	$(A\times B)_2$	C	$(A\times C)_1$ $(B\times D)_2$	$(A\times C)_2$	$(B\times C)_1$ $(A\times D)_2$	D	$(A\times D)_3$	$(B\times C)_2$	$(B\times D)_1$	$(C\times D)_1$

$L_{27}(3^{13})$交互列

验号	列号												
(　)	1	2	3	4	5	6	7	8	9	10	11	12	13
(1)	(1)	3	2	2	6	5	5	9	8	8	12	11	11
		4	4	3	7	7	6	10	10	9	13	13	12
(2)		(2)	1	1	8	9	10	5	6	7	5	6	7
			4	3	11	12	13	11	12	13	8	9	10
(3)			(3)	1	9	10	8	7	5	6		7	5
				2	13	11	12	12	13	11	6	8	9
(4)				(4)	10	8	9	6	7	5	10	5	6
					12	13	11	13	11	12	7	10	8
(5)					(5)	1	1	2	3	4	9	4	3
						7	6	11	13	12	2	10	9
(6)						(6)	1	4	2	3	8	2	4
							5	13	12	11	3	9	8
(7)							(7)	3	4	2	10	3	2
								12	11	13	4	8	10
(8)								(8)	1	1	9	3	4
									10	9	2	7	6
(9)									(9)	1	5	2	3
										8	4	6	5
(10)										(10)	7	4	2
											3	5	7
(11)											6	1	1
											(11)	13	12
(12)												(12)	1
													11

I3　4水平正交表

$L_{16}(4^5)$

试验号	列号					试验号	列号				
	1	2	3	4	5		1	2	3	4	5
1	1	1	1	1	1	9	3	1	3	4	2
2	1	2	2	2	2	10	3	2	4	3	1
3	1	3	3	3	3	11	3	3	1	2	4
4	1	4	4	4	4	12	3	4	2	1	3
5	2	1	2	3	4	13	4	1	4	2	3
6	2	2	1	4	3	14	4	2	3	1	4
7	2	3	4	1	2	15	4	3	2	4	1
8	2	4	3	2	1	16	4	4	1	3	2

I4　5水平正交表

$L_{25}(5^5)$

试验号	列号						试验号	列号					
	1	2	3	4	5	6		1	2	3	4	5	6
1	1	1	1	1	1	1	14	3	4	1	3	5	2
2	1	2	2	2	2	2	15	3	5	2	4	1	3
3	1	3	3	3	3	3	16	4	1	4	2	5	3
4	1	4	4	4	4	4	17	4	2	5	3	1	4
5	1	5	5	5	5	5	18	4	3	1	4	2	5
6	2	1	2	4	4	5	19	4	4	2	5	3	1
7	2	2	3	5	5	1	20	4	5	3	1	4	2
8	2	3	4	1	1	2	21	5	1	5	4	3	2
9	2	4	5	2	2	3	22	5	2	1	5	4	3
10	2	5	1	3	3	4	23	5	3	2	1	5	4
11	3	1	3	2	2	4	24	5	4	3	2	1	5
12	3	2	4	3	3	5	25	5	5	4	3	2	1
13	3	3	5	4	4	1							

I5　混合型正交表

1. $L_8(4\times2^4)$

试验号	列号					试验号	列号				
	1	2	3	4	5		1	2	3	4	5
1	1	1	1	1	1	5	3	1	2	1	2
2	1	2	2	2	2	6	3	2	1	2	1
3	2	1	1	2	2	7	4	1	2	2	1
4	2	2	2	1	1	8	4	2	1	1	2

$L_8(4\times2^4)$表头设计

因素数	列号					因素数	列号				
	1	2	3	4	5		1	2	3	4	5
2	A	B	$(A\times B)_1$	$(A\times B)_2$	$(A\times B)_3$	4	A	B	C	D	
3	A	B	C			5	A	B	C	D	E

2. $L_{16}(4\times2^{12})$

试验号	列号												
	1	2	3	4	5	6	7	8	9	10	11	12	13
1	1	1	1	1	1	1	1	1	1	1	1	1	1
2	1	1	1	1	1	2	2	2	2	2	2	2	2
3	1	2	2	2	2	1	1	1	1	2	2	2	2
4	1	2	2	2	2	2	2	2	2	1	1	1	1
5	2	1	1	2	2	1	1	2	2	1	1	2	2
6	2	1	1	2	2	2	2	1	1	2	2	1	1
7	2	2	2	1	1	1	1	2	2	2	2	1	1
8	2	2	2	1	1	2	2	1	1	1	1	2	2
9	3	1	2	1	2	1	2	1	2	1	2	1	2
10	3	1	2	1	2	2	1	2	1	2	1	2	1
11	3	2	1	2	1	1	2	1	2	2	1	2	1
12	3	2	1	2	1	2	1	2	1	1	2	1	2
13	4	1	2	2	1	1	2	2	1	1	2	2	1
14	4	1	2	2	1	2	1	1	2	2	1	1	2
15	4	2	1	1	2	1	2	2	1	2	1	1	2
16	4	2	1	1	2	2	1	1	2	1	2	2	1

$L_{16}(4\times 2^{12})$表头设计

因素数	列号												
	1	2	3	4	5	6	7	8	9	10	11	12	13
3	A	B	$(A\times B)_1$	$(A\times B)_2$	$(A\times B)_3$	C	$(A\times C)_1$	$(A\times C)_2$	$(A\times C)_3$	$B\times C$			
4	A	B	$(A\times B)_1$ $C\times D$	$(A\times B)_2$	$(A\times B)_3$	C	$(A\times C)_1$ $B\times D$	$(A\times C)_2$	$(A\times C)_3$	$B\times C$ $(A\times D)_1$	D	$(A\times D)_3$	$(A\times D)_2$
5	A	B	$(A\times B)_1$ $C\times D$	$(A\times B)_2$ $C\times E$	$(A\times B)_3$	C	$(A\times C)_1$ $B\times D$	$(A\times C)_2$ $B\times E$	$(A\times C)_3$	$B\times C$ $(A\times D)_1$ $(A\times E)_2$	D $(A\times D)_3$	E $(A\times D)_3$	$(A\times E)_1$ $(A\times D)_2$

3. $L_{16}(4^2\times 2^9)$

试验号	列号										
	1	2	3	4	5	6	7	8	9	10	11
1	1	1	1	1	1	1	1	1	1	1	1
2	1	2	1	1	1	2	2	2	2	2	2
3	1	3	2	2	2	1	1	1	2	2	2
4	1	4	2	2	2	2	2	2	1	1	1
5	2	1	1	2	2	2	2	2	1	2	2
6	2	2	1	2	2	1	1	1	2	1	1
7	2	3	2	1	1	2	2	2	2	1	1
8	2	4	2	1	1	1	1	1	1	2	2
9	3	1	2	1	2	1	1	2	2	1	2
10	3	2	2	1	2	2	2	1	1	2	1
11	3	3	1	2	1	1	1	2	1	2	1
12	3	4	1	2	1	2	2	1	2	1	2
13	4	1	2	2	1	2	2	1	2	2	1
14	4	2	2	2	1	1	1	2	1	1	2
15	4	3	1	1	2	2	2	1	1	1	2
16	4	4	1	1	2	1	1	2	2	2	1

4. $L_{16}(4^2\times 2^6)$

试验号	列号								
	1	2	3	4	5	6	7	8	9
1	1	1	1	1	1	1	1	1	1
2	1	2	2	1	1	2	2	2	2
3	1	3	3	2	2	1	1	2	2
4	1	4	4	2	2	2	2	1	1
5	2	1	2	2	2	1	2	1	2

续上表

试验号	列号								
	1	2	3	4	5	6	7	8	9
6	2	2	1	2	2	2	1	2	1
7	2	3	4	1	1	1	2	2	1
8	2	4	3	1	1	2	1	1	2
9	3	1	3	1	2	2	2	2	1
10	3	2	4	1	2	1	1	1	2
11	3	3	1	2	1	2	2	1	2
12	3	4	2	2	1	1	1	2	1
13	4	1	4	2	1	2	1	2	2
14	4	2	3	2	1	1	2	1	1
15	4	3	2	1	2	2	1	1	1
16	4	4	1	1	2	1	2	2	2

5. $L_{16}(4^4 \times 2^3)$

试验号	列号							试验号	列号						
	1	2	3	4	5	6	7		1	2	3	4	5	6	7
1	1	1	1	1	1	1	1	9	3	1	3	4	1	2	2
2	1	2	2	2	1	2	2	10	3	2	4	3	1	1	1
3	1	3	3	3	2	1	2	11	3	3	1	2	2	2	1
4	1	4	4	4	2	2	1	12	3	4	2	1	2	1	2
5	2	1	2	3	2	2	1	13	4	1	4	2	2	1	2
6	2	2	1	4	2	1	2	14	4	2	3	1	2	2	1
7	2	3	3	1	1	2	2	15	4	3	2	4	1	1	1
8	2	4	4	2	1	1	1	16	4	4	1	3	1	2	2

6. $L_{16}(8 \times 2^8)$

试验号	列号								
	1	2	3	4	5	6	7	8	9
1	1	1	1	1	1	1	1	1	1
2	1	2	2	2	2	2	2	2	2
3	2	1	1	1	1	2	2	2	2
4	2	2	2	2	2	1	1	1	1
5	3	1	1	2	2	1	1	2	2
6	3	2	2	1	1	2	2	1	1
7	4	1	1	2	2	2	2	1	1
8	4	2	2	1	1	1	1	2	2

续上表

试验号	列号								
	1	2	3	4	5	6	7	8	9
9	5	1	2	1	2	1	2	1	2
10	5	2	1	2	1	2	1	2	1
11	6	1	2	1	2	2	1	2	1
12	6	2	1	2	1	1	2	1	2
13	7	1	2	2	1	1	2	2	1
14	7	2	1	1	2	2	1	1	2
15	8	1	2	2	1	2	1	1	2
16	8	2	1	1	2	1	2	2	1

7. $L_{18}(2\times3^7)$

试验号	列号							
	1	2	3	4	5	6	7	8
1	1	1	1	1	1	1	1	1
2	1	1	2	2	2	2	2	2
3	1	1	3	3	3	3	3	3
4	1	2	1	1	2	2	3	3
5	1	2	2	2	3	3	1	1
6	1	2	3	3	1	1	2	2
7	1	3	1	2	1	3	2	3
8	1	3	2	3	2	1	3	1
9	1	3	3	1	3	2	1	2
10	2	1	1	3	3	2	2	1
11	2	1	2	1	1	3	3	2
12	2	1	3	2	2	1	1	3
13	2	2	1	2	3	1	3	2
14	2	2	2	3	1	2	1	3
15	2	2	3	1	2	3	2	1
16	2	3	1	3	2	3	1	2
17	2	3	2	1	3	1	2	1
18	2	3	3	2	1	2	3	1

8. $L_{12}(3\times2^4)$

序号	列号				
	1	2	3	4	5
1	1	1	1	1	1
2	1	1	1	2	2
3	1	2	2	1	2
4	1	2	2	2	1
5	2	1	2	1	1
6	2	1	2	2	2
7	2	2	1	2	2
8	2	2	1	2	2
9	3	1	2	1	2
10	3	1	1	2	1
11	3	2	1	1	2
12	3	2	2	2	1

J　常用统计学用表

J1　标准正态分布函数 N(0,1)的数值表

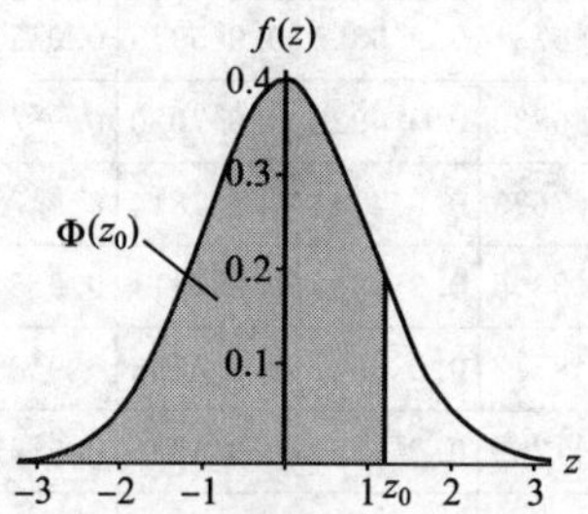

$$P(Z\leqslant z)=\Phi(z)=\int_{-\infty}^{z}\frac{1}{\sqrt{2\pi}}e^{-\omega^2/2}d\omega$$

z	0	0.01	0.02	0.03	0.04	0.05	0.06	0.07	0.08	0.09	z
0.0	0.5000	0.5040	0.5080	0.5129	0.5160	0.5199	0.5239	0.5279	0.5319	0.5359	0.0
0.1	0.5398	0.5438	0.5478	0.5517	0.5557	0.5596	0.5636	0.5675	0.5714	0.5753	0.1
0.2	0.5793	0.5832	0.5871	0.5910	0.5948	0.5987	0.6026	0.6064	0.6103	0.6141	0.2
0.3	0.6179	0.6217	0.6255	0.6293	0.6331	0.6368	0.6406	0.6443	0.6480	0.6517	0.3
0.4	0.6554	0.6591	0.6628	0.6664	0.6700	0.6736	0.6772	0.6808	0.6844	0.6879	0.4
0.5	0.6915	0.6950	0.6985	0.7019	0.7054	0.7088	0.7123	0.7157	0.7190	0.7224	0.5
0.6	0.7257	0.7291	0.7324	0.7357	0.7389	0.7422	0.7454	0.7486	0.7517	0.7549	0.6
0.7	0.7580	0.7611	0.7642	0.7673	0.7703	0.7734	0.7764	0.7794	0.7823	0.7852	0.7
0.8	0.7881	0.7910	0.7939	0.7967	0.7995	0.8023	0.8051	0.8078	0.8106	0.8133	0.8

续上表

z	0	0.01	0.02	0.03	0.04	0.05	0.06	0.07	0.08	0.09	z
0.9	0.8159	0.8186	0.8212	0.8238	0.8264	0.8289	0.8315	0.8340	0.8365	0.8389	0.9
1.0	0.8413	0.8438	0.8461	0.8485	0.8508	0.8531	0.8554	0.8577	0.8599	0.8621	1.0
1.1	0.8643	0.8665	0.8686	0.8708	0.8729	0.8749	0.8770	0.8790	0.8810	0.8830	1.1
1.2	0.8849	0.8869	0.8888	0.8907	0.8925	0.8944	0.8962	0.8980	0.8997	0.90147	1.2
1.3	0.90320	0.90490	0.90658	0.90824	0.90988	0.91149	0.91309	0.91309	0.91621	0.91774	1.3
1.4	0.91924	0.92073	0.92220	0.92364	0.92507	0.92647	0.92785	0.92922	0.93056	0.93189	1.4
1.5	0.93319	0.93448	0.93574	0.93699	0.93822	0.93943	0.94062	0.94179	0.94295	0.94408	1.5
1.6	0.94520	0.94630	0.94738	0.94845	0.94950	0.95053	0.95154	0.95254	0.95352	0.95449	1.6
1.7	0.95543	0.95637	0.95728	0.95818	0.95907	0.95994	0.96080	0.96164	0.96246	0.96327	1.7
1.8	0.96407	0.96485	0.96562	0.96638	0.96712	0.96784	0.96856	0.96926	0.96995	0.97062	1.8
1.9	0.97128	0.97193	0.97257	0.97320	0.97381	0.97441	0.97500	0.97558	0.97615	0.97670	1.9
2.0	0.97725	0.97778	0.97831	0.97882	0.97932	0.97982	0.98030	0.98077	0.97124	0.98169	2.0
2.1	0.98214	0.98257	0.98300	0.98341	0.98382	0.98422	0.98461	0.98500	0.98537	0.98574	2.1
2.2	0.98610	0.98645	0.98679	0.98713	0.98745	0.98778	0.98809	0.98840	0.98870	0.98899	2.2
2.3	0.98928	0.98956	0.98983	$0.9^{2}0097$	$0.9^{2}0358$	$0.9^{2}0613$	$0.9^{2}0863$	$0.9^{2}1106$	$0.9^{2}1344$	$0.9^{2}1576$	2.3
2.4	$0.9^{2}1802$	$0.9^{2}2024$	$0.9^{2}2240$	$0.9^{2}2451$	$0.9^{2}2656$	$0.9^{2}2857$	$0.9^{2}3053$	$0.9^{2}3244$	$0.9^{2}3431$	$0.9^{2}3613$	2.4
2.5	$0.9^{2}3790$	$0.9^{2}3963$	$0.9^{2}4132$	$0.9^{2}4297$	$0.9^{2}4457$	$0.9^{2}4614$	$0.9^{2}4766$	$0.9^{2}4915$	$0.9^{2}5060$	$0.9^{2}5201$	2.5
2.6	$0.9^{2}5339$	$0.9^{2}5473$	$0.9^{2}5604$	$0.9^{2}5731$	$0.9^{2}5855$	$0.9^{2}5975$	$0.9^{2}6093$	$0.9^{2}6207$	$0.9^{2}6319$	$0.9^{2}6427$	2.6
2.7	$0.9^{2}6533$	$0.9^{2}6636$	$0.9^{2}6736$	$0.9^{2}6833$	$0.9^{2}6928$	$0.9^{2}7020$	$0.9^{2}7110$	$0.9^{2}7197$	$0.9^{2}7282$	$0.9^{2}7365$	2.7
2.8	$0.9^{2}7445$	$0.9^{2}7523$	$0.9^{2}7599$	$0.9^{2}7673$	$0.9^{2}7744$	$0.9^{2}7814$	$0.9^{2}7882$	$0.9^{2}7948$	$0.9^{2}8012$	$0.9^{2}8074$	2.8
2.9	$0.9^{2}8134$	$0.9^{2}8193$	$0.9^{2}8250$	$0.9^{2}8305$	$0.9^{2}8359$	$0.9^{2}5411$	$0.9^{2}8462$	$0.9^{2}8511$	$0.9^{2}8559$	$0.9^{2}8605$	2.9
3.0	$0.9^{2}8650$	$0.9^{2}8694$	$0.9^{2}8736$	$0.9^{2}8777$	$0.9^{2}8817$	$0.9^{2}8856$	$0.9^{2}8893$	$0.9^{2}8930$	$0.9^{2}8965$	$0.9^{2}8999$	3.0
3.1	$0.9^{3}0324$	$0.9^{3}0646$	$0.9^{3}0957$	$0.9^{3}1260$	$0.9^{3}1553$	$0.9^{3}1836$	$0.9^{3}2112$	$0.9^{3}2378$	$0.9^{3}2636$	$0.9^{3}2886$	3.1
3.2	$0.9^{3}3129$	$0.9^{3}3363$	$0.9^{3}3590$	$0.9^{3}3810$	$0.9^{3}4024$	$0.9^{3}4230$	$0.9^{3}4429$	$0.9^{3}4623$	$0.9^{3}4810$	$0.9^{3}4991$	3.2
3.3	$0.9^{3}5166$	$0.9^{3}5335$	$0.9^{3}5499$	$0.9^{3}5658$	$0.9^{3}5811$	$0.9^{3}5959$	$0.9^{3}6103$	$0.9^{3}6242$	$0.9^{3}6376$	$0.9^{3}6505$	3.3
3.4	$0.9^{3}6631$	$0.9^{3}6752$	$0.9^{3}6869$	$0.9^{3}6982$	$0.9^{3}7091$	$0.9^{3}7197$	$0.9^{3}7299$	$0.9^{3}7398$	$0.9^{3}7493$	$0.9^{3}7585$	3.4
3.5	$0.9^{3}7674$	$0.9^{3}7759$	$0.9^{3}7842$	$0.9^{3}7922$	$0.9^{3}7999$	$0.9^{3}8074$	$0.9^{3}8146$	$0.9^{3}8215$	$0.9^{3}8282$	$0.9^{3}8347$	3.5
3.6	$0.9^{3}8409$	$0.9^{3}8469$	$0.9^{3}8527$	$0.9^{3}8583$	$0.9^{3}8637$	$0.9^{3}8689$	$0.9^{3}8739$	$0.9^{3}8787$	$0.9^{3}8834$	$0.9^{3}8879$	3.6
3.7	$0.9^{3}8922$	$0.9^{3}8964$	$0.9^{4}0039$	$0.9^{4}0426$	$0.9^{4}0799$	$0.9^{4}1158$	$0.9^{4}1504$	$0.9^{4}1838$	$0.9^{4}2159$	$0.9^{4}2468$	3.7
3.8	$0.9^{4}2765$	$0.9^{4}3052$	$0.9^{4}3327$	$0.9^{4}3593$	$0.9^{4}3848$	$0.9^{4}4094$	$0.9^{4}4331$	$0.9^{4}4558$	$0.9^{4}4777$	$0.9^{4}4988$	3.8
3.9	$0.9^{4}5190$	$0.9^{4}5385$	$0.9^{4}5573$	$0.9^{4}5753$	$0.9^{4}5926$	$0.9^{4}6092$	$0.9^{4}6253$	$0.9^{4}6406$	$0.9^{4}6554$	$0.9^{4}6696$	3.9
4.0	$0.9^{4}6833$	$0.9^{4}6964$	$0.9^{4}7090$	$0.9^{4}7211$	$0.9^{4}7327$	$0.9^{4}7439$	$0.9^{4}7546$	$0.9^{4}7549$	$0.9^{4}7748$	$0.9^{4}7843$	4.0
4.1	$0.9^{4}7934$	$0.9^{4}8022$	$0.9^{4}8106$	$0.9^{4}8186$	$0.9^{4}8263$	$0.9^{4}8338$	$0.9^{4}8409$	$0.9^{4}8477$	$0.9^{4}8542$	$0.9^{4}8605$	4.1
4.2	$0.9^{4}8665$	$0.9^{4}8723$	$0.9^{4}8778$	$0.9^{4}8832$	$0.9^{4}8882$	$0.9^{4}8931$	$0.9^{4}8978$	$0.9^{5}0226$	$0.9^{5}0655$	$0.9^{5}1066$	4.2
4.3	$0.9^{5}1460$	$0.9^{5}1837$	$0.9^{5}2199$	$0.9^{5}2545$	$0.9^{5}2876$	$0.9^{5}3193$	$0.9^{5}3497$	$0.9^{5}3788$	$0.9^{5}4066$	$0.9^{5}4332$	4.3
4.4	$0.9^{5}4587$	$0.9^{5}4831$	$0.9^{5}5065$	$0.9^{5}5288$	$0.9^{5}5502$	$0.9^{5}5706$	$0.9^{5}5902$	$0.9^{5}6089$	$0.9^{5}6268$	$0.9^{5}6439$	4.4

续上表

z	0	0.01	0.02	0.03	0.04	0.05	0.06	0.07	0.08	0.09	z
4.5	$0.9^{5}6602$	$0.9^{5}6759$	$0.9^{5}6908$	$0.9^{5}7051$	$0.9^{5}7187$	$0.9^{5}7318$	$0.9^{5}7442$	$0.9^{5}7561$	$0.9^{5}7675$	$0.9^{5}7784$	4.5
4.6	$0.9^{5}7888$	$0.9^{5}7987$	$0.9^{5}8081$	$0.9^{5}8172$	$0.9^{5}8258$	$0.9^{5}8340$	$0.9^{5}8419$	$0.9^{5}8494$	$0.9^{5}8566$	$0.9^{5}8634$	4.6
4.7	$0.9^{5}8699$	$0.9^{5}8761$	$0.9^{5}8821$	$0.9^{5}8877$	$0.9^{5}8931$	$0.9^{5}8983$	$0.9^{6}0320$	$0.9^{6}0789$	$0.9^{6}1235$	$0.9^{6}1661$	4.7
4.8	$0.9^{6}2067$	$0.9^{6}2453$	$0.9^{6}2822$	$0.9^{6}3173$	$0.9^{6}3508$	$0.9^{6}3827$	$0.9^{6}4131$	$0.9^{6}4420$	$0.9^{6}4696$	$0.9^{6}4958$	4.8
4.9	$0.9^{6}5208$	$0.9^{6}5446$	$0.9^{6}5673$	$0.9^{6}5889$	$0.9^{6}6094$	$0.9^{6}6289$	$0.9^{6}6475$	$0.9^{6}6652$	$0.9^{6}6821$	$0.9^{6}6981$	4.9

J2　F分布临界值表

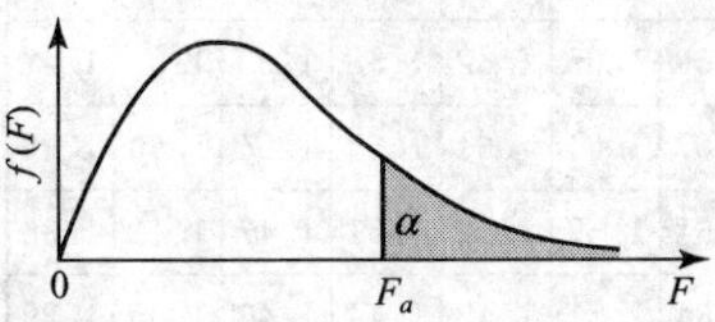

$$P(F(n_1,n_2)>F_\alpha(n_1,n_2))=\alpha$$

$$\alpha=0.10$$

n1 / n2	1	2	3	4	5	6	7	8	9	10	12	15	20	24	30	40	60	120	∞
1	39.86	49.50	53.59	55.33	57.24	58.20	58.91	59.44	59.86	60.19	60.71	61.22	61.74	62.06	62.26	62.53	62.79	63.06	63.33
2	8.53	9.00	9.16	9.24	6.29	9.33	9.35	9.37	9.38	9.39	9.41	9.42	9.44	9.45	9.46	9.47	9.47	9.48	9.49
3	5.54	5.46	5.39	5.34	5.31	5.28	5.27	5.25	5.24	5.23	5.22	5.20	5.18	5.18	5.17	5.16	5.15	5.14	5.13
4	4.54	4.32	4.19	4.11	4.05	4.01	3.98	3.95	3.94	3.92	3.90	3.87	3.84	3.83	3.82	3.80	3.79	3.78	3.76
5	4.06	3.78	3.62	3.52	3.45	3.40	3.37	3.34	3.32	3.30	3.27	3.24	3.21	3.19	3.17	3.16	3.14	3.12	3.10
6	3.78	3.46	3.29	3.18	3.11	3.05	3.01	2.98	2.96	2.94	2.90	2.87	2.84	2.82	2.80	2.78	2.76	2.74	2.72
7	3.59	3.26	3.07	2.96	2.88	2.83	2.78	2.75	2.72	2.70	2.67	2.63	2.59	2.58	2.56	2.54	2.51	2.49	2.47
8	3.46	3.11	2.92	2.81	2.73	2.67	2.62	2.59	2.56	2.54	2.50	2.46	2.42	2.40	2.38	2.36	2.34	2.32	2.29
9	3.36	3.01	2.81	2.69	2.61	2.55	2.51	2.47	2.44	2.42	2.38	2.34	2.30	2.28	2.25	2.23	2.21	2.18	2.16
10	3.20	2.92	2.73	2.61	2.52	2.46	2.41	2.38	2.35	2.32	2.28	2.24	2.20	2.18	2.16	2.13	2.11	2.08	2.06
11	3.23	2.86	2.66	2.54	2.45	2.39	2.34	2.30	2.27	2.25	2.21	2.17	2.12	2.10	2.08	2.05	2.03	2.00	1.97
12	3.18	2.81	2.61	2.48	2.39	2.33	2.28	2.24	2.21	2.19	2.15	2.10	2.06	2.04	2.01	1.99	1.96	1.93	1.90
13	3.14	2.76	2.56	2.43	2.35	2.28	2.23	2.20	2.16	2.14	2.10	2.05	2.01	1.98	1.96	1.93	1.90	1.88	1.85
14	3.10	2.73	2.52	2.39	2.31	2.24	2.19	2.15	2.12	2.10	2.05	2.01	1.96	1.94	1.91	1.89	1.82	1.83	1.80
15	3.07	2.70	2.49	2.36	2.27	2.21	2.16	2.12	2.09	2.06	2.02	1.97	1.92	1.90	1.87	1.85	1.82	1.79	1.76
16	3.05	2.67	2.46	2.33	2.24	2.18	2.13	2.09	2.06	2.03	1.99	1.94	1.89	1.87	1.84	1.81	1.78	1.75	1.72
17	3.03	2.64	2.44	2.31	2.22	2.15	2.10	2.06	2.03	2.00	1.96	1.91	1.86	1.84	1.81	1.78	1.75	1.72	1.69
18	3.01	2.62	2.42	2.29	2.20	2.13	2.08	2.04	2.00	1.98	1.93	1.89	1.84	1.81	1.78	1.75	1.72	1.69	1.66
19	2.99	2.61	2.40	2.27	2.18	2.11	2.06	2.02	1.98	1.96	1.91	1.86	1.81	1.79	1.76	1.73	1.70	1.67	1.63
20	2.97	2.50	2.38	2.25	2.16	2.09	2.04	2.00	1.96	1.94	1.89	1.84	1.79	1.77	1.74	1.71	1.68	1.64	1.61
21	2.96	9.57	2.36	2.23	2.14	2.08	2.02	1.98	1.95	1.92	1.87	1.83	1.78	1.75	1.72	1.69	1.66	1.62	1.59

续上表

n2 \ n1	1	2	3	4	5	6	7	8	9	10	12	15	20	24	30	40	60	120	∞
22	2.95	2.56	2.35	2.22	2.13	2.06	2.01	1.97	1.93	1.90	1.86	1.81	1.76	1.73	1.70	1.67	1.64	1.60	1.57
23	2.94	2.55	2.34	2.21	2.11	2.05	1.99	1.95	1.92	1.89	1.84	1.80	1.74	1.72	1.69	1.66	1.62	1.59	1.55
24	2.93	2.54	2.33	2.19	2.10	2.04	1.98	1.94	1.91	1.88	1.83	1.78	1.73	1.70	1.67	1.64	1.61	1.57	1.53
25	2.92	2.53	2.32	2.18	2.09	2.02	1.97	1.93	1.89	1.87	1.82	1.77	1.72	1.69	1.66	1.63	1.59	1.56	1.52
26	2.91	2.52	2.31	2.17	2.08	2.01	1.96	1.92	1.88	1.86	1.81	1.76	1.71	1.68	1.65	1.61	1.58	1.54	1.50
27	2.90	2.51	2.30	2.17	2.07	2.00	1.95	1.91	1.87	1.85	1.80	1.75	1.70	1.67	1.64	1.60	1.57	1.53	1.49
28	2.89	2.50	2.29	2.16	2.60	2.00	1.94	1.90	1.87	1.84	1.79	1.74	1.69	1.66	1.63	1.59	1.56	1.52	1.48
29	2.89	2.50	2.28	2.15	2.06	1.99	1.93	1.89	1.86	1.83	1.78	1.73	1.68	1.65	1.62	1.58	1.55	1.51	1.47
30	2.88	2.49	2.22	2.14	2.05	1.98	1.93	1.88	1.85	1.82	1.77	1.72	1.67	1.64	1.61	1.57	1.54	1.50	1.46
40	2.84	2.41	2.23	2.00	2.00	1.93	1.87	1.83	1.79	1.76	1.71	1.66	1.61	1.57	1.54	1.51	1.47	1.42	1.38
60	2.79	2.39	2.18	2.04	1.95	1.87	1.82	1.77	1.74	1.71	1.66	1.60	1.54	1.51	1.48	1.44	1.40	1.35	1.29
120	2.75	2.35	2.13	1.99	1.90	1.82	1.77	1.72	1.68	1.65	1.60	1.55	1.48	1.45	1.41	1.37	1.32	1.26	1.19
∞	2.71	2.30	2.08	1.94	1.85	1.77	1.72	1.67	1.63	1.60	1.55	1.49	1.42	1.38	1.34	1.30	1.24	1.17	1.00

$\alpha=0.05$

续上表

n2 \ n1	1	2	3	4	5	6	7	8	9	10	12	15	20	24	30	40	60	120	∞
1	161.4	199.5	215.7	224.6	230.2	234.0	236.8	238.9	240.5	241.9	243.9	245.9	248.0	249.1	250.1	251.1	252.2	253.3	254.3
2	18.51	19.00	19.16	19.25	19.30	19.33	19.35	19.37	19.38	19.40	19.41	19.43	19.45	19.45	19.46	19.47	19.48	19.49	19.50
3	10.13	9.55	9.28	9.12	9.90	8.94	8.89	8.85	8.81	8.79	8.74	8.70	8.66	8.64	8.62	8.59	8.57	8.55	8.53
4	7.71	6.94	6.59	6.39	6.26	6.16	6.09	6.04	6.00	5.96	5.91	5.86	5.80	5.77	5.75	5.72	5.69	5.66	5.63
5	6.61	5.79	5.41	5.19	5.05	4.95	4.88	4.82	4.77	4.74	4.68	4.62	4.56	4.53	4.50	4.46	4.43	4.40	4.36
6	5.99	5.14	4.76	4.53	4.39	4.28	4.21	4.15	4.10	4.06	4.00	3.94	3.87	3.84	3.81	3.77	3.74	3.70	3.67
7	5.59	4.74	4.35	4.12	3.97	3.87	3.79	3.73	3.68	3.64	3.57	3.51	3.44	3.41	3.38	3.34	3.30	3.27	3.23
8	5.32	4.46	4.07	3.84	3.69	3.58	3.50	3.44	3.69	3.35	3.28	3.22	3.15	3.12	3.08	3.04	3.01	2.97	2.93
9	5.12	4.26	3.86	3.63	3.48	3.37	3.29	3.23	3.18	3.14	3.07	3.01	2.94	2.90	2.86	2.83	2.79	2.75	2.71
10	4.96	4.10	3.71	3.48	3.33	3.22	3.14	3.07	3.02	2.98	2.91	2.85	2.77	2.74	2.70	2.66	2.62	2.58	2.54
11	4.84	3.98	3.59	3.36	3.20	3.09	3.01	2.95	2.90	2.85	2.79	2.72	2.65	2.61	2.57	2.53	2.49	2.45	2.40
12	4.75	3.89	3.49	3.26	3.11	3.00	2.91	2.85	2.80	2.75	2.69	2.62	2.54	2.51	2.47	2.43	2.38	2.34	2.30
13	4.67	3.81	3.41	3.18	3.03	2.92	2.83	2.77	2.71	2.67	2.60	2.53	2.46	2.42	2.38	2.34	2.30	2.25	2.21
14	4.60	3.74	3.34	3.11	2.96	2.85	2.76	2.70	2.65	2.60	2.53	2.46	2.39	2.35	2.31	2.27	2.22	2.18	2.13
15	4.54	3.68	3.29	3.06	2.90	2.79	2.71	2.64	2.59	2.54	2.48	2.40	2.33	2.29	2.25	2.20	2.16	2.11	2.07
16	4.49	3.63	3.24	3.01	2.85	2.74	2.66	2.59	2.54	2.49	2.42	2.35	2.28	2.24	2.19	2.15	2.11	2.06	2.01
17	4.45	3.59	3.20	2.96	2.81	2.70	2.61	2.55	2.49	2.45	2.38	2.31	2.23	2.19	2.15	2.10	2.06	2.01	1.96
18	4.41	3.55	3.16	2.93	2.77	2.66	2.58	2.51	2.46	2.41	2.34	2.27	2.19	2.15	2.11	2.06	2.02	1.97	1.92

续上表

n1 / n2	1	2	3	4	5	6	7	8	9	10	12	15	20	24	30	40	60	120	∞
19	4.38	3.52	3.13	2.90	2.74	2.63	2.54	2.48	2.42	2.38	2.31	2.23	2.16	2.11	2.07	2.03	1.98	1.93	1.88
20	4.35	3.49	3.10	2.87	2.71	2.60	2.51	2.45	2.39	2.35	2.28	2.20	2.12	2.08	2.04	1.99	1.95	1.90	1.84
21	4.32	3.47	3.07	2.84	2.68	2.57	2.49	2.42	2.37	2.32	2.25	2.18	2.10	2.05	2.01	1.96	1.92	1.87	1.81
22	4.30	3.44	3.05	2.82	2.66	2.55	2.46	2.40	2.34	2.30	2.23	2.15	2.07	2.03	1.98	1.94	1.89	1.84	1.78
23	4.28	3.42	3.03	2.80	2.64	2.53	2.44	2.37	2.32	2.27	2.20	2.13	2.05	2.01	1.96	1.91	1.86	1.81	1.76
24	4.26	3.40	3.01	2.78	2.62	2.51	2.42	2.36	2.30	2.25	2.18	2.11	2.03	1.98	1.94	1.89	1.84	1.79	1.73
25	4.24	3.39	2.99	2.76	2.60	2.49	2.40	2.34	2.28	2.24	2.16	2.09	2.01	1.96	1.92	1.87	1.82	1.77	1.71
26	4.23	3.37	2.98	2.74	2.59	2.47	2.39	2.32	2.27	2.22	2.15	1.07	1.99	1.95	1.90	1.85	1.80	1.75	1.69
27	4.21	3.35	2.96	2.73	2.57	2.46	2.37	2.31	2.25	2.20	2.13	1.06	1.97	1.93	1.88	1.84	1.79	1.73	1.67
28	4.20	3.34	2.95	2.71	2.56	2.45	2.36	2.29	2.24	2.19	2.12	1.04	1.96	1.91	1.87	1.82	1.77	1.71	1.65
29	4.18	3.33	2.93	2.70	2.55	2.43	2.35	2.28	2.22	2.18	2.10	1.03	1.94	1.90	1.85	1.81	1.75	1.70	1.64
30	4.17	3.32	2.92	2.69	2.53	2.42	2.33	2.27	2.21	2.16	2.09	2.01	1.93	1.89	1.84	1.79	1.74	1.68	1.62
40	4.08	3.23	2.84	2.61	2.45	2.34	2.25	2.18	2.12	2.08	2.00	1.92	1.84	1.79	1.74	1.69	1.64	1.58	1.51
60	4.00	3.15	2.76	2.53	2.37	2.25	2.17	2.10	2.04	1.99	1.92	1.84	1.75	1.70	1.65	1.59	1.53	1.47	1.39
120	3.92	3.07	2.68	2.45	2.29	2.17	2.09	2.02	1.96	1.91	1.83	1.75	1.66	1.61	1.55	1.50	1.43	1.35	1.25
∞	3.84	3.00	2.60	2.37	2.21	2.10	2.01	1.94	1.88	1.83	1.75	1.67	1.57	1.52	1.46	1.39	1.32	1.22	1.00

$\alpha=0.025$

续上表

n1 / n2	1	2	3	4	5	6	7	8	9	10	12	15	20	24	30	40	60	120	∞
1	647.8	799.5	864.2	899.6	921.8	937.1	948.2	956.7	963.3	968.6	976.7	984.9	993.1	997.2	1001	1006	1010	1014	1018
2	38.51	39.00	39.17	39.25	139.30	39.33	39.36	39.37	39.39	39.40	39.41	39.43	39.45	39.46	39.46	39.47	39.48	39.49	39.50
3	17.44	16.04	15.44	15.10	14.88	14.73	14.62	14.54	14.47	14.42	14.34	14.25	14.17	14.12	14.08	14.04	13.99	13.95	13.90
4	12.22	10.65	9.98	9.60	9.36	9.20	9.07	8.98	8.90	8.84	8.75	8.66	8.56	8.51	8.46	8.41	8.36	8.31	8.26
5	10.01	8.43	7.76	7.39	7.15	6.98	6.85	6.76	6.68	6.62	6.52	6.43	6.33	6.28	6.23	6.18	6.12	6.07	6.02
6	8.81	7.26	6.60	6.23	5.99	5.82	5.70	5.60	5.52	5.46	5.37	5.27	5.17	5.12	5.07	5.01	4.96	4.90	4.85
7	8.07	6.54	5.89	5.52	5.29	5.12	4.99	4.90	4.82	4.76	4.67	4.57	4.47	4.42	4.36	4.31	4.25	4.20	4.14
8	7.57	6.06	5.42	5.05	4.82	4.65	4.53	4.43	4.36	4.30	4.20	4.10	4.00	3.95	3.89	3.84	3.78	3.73	3.67
9	7.21	5.71	5.08	4.72	4.48	4.32	4.20	4.10	4.03	3.96	3.87	3.77	3.67	3.61	3.56	3.51	3.45	3.39	3.33
10	6.94	5.46	4.83	4.47	4.24	4.07	3.95	3.85	3.78	3.72	3.62	3.52	3.42	3.37	3.31	3.26	3.20	3.14	3.08
11	6.72	5.26	4.63	4.28	4.04	3.88	3.76	3.66	3.59	3.53	3.43	3.33	3.23	3.17	3.12	3.06	3.00	2.94	2.88
12	6.55	5.10	4.47	4.12	3.89	3.73	3.61	3.51	3.44	3.37	3.28	3.18	3.07	3.02	2.96	2.91	2.85	2.79	2.72
13	6.41	4.97	4.35	4.00	3.77	3.60	3.48	3.39	3.31	3.25	3.15	3.05	2.95	2.89	2.84	2.78	2.72	2.66	2.60
14	6.30	4.86	4.24	3.89	3.66	3.50	3.38	3.29	3.21	3.15	3.05	2.95	2.84	2.79	2.73	2.67	2.61	2.55	2.49
15	6.20	4.77	4.15	3.80	3.58	3.41	3.29	3.30	3.12	3.06	2.96	2.86	2.76	2.70	2.64	2.59	2.52	2.46	2.40

续上表

n2 \ n1	1	2	3	4	5	6	7	8	9	10	12	15	20	24	30	40	60	120	∞
16	6.12	4.69	4.08	3.73	3.50	3.34	3.22	3.12	3.05	2.99	2.89	2.79	2.68	2.63	2.57	2.51	2.45	2.38	2.32
17	6.04	4.62	4.01	3.66	3.44	3.28	3.16	3.06	2.98	2.92	2.82	2.72	2.62	2.56	2.50	2.44	2.38	2.32	2.25
18	5.98	4.56	3.95	3.61	3.38	3.22	3.10	3.01	2.93	2.87	2.77	2.67	2.56	2.50	2.44	2.38	2.32	2.26	2.19
19	5.92	4.51	3.90	3.56	3.33	3.17	3.05	2.96	2.88	2.82	2.72	2.62	2.51	2.45	2.39	2.35	2.27	2.20	2.13
20	5.87	4.46	3.86	3.51	3.29	3.13	3.01	2.91	2.84	2.77	2.68	2.57	2.46	2.41	2.35	2.29	2.22	2.16	2.09
21	5.83	4.42	3.82	3.48	3.25	3.09	2.97	2.87	2.80	2.73	2.64	2.53	2.42	2.37	2.31	2.25	2.18	2.11	2.04
22	5.79	4.38	3.78	3.44	3.22	3.05	2.93	2.84	2.76	2.70	2.60	2.50	2.39	2.33	2.27	2.21	2.14	2.08	2.00
23	5.75	4.35	3.75	3.41	3.18	3.02	2.90	2.81	2.73	2.67	2.57	2.47	2.36	2.30	2.24	2.18	2.11	2.04	1.97
24	5.72	4.32	3.72	3.38	3.15	2.99	2.87	2.78	2.70	2.64	2.54	2.44	2.33	2.27	2.21	2.15	2.08	2.01	1.94
25	5.69	4.29	3.69	3.35	3.13	2.97	2.85	2.75	2.68	2.61	2.51	2.41	2.30	2.24	2.18	2.12	2.05	1.98	1.91
26	5.66	4.27	3.67	3.33	3.10	2.94	2.82	2.73	2.65	2.59	2.49	2.39	2.28	2.22	2.16	2.09	2.03	1.95	1.88
27	5.63	4.24	3.65	3.31	3.08	2.92	2.80	2.71	2.63	2.57	2.47	2.36	2.25	2.19	2.13	2.07	2.00	1.93	1.85
28	5.61	4.22	3.63	3.29	3.06	2.90	2.78	2.69	2.61	2.55	2.45	2.34	2.23	2.17	2.11	2.05	1.98	1.91	1.83
29	5.59	4.20	3.61	3.27	3.04	2.88	2.76	2.67	2.59	2.53	2.43	2.32	2.21	2.15	2.09	2.03	1.96	1.89	1.81
30	5.57	4.18	3.59	3.25	3.03	2.87	2.75	2.65	2.57	2.51	2.41	2.31	2.20	2.14	2.07	2.01	1.94	1.87	1.79
40	5.42	4.05	3.46	3.13	2.90	2.74	2.62	2.53	2.45	2.39	2.29	2.18	2.07	2.01	1.94	1.88	1.80	1.72	1.64
60	5.29	3.93	3.34	3.01	2.79	2.63	2.51	2.41	2.33	2.27	2.17	2.06	1.94	1.88	1.82	1.74	1.67	1.58	1.48
120	5.15	3.80	3.23	2.89	2.67	2.52	2.39	2.30	2.22	2.16	2.05	1.94	1.82	1.76	1.69	1.61	1.53	1.43	1.31
∞	5.02	3.69	3.12	2.79	2.57	2.41	2.29	2.19	2.11	2.05	1.94	1.83	1.71	1.64	1.57	1.48	1.39	1.27	1.00

$\alpha=0.01$

续上表

n2 \ n1	1	2	3	4	5	6	7	8	9	10	12	15	20	24	30	40	60	120	∞
1	4 052	5000	5403	5625	5764	5859	5928	5982	6062	6056	6106	6157	6209	6235	6261	6287	6313	6339	6366
2	98.50	99.00	99.17	99.25	99.30	99.33	99.36	99.37	99.39	99.40	99.42	99.43	99.45	99.46	99.47	99.47	99.48	99.49	99.50
3	34.12	30.82	29.46	28.71	28.24	27.91	27.67	27.49	27.35	27.23	27.05	26.87	26.09	26.60	26.50	26.41	26.32	26.22	26.13
4	21.20	18.00	16.69	15.98	15.52	15.21	14.98	14.80	14.66	14.55	14.37	14.20	14.02	13.93	13.84	13.75	13.65	13.56	13.46
5	16.26	13.27	12.06	11.39	10.97	10.67	10.46	10.29	10.16	10.05	9.29	9.72	9.55	9.47	9.38	9.29	9.20	9.11	9.02
6	13.75	10.92	9.78	9.15	8.75	8.47	8.46	8.10	7.98	7.87	7.72	7.56	7.40	7.31	7.23	7.14	7.06	6.97	6.88
7	12.25	9.55	8.45	7.85	7.46	7.19	6.99	6.84	6.72	6.62	6.47	6.31	6.16	6.07	5.99	5.91	5.82	5.74	5.65
8	11.26	8.65	7.59	7.01	6.63	6.37	6.18	6.03	5.91	5.81	5.67	5.52	5.36	5.28	5.20	5.12	5.03	4.95	4.86
9	10.56	8.02	6.99	6.42	6.06	5.80	5.61	5.47	5.35	5.26	5.11	4.96	4.81	4.73	4.65	4.57	4.48	4.40	4.31
10	10.04	7.56	6.55	5.99	5.64	5.39	5.20	5.06	4.94	4.85	4.71	4.56	4.41	4.33	4.25	4.17	4.08	4.00	3.91
11	9.65	7.21	6.22	5.67	5.32	5.07	4.89	4.74	4.63	4.54	4.40	4.25	4.10	4.02	3.95	3.86	3.78	3.69	3.60
12	9.33	6.93	5.95	5.41	5.06	4.82	4.64	4.50	4.39	4.30	4.16	4.01	3.86	3.78	3.70	3.62	3.54	3.45	3.36

续上表

n2 \ n1	1	2	3	4	5	6	7	8	9	10	12	15	20	24	30	40	60	120	∞
13	9.07	6.70	5.74	5.21	4.86	4.62	4.44	4.30	4.19	4.10	3.96	3.82	3.66	3.59	3.51	3.43	3.34	3.25	3.17
14	8.86	6.51	5.56	5.04	4.69	4.46	4.28	4.14	4.03	3.94	3.80	3.66	3.51	3.43	3.35	3.27	3.18	3.09	3.00
15	8.68	6.36	5.42	4.89	4.56	4.32	4.14	4.00	3.89	3.80	3.67	3.52	3.37	3.29	3.21	3.13	3.05	2.96	2.87
16	8.53	6.23	5.29	4.77	4.44	4.20	4.03	3.89	3.78	3.69	3.55	3.41	3.26	3.18	3.10	3.02	2.93	2.84	2.75
17	8.40	6.11	5.18	4.67	4.34	4.10	3.93	3.79	3.68	3.59	3.46	3.31	3.16	3.08	3.00	2.92	2.83	2.75	2.65
18	8.29	6.01	5.09	4.58	4.25	4.01	3.84	3.71	3.60	3.51	3.37	3.23	3.08	3.00	2.92	2.84	2.75	2.66	2.57
19	8.18	5.93	5.01	4.50	4.17	3.94	3.77	3.63	3.52	3.43	3.30	3.15	3.00	2.92	2.84	2.76	2.67	2.58	2.49
20	8.10	5.85	4.94	4.43	4.10	3.87	3.70	3.56	3.46	3.37	3.23	3.09	2.94	2.86	2.78	2.69	2.61	2.52	2.42
21	8.02	5.78	4.87	4.37	4.04	3.81	3.64	3.51	3.40	3.31	3.17	3.03	2.88	2.80	2.72	2.64	2.55	2.46	2.36
22	7.95	5.72	4.82	4.31	3.99	3.76	3.59	3.45	3.35	3.26	3.12	2.98	2.83	2.75	2.67	2.58	2.50	2.40	2.31
23	7.88	5.66	4.76	4.26	3.94	3.71	3.54	3.41	3.30	3.21	3.07	2.93	2.78	2.70	2.62	2.54	2.45	2.35	2.26
24	7.82	5.61	4.72	4.22	3.90	3.67	3.50	3.36	3.26	3.17	3.03	2.89	2.74	2.66	2.58	2.49	2.40	2.31	2.21
25	7.77	5.57	4.68	4.18	3.85	3.63	3.46	3.32	3.22	3.13	2.99	2.85	2.70	2.62	2.54	2.45	2.36	2.27	2.17
26	7.72	5.53	4.64	4.14	3.82	3.59	3.42	3.29	3.18	3.09	2.96	2.81	2.66	2.58	2.50	2.42	2.33	2.23	2.13
27	7.68	5.49	4.60	4.11	3.78	3.56	3.39	3.26	3.15	3.06	2.93	2.78	2.63	2.55	2.47	2.38	2.29	2.20	2.10
28	7.64	5.45	4.57	4.07	3.75	3.53	3.36	3.23	3.12	3.03	2.90	2.75	2.60	2.52	2.44	2.35	2.26	2.17	2.06
29	7.60	5.42	4.54	4.04	3.73	3.50	3.33	3.20	3.09	3.00	2.87	2.73	2.57	2.49	2.41	2.33	2.23	2.14	2.03
30	7.56	5.39	4.51	4.02	3.70	3.47	3.30	3.17	3.07	2.98	2.84	2.70	2.55	2.47	2.39	2.30	2.21	2.11	2.01
40	7.31	5.18	4.31	3.83	3.51	3.29	3.12	2.99	2.89	2.80	2.66	2.52	2.37	2.29	2.20	2.11	2.02	1.92	1.80
60	7.08	4.98	4.13	3.65	3.34	3.12	2.95	2.82	2.72	2.63	2.50	2.35	2.20	2.12	2.03	1.94	1.84	1.73	1.60
120	6.85	4.79	3.95	3.48	3.17	2.96	2.79	2.66	2.56	2.47	2.34	2.19	2.03	1.95	1.86	1.76	1.66	1.53	1.38
∞	6.63	4.61	3.78	3.32	3.02	2.80	2.64	2.51	2.41	2.32	2.18	2.04	1.88	1.79	1.70	1.59	1.47	1.32	1.00

$\alpha=0.005$

续上表

n2 \ n1	1	2	3	4	5	6	7	8	9	10	12	15	20	24	30	40	60	120	∞
1	16 211	20 000	21 615	22 500	23 056	2 437	23 715	23 925	24 091	24 224	24 426	24 630	24 836	24 940	25 044	25 148	25 253	25 359	25 465
2	198.5	199.0	199.2	199.2	199.3	199.3	199.4	199.4	199.4	199.4	199.4	199.4	199.4	199.5	199.5	199.5	199.5	199.5	199.5
3	55.55	49.80	47.47	46.19	45.39	44.84	44.43	44.13	43.88	43.69	43.39	43.08	42.78	42.62	42.47	42.31	42.15	41.99	41.83
4	31.33	26.28	24.26	23.15	22.46	21.97	21.62	21.35	21.14	20.97	20.70	20.44	20.17	20.03	19.89	19.75	19.61	19.47	19.32
5	22.78	18.31	16.53	15.56	24.94	14.51	14.20	13.96	13.77	13.62	13.38	13.15	12.90	12.78	12.66	12.53	12.40	12.72	12.14
6	18.63	14.54	12.92	12.03	21.46	11.07	10.79	10.57	10.39	10.25	10.03	9.81	9.59	9.47	9.36	9.24	9.42	9.00	8.88
7	16.24	12.40	10.88	10.05	9.52	9.16	8.89	8.68	8.51	8.38	8.18	7.97	7.75	7.65	7.53	7.42	7.31	7.19	7.08
8	14.69	11.04	9.60	8.81	8.30	7.95	7.69	7.50	7.34	7.21	7.01	6.81	6.61	6.50	6.40	6.29	6.18	6.06	5.95
9	13.61	10.11	8.72	7.96	7.47	7.13	6.88	6.69	6.54	6.42	6.23	6.03	5.83	5.73	5.62	5.52	5.41	5.30	5.19

续上表

n2 \ n1	1	2	3	4	5	6	7	8	9	10	12	15	20	24	30	40	60	120	∞
10	12.83	9.43	8.08	7.34	6.87	6.54	6.30	6.12	5.97	5.85	5.66	5.47	5.27	5.17	5.07	4.97	4.86	4.75	4.64
11	12.23	8.91	7.60	6.88	6.42	6.10	5.86	5.68	5.54	5.42	5.24	5.05	4.86	4.76	4.65	4.55	4.44	4.34	4.23
12	11.75	8.51	7.23	6.52	6.07	5.76	4.52	5.35	5.20	5.09	4.91	4.72	4.53	4.43	4.33	4.23	4.12	4.01	3.90
13	11.37	8.19	6.93	6.23	5.79	5.48	5.25	5.08	4.94	4.82	4.64	4.46	4.27	4.17	4.07	3.97	3.87	3.76	3.65
14	11.06	7.92	6.68	6.00	5.86	5.26	5.03	4.86	4.72	4.60	4.43	4.25	4.06	3.96	3.86	3.76	3.66	3.55	3.44
15	10.80	7.70	6.48	5.80	5.37	5.07	4.85	4.67	4.54	4.42	4.25	4.07	3.88	3.79	3.69	3.52	3.48	3.37	3.26
16	10.58	7.51	6.30	5.64	5.21	4.91	4.96	4.52	4.38	4.27	4.10	3.92	3.73	3.64	3.54	3.44	3.23	3.22	3.11
17	10.38	7.35	6.16	5.50	5.07	4.78	4.56	4.39	4.25	4.14	3.97	3.79	3.61	3.51	3.41	3.31	3.21	3.10	2.98
18	10.22	7.21	6.03	5.37	4.96	4.66	4.44	4.28	4.14	4.03	3.86	3.68	3.50	3.40	3.30	3.20	3.10	2.99	2.87
19	10.07	7.09	5.92	5.27	4.85	4.56	4.34	4.18	4.04	3.93	3.76	3.59	3.40	3.31	3.21	3.11	3.00	2.89	2.78
20	9.94	6.99	5.82	5.17	4.76	4.47	4.26	4.09	3.96	3.85	3.68	3.50	3.32	3.22	3.12	3.02	2.92	2.81	2.69
21	9.83	6.89	5.73	5.09	4.68	4.39	4.18	4.01	3.88	3.77	3.60	3.43	3.24	3.15	3.05	2.95	2.84	2.73	2.61
22	9.73	6.81	5.65	5.02	4.61	4.32	4.11	3.94	3.81	3.70	3.54	3.36	3.18	3.08	2.98	2.88	2.77	2.66	2.55
23	9.63	6.73	5.58	4.95	4.54	4.26	4.05	3.88	3.75	3.64	3.47	3.30	3.12	3.02	2.92	2.82	2.71	2.60	2.48
24	9.55	6.66	5.52	4.89	4.49	4.20	3.99	3.83	3.69	3.59	3.42	3.25	3.06	2.97	2.87	2.77	2.66	2.55	2.43
25	9.48	6.60	5.46	4.84	4.43	4.15	3.94	3.78	3.64	3.64	3.37	3.20	3.01	2.92	2.82	2.72	2.61	2.50	2.38
26	9.41	6.54	5.41	4.79	4.38	4.10	3.89	3.73	3.60	3.49	3.33	3.15	2.97	2.87	2.77	2.67	2.56	2.45	2.33
27	9.34	6.49	5.36	4.74	4.34	4.06	3.85	3.69	3.56	3.45	3.28	3.11	2.93	2.83	2.73	2.63	2.52	2.41	2.29
28	9.28	6.44	5.32	4.70	4.30	4.02	3.81	3.65	3.52	3.41	3.25	3.07	2.89	2.79	2.69	2.59	2.48	2.37	2.25
29	9.23	6.40	5.28	4.66	4.26	3.98	3.77	3.61	3.48	3.38	3.21	3.04	2.86	2.76	2.66	2.56	2.45	2.33	2.21
30	9.18	6.35	5.24	4.62	4.23	3.95	3.74	3.58	3.45	3.34	3.18	3.01	2.82	2.73	2.63	2.52	2.42	2.30	2.18
40	8.83	6.07	4.98	4.37	3.99	3.71	3.51	3.35	3.22	3.12	2.95	2.78	2.60	2.50	2.40	2.30	2.18	2.06	1.93
60	8.49	5.79	4.73	4.14	3.76	3.49	3.29	3.13	3.01	2.90	2.74	2.57	2.39	2.29	2.19	2.08	1.96	1.83	1.69
120	8.18	5.54	4.50	3.92	3.55	3.28	3.09	2.93	2.81	2.75	2.54	2.37	2.19	2.09	1.98	1.87	1.75	1.61	1.43
∞	7.88	5.30	4.28	3.72	3.35	3.09	2.90	2.74	2.62	2.52	2.36	2.19	2.00	1.90	1.79	1.67	1.53	1.36	1.00

J3　二项分布临界值表

(α =0.05 和 0.01 下，P=1/2，x 或 $n-x$(不论何者为大)的临界值)

n	单侧检验		双侧检验	
	0.05	0.01	0.05	0.01
5	5	—	—	—
6	6	—	6	—
7	7	7	7	—
8	7	8	8	—

续上表

n	单侧检验		双侧检验	
9	8	9	8	9
10	9	10	9	10
11	9	10	10	11
12	10	11	10	11
13	10	12	11	12
14	11	12	12	13
15	12	13	12	13
16	12	14	13	14
17	13	14	13	15
18	13	15	14	15
19	14	15	15	16
20	15	16	15	17
21	15	17	16	17
22	16	17	17	18
23	16	18	17	19
24	17	19	18	19
25	18	19	18	20
26	18	20	19	20
27	19	20	20	21
28	19	21	20	22
29	20	22	21	22
30	20	22	21	23

J4　χ^2分布临界值表

$$P\{\chi^2(n) > \chi_\alpha^2(n)\} = \alpha$$

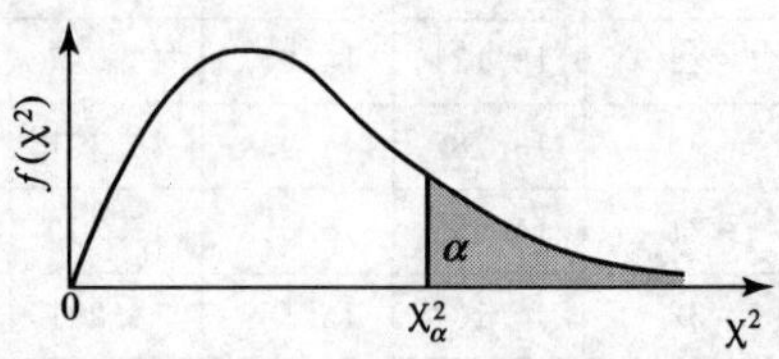

n \ α	0.995	0.99	0.975	0.95	0.90	0.10	0.05	0.025	0.01	0.005
1			0.001	0.100	0.016	2.706	3.841	5.024	6.635	7.879
2	0.010	0.020	0.051	0.103	0.211	4.605	5.991	7.378	9.210	10.597
3	0.072	0.115	0.216	0.352	0.584	6.251	7.815	9.348	11.354	12.838
4	0.207	0.297	0.484	0.711	1.064	7.779	9.488	11.143	13.277	14.860

续上表

n \ α	0.995	0.99	0.975	0.95	0.90	0.10	0.05	0.025	0.01	0.005
5	0.412	0.554	0.831	1.145	1.610	9.236	11.071	12.833	15.086	16.750
6	0.676	0.872	1.237	1.635	2.204	10.645	12.592	14.449	16.812	18.548
7	0.989	1.239	1.690	2.167	2.833	12.017	14.067	16.013	18.475	20.278
8	1.344	1.646	2.180	2.733	3.490	13.362	15.507	17.535	20.090	21.955
9	1.735	2.088	2.700	3.325	4.168	14.684	16.911	19.023	24.666	23.589
10	2.156	2.558	3.247	3.940	4.865	15.987	18.307	20.483	23.209	25.188
11	2.603	3.053	3.816	4.575	5.578	17.275	19.675	21.920	24.725	26.757
12	3.074	3.571	4.404	5.226	6.304	18.549	21.026	23.337	26.217	28.299
13	3.565	4.107	5.009	5.892	7.042	19.812	22.362	24.736	27.688	29.819
14	4.075	4.660	5.629	6.571	7.790	21.064	23.685	26.119	29.141	31.819
15	4.601	5.229	6.262	7.261	8.547	22.307	24.996	27.488	30.578	32.801
16	5.142	5.812	6.908	7.962	9.312	23.542	26.296	28.845	32.000	34.267
17	5.697	6.408	7.564	8.672	10.085	24.769	27.587	30.191	33.409	35.718
18	6.265	7.015	8.231	9.390	10.865	25.989	28.869	31.526	34.805	37.156
19	6.844	7.633	8.907	10.117	11.651	27.204	30.144	32.852	36.191	38.582
20	7.434	8.260	9.591	10.851	12.440	28.412	31.410	34.170	37.566	39.997
21	8.034	8.897	10.283	11.591	13.240	29.615	32.671	36.479	38.932	41.401
22	8.643	9.542	10.982	12.338	14.042	30.813	33.924	36.781	40.289	42.796
23	9.260	10.196	11.689	13.091	14.848	32.007	35.172	38.076	41.638	44.181
24	9.886	10.856	12.401	13.848	15.659	33.196	36.415	39.364	42.980	45.559
25	10.520	11.524	13.120	14.611	16.473	34.382	37.652	40.646	44.314	46.928
26	11.160	12.198	23.844	15.379	17.292	35.563	38.885	41.923	45.642	48.290
27	11.808	12.879	14.573	16.151	18.114	36.741	40.113	43.194	46.963	49.640
28	12.461	13.565	15.308	16.928	18.939	37.916	41.337	44.461	48.278	50.993
29	13.121	14.257	16.047	17.708	19.768	39.087	42.557	45.722	49.588	52.336
30	13.787	14.954	16.791	18.493	20.599	40.256	43.773	46.979	50.892	53.672
31	14.458	15.655	17.539	19.281	21.434	41.422	44.985	48.232	52.101	55.003
32	15.134	16.362	18.291	20.072	22.271	42.585	46.194	49.480	53.486	56.328
33	15.815	17.074	19.047	20.867	23.110	43.745	47.400	50.725	54.776	57.648
34	16.501	17.789	19.806	21.664	23.952	44.903	48.602	51.966	56.061	58.964
35	17.192	18.509	20.569	22.465	24.797	46.059	49.802	53.203	57.342	60.275
40	20.707	22.164	24.433	26.509	29.051	51.806	55.759	59.342	63.691	66.766
50	27.991	29.707	32.357	34.764	37.689	63.167	67.505	71.420	76.154	79.490
60	35.535	37.485	43.482	43.188	46.459	74.397	79.082	83.298	88.379	91.952
70	43.275	45.442	48.758	51.740	55.329	85.527	90.531	95.023	100.425	104.215

续上表

n \ α	0.995	0.99	0.975	0.95	0.90	0.10	0.05	0.025	0.01	0.005
80	51.172	53.540	57.153	60.392	64.278	96.578	101.879	106.629	112.329	116.321
90	59.196	61.754	65.647	69.126	73.291	107.565	113.145	118.136	124.116	128.299
100	67.328	70.065	74.222	77.930	82.358	118.408	124.342	129.561	135.807	140.169
200	152.241	156.432	162.728	168.279	174.835	226.021	233.994	241.058	249.445	255.264
300	240.663	245.972	253.912	260.878	269.068	331.789	341.395	349.874	359.906	366.844

J5　t 分布临界值表

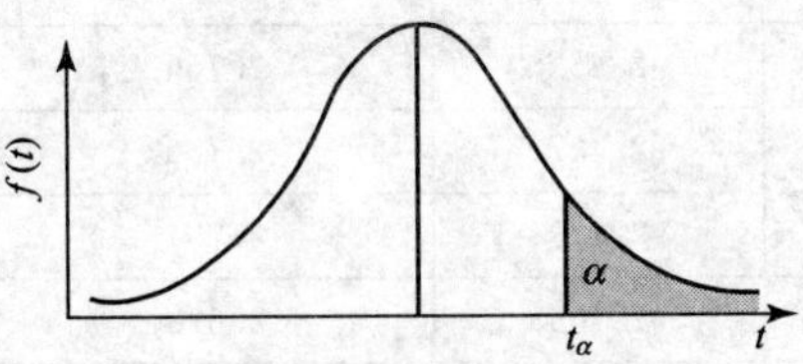

查表时注意:v 是指自由度,并分单侧和双侧两种类型)

(左侧的示意图是单侧检验的情形)

自由度 \ 单侧 / 双侧	单侧 α=0.10 双侧 α=0.20	单侧 α=0.05 双侧 α=0.10	单侧 α=0.025 双侧 α=0.05	单侧 α=0.01 双侧 α=0.02	单侧 α=0.005 双侧 α=0.01
1	3.078	6.314	12.706	31.821	63.657
2	1.886	2.920	4.303	6.965	9.925
3	1.638	2.353	3.182	4.541	5.841
4	1.533	2.132	2.776	3.747	4.604
5	1.476	2.015	2.571	3.365	4.032
6	1.440	1.943	2.447	3.143	3.707
7	1.415	1.895	2.365	2.998	3.499
8	1.397	1.860	2.306	2.896	3.355
9	1.383	1.833	2.262	2.821	3.250
10	1.372	1.812	2.228	2.764	3.169
11	1.363	1.796	2.201	2.718	3.106
12	1.356	1.782	2.179	2.681	3.055
13	1.350	1.771	2.160	2.650	3.012
14	1.345	1.761	2.145	2.624	2.977
15	1.341	1.753	2.131	2.602	2.947
16	1.337	1.846	2.120	2.583	2.921
17	1.333	1.740	2.110	2.567	2.898
18	1.330	1.734	2.101	2.552	2.878
19	1.328	1.729	2.093	2.539	2.861
20	1.325	1.725	2.086	2.528	2.845

续上表

单侧 自由度双侧	α =0.10 α =0.20	α =0.05 α =0.10	α =0.025 α =0.05	α =0.01 α =0.02	α =0.005 α =0.01
21	1.323	1.721	2.080	2.218	2.831
22	1.321	1.717	2.074	2.508	2.819
23	1.319	1.714	2.069	2.500	2.807
24	1.318	1.711	2.064	2.492	2.797
25	1.316	1.708	2.060	2.485	2.787
26	1.315	1.706	2.056	2.479	2.779
27	1.314	1.703	2.052	2.473	2.771
28	1.313	1.701	2.048	2.467	2.763
29	1.311	1.699	2.045	2.462	2.756
30	1.310	1.697	2.042	2.457	2.750
40	1.303	1.684	2.021	2.423	2.704
50	1.299	1.676	2.009	2.403	2.678
60	1.296	1.671	2.000	2.390	2.660
70	1.294	1.667	1.994	2.381	2.648
80	1.292	1.664	1.990	2.374	2.639
90	1.291	1.662	1.987	2.368	2.632
100	1.290	1.660	1.984	2.364	2.626
125	1.288	1.657	1.979	2.357	2.616
150	1.287	1.655	1.976	2.351	2.609
200	1.286	1.653	1.972	2.345	2.601
∞	1.282	1.645	1.960	2.326	2.576

参考文献

［1］《混凝土结构耐久性设计与施工指南》编审组．混凝土结构耐久性设计与施工指南(CCES 01-2004)，2005 年修订版．北京：中国建筑工业出版社，2005.

［2］中南大学，福州大学主编．自密实混凝土设计与施工指南(CCES 02-2004)．北京：中国建筑工业出版社，2005.

［3］大连理工大学主编．纤维混凝土结构技术规程(CECS 38：2004)．北京：中国计划出版社，2004.

［4］中国建筑标准设计研究院，清华大学主编．自密实混凝土应用技术规程(CECS 203-2006)．北京：中国计划出版社，2006.

［5］清华大学老科技工作者协会，北京交通大学土建学院主编．高性能混凝土应用技术规程(CECS 207：2006)．北京：中国计划出版社，2006.

［6］西安建筑科技大学主编．混凝土结构耐久性评定标准(CECS 220：2007)．北京：中国建筑工业出版社，2007.

［8］中国冶金建筑协会主编．大体积混凝土施工规范(GB 50496-2009)．北京：中国计划出版社，2009.

［9］中国建筑科学研究院主编．预拌混凝土(GBT 14902-2003)．北京：中国标准出版社，2003.

［10］清华大学主编．混凝土结构耐久性设计规范(GBT 50476-2008)．北京：中国建筑工业出版社，2009.

［11］中国建筑科学研究院主编．普通混凝土配合比设计规程(JGJ 55-2000)．北京：中国建筑工业出版社，2001.

［12］黑龙江省寒地建筑科学研究院主编．建筑工程冬季施工规程(JGJ 104—97)．北京：中国建筑工业出版社，1998.

［13］中国建筑股份有限公司，中建三局建设工程股份有限公司主编．清水混凝土应用技术规程(JGJ 169-2009)．北京：中国建筑工业出版社，2009.

［14］中国建筑科学研究院主编．混凝土泵送施工技术规程(JGJ/T 10-95)．北京：中国建筑工业出版社，1995.

［15］大连理工大学，中国人民解放军空军工程设计研究局主编．钢纤维混凝土(JG/T 3064-1999)．北京：中国标准出版社，1999.

［16］交通部公路科学研究所主编．公路水泥混凝土纤维材料钢纤维(JT/T 524-2004)．北京：人民交通出版社，2004.

［17］中国建筑科学研究院主编．超声回弹综合法检测混泥土强度技术规程(CECS 02：2005)．北京：中国建筑工业出版社，2005.

［18］中国建筑科学研究院主编．钻芯法检测混凝土强度技术规程(CECS 03：2007)．北京：中国建筑工业出版社，2007.

［19］哈尔滨建筑工程学院，大连理工大学主编．钢纤维混凝土试验方法(CECS 13：89)．北京：中国计划出版社，1990.

［20］陕西省建筑科学研究设计院，上海同济大学主编．超声法检测混凝土缺陷技术规程(CECS 21-2000)．北京：中国建筑工业出版社，2004.

［21］中国建筑科学研究院主编．普通混凝土长期性能和耐久性能试验方法(GBJ 82-85)．北京：中国建筑工业出版社，1985.

［22］中国建筑科学研究院主编．普通混凝土拌合物性能试验方法标准(GB/T 50080-2002)．北京：中国建筑工业出版社，2003.

［23］中国建筑科学研究院主编．普通混凝土力学性能试验方法标准(GB/T 50081-2002)．北京：中国建筑

工业出版社,2003.

[24] 中国建筑科学研究院主编. 早期推定混凝土强度试验方法(JGJ 15-2008). 北京:中国建筑工业出版社,2008.

[25] 陕西省建筑科学研究设计院主编. 回弹法检测混凝土抗压强度技术规程(JGJ/T 23-2001). 北京:中国建筑工业出版社,2001.

[26] 中国建筑材料科学研究总院主编. 通用硅酸盐水泥(GB 175-2007). 北京:中国标准出版社,2007.

[27] 中国建筑材料科学研究总院,长江科学院主编. 用于水泥和混凝土中的粉煤灰(GB/T 1596-2005). 北京:中国标准出版社,2005.

[28] 中国建筑材料科学研究总院,上海宝田新型建材有限公司,中冶集团建筑研究总院主编. 用于水泥和混凝土中的粒化高炉矿渣粉(GB/T 18046-2008). 北京:中国标准出版社,2008.

[29] 中国建筑材料科学研究院水泥科学与新型建筑材料研究所主编. 高强高性能混凝土用矿物外加剂(GB/T 18736-2002). 北京:中国标准出版社,2002.

[30] 天津港湾工程研究所,交通部第三航务工程局科研所主编. 港口工程粉煤灰混凝土技术规程(JTJ/T 273-1997). 北京:人民交通出版社,1997.

[31] 南京化工学院无机非金属材料研究所主编. 砂石碱活性快速试验方法(CECS 48:93). 北京:中国计划出版社,1993.

[32] 中国砂石协会主编. 建筑用砂(GB/T 14684-2001). 北京:中国标准出版社,2001.

[33] 中国砂石协会主编. 建筑用卵石、碎石(GB/T 14685-2001). 北京:中国标准出版社,2001.

[34] 中国建筑科学研究院主编. 普通混凝土用砂、石质量及检验方法标准(JGJ 52-2006). 北京:中国建筑工业出版社,2007.

[35] 中国建筑科学研究院主编. 混凝土用水标准(JGJ 63-2006). 北京:中国建筑工业出版社,2006.

[36] 中国建筑材料科学研究总院,长业建设集团有限公司主编. 补偿收缩混凝土应用技术规程(JGJ/T 178-2009). 北京:中国建筑工业出版社,2009.

[37] 中国建筑材料科学研究总院主编. 混凝土外加剂(GB 8076-2008). 北京:中国标准出版社,2009.

[38] 中国建筑材料科学研究总院主编. 混凝土膨胀剂(GB 23439-2009). 北京:中国标准出版社,2009.

[39] 中国建筑科学研究院主编. 混凝土外加剂使用规范(GB 50119-2003). 北京:中国建筑工业出版社,2003.

[40] 中国建筑材料科学研究院主编. 混凝土外加剂定义、分类、命名与术语(GB/T 8075-2005). 北京:中国标准出版社,2005.

[41] 中国冶金建设协会主编. 水泥基灌浆材料应用技术规范(GB/T 50448-2008). 北京:中国计划出版社,2008.

[42] 中国建筑材料科学研究院主编. 混凝土泵送剂(JC 473-2001). 北京:中国标准出版社,2001.

[43] 中国建筑材料科学研究总院主编. 砂浆、混凝土防水剂(JC 474-2008). 北京:中国建材工业出版社,2008.

[44] 中国建筑材料科学研究院主编. 混凝土防冻剂(JC 475-2004). 北京:中国建材工业出版社,2005.

[45] 中国建筑材料科学研究院主编. 喷射混凝土用速凝剂(JC 477-2005). 北京:中国建材工业出版社,2005.

[46] 中国建筑材料科学研究院水泥科学与新型建筑材料研究所,交通部公路科学研究所主编. 水泥混凝土养护剂(JC 901-2002). 北京:中国建材工业出版社,2003.

[47] 上海市建筑科学研究院主编. 混凝土界面处理剂(JC/T 907-2002). 北京:中国建材工业出版社,2003.

[48] 中国建筑科学研究院主编. 聚羧酸系高性能减水剂(JG/T 223-2007). 北京:中国标准出版社,2007.

[49] 交通部公路科学研究所主编. 公路工程混凝土外加剂(JT/T 523-2004). 北京:人民交通出版社,2004.

[50] 南京水利科学研究院主编．水工混凝土外加剂技术规程(DL/T 5100-1999)．北京:中国电力出版社,1999.

[51] 交通部公路科学研究院主编．公路工程水泥混凝土外加剂与掺合料应用技术指南(交公便[2006]02)．北京:人民交通出版社,2006.

[52] 铁道科学研究院主编．铁路混凝土结构耐久性暂行规定(铁建设[2005]157号)．北京:中国铁道出版社,2006.

[53] 冶金部建筑研究总院主编．锚杆喷射混凝土支护技术规范(GB 50086-2001)．北京:中国计划出版社,2001.

[54] 中铁三局集团有限公司主编．铁路混凝土与砌体工程施工质量验收标准(TB 10424-2003)．北京:中国铁道出版社,2004.

[55] 铁道科学研究院主编．铁路混凝土工程施工技术指南(TZ 210-2005)．北京:中国铁道出版社,2005.

[56] 铁道部经济规划研究院主编．铁路混凝土工程施工质量验收补充标准(铁建设[2005]160号)．北京:中国铁道出版社,2005.

[57] 北京交通大学主编．客运专线RPC人行道挡板、盖板技术条件(科技基[2006]129号).

[58] 铁道科学研究院,中铁十二局集团有限公司,中铁十七局集团有限公司主编．客运专线高性能混凝土暂行技术条件(科技基函[2005]101号).

[59] 中国建筑材料科学研究院水泥科学与新型建筑材料研究所主编．混凝土抗硫酸盐类侵蚀防腐剂(JC/T 1011-2006)．北京:中国建材工业出版社,2006.

[60] 中国铁道科学研究院主编．铁路工程基桩检测技术规程(TB 10218-2008)．北京:中国铁道出版社,2008.

[61] 中国铁路工程总公司主编．铁路隧道衬砌质量无损检测规程(TB 10223-2004)．北京:中国铁道出版社,2004.

[62] 铁道部第三工程局主编．铁路混凝土强度检验评定标准(TB 10425-1994)．北京:中国铁道出版社,1994.

[63] 中铁三局集团有限公司主编．铁路工程结构混凝土强度检测规程(TB 10426-2004)．北京:中国铁道出版社,2004.

[64] 交通部公路科学研究所主编．公路工程水泥及水泥混凝土试验规程(JTGE 30-2005)．北京:人民交通出版社,2005.

[65] 交通部公路科学研究所主编．公路工程集料试验规程(JTGE 42-2005)．北京:人民交通出版社,2005.

[66] 交通部公路科学研究所主编．水泥混凝土路面施工技术规范(JTGF 30-2003)．北京:人民交通出版社,2003.

[67] 长沙理工大学,清华大学主编．公路工程混凝土结构防腐蚀技术规范(JTG/TB 07-01-2006)．北京:人民交通出版社,2006.

[68] 天津港湾工程研究所,南京水利科学研究院主编．水运工程混凝土试验规程(JTJ 270-1998)．北京:人民交通出版社,1998.

[69] 南京水利科学研究院,中国水利水电科学研究院主编．水工混凝土试验规程(DL/T 5150-2001)．北京:中国电力出版社,2002.

[70] 南京水利科学研究院、中国水利水电科学研究院主编．水工混凝土砂石骨料试验规程(DL/T 5151-2001)．北京:中国电力出版社,2002.

[71] 国家工业建筑诊断与改造工程技术研究中心主编．喷射混凝土加固技术规程(CECS 161-2004)．北京:中国建筑工业出版社,2004.

[72] 中国建筑科学研究院主编．混凝土结构工程施工质量验收规范(GB 50204-2002)．北京:中国建筑工业出版社,2002.

[73] 总参工程兵科研三所主编．地下工程防水技术规范(GB 50108-2008)．北京:中国计划出版社,2009.
[74] 吴中伟,廉慧珍．高性能混凝土．北京:中国铁道出版社,1999.
[75] 游宝坤主编．混凝土膨胀剂及其应用．北京:中国建材工业出版社,2002.
[76] 张应立主编．现代混凝土配合比设计手册．北京:人民交通出版社,2002.
[77] 李继业,刘福胜编著．新型混凝土实用技术手册．北京:化学工业出版社,2005.
[78] 盛骤,谢式千,潘承毅．概率论与数理统计．北京:高等教育出版社,2008.
[79] 王万中．试验的设计与分析．北京:高等教育出版社,2004.
[80] 霍冀川．化学综合设计实验．北京:化学工业出版社,2008.
[81] 廉慧珍．对“高性能混凝土”十年来推广应用的反思．混凝土,2003(7):10-13.
[82] 陈建奎,王栋民．高性能混凝土(HPC)配合比设计新法—全计算法．硅酸盐学报,2000,28(2):194-198.
[83] 廉慧珍,闫培渝．21世纪的混凝土及其面临的几个问题．建筑技术,1999,30(1):14-16.
[84] 姚忠伟．智能混凝土的研究及其发展．新型建筑材料,2005(2):6-9.
[85] 蒋冬青．新型生态混凝土材料及其应用．建材发展导向,2004,2(3):35-37.
[86] 李庆刚．生态混凝土的研究现状与发展趋势．山西建筑,2007,33(4):183-184.
[87] 冷发光．绿色建材和绿色高性能混凝土．山东建材,2000(6):36-41.
[88] 谢希文,赵军生．高强混凝土施工探讨．河南建材,2008(3):67-68.
[89] 赵国藩．混凝土及其增强材料的发展与应用．建筑材料学报,2000,3(1):1-6.
[90] 吴小泉．我国混凝土技术的现状与发展．全国混凝土企业经营管理与技术发展研讨会,2002(12).
[91] 廉慧珍,梁文泉．水泥的品质和混凝土质量的关系．中国水泥,2002(6):52-54.
[92] 李正平,黄 濛．水泥质量品质和外加剂对混凝土质量影响的研究．中国混凝土网．
[93] 林永叔．水泥质量波动对预拌混凝土性能的影响．水泥,2003(1):20-25.
[94] 乔龄山．硅酸盐水泥的现代水平和发展趋势．水泥,2002(6):1-6.
[95] 陈贯卓．几种常见的混凝土矿物外加剂作用机理及其关键技术．山东建材,2004,25(6).
[96] 刘圣勇,张全国,杨群发,张相峰．粉煤灰资源化特征及路面工程应用技术研究．自然资源学报,2000,15(2).
[97] 陈一飞,鄢朝勇．粉煤灰对钢筋混凝土耐久性能的影响极其应用研究．中国建材科技,2003,12(5).
[98] 泰伦斯．C. 赫兰．关于硅灰和高性能混凝土的一些思考．混凝土,2004(9):10-13.
[99] 周美茹,李彦昌．矿渣粉对混凝土耐久性的影响．混凝土,2007(3):58-59.
[100] 胡沪纯．矿渣粉在商品混凝土中的应用．科技情报开发与经济,2005,15(22).
[101] 李淑进,吴科如．沸石粉及其在高性能混凝土中的应用．山东建材,2004,25(1):40-43.
[102] 王定才．粉磨—搅拌一体化:中国商品混凝土产业的发展策略．混凝土,2003(2):20-23.
[103] 吴红娟,李志国．自密实混凝土及其工作性评价．武汉工业学院学报,2004,23(2):68-72.
[104] 易成,谢和平等．混凝土抗渗性能研究的现状与进展．混凝土,2003(2):7-11.
[105] 夏艳辉．混凝土抗渗性能试验方法比较．广东建材,2008(5):129-130.
[106] 刘冬梅,孟云芳,陆有军．提高混凝土抗渗性能的关键技术措施研究综述．宁夏农学院学报,2003,24(1):83-85.
[107] 程冬梅．影响防水混凝土抗渗性能的主要因素分析．煤矿开采,2006,11(1):75-76.
[108] 张颖,张粉芹,王起才．国内外混凝土的抗冻性试验的分析与探讨．四川建筑,2007,27(3):215-217.
[109] 贾耀东,谢永江、朱长华．国外混凝土抗冻性控制要求和试验方法综述．混凝土,2005(6):24-28.
[110] 李金玉,曹建国．混凝土冻融破坏机理的研究．水利学报,1999(1):41-49.
[111] 刘信斌,孙家升．混凝土抗冻性评价方法研究．四川建材,2008,34(1):36-37.
[112] 杜天玲,王治虎等．提高混凝土抗冻耐久性技术的研究综述．宁夏农学院学报,2002,23(2).

[113] 秦鸿根,李松泉. 掺粉煤灰高性能混凝土耐久性研究. 混凝土与水泥制品,2000(5):11-13.
[114] 高礼雄,姚燕,王玲,余海燕. 水泥混凝土抗硫酸盐侵蚀试验方法的探讨. 混凝土,2004(10):12-13.
[115] 龙庆,杨彦克,赵世运,宋登富. 有关碱-骨料反应中碱含量研究综述. 四川建筑,2005,25(6):126-128.
[116] 徐子芳,宋文国,徐国财. 粉煤灰混凝土的碳化性能. 粉煤灰综合利用,2005(2):17-19.
[117] 柳俊哲. 混凝土碳化研究与进展. 混凝土,2005(11):10-13.
[118] 王玉琳. 混凝土碳化影响因素研究综述. 连云港化工高等专科学校学报,2002,15(2):42-44.
[119] 李兵. 水下钢筋混凝土结构中钢筋锈蚀的原因及评价. 山西建筑,2004,30(21):103-105.
[120] 刘超英,孙伯永. 水工混凝土中钢筋锈蚀检测技术及应用. 浙江水利科技,2003(2):38-39.
[121] 刘明飞. 浅谈影响混凝土中钢筋锈蚀的几个原因. 黑龙江交通科技,2007,30(6):62-62.
[122] 李学安. 混凝土中钢筋锈蚀的原因及危害和预防措施. 南水北调与水利科技,2009,7(2):100-102.
[123] 覃维祖. 混凝土的收缩、开裂及其评价与防治. 混凝土,2001(7):3-7.
[124] 李洪凡,杨东雪. 浅谈混凝土配合比设计中值得注意的几个问题. 黑龙江交通科技,2006,26(1).
[125] 吕琦. 混凝土抗冻性的主要影响因素及改善措施. 吉林广播电视大学学报,2007(6):120-122.
[126] 李志鸢. 小议泵送混凝土. 科技信息(学术版),2007(3).
[127] 高兴泽,王根清,周祖干,赵志尚. 客运专线桥墩高性能耐久混凝土施工技术. 桥梁建设,2007(2):62-64.
[128] 正兼嵘,华静如. 基础地下室混凝土施工的几点体会. 浙江建筑,2000(5):35-37.
[129] 魏善文,贾忠厚,孙玉林,孟立. 大体积混凝土裂缝控制综述. 北方交通,2006(6):23-25.
[130] 阎培渝,覃肖. 大体积补偿收缩混凝土与延迟钙矾石生成. 混凝土,2000(6):18-21.
[131] 陈德. 冬期混凝土施工质量控制措施. 山西建筑,2004,30(2):98-98.
[132] 王斌. 商品混凝土冬期生产及施工控制措施. 建筑,2007(01S):70-71.
[133] 门泉洁. 泵送混凝土常见问题及解决途径. 山东建材,2005,26(2):58-59.
[134] 徐忠来、高清祥. 泵送混凝土堵泵与堵泵原因及预防. 混凝土,2007(4):72-74.
[135] 王伟义. 浇筑水下混凝土常见事故处理. 科技信息,2005(05X):81.
[136] 闵贵德. 水工建筑物的外观质量控制. 中国水利,2004(8):65-66.
[137] 吴建萍. 浅析混凝土质量通病防治措施. 内蒙古石油化工,2009(3):42-44.
[138] 蒋延舒. 浅谈混凝土工程的质量通病及防治措施. 科技信息,2006(10S):78.
[139] 李春霞. 浅析混凝土表面蜂窝麻面形成原因及防治方法. 硅谷,2009(1).
[140] 潘新春. 混凝土结构表面蜂窝麻面形成原因及抑制方法. 科技创新导报,2008(30):109-109.
[141] 王铁梦. 钢筋混凝土结构裂缝控制的综合方法. 混凝土工程结构裂缝控制与混凝土新技术交流会,1999.
[142] 李国雄. 浅析混凝土结构加固技术现状与展望. 国外建材科技,2006,27(3):65-68.
[143] 张文. 商品混凝土施工中易出现的问题. 安徽建筑,2004,11(6):35-36.
[144] 王立久,李慧芝. 磁化水混凝土的研究现状与进展. 建筑技术与应用,2007(1):13-16.
[145] 方江华,张景钰,姜玉松. 磁化水混凝土应用中几个技术问题的研究. 安徽理工大学学报(自然科学版),2004,24(2):18-22.
[146] 邹继业,汪洪淑. 浅议混凝土的收缩与徐变. 吉林广播电视大学学报,2007(3):100-102.
[147] 刘成奇. 混凝土徐变理论分析研究. 中小企业管理与科技,2007(12):70-71.
[148] 中华人民共和国建设部. 混凝土结构设计规范(GB 50010-2002). 北京:中国建筑工业出版社,2002.
[149] 廉慧珍,路新瀛. 按耐久性设计高性能混凝土的原则和方法. 建筑技术,2001,30(1):8-11.
[150] 董清华. 混凝土无损检测方法评述. 五邑大学学报(自然科学版),2005,19(1):53-57.
[151] 侯永生. 粉煤灰对混凝土性能的影响. 建材技术与应用,2005(2).

[152] 侯永生．水玻璃系混凝土养护剂的研究．山西建筑,2005(10).

[153] 侯永生．混凝土收缩与非受力裂缝．山西建筑,2005(11).

[154] 孙开华,侯永生．金刚砂灰粉混凝土活性掺合料的研究．山西建筑,2004(5).

[155] 胡红梅,马保国．矿物掺合料对混凝土耐久性的影响及其作用机理．福建建材,2001(1).

[156] 李彦昌,刘国华,王海波．矿渣粉在商品混凝土中的应用．商品混凝土,2005(1).